高等教育教材

微流控芯片
基础及应用

Fundamentals and Applications
of Microfluidic Chips

王俊生 等 编著

U0300420

化学工业出版社
·北京·

内容简介

微流控芯片技术是以物理化学和分析化学为基础，以纳米技术和微机械为依托，并随着生物化学、生物医学工程而兴起的一门多学科交叉融合的学科。它具有自动化、小型化、集成化、耗样少、反应速率快等诸多优点，有着极为广阔的应用前景。微流控芯片技术自诞生以来受到学术界和产业界的极大关注，发展迅猛，形成了一门全新的、具有战略意义的科学技术。

本书旨在将微流控芯片技术的基础理论和前沿应用介绍给广大初学者和学生，全书共分为9个章节，包括微流控技术的基础理论、材料与加工工艺、微流体驱动与控制技术、微流控芯片中进样与混合、微流控芯片检测技术、数字微流控技术、微流控芯片在生物医学及船舶与海洋环境等领域的热点应用，涵盖了微流控技术的基本理论、基本方法、关键技术和最新的研究进展。

本书可作为微流控技术、分析化学、生物技术、微机电系统（MEMS）等相关专业的学生教材，也可作为科研人员、技术人员的参考资料。

图书在版编目（CIP）数据

微流控芯片基础及应用/王俊生等编著.—北京：化学
工业出版社，2023.6（2025.3重印）
ISBN 978-7-122-43104-2

Ⅰ.①微…　Ⅱ.①王…　Ⅲ.①化学分析-自动分析-
芯片-研究　Ⅳ.①O652.9

中国国家版本馆CIP数据核字（2023）第042054号

责任编辑：卢萌萌　　　　　　　　　　　　　　文字编辑：王云霞
责任校对：宋　夏　　　　　　　　　　　　　　装帧设计：史利平

出版发行：化学工业出版社（北京市东城区青年湖南街13号　邮政编码100011）
印　　装：北京科印技术咨询服务有限公司数码印刷分部
787mm×1092mm　1/16　印张19¼　字数474千字　2025年3月北京第1版第3次印刷

购书咨询：010-64518888　　　　　　　　　　　售后服务：010-64518899
网　　址：http://www.cip.com.cn
凡购买本书，如有缺损质量问题，本社销售中心负责调换。

定　　价：79.80元

前言

　　分析检测技术是科学技术领域最重要的组成部分之一，对推动全球科技创新和经济发展起到了至关重要的作用。世界各国现代化步伐的加快，对检测技术的要求也越来越高，发展先进的分析检测技术与设备已经成为全球生命科学领域和高新技术领域的竞争热点。在以生命科学为主导的当今时代，随着科学技术的发展，生命科学领域已经涌现出大量先进技术，以服务人类生命健康事业，微流控技术便是其中之一。微流控技术又被称为芯片实验室（lab on a chip）或微流控芯片（microfluidic chip），是以物理化学和分析化学为基础，纳米技术和微机械为依托，并随着生物化学、生物医学工程而兴起的一门多学科交叉融合的学科。

　　作为一类新兴的集成化技术平台，微流控芯片凭借其内部集成的微通道、微反应器、微泵、微阀等各类功能性微纳米结构单元，能够自动实现样品前处理、反应、富集、标记、检测和分离等多个反应操作。它能够将一整个医学或生物实验室浓缩集成到一块数平方厘米的芯片上，实现了小型化、集成化、自动化的分析检测要求。目前，微流控技术已广泛应用于环境检测、食品安全、药物筛选、疾病诊断、生命健康和石油化工等方面。

　　本书在编写过程中，在遵循基础环境化学实验的前提下，重点关注了如下几个方面：一、微流控芯片的理论基础；二、微流控芯片的加工工艺与控制检测技术；三、微流控芯片的最新发展成果与应用。具体来讲，本书编写过程从微流控芯片相关科学研究的关注点着手，以培养学生创新研究和解决复杂工程问题的能力为目标，在传统基础实验基础上编入了一些最新的前沿研究资料，注意反馈当今所关注的环境问题的最新进展。本书主要涉及微流控芯片材料与加工工艺、微流体驱动与控制技术、微流控芯片中进样与混合、微流控芯片检测技术、数字微流控技术等方面的关键实验技术。此外，本书特别考虑融入了船舶海洋背景高校的特色。本书注重学生今后在研究实践和生产实际中实验技术的培养，并关注微流控芯片应用领域最新研究成果的介绍，旨在适应微流控芯片的发展趋势和高等学校光电信息科学与工程、机械工程、材料科学、环境工程等相关专业的教学需要。

　　本书是对编著者近年来开展环境化学实验教学过程的相关总结，是编著者及相关研究生的集体智慧和辛勤工作的成果。全书具体分工如下：第1章由王俊生、王艳娟编著，第2章由王成法、王艳娟编著，第3章由赵凯编著，第4章由李梦琪编著，第5章由王成法、冯巧宇编著，

第6章由刘志坚编著，第7章由赵凯编著，第8章由彭冉编著，第9章由王俊生、符策、王月竹、丁格格编著。一稿完成后，相互校对，最后由赵凯、王艳娟统稿并定稿。

本书的编写受到大连海事大学研究生教材出版研究项目（编号：YJC2022009）、大连海事大学研究生教育教学改革项目（编号：YJG2021505）的资助。此外，本书在编写过程中广泛借鉴参考了已出版的有关教材、专著和文献，在此谨向有关作者表示诚挚的谢意。

由于编著者研究领域和学识所限，书中难免有不足之处，恳请广大读者不吝赐教，我们将在今后工作中不断改进。

编著者

目 录

第2章
——
微流控芯片
理论基础
——
019

第3章
——
微流控芯片材料与
加工工艺
——
034

第5章

微流控芯片中
进样与混合

106

第6章

微流控芯片
检测技术

151

第7章

数字微
流控技术

194

第8章

微流控芯片在生物
医学领域的应用

210

第9章

———

微流控芯片在船舶、海洋和其他领域的应用

———

258

1.1 概述

分析检测技术是科学技术领域最重要的组成部分之一，对推动全球科技创新和经济发展起到了至关重要的作用。可以说，科技发展和创新的每一步都离不开分析检测技术。截至目前，颁发的诺贝尔奖中约1/6与分析检测技术有着直接关系，如晶体学X射线衍射技术、同位素示踪技术、质谱技术、电泳分析与光谱分析技术等。世界各国现代化步伐的加快，对检测技术的要求也越来越高，发展先进的分析检测技术与设备已经成为全球生命科学领域和高新技术领域的竞争热点。在以生命科学为主导的当今时代，随着科学技术的发展，生命科学领域已经涌现出大量先进技术，以服务人类生命健康事业。微流控技术便是其中之一。

作为一类新兴的集成化技术平台，微流控芯片凭借其内部集成的微通道、微反应器、微泵、微阀等各类功能性微纳米结构单元，能够自动实现样品前处理、反应、富集、标记、检测和分离等多个反应操作。它能够将一整个医学或生物实验室浓缩集成到一块数平方厘米的芯片上，成功实现了小型化、集成化、自动化的分析检测要求，如图1-1。微流控技术不仅可以实现芯片内封闭式原位自动化检测，显著提高检测灵敏度与能力，而且能够实现高通量、并行乃至多靶标同时检测，显著提升了整体的检测水平。目前，微流控技术已广泛应用于环境检测、食品安全、药物筛选、疾病诊断、生命健康和石油化工等方面。

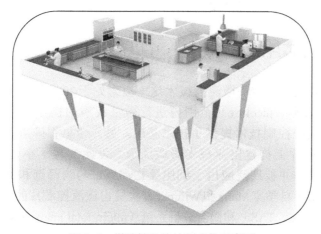

图1-1 微流控芯片的集成化示意图

扫一扫，查看彩图

1.2 微流控芯片实验室及其发展历史

1.2.1 微流控芯片实验室定义

微流控技术又被称为芯片实验室（lab on a chip）或微流控芯片（microfluidic chip），是以物理化学和分析化学为基础，纳米技术和微机械为依托，并随着生物化学、生物医学工程而兴起的一门多学科交叉融合的学科。与传统单一科学技术相比，微流控技术能够将分析化学、材料学、分子生物学等领域所涉及的样品前处理、反应、分离、检测等过程全部集成到一块微米级的芯片上，高效、自动地完成分析检测全过程。它不仅具有自动化、小型化、集成化等诸多优点，还能大大缩短样本的处理时间，精密控制流体流动，节约试剂耗材，有着极为广阔的应用前景。微流控技术的诞生，是研发人员对自动化和效率更为极致的追求。其问世至今不过30年的历史，但因发展迅猛，吸引了一批批科研学者投身其中。

微流控芯片实验室内的各操作单元由微通道结构互相连通。通过设计不同结构的微通道网络，可以使流体按照所需的要求流动，进而在数微米大小的芯片上实现各种实验操作。图1-2为几种微流控芯片实物图。

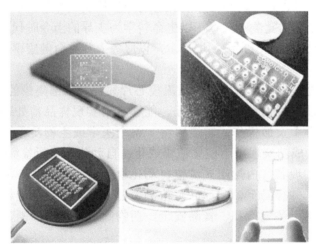

图1-2 几种微流控芯片实物图

1.2.2 微流控芯片的发展历史

作为一种新兴的技术平台，微流控技术这一概念始于20世纪50年代，当时科学家在纳升（nanolitre）和皮升（picolitre）范围内进行微量液滴的操控，这为今天高度发展的喷墨打印技术和微流控控制技术提供了技术基础。另一个里程碑事件起于1979年，Terry及其研究团队在硅晶片上构建出亚毫米级微通道，以此实现了小型化气相色谱仪（gas chromatography，GC），并被广泛应用于细胞死亡观察、药物筛选和肿瘤标志物检测等领域。直到1990年，瑞典科学家Manz和Widmer首次提出微流控芯片的雏形概念：全分析系统（total analysis systems，TAS）和微全分析系统（micro total analysis systems，μ-TAS）。最初，μ-TAS主要用于生物和化学分析领域，并且普遍采用电泳来操控和驱动微纳米尺度的流体。在该系统中，待测样品的处理、反应、检测和其他操作过程全部集成于微通道内，但当时设计微流控芯片结构的方法并不明确。1994年，Ramsey等改进了毛细管电泳的进样方法，并提高了芯片性能。同年，研究学者们在荷兰恩斯赫德市（Enchede）召开了首届μ-TAS国际会。在这段时期，μ-TAS与微流控芯片之间并没有明确的定义，两者往往混用。并且，芯片上的成熟操作单元仅有分析、进样等，集成化程度低，主要用于分析检测等领域。随着芯片上操作单元的逐渐发展与成熟，微混合、微反应和微分离等操作单元的提出，使得微流控芯片的应用范围大幅度拓展，远远超过了μ-TAS所定义的分析范畴。

1995年，加利福尼亚大学伯克利分校的Mathies及其研究团队成功利用微流控技术实现DNA测序，并将聚合酶链反应（polymcrasc chain reaction，PCR）集成到微流控芯片中。Mathies团队的研究展示了微流控技术的商业价值。同年，世界上第一家微流控公司Caliper在美国成立。1998年，Whiteside和Xia成功利用聚二甲基硅氧烷（polydimethylsiloxane，PDMS）的快速成型特性和软光刻技术制造出微流控芯片，有效地降低了微流控芯片的制造成本。此后，微流控芯片领域的专利之战日趋严重，一些微流控芯片开发企业纷纷与世界著名分析仪器生产厂家合作。1999年，Caliper公司和HP公司［即现在的安捷伦（Agilent）公司］联合推出了首台商品化微流控分析仪器Bioanalyzer 2100及相应的分析芯片。2001年，微流控领域专业期刊《芯片实验室》创办。2002年，Quake等在国际顶尖期刊Science上发表专辑（第298卷第5593期），汇总并介绍了具备上千个微阀和数百个微反应器的集成式微流控芯片，展现了微流控装置从早期的单一电泳分离分析到大规模集成化多功能微流控平台的飞跃。随后，2003年，微流控技术被Forbes（福布斯）杂志评为"影响人类未来的15项最重要发明之一"。2004年，Business 2.0（商业2.0）杂志（2004年第5卷第8期）的封面文章将微流控技术称为"将改变世界的七项技术之一"。自此之后，许多微流控公司相继成立，微流控芯片成为科学家们研究的最热门话题之一，并开始在生物化学、免疫、分子诊断和基因测序等领域大放异彩。

2006年，国际顶尖杂志Nature（第442卷第7101期，第367-418页）发表芯片实验室专辑，收录了一篇概论和六篇综述，从多个角度详述了微流控芯片的发展历史、现状和未来前景，并将微流控芯片评价为the technology of the century（本世纪的技术）。2007年，Nagrath及其团队首次使用微流控技术成功分离出癌症患者身体中罕见的循环肿瘤细胞（circulating tumour cells，CTCs），相关成果发表于Nature上。2010年，Huh等首次在微流控芯片上实现了肺器官功能重建并发于Science上。同年，Ihara及其团队将开放式夹心Elisa与微流控传感系统相结合，成功实现了对分子量小于10^6抗原的快速非竞争性免疫检测。2012年，麻省理工学院Zervantonakis及其团队构建出一款基于微流控技术的三维肿瘤-血管截面分析系统，相关成果发表于PNAS上。2013年，第一款体外仿生三维模型芯片被Nguyen等成功构建，该芯片重建了血管生成过程中的形态变化，有效阐明了血管新生的复杂分子机制。2014年，Bersini等开发出一款3D微流控装置来分析人乳腺癌骨转移的生物学性质，证明了微流控系统在癌症生物学和诊疗方法筛选方面具有广阔的应用前景。2015年，Amstad及其团队利用超声喷雾干燥原理首次开发出可从多种材料中高效提取无定形纳米颗粒的微流控雾化器，为药物筛选做出有利贡献。2016年，哈佛大学Wehner等学者们利用注塑和软光刻技术构建出软体机器人，该机器人完全由遍及各处的微流控通道网络进行控制，通过计算机编程来催化机器体内燃料产生的气体，进而执行各种动作。同年，我国将微流控芯片技术列为"十三五"规划关键性突破技术之一。

2017年，Dance在Nature上报道了医学微流控芯片的制作及应用价值，进一步推动了微流控装置在医学检测领域的发展。2020年，在进入微流控技术发展的四十载之际，为了展示该领域的最新研究进展，Wiley出版社旗下的*Small*杂志专门组织了"The Fourth Decade of Microfluidics"专刊（DOI:10.1002/ smll202000070）。该专刊由哈佛大学David Weitz教授、香港大学岑浩璋教授和深圳大学孔湉湉副教授担任客座编辑，共收录39篇文章，其中研究论文17篇、综述22篇，内容涵盖了微流控技术多个研究方向的重要研究进展，如单细胞分析、微液滴操纵、微尺度流体控制、新型生物材料制备、仿生材料、体外分析生物技术、肿瘤芯片、生物电子和再生组织工程等。2021年，斯坦福大学生物工程师Polly Fordyce、生物化学家Daniel Herschag及其同事在*Science*杂志上发表了高通量酶动力学微流控系统，这种价值10美元、仅有7cm^{2}大小的玻璃芯片能在几小时内同时检测1000多种酶突变，可用于剖析潜在的进化轨迹，确定人类疾病相关基因突变的功能性结果等，为人类医学事业的进步做出了自己的贡献。同年，我国"十四五"规划纲要中强调：微流控技术是医疗装备未来创新方向的重点规划项目。

图1-3为微流控发展史上的重要里程碑事件。

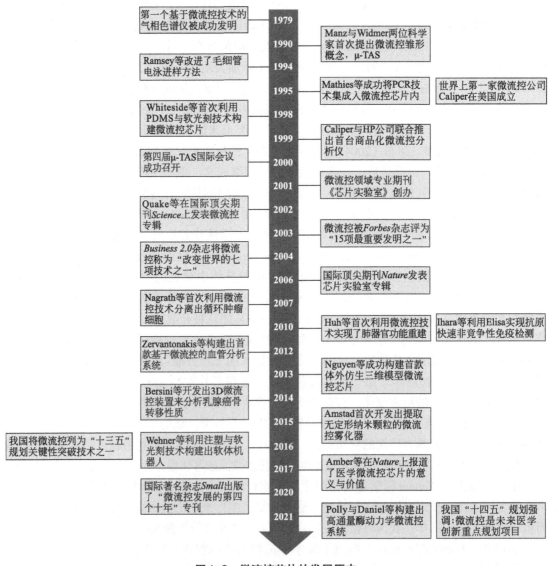

图1-3　微流控芯片的发展历史

这样一段科学技术简史表明，微流控芯片自诞生以来，一直受到学术界和产业界的极大关注。在20世纪，人们借助半导体或金属中流动的电子得到的广阔的"信息"，成就了具有战略意义的信息科学和通信技术。而在21世纪，通过带有生物分子、细胞或纳米颗粒的样品溶液在微流控芯片通道或平面上流动以研究生命、理解生命，以至部分地改造生命，将有可能同样成就一种新的具有战略意义的科学技术——微流控学。在未来数十年内，微流控芯片能承载多种单元技术并使之灵活组合和规模集成的特征将会使其成为系统研究的重要平台。

1.2.3 微流控芯片的发展趋势

在未来十年内，我们预计微流控技术将会继续被整合到不同的研究方向和应用领域中，并不断通过与新兴学科结合（如人工智能、纳米材料和神经形态工程等）来进行不断创新。随着该领域的不断成熟，微流控技术在众多应用和产品中发挥了关键性作用，这些应用和产品将会重塑司法鉴定、医疗诊断、食品安全等领域的细分市场。随着大量基于微流控的全新产品和技术的开发，预计至2025年微流控市场将继续增长约14%，图1-4为2019～2025年微流控产品市场价值预测。2019年，全球研发微流控技术和生产微流控产品的先进企业和初创公司的数量已超过1000家。基于微流控的代表性产品主要分布于生物技术产业中的两个关键领域——即时检测（point-of-care testing，POCT）和基因组学检测。主要产品代表有：用于POCT诊断的离心式微流控生物芯片、用于抗原抗体筛检的单细胞分析系统、用于探究稀有细胞和酶活性的荧光激活细胞分选系统、基于数字微流控技术的逆转录聚合酶链反应（RT-PCR）系统或微液滴数字聚合酶链反应（ddPCR）系统。预计在不久的将来，微流控技术将为分子诊断高效地提供大量极其丰富的基因信息，并最终在普通家庭中实现分子水平上的POCT疾病检测甚至治疗。为了实现这个目标，还需要面对重大的挑战和障碍。这些挑战和障碍，以及各细分领域的发展状况将会在后面的各章节中详细论述。

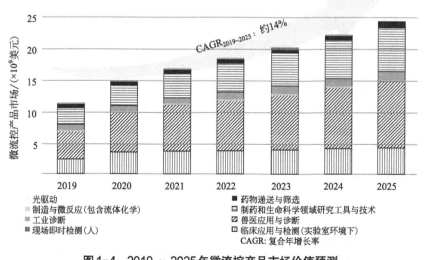

图1-4 2019～2025年微流控产品市场价值预测

（数据来源：《2020年微流控行业现状报告》，Yole Dévelpppement，法国）

扫一扫，查看彩图

1.3 微流控芯片及基本操作单元

微流控芯片的真正优势在于实验室规模集成，这种集成的微型化整体又以微型的单元操作为基础。化学和生物实验室涉及的过程很多，在分子层面上，有样品进样、混合反应、样品驱动与控制、分离检测等。每一个过程中又包含不同的操作，所有过程和操作按需求灵活组合。

1.3.1 样品进样

样品进样是进行微处理的第一步，利用芯片平台处理样品需要将样品从样品源引入芯片的样品处理通道或通道网络，该步骤通常称为进样。样品源可以在芯片上，也可以在芯片外。若样品源在芯片外就需要配连接导管或通道与芯片进行连接，也需要加以输运的驱动力，比如电动力和压力等。微流控芯片可以处理液态、气态和固态样品。固态样品本身不具流动性，需要在流体化后实施进样，流体化常用的手段是溶解或以液/气流携带的方式。所以，按照样品形态可以将进样分为气态样品进样、液态样品进样、固态样品进样三类。其中液态样品是微流控芯片实验室中应用最多的一种。关于样品进样技术会在后续章节介绍。

1.3.2 微混合与微反应

反应是物理、化学及生物学领域中最重要的操作单元之一；而混合，则是反应能够有效进行的催化剂，增强混合是为了更快地完成反应操作。溶质的混合一般来讲有两种机理：对流与扩散。微流控芯片主要靠扩散实现传质，如无任何辅助，其反应速率慢。因此，各种微混合技术被开发出来，以实现快速的反应过程。所以这些微混合技术主要可以分为两类：主动混合技术和被动混合技术。主动混合技术的核心是利用外力（如磁场力、电场力或声场力）来完成混合。被动混合技术以其不用借助任何外力就能实现混合的特点，在微流控领域有着更为广泛的应用。被动混合技术的核心就是利用微加工工艺制备出的微结构干扰流体的正常流动，从而实现了混合的目的。

微反应技术是将化学反应过程应用在微结构内的技术，体现这种技术的设备或器件称为微反应器。它的基本特征是：线性尺寸小、物理量梯度高、表面积/体积比大、流动为低雷诺数层流。微反应器是强化化学反应过程的重要设备。当化学反应在微尺度空间内进行时，可以充分提高传热效率，提高选择性和转化率，提高反应过程的安全性和集成度，从而达到生产目标。微反应器具有样品反应速率快、消耗量少的优点。微反应器易于与微流控芯片的其他功能单元集成，以构建微流控芯片系统，因此微反应已广泛应用于化工生产中。

1.3.3 微驱动与微控制

（1）微驱动

微流体驱动方式一般可分为两类：一类是机械驱动方式，如离心力驱动、压力驱动等，主要利用自身机械部件的运动来达到驱动流体的目的，驱动系统中包含能运动的机械部件；另一类是非机械驱动方式，包括电驱动、电水力驱动、表面张力驱动、热驱动等，其特点是系统本身没有活动的机械部件。非机械式微泵是利用其他形式的能量（电、声、化学、光、磁等）作用在流体上，驱动流体的流动，主要有电渗驱动、电水力驱动、表面张力驱动、热驱动、磁流体驱动等。此外，其他类型的非机械式驱动还包括光驱动、超声波驱动、气泡驱动等。由于不含有活动部件，非机械式驱动通常具有结构简单、易于加工、系统集成和流动呈无脉动等优点。但同时非机械式驱动方式工作性能受多种因素影响，对所驱动流体的性质依赖性较大，应用范围有局限性，因此，目前微流控系统中应用较好的主要是机械式驱动。

（2）微控制

微流体控制是微流控芯片实验室的操作核心，是实现微流控技术的前提和基础，是微流控系统发展水平的重要标志。微流体所涉及的进样、混合、反应、分离等过程无一不是在可控流体的运动中完成的。无论宏观或者微观流体，阀都是流体控制的核心部件。由于其重要性，微型阀的研制早在微流控芯片诞生以前就引起了人们的广泛关注，相关的技术积累有一部分很快被转移到微流控芯片研究中。另外，由于微流控芯片发展初期以芯片毛细管电泳为主要表现形式，毛细管电泳所依赖的电渗驱动至今仍是微流控芯片研究中应用最为广泛的一种微流体控制技术。所以，微流体控制技术主要为电动控制和微型阀控制两类。

1.3.4 微检测

（1）光学检测技术

微流控光学检测方法通过检测光的各种参量来确定生化样品的各项指标，该种检测是微流控芯片信号检测系统中应用最广泛的一种方式。光学检测灵敏度高，与样品无接触，设备简单且易于与微流控芯片相集成。光学检测方法是目前使用最多的检测方法，主要分为吸光度检测法、荧光检测法、化学发光检测法、激光热透镜检测法和折射率检测法等，其中比较常用的检测方法有荧光检测法、化学发光检测法、吸光度检测法，其原理及特点如表1-1所示。

表1-1　常用的光学检测技术

方法	原理	特点
荧光检测法	利用光电探测器来检测物质的荧光，分为直接检测和间接检测。直接检测是指被测物质本身可以发射荧光，可以根据这些荧光的特性来判断该荧光物质的一些参数。而间接检测主要用于非荧光物质或荧光很弱的物质，需要通过化学反应将荧光物质与被测物质进行结合	灵敏度极高、选择性好、不损伤样品、选择性较高、线性范围较宽、响应速度快
化学发光检测法	通过测定发光强度来检测被测物的含量的检测方法。其原理是在化学反应中某些反应物分子可吸收反应中释放的化学能，并从其基态跃迁至激发态，处在激发态的分子以光辐射的形式返回基态就产生了发光现象	无需激发光源，检测器结构简单、价格低廉、灵敏度较高
吸光度检测法	根据物质分子对紫外及可见光谱区的吸收特性和吸收程度，对物质进行定性和定量分析的一种吸收光谱法	具有可测定的物质种类多、结构较简单的优点

（2）电学检测技术

电学检测是分析化学中一种成熟的分析检测技术，因其成本低、体积小、灵敏度高、高速、易于与微芯片集成而广泛应用于微流控系统，是以电极作为传感器直接将溶液中待测组分的化学、物理等信号转变为电信号的方法。检测时不受光程和样品浊度影响，其灵敏度高、选择性好、成本低而且其制作工艺与目前的微机电系统（MEMS）技术兼容，因此电学检测方法在μ-TAS中也有很好的应用前景。根据检测原理不同、采用的检测器的不同可分为电阻检测法、电流检测法、电导检测法、电势检测法、电感检测法和电容检测法等，表1-2列出了常见的电学检测技术的原理和特点。

表1-2　常用的电学检测技术

方法	原理	特点
电阻检测	当绝缘颗粒流经微孔时，颗粒会置换排出其中等体积的导电液，导致微孔处电阻发生变化，当颗粒完全通过检测微孔时，系统又恢复初始情况，通过一定的外接检测设备，每一个微粒通过微孔时均会产生一个电脉冲，可以由此对颗粒进行检测	简便、精确度高、灵敏度较高，可以用于开发便携式检测设备
电流检测	也称为安培检测，主要通过检测试剂在电极上反应所产生的氧化电流或还原电流来对待测物进行检测	灵敏度高、选择性好、装置简单、可以达到较低的检测极限等
电导检测	电导检测是根据带电组分对溶液电导率的贡献而进行检测。对于微流控芯片而言，这种检测方法适用于检测那些用其他方法不易检测的小离子物质。电导检测器可以分为接触式和非接触式两种	检测物质范围较广、环境适应性强
电势检测	电势检测也叫电位检测，它是以微型化的离子选择电极为基础的一种检测技术，已被用在微分析系统上	价格低廉、携带方便、适用浓度广、操作简单快捷等
电感检测	当铁磁性颗粒通过电感线圈时，颗粒被磁化使原电感线圈的磁场发生改变，对应地产生一个脉冲信号，从而进行检测	稳定性高，不易受到外界影响
电容检测	当颗粒通过两个金属电极构成的电容传感器时，由于等体积的缓冲液被颗粒取代，所以电容检测区域介电常数发生了改变，从而导致电容值发生改变	简单、性能稳定、精度较高

（3）其他检测技术

除了电学检测技术外，还有很多应用于微流控芯片的高效检测技术，表1-3列出了几种常见的检测技术。

表1-3　其他常用的检测技术

常用方法	原理	特点
电化学检测	电化学检测是通过电极将溶液中待测物的浓度转变成电信号以实现待测组分检测的一种分析检测方法，基于电化学技术来测量待测物的物理特性，如大小、频率、速率和电导率等	具有快速响应、实验操作更加简单、对细胞活性影响较小等优点
质谱检测	质谱检测法是通过样品离子的质荷比来进行成分和结构分析的方法。样品在离子源中电离后产生离子，然后在质量分析器中按照质荷比大小分离，最后经检测器检测以获得样品的质谱图	具有高灵敏度、高选择性、广谱检测、定性和定量准确等特点
拉曼光谱检测	拉曼光谱用来研究系统中分子的振动、转动及其他低频率振荡模型，这些光谱提供的"化学指纹"可用来鉴定特定分析物。不同于分子红外光谱，极性分子和非极性分子都能产生拉曼光谱，而且由于水分子不会对其光谱产生影响，拉曼光谱不需要分析物绝对干燥	空间和时间分辨率高，适于对细胞及其生物分子的实时监测
折射率检测	材料的折射率是电磁波在真空中的传播速度与它在介质中的传播速度的比值，是一个衡量电磁波在材料内部传播减慢的物理量。折射率检测对于环境温度、压力或是流速非常敏感，与微流控设备结合并精确地控制外部条件后可以检测多种分析物	对外围的缓冲液非常敏感，避免了荧光标记和化学修饰对细胞的影响，适于细胞自然状态的监测
热透镜显微检测	将两束同轴激光经过光学显微镜聚焦于微通道的样品溶液中，其中激发光柱激发样本，探测光柱测量折射率的变化。由于光吸收分子的浓度与热透镜效应呈线性相关关系，所以通过测量探测光柱的光强变化可以进行定量分析	检测极其灵敏，可以对单个细胞无创、实时监测
表面等离子共振检测	微流控表面等离子共振检测主要是对界面上生物分子相互作用的无标记实时监测，通过对生物反应过程中表面等离子共振的动态变化监测获取生物分子相互作用的特异信号	无标记实时监测，可以检测溶液中可被捕获或是沉积在界面表面上的分子及细胞

更多关于微流控芯片基本操作单元的知识将在本书后续章节详细介绍。

1.4　微流控芯片的分类与特点

微流控芯片的分类方法有很多，按照制作微流控芯片的材料可以分为玻璃芯片、纸基芯片、有机聚合物芯片等。常用的有机聚合物如聚甲基丙烯酸甲酯（polymethyl methacrylate，PMMA）、聚二甲基硅氧烷（polydimethylsiloxane，PDMS）、聚碳酸酯（polycarbonate, PC）和水凝胶等。另外还有单晶硅片、石英芯片等。按照微流控芯片的传感方式又可以分为电学传感芯片、光学传感芯片、声学传感芯片、磁学传感芯片和生物传感芯片等。

1.4.1　按材质分类

材质是区分不同种类微流控芯片的一个常用方法，采用不同材质设计的微流控芯片具有各自不同的特点和适用方面，表1-4列出了常见材质微流控芯片的优缺点及加工方法。

表1-4　常见材质微流控芯片的优缺点及加工方法

材质类型	优点	缺点	加工方法
玻璃	化学性质非常稳定，耐强酸碱腐蚀，此外，还具有亲水性强、热导率高、流道耐压能力强、电渗性质良好、光学性质良好等优点，表面改性可以采用化学方法进行，例如采用光刻和蚀刻	加工较大深宽比的通道较难；较高的加工成本、加工难度较大	光刻+蚀刻
硅	化学惰性和热稳定性优良；光洁度良好，成型工艺成熟，能够用于制作聚合物芯片的模具	易碎，价格贵；绝缘性能不好；较复杂的面化学行为、加工困难	光刻+蚀刻
有机聚合物	材料的可选范围很大，聚合物材料是最为常见的日用和工业材料，材料制备技术成熟且材料成本相对低廉，易于加工	不耐高温，硬度低	热压法、注塑法、激光直写法等
纸基芯片	来源广泛，生产技术相对成熟，因此便于大规模生产；具有良好的液体输送功能，避免了使用复杂的流量传输系统；样品消耗量低；检测背景有利于使用分光检测；易于物理化学修饰并且具有良好的生物兼容性；成本低廉	样品利用率低，样品可能发生渗漏，对于太低浓度的样本纸基芯片无法检测	蜡画、印章、激光切割、刀切割、光刻、喷墨侵蚀、蜡打印等
水凝胶	具有亲水性的疏松多孔结构，超过99%的成分为水，可以使得生物大分子通过	缺点是非常柔软，无法用于稳固的测试系统	激光直写、3D打印等

1.4.2　按传感方式分类

根据微流控芯片所采用的传感方法也可以将微流控芯片分成不同类别，表1-5列出了几种常见的传感方式并简述了其原理和特点。

表1-5　微流控芯片传感方式

传感方式	分类	原理	特点
电学传感	可分为电流法、电位法、阻抗法等	电学传感器通过测定电量、阻抗、电流、电位等电学参数来确定溶液中待测物的各种量	无标记的颗粒检测，对检测目标伤害小；方法简便、精确度高
光学传感	依原理可以分为荧光传感、电化学发光传感、生物发光传感和拉曼光谱传感等	光学传感方法通过检测光的各种量来确定生化样品的各项指标，该检测是微流控芯片信号检测系统中应用最广泛的一种方式	检测灵敏度高、设备简单且易于与微流控芯片相结合，更有潜力应用于活细胞实时监测

传感方式	分类	原理	特点
声学传感	可分为体声波、驻波表面声波、行波表面声波等	声学传感主要是利用不同颗粒对声波反射幅值不同的原理进行检测	具有制作简单、价格便宜、生物相容性好、驱动流体迅速且能够实现无接触的粒子操纵等优势；缺点是该方法容易受到背景噪声、环境温度、缓冲液状态等因素的影响，体积较大，难以集成
生物传感	包含聚合酶链反应（PCR）、免疫反应、各类酶反应及DNA杂交反应等	生物传感器一般利用生物体本身（如细胞、组织等）或生物活性物质（酶、抗原、抗体）作为功能性敏感基元，并将其固定于信号转换器上，当加入目标物之后通过信号转换器转换为电信号	灵敏度高、易微型化，能在复杂样品体系中进行快速检测

1.5　设计软件与加工设备

1.5.1　设计软件

微流控研究需要用到的软件工具很多，比如仿真与建模软件、计算机辅助设计软件、数据分析软件等，本节只介绍几种常用的软件，如表1-6所示。

表1-6　微流控常用软件

类别	名称	特点与功能
仿真与建模软件	COMSOL Multiphysics	COMSOL Multiphysics是一个基于有限元分析的软件，可用于工程、制造和科学研究的绝大多数领域，其自带CAD建模工具。COMSOL Multiphysics软件的优势在于多物理场耦合，基于偏微分方程组针对不同应用领域，用户可以快速建立模型，以及一系列与第三方软件的接口软件，其中包含常用CAD、MATLAB、Pro/E和Excel等软件的同步链接产品
	Fluent	Fluent在流体、热传递和化学反应等有关的工业均可使用。它具有丰富的物理模型、先进的数值方法和强大的前后处理功能，其拥有多种基于解的网格的自适应、动态自适应技术以及动网格与网格动态自适应相结合的技术；适用于牛顿流体、非牛顿流体等多种流体，且适用范围非常广泛，可以用来计算流体的各种流动形式
	Pro/Engineer	Pro/Engineer的基本功能包括参数化功能定义、实体零件及组装造型，Pro/Engineer可以通过各种不同设计来实现专用模型，也可以在平面内自主绘制二维造型，再对造型在三维空间内进行拉伸、旋转、平移或镜像等操作
计算机辅助设计软件	AutoCAD	AutoCAD是Autodesk（欧特克）公司首次于1982年开发的自动计算机辅助设计软件，用于二维绘图、详细绘制、设计文档和基本三维设计，现已经成为国际上广为流行的绘图工具。AutoCAD具有良好的用户界面，通过交互菜单或命令方式便可以进行各种操作。它的多文档设计环境，让非计算机专业人员也能很快地学会使用。在不断实践的过程中更好地掌握它的各种应用和开发技巧，从而不断提高工作效率。AutoCAD具有广泛的适应性，它可以在各种操作系统支持的微型计算机和工作站上运行
	Solidworks	Solidworks是一个专门用于机械设计的软件，在设计、制造、工程和数据管理等方面广泛应用。它是基于Windows开发的三维CAD软件系统，使用者可以在数据库中直接选择需要的简单模型，大大缩短了建模的时间
数据分析软件	Origin	Origin是用来进行曲线拟合、信号处理、统计以及峰值分析等的一款科学绘图、数据分析软件，具有强大的数据导入功能。Origin可以将工作表格如Excel、文本文件等直接导入，以列计算式取代数据单元计算式进行计算。此软件可以进行多种图像绘制，这种便捷、快速的制图方式为科学制图提供了很大的便利
	MATLAB	MATLAB是一个人机交互性强、操作简单的高级语言，它包含函数、控制语句、输入和输出、直观编程。MATLAB语言更加简单，语法特征与C++语言极为相似，是基于C++语言基础上的，其优势在于：强大的多物理场仿真可以增强MATLAB编程。MATLAB具有强大的计算功能，并包括大量计算算法，可以解决一些重复性实验问题，比如在机器学习中作为处理大数据的工具和函数

类别	名称	特点与功能
其他软件	Materials Studio	Materials Studio是用于满足化学和材料工业的实际需要，同时也是学术研究的好帮手和一种新型的、功能强大的教学工具。可以在量子力学、分子力学与分子动力学、晶体、结晶与X射线衍射、高分子与介观模拟和定量结构与性质关系等方面应用
	Lammps	Lammps是一款基于分子动力学模拟的模拟器，操作者可以自行编译代码来满足编程需求，或者通过自己提前编辑好的in文件直接输入。Lammps作为一款强大的分析软件，它支持包括气态、液态或者固态相形态下、各种系统下、百万级的原子分子体系，并提供支持多种势函数

1.5.2 加工设备

微流控加工和制作所需要的实验设备很多，本小节从超净间设备、微加工设备、实验设备等几个方面来介绍，关于各种常见设备的更多细节会在第3章中详细介绍。由于本书篇幅有限，本节把这几类设备的功能和特点总结在表1-7～表1-10中，以便读者快速了解。

表1-7　超净间设备

名称	功能	图片
生物安全柜	生物安全柜是能防止实验操作处理过程中某些含有危险性或未知性生物微粒发生气溶胶散逸的箱型空气净化负压安全装置，是实验室生物安全一级防护屏障中最基本的安全防护设备	
超净工作台	超净工作台，是为了适应现代化工业、光电产业、生物制药以及科研试验等领域对局部工作区域洁净度的需求而设计的。通过风机将空气吸入预过滤器，经由静压箱进入高效过滤器过滤，将过滤后的空气以垂直或水平气流的状态送出，使操作区域达到百级洁净度，保证生产对环境洁净度的要求	
空气浴尘室	空气浴尘室也称风淋室，作为实验人员或物品进入实验室时的必需通道，用来吹除人体衣服、设备、物料、工具上的尘埃污染，能有效地阻止尘源进入洁净区	
净化空调	洁净空调系统为了使洁净室内保持所需要的温度、湿度、风速、压力和洁净度等参数，将向室内不断送入一定量经过处理的空气，以消除洁净室内外各种热湿干扰及尘埃污染的系统	
紫外灭菌灯	紫外线消毒灯亦称紫外线杀菌灯、紫外线荧光灯、紫外灭菌灯，是一种利用紫外线的杀菌作用进行灭菌消毒的灯具。紫外线消毒灯向外辐射波长为253.7nm的紫外线。该波段紫外线的杀菌能力最强，可用于对水、空气、衣物等的消毒灭菌	

表1-8 微加工设备

名称	功能	图片
紫外曝光机	紫外曝光机也称光刻机，是印制电路板（PCB）制作工艺中的重要设备。通过开启灯光发出UVA波长（320～420nm）的紫外线，将胶片或其他透明体上的图像信息转移到涂有感光物质的表面上	
等离子清洗机	等离子清洗机是利用等离子体来达到常规清洗方法无法达到的效果。等离子体是物质的一种状态，并不属于常见的固液气三态。对气体施加足够的能量使之离化便成为等离子状态。等离子体的"活性"组分包括离子、电子、原子、活性基团、激发态的核素（亚稳态）、光子等。等离子清洗机就是通过利用这些活性组分的性质来处理样品表面，从而实现清洁、涂覆等目的	
薄膜测厚仪	薄膜测厚仪又称测厚仪、薄膜厚度检测仪、薄膜厚度仪等，薄膜测厚仪专门适用于量程范围内的塑料薄膜、薄片、隔膜、纸张、箔片、硅片等各种材料的厚度精确测量	
恒温真空烘箱	真空烘箱，是将干燥物料处于负压条件下进行干燥的一种箱体式干燥设备。它的工作原理是利用真空泵进行抽气抽湿，使工作室内形成真空状态，降低水的沸点，加快干燥的速度。真空烘箱能在较低温度下得到较高的干燥速率，热量利用充分，主要适用于对热敏性物料和含有溶剂及需回收溶剂物料的干燥	
3D打印机	3D打印机是快速成型的一种工艺，采用层层堆积的方式分层制作出三维模型，其运行过程类似于传统打印机，只不过传统打印机是把墨水打印到纸质上形成二维的平面图纸，而三维打印机是把液态光敏树脂、熔融的塑料丝、石膏粉等材料通过喷射黏结剂或挤出等方式实现层层堆积叠加形成三维实体	
匀胶机	匀胶机是在高速旋转的基片上，滴注各类胶液，利用离心力使滴在基片上的胶液均匀地涂覆在基片上的设备，膜的厚度取决于匀胶机的转速和溶胶的黏度	
加热板	将电能转变成热能以加热物体	

表1-9 实验设备

名称	功能	图片
注射泵	注射泵由步进电机及其驱动器、丝杆和支架等构成，具有往复移动的丝杆、螺母。螺母与注射器的活塞相连，注射器里盛放药液。工作时，单片机系统发出控制脉冲使步进电机旋转，而步进电机带动丝杆将旋转运动变成直线运动，推动注射器的活塞进行注输液，实现高精度、平稳无脉动的液体传输	
函数信号发生器	函数信号发生器是一种信号发生装置，能产生某些特定的周期性时间函数波形（正弦波、方波、三角波、锯齿波和脉冲波等）信号，频率范围可从几微赫到几十兆赫	
数字示波器	数字示波器是数据采集、A/D转换、软件编程等一系列技术制造出来的高性能示波器。数字示波器一般支持多级菜单，能提供给用户多种选择、多种分析功能	

名称	功能	图片
稳压电源	稳压电源是能为负载提供稳定的交流电或直流电的电子装置,包括交流稳压电源和直流稳压电源两大类。当电网电压或负载出现瞬间波动时,稳压电源会以$10 \sim 30ms$的响应速度对电压幅值进行补偿,使其稳定在$\pm 2\%$以内	
高速离心机	高速离心机的转速一般在$10000 \sim 30000r/min$之间,并且带有制冷系统。由于转速较高,产生的离心力大,是对样品溶液中悬浮物质进行高纯度分离、浓缩、精制,提取各种样品进行研究的有效制备仪器	

表1-10 其他常用设备

名称	功能	图片
荧光显微镜	荧光显微镜用于研究细胞内物质的吸收、运输及化学物质的分布与定位等。细胞中有些物质,如叶绿素等,受紫外线照射后可发荧光;另一些物质本身虽不能发荧光,但如果用荧光染料或荧光抗体染色后,经紫外线照射亦可发荧光。荧光显微镜就是对这类物质进行定性和定量研究的工具之一	
原子力显微镜	原子力显微镜,一种可用来研究包括绝缘体在内的固体材料表面结构的分析仪器。它通过检测待测样品表面和一个微型力敏感元件之间的极微弱的原子间相互作用力来研究物质的表面结构及性质	
超纯水机	超纯水机,是采用预处理、反渗透技术、超纯化处理以及后级处理等方法,将水中的导电介质几乎完全去除,又将水中不离解的胶体物质、气体及有机物均去除至很低浓度的水处理设备	
电导率测定仪	电导率测定仪是一款多量程仪器,能够满足从去离子水到海水等多种应用检测要求。这款仪器能够提供自动温度补偿,并能设置温度系数,因此能够用于测量温度系数与水不同的液体样品	

1.6 微流控芯片应用

微流控芯片从方法研究、平台构建到应用拓展,已成为多专业交叉的强大科研技术平台。微流控芯片技术可以用于多个分析领域,如生物医学、新药物的合成与筛选、食品安全检验、环境监测、刑事科学、军事科学和航天科学等其他重要应用领域。目前热点的应用主要集中于生物医学领域,例如:微流控芯片可进行DNA单分子扩增及核酸定量,实现全自动PCR分子诊断;微流控芯片与质谱相结合,可用于大规模、高通量的蛋白分析和鉴定,在蛋白质组学研究中具有很大优势。

1.6.1 生物医学领域

从生物医学诊断的方面来看,全球健康事业是为全世界所有人提供公平的卫生健康条件的工作。环境安全、食物和水的质量、疾病控制等这些因素共同支撑了人类健康的发展,这就需要低成本有效的分析检测与医疗诊断技术的支撑。

微流控芯片集成了样品制备、反应、分离、分析检测等功能于一体，可用于完成不同的生物和化学反应及分析并进行实时检测。由于其小型化、自动化以及多种技术在微小平台上的灵活组合等优点，微流控芯片已被广泛应用于生命科学、医学等领域中，并逐渐成为细胞生物学研究的重要工具。与传统细胞学研究相比，微流控芯片操作所需的细胞量少，为一些稀缺细胞，如各种原代细胞和干细胞等的研究提供了便利。在微流控芯片腔室中设计微柱、支架等结构或通过微阀、微泵等结构设计，能够在一定程度上模拟细胞在体内正常生长速率、形态和代谢活动等生理状况，还可以实现多种细胞的共培养。另外，微流控芯片可以与现有的多种细胞分析检测手段（电化学、光学、质谱检测等）相结合，从而实现细胞的高通量分析研究。微流控芯片在生物工程、医药工程等领域的前沿应用主要包括细胞芯片、器官芯片、微生物芯片、医学诊断芯片、生化反应及合成芯片等。

1.6.2 船舶海洋环境领域

从环境分析方面来看，环境污染造成生态问题和疾病，提醒人们关注环境监测对公共卫生保护的重要性。目前，大多数分析方法依靠昂贵的设备，而这些设备需要使用者反复训练出高水平的技能才能可靠地操作。能够快速、现场检测的可靠方法十分缺乏。此外，从采样到实验室检测的过程效率极低，限制了对污染物释放、转移和滞留的时间与空间模式的研究。这就需要低成本的技术，能够快速、即时地检测和监测环境污染物浓度，并在现场提供有关污染程度的即时数据，对环境污染物的来源、转移和持久性的及时了解有助于预防人类疾病和生态系统损害。微流控芯片在低成本、即时快速和便捷分析方面有着突出的优势，有望满足环境与生物分析面临的诸多挑战。

（1）船舶压载水检测

船舶压载水是装载在船舱中用于控制船体的吃水深度，以提高船舶航行稳定性和操控性的海水。船舶压载水中含有大量的细菌、病毒和浮游生物，如果不对压载水中巨量的生物进行处理，而直接排放到目的海域的话，势必会造成外来物种的入侵，引起细菌及有害微生物的肆意传播，给当地的生态平衡带来灾难性的后果。所以船舶压载水在排放前必须经过灭活处理，达到相应的标准才可以排放。微流控芯片在低成本、即时快速和便捷分析方面有着突出的优势，有望成为船舶压载水现场快速检测的新一代检测技术。对船舶压载水进行快速、有效的灭活处理，以及按照公约的要求进行压载水排放标准的检测工作，对防止船舶压载水肆意排放造成的外来物种入侵及保护海洋生态平衡具有重要意义。

（2）船舶油液污染检测

① 船舶油污水检测 随着经济的迅速发展，海上交通日益繁忙，据不完全统计，每年有高达1000万吨的石油通过各种渠道流入海洋。一旦引起溢油污染，首先在海水表面会形成大片油膜，油膜阻碍了氧气向海水中的溶解，同时油污的分解还会消耗海水中的氧气，造成海水缺氧，从而导致海洋生物大量死亡，最终还可能会引发赤潮等自然灾害。因此，相关部门（如海上执法部门、交通运输行政主管部门等）应快速、准确地鉴别并确定溢油的污染源，找到溢油事故的责任方，对溢油海域采取有效的清理措施。微流控芯片技术是解决海上溢油污染检测问题的有力工具，将在本书后续章节进行详细介绍。

② 油液磨粒检测 液压油作为机械设备的重要载体，液压油中颗粒的大小、形状、浓度都能作为机械是否正常运行的指标。液压系统中颗粒污染物通常维持在 $10 \sim 20\mu m$，当机械异常磨损时，颗粒的浓度和尺寸都将迅速增加。75% 以上液压系统故障都是由液压油颗粒污染物导致的，例如液压油中的水分会大大加速机械设备的氧化和腐蚀进程，并导致颗粒污染的聚集。油中的气泡会引起空蚀现象，系统温度升高和油液劣化也将缩短液压元件的使用寿命。所以对液压系统中污染物的检测是至关重要的。微流控芯片技术可以方便地对油液污染物进行检测，以获取液压设备内部情况并对系统进行诊断，从而了解液压系统的实时状态以及对可能发生的故障进行预判。

（3）海洋微塑料检测

微塑料（microplastics, MPs），是指直径小于5mm的塑料纤维、颗粒或者薄膜，许多塑料颗粒直径小至微米、纳米级别，已经是人类肉眼不可见的程度，因此，微塑料也被形象地称为海洋中的 $PM_{2.5}$。微塑料进入海洋环境后，因其大小、形状和颜色与海洋生物的食物相似，容易引起海洋动物误食，微塑料摄入体内后，可能会对生物体产生机械损伤，堵塞食物通道，或者引起假的饱食感，进而减少对其他营养物质的摄入，导致海洋动物摄食效率降低、能量缺乏、功能受损甚至死亡。

在传统的微塑料检测方法中，大尺寸（$> 500\mu m$）的微塑料颗粒可以通过肉眼或光学显微镜检测。小尺寸的微塑料颗粒可以通过扫描电子显微镜来识别，采用目视检查和光谱技术相结合，可以获得更好的检测灵敏度和准确性。荧光显微镜利用化学试剂对微塑料颗粒进行处理和表征，用于检测海洋环境中沉积物中的微塑料颗粒。用荧光染料对微塑料颗粒进行染色，使微塑料颗粒具有荧光，并通过荧光显微镜图像进行分析来检测和识别微塑料颗粒，检测限（检出限）可达几微米或更小。但是传统的检测方法耗时耗力、检测准确度低。微流控技术为海洋微塑料污染检测提供了一个新的思路。

（4）海洋重金属离子检测

随着工农业的发展，越来越多的重金属如汞、镉、铬、铅、铜、锌、镍、钡、钒等被排入水体，不仅会对水生动植物产生毒害作用，还能通过富集作用进入生物链，对整个生态环境构成严重威胁。面对不断扩张的重工业生产规模，对自然界水体进行重金属离子含量的检测显得更加重要。目前应用较多的传统的检测方法有原子吸收光谱法、电感耦合等离子体原子发射光谱法、阳极溶出伏安法、分光光度法、X射线荧光光谱分析法等。目前，各种重金属检测方法的检测门槛很高，不仅需要一系列的昂贵设备，其检测操作也非常烦琐，导致大多数情况下重金属离子的检测只能在实验室里进行。因此，近年来，可用于即时检测的纸基微流控技术在重金属检测应用中的重要性逐渐凸显出来。尽管当前纸基微流控技术应用于重金属检测领域还处于起步阶段，但在灵敏度、选择性、响应时间和成本效益等方面均已取得非常大的进展。

1.6.3 其他领域

（1）化学及药物合成

药物在用于人体之前，要通过体外试验、动物试验等评价手段来确定其药效及安全性。目前大量的体外试验仍依赖于非常简单的单层细胞培养方式，不仅难以反映体内组织器官的功能特点，更难以反映人体组织器官对外界刺激产生的真实响应。

微流控芯片技术应用于药物筛选与毒性分析在一定程度上克服了这些限制，并增加了药物筛选通量和可靠性。微流控芯片能够有效模拟人体真正的环境，精确地控制多个系统参数，如化学浓度梯度、流体剪切力以及构建细胞分化培养等，大大缩短药物临床前研究周期，该技术有望发展成为一种仿生、高效的生理学研究及药物开发工具。

（2）食品安全分析

随着社会经济的发展，人们更加重视食品安全，然而，近年来食品安全问题事件却屡见不鲜，食品安全事件频繁报道食品中重金属、添加剂含量超标，农兽药残留、微生物污染等食品安全事件频频发生，使食品安全成为全球性话题。按照我国目前现有的检验标准，食品安全检测必须在有资质的实验室采用传统检测技术进行，通常需要昂贵的大型仪器，且前处理复杂，需要专业的操作人员进行分析检测，难以满足对食品进行现场、实时、快速、便携化检测的需要。微流控技术平台作为一种新兴的快速检测平台，正在逐步显现其在食品安全快速检测领域的应用价值，微流控芯片技术不仅为未来食品安全分析行业提供了良好的分析平台，甚至在分析领域取得了革命性的突破。与传统方法相比，微流控芯片以其快速便携、低成本和高通量等优势在食品安全检测中展现出良好的应用前景。

更多关于微流控芯片应用的知识和最新研究进展将在本书后续章节进行详细介绍。

习题及思考题

1. 什么是微流控技术？
2. 微流控技术有什么特点？
3. 常用的微流控光学检测方法有什么？
4. 常用的制作微流控芯片的材质有哪些？
5. COMSOL Multiphysics 软件的主要功能是什么？

参考文献

[1] 刘琳，冯莎.诺贝尔奖得主的统计分析研究［J］.智富时代，2018(3):214.

[2] 吴旭，王法有.诺贝尔奖获得者的统计分析［J］.科技信息，2010 (15):515-506.

[3] 肖明，杨建邨.1901～2000年诺贝尔奖百年统计分析［J］.世界科学，2001 (9):37-38.

[4] Jiang X, Jing W, Zheng L, et al. A continuous-flow high-throughput microfluidic device for airborne bacteria PCR detection［J］. Lab on a Chip, 2014, 14(4):671-676.

[5] 张静.基于无纺纤维材料的微流控芯片研究［D］.北京：北京化工大学，2021.

[6] Xie Y, Dai L, Yang Y. Miorofluidic technology and its application in the point-of-cure testing field［J］,2022,10:100109.

[7] 林炳承.微流控芯片实验室及其功能化［J］.中国药科大学学报.2003, 34(1):6.

[8] 徐富强，郭赤，陆庆生.微流控芯片技术在生命科学研究中的应用及发展［J］.中国医学装备.2013, 10(2):45-47.

[9] 李晓宇，侯森，冯喜增.微流控技术在细胞生物学中的应用［J］.生命科学.2008, 20(3):397-401.

[10] Jacobson S C, Koutny L B, Hergenroeder R, et al. Microchip capillary electrophoresis with an

integrated postcolumn reactor [J]. Analytical Chemistry, 1994, 66(20):3472-3476.

[11] 方肇伦.微流控分析芯片的制作及应用 [M].北京：化学工业出版社，2005.

[12] Woolley A T, Hadley D, Landre P, et al. Functional integration of PCR amplification and capillary electrophoresis in a microfabricated DNA analysis device [J]. Analytical chemistry, 1996, 68(23):4081-4086.

[13] Xia Y, Whitesides G M. Soft lithography [J]. Angewandte Chemie International Edition, 1998, 37(5):550-575.

[14] Thorsen T, Maerkl S J, Quake S R. Microfluidic large-scale integration [J]. Science, 2002, 298(5593):580-584.

[15] Whitesides G M. The origins and the future of microfluidics [J]. Nature, 2006, 442(7101):368-373.

[16] Daw R, Finkelstein J. Insight:Lab on a chip [J]. Nature, 2006, 442(7101):367-418.

[17] Nagrath S, Sequist L V, Maheswaran S, et al. Isolation of rare circulating tumour cells in cancer patients by microchip technology [J]. Nature, 2007, 450(7173):1235-1239.

[18] Huh D, Matthews B D, Mammoto A, et al. Reconstituting organ-level lung functions on a chip [J]. Science, 2010, 328(5986):1662-1668.

[19] Ihara M, Yoshikawa A, Wu Y, et al. Micro OS-ELISA:rapid noncompetitive detection of a small biomarker peptide by open-sandwich enzyme-linked immunosorbent assay (OS-ELISA) integrated into microfluidic device [J]. Lab on a Chip, 2010, 10(1):92-100.

[20] Zervantonakis I K, Hughes-Alford S K, Charest J L, et al. Three-dimensional microfluidic model for tumor cell intravasation and endothelial barrier function [J]. Proceedings of the National Academy of Sciences, 2012, 109(34):13515-13520.

[21] Nguyen D H T, Stapleton S C, Yang M T, et al. Biomimetic model to reconstitute angiogenic sprouting morphogenesis in vitro [J]. Proceedings of the National Academy of Sciences, 2013, 110(17):6712-6717.

[22] Bersini S, Jeon J S, Dubini G, et al. A microfluidic 3D in vitro model for specificity of breast cancer metastasis to bone [J]. Biomaterials, 2014, 35(8):2454-2461.

[23] Amstad E, Gopinadhan M, Holtze C, et al. Production of amorphous nanoparticles by supersonic spray-drying with a microfluidic nebulator [J]. Science, 2015, 349(6251):956-960.

[24] Wehner M, Truby R L, Fitzgerald D J, et al. An integrated design and fabrication strategy for entirely soft, autonomous robots [J]. Nature, 2016, 536(7617):451-455.

[25] Dance A. The making of a medical microchip [J]. Nature, 2017, 545(7655):511-514.

[26] Markin C J, Mokhtari D A, Sunden F, et al. Revealing enzyme functional architecture via high-throughput microfluidic enzyme kinetics [J]. Science, 2021, 373(411):1-13.

[27] Sudarsan A P, Ugaz V M. Multivortex micromix [J]. P Natl Acad Sci USA,2006, 103: 7228-7233.

[28] Andersson H. van den Berg A. Microfluidic devices for cellomics:a review [J]. Sens Actuator B—Chem. 2003, 92:315-325.

[29] de Mello A J. Control and detection of chemical reactions in microffuidic systems [J]. Nature, 2006 442:394-402.

[30] Matosevic S, Szita N,Baganz F. Fundamentals and applications of immobilized microfluidic enzymatic reactors [J]. Journal of Chemical Technology & Biotechnology, 2011, 86(3):325-334.

[31] Kuyper C L, Budzinski K L, Lorenz R M,et al. Real-time sizing of nanoparticles in microfuidic channels using confocal correlation spectroscopy [J]. J Am Chem Soc, 2006 128:730-731.

[32] Janasek D, Franzke J, Manz A. Scaling and the design of miniaturized chemi-analysis systems [J]. Nature, 2006, 442:374-380.

[33] Faridkhou A, Tourvieille J N, Larachi F. Reactions, hydrodynamics and mass transfer in micro-packed

beds-Overview and new mass transfer data [J]. Chemical Engineering and Processing:Process Intensification, 2016(110):80-96.

［34］Zhao B, Ren Y, Gao D. Heat transfer methodology of microreactor based on Bandelet finite element method [J]. International Journal of Heat and Mass Transfer, 2019(132):715-722.

［35］Terray A, Oakey J, Marr D W M. Microfluidic control using colloidal devices [J]. Science 2002, 296:1841-1844.

［36］Nabavi M, Mongeau L. Numerical analysis of high frequency pulsating flows through a diffuser-nozzle element in valueless acoustic micropumps [J]. Microfluidics and Nanofluidics, 2009, 7:669-681.

［37］Chan S C, Chen C R, Liu C H. A bubble-activated micropump with high-frequency flow reversal [J]. Sensors and Actuators A Physical, 2010,163(2):501-509.

［38］林丙承.微流控芯片实验室 [M].北京：科学出版社，2005.

［39］孙薇，陆敏，李立，等.微流控芯片技术应用进展 [J].中国国境卫生检疫杂志，2019(3):221-224.

［40］齐骥.微流控纸芯片在环境与生物分析中的应用研究 [D].上海：上海大学，2020.

［41］王文甲，彭钊，吕雪飞，等.微流控芯片细胞灌流培养技术及其应用研究进展 [J].载人航天，2021，27(5):649-654.

［42］Liu J G, Diamond J. China's environment in a globalizing world [J]. Nature, 2005, 435:1179-1186.

［43］Meredith N A, Quinn C, Cate D M, et al. Paper-based analytical devices for environmental analysis[J]. Analyst, 2016, 141:1874-1887.

［44］Li H F, Lin J M. Applications of microfluidic systems in environmental analysis [J]. Analytical and Bioanalytical Chemistry, 2009, 393:555-567.

［45］王艳娟.基于微流控芯片的藻细胞分选与检测技术研究 [D].大连：大连海事大学，2020.

［46］毕宗杰.海洋油污及金属元素激光光谱检测系统研究 [D].哈尔滨：哈尔滨工业大学，2020.

［47］于卓玉，裴伟，朱永英，等.基于红外光谱与气相色谱耦合的海上溢油鉴别技术 [J].海洋环境科学，2020, 39(6):926-931.

［48］孙广涛.基于对置线圈的船机油液污染物检测芯片研究 [D].大连：大连海事大学，2020.

［49］Andrady A L. Microplastics in the marine environment [J]. Marine Pollution Bulletin,2011，62(8):1596-1605.

［50］武芳竹，曾江宁，徐晓群，等.海洋微塑料污染现状及其对鱼类的生态毒理效应 [J].海洋学报，2019,41(2):89-102.

［51］Kai Z, Ywa B, Jda B , et al. Separation and characterization of microplastic and nanoplastic particles in marine environment. 2022, 297:118773.

［52］王虎.三维纸质微流控芯片的设计制作及其在重金属检测中的应用 [D].大连：大连大学，2014.

［53］张胜.海水痕量重金属检测技术及系统的研究 [D].秦皇岛：燕山大学，2020.

［54］冯剑锋.基于纸基微流控的水体重金属离子检测 [D].北京：北京化工大学，2021.

［55］朱婧旸，董旭华，张维宜，等.微流控技术在食品安全快速检测中的应用 [J].化学试剂，2021(5): 632-639.

［56］王东鹏，叶诚，张霖.微流控芯片在食品安全检测中的应用 [J].中国食品工业，2021(19):109-112.

第2章

微流控芯片理论基础

2.1 概述

微流控芯片能够把生物、化学、医学分析过程的样品制备、反应、分离、检测等基本操作单元集成到一块微米尺度的芯片上，自动完成分析全过程。因此，微流控芯片涉及流场、电场、浓度场、磁场等多物理场的耦合。

本章将重点介绍微流控芯片中常用的一些基础理论知识，如流场、电场、浓度场等，另外重点介绍微流控芯片常见流体和粒子驱动方式之一——电动现象的相关理论知识，并介绍一些微流控芯片中的多物理场耦合案例。

2.2 流体相关理论

流场的分布遵循纳维-斯托克斯（Navier-Stokes, NS）方程 [式（2-1）] 和连续性方程 [式（2-2）]。

$$\rho \left[\frac{\partial \boldsymbol{U}}{\partial t} + \boldsymbol{U} \times \nabla \boldsymbol{U} \right] = -\nabla p + \mu \nabla^2 \boldsymbol{U} + \boldsymbol{F} \tag{2-1}$$

$$\nabla \boldsymbol{U} = 0 \tag{2-2}$$

式中，ρ 是液体的密度，kg/m^3；μ 是液体的黏度，$Pa \cdot s$；$\boldsymbol{U}$ 是速度矢量，m/s；p 是压力，Pa；$\boldsymbol{F}$ 是液体所受的体积力，N。

稳定状态下，NS 方程可简化为：

$$\rho \boldsymbol{U} \times \nabla \boldsymbol{U} = -\nabla p + \mu \nabla^2 \boldsymbol{U} + \boldsymbol{F} \tag{2-3}$$

一般来说，微通道中液体的流速很低，使得雷诺数很小。因此，式（2-1）中的惯性项（$\rho \boldsymbol{U} \times \nabla \boldsymbol{U}$）远小于黏性项（$\mu \nabla^2 \boldsymbol{U}$），从而可以忽略该项。另外，由于双电层中的电荷密度不为零，外加电场会施加电场力作用在双电层中。综上，控制水中流场分布的 NS 方程可简化为：

$$\nabla p = \mu_w \nabla^2 \boldsymbol{U}_w + \rho_e \boldsymbol{E} \tag{2-4}$$

式中，μ_w 是水的黏度，$Pa \cdot s$；$\boldsymbol{U}_w$ 是水的速度矢量，m/s；ρ_e 是局部净电荷密度，C/m^3；$\boldsymbol{E}$ 是外加电场强度，V/m。

由于不导电的油中不存在直流电场，所以油不受体积力。于是，NS 方程在油中可简化为：

$$\nabla p = \mu_o \nabla^2 \boldsymbol{U}_o \tag{2-5}$$

式中，μ_o 是油的黏度，$Pa \cdot s$；$\boldsymbol{U}_o$ 是油的速度矢量，m/s。

2.3 电场相关理论

2.3.1 电动现象

双电层（electric double layer, EDL）理论是电动现象（electrokinetic phenomenon）的基础。电动现象的两个主要表现形式是电渗流（electroosmotic flow, EOF）和电泳（electrophoresis）。

（1）双电层理论

对于大多数固体材料来说，当其接触到电解质溶液时，受到材料表面官能团电化学反应的影响，这些材料的表面会自发地获得电荷。带电的固体壁面会吸引水溶液中异号离子，同时排斥同号离子，最终在固体表面附近形成EDL。离子在EDL中的分布如图2-1所示。首先，带电壁面会从水溶液中吸附异号离子，在其表面形成一层异号离子层，称为接触层（stern layer）。接触层中的异号离子紧密排列，无法移动，厚度通常只有几纳米。而相邻接触层的离子同样受到带电壁面的影响，异号离子靠近壁面，同号离子远离壁面。所不同的是相邻接触层的这些离子排列相对稀疏，是可移动的，这些可移动的离子形成的离子层称为扩散层（diffuse layer）。

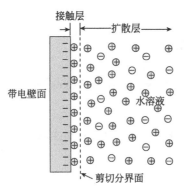

图2-1　双电层中离子分布示意图

从图2-1可清楚地看出，受带电固体壁面的影响，EDL中的异号离子浓度远大于同号离子浓度，导致EDL中的净电荷密度不为零。接触层和扩散层的分界面称为剪切分界面（shear plane），通常在该分界面上测得的电势称为zeta电势（ζ）。zeta电势是一个在化学和界面科学等领域被广泛使用的重要参数。EDL中电势（ψ）的分布由著名的泊松-玻尔兹曼方程［式（2-6）］控制。

$$\nabla^2 \psi = -\frac{\rho_e}{\varepsilon_0 \varepsilon_w} \tag{2-6}$$

式中，ε_0是真空介电常数，F/m；ε_w是水溶液的相对介电常数；ρ_e是EDL中局部净电荷密度，C/m³，其表达式如下：

$$\rho_e = -2zen_\infty \sinh\left(\frac{ze\psi}{k_B T}\right) \tag{2-7}$$

式中，z为水溶液离子化合价数，e为基元电荷量，C；n_∞为水溶液离子数浓度（$n_\infty = 1000N_A$

mol，$N_A=6.022\times10^{23}mol^{-1}$）；$k_B$为玻尔兹曼常数，J/K；$T$为热力学温度，K。

通过考虑带电壁面的表面电荷和EDL中电荷之间的平衡，可以计算带电壁面的表面电荷密度。对于zeta电势为ζ_s的带电壁面，其表面电荷密度（σ_s）表达式为：

$$\sigma_s=\frac{4zen_\infty}{\kappa}\sinh(\frac{ze\zeta_s}{2k_BT})\qquad(2\text{-}8)$$

式中，κ是Debye-Hückel参数，m^{-1}；κ^{-1}代表EDL的特征厚度，m。假如水溶液中的电解质是对称的（例如，KCl），那么κ的表达式为：

$$\kappa=\sqrt{\frac{2n_\infty z^2e^2}{\varepsilon_0\varepsilon_wk_BT}}\qquad(2\text{-}9)$$

由式（2-9）可知，水溶液离子浓度越高，EDL的厚度越小。这是因为水溶液离子浓度越高，越多的水溶液异号离子会被吸引到带电壁面附近，从而压缩EDL的厚度。

（2）电渗流

电渗流是因带电表面形成的EDL与外加电场相互作用而在带电表面附近产生的一种流体流动现象。如上所述，当一个带电表面接触水溶液后，其附近会形成EDL。由于表面电荷的作用，EDL中的异号离子浓度远大于同号离子浓度，使得EDL中的净电荷密度不为零。假设壁面带负电荷，那么EDL中的阳离子数量就远大于阴离子数量。当一个外加直流电场沿着壁面施加在水溶液中后，外加电场会推动EDL中过量阳离子向直流电场负极移动。移动的离子通过黏性效应带动液体随着运动，这种现象就是电渗流，如图2-2所示。

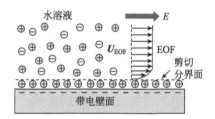

图2-2　带电壁面附近产生的电渗流示意图

由图2-2可看出，受到壁面高剪切速率（shear rate）的影响，电渗流速率从剪切分界面开始由零逐渐增大，在EDL外缘处，电渗流速率达到最大值，并保持恒定不变。电渗流（EOF）速率（U_{EOF}）可由Helmholtz-Smoluchowski方程［式（2-10）］来评估计算。

$$U_{EOF}=-\frac{\varepsilon_w\varepsilon_0\zeta_s}{\mu_w}E\qquad(2\text{-}10)$$

式中，μ_w为水溶液动力黏度，Pa·s；E是外加电场强度，V/m。

（3）电泳

悬浮于静止水溶液中的带电颗粒响应外加电场而产生的运动称为电泳，如图2-3所示。理论上，当外加直流电场施加在水溶液中后，悬浮在溶液中的带电颗粒受到电场施加的库仑力，从而使得颗粒在溶液中运动。与图2-2中的水平带电固体壁面相同，处于水溶液中的带电球形颗粒表面也会形成EDL，在电场作用下，颗粒表面同样会产生EOF。所不同的是图2-2中的带电壁面是固定不动的，其表面产生的电渗流使得溶液沿着壁面运动，而图2-3中的带电颗粒是自由悬浮在溶液中的，在电场作用下带电颗粒会运动，而其周围的水溶液是静止的。这也是电渗流和电泳的最大区别。

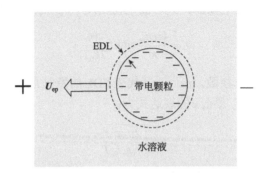

图2-3 静止水溶液中带电颗粒电泳示意图

关于带电球形颗粒的电泳速率，前人已经做了非常完善的研究。当颗粒表面EDL的厚度（κ^{-1}）远大于颗粒半径（r）时，即当$\kappa r \ll 1$时，颗粒的电泳速率（U_{ep}）表达式为：

$$U_{ep} = \frac{2}{3} \times \frac{\varepsilon_w \varepsilon_0 \zeta_p}{\mu_w} E \qquad (2\text{-}11)$$

式中，ζ_p是颗粒表面zeta电势，V。如果颗粒表面EDL的厚度远小于颗粒半径，即当$\kappa r \gg 1$时，颗粒的电泳速率（U_{ep}）表达式如下：

$$U_{ep} = \frac{\varepsilon_w \varepsilon_0 \zeta_p}{\mu_w} E \qquad (2\text{-}12)$$

式（2-11）称为Hückel方程，式（2-12）称为Smoluchowski方程。对比式（2-11）和式（2-12）两种情况下的颗粒电泳速率可知，两者相差一个系数2/3，这主要是由颗粒周围EDL的电泳阻滞效应（electrophoretic retardation effect）引起的。该效应会阻碍颗粒的运动，使得颗粒的电泳速率降低。当$\kappa r \ll 1$时，该效应有较强的影响；而当$\kappa r \gg 1$时，该效应的影响较弱。

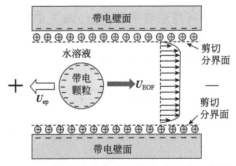

图2-4 微通道中带电颗粒电动运动示意图

假如带电颗粒处于微通道中，或者距离某个带电表面相对较近时，带电表面产生的EOF也会影响颗粒的运动。在该情况下，带电颗粒的运动称为电动运动（electrokinetic motion），如图2-4所示。受到颗粒本身电泳和来自微通道壁面产生的EOF的影响，带电颗粒在微通道中的电动运动速率表达式为：

$$U_{EK} = U_{ep} + U_{EOF} \tag{2-13}$$

需要特别说明的是，式（2-13）仅仅适用于带电颗粒尺寸相比于微通道尺寸足够小，并且颗粒距离微通道所有壁面都较远的情况。

下面将通过微流控芯片中实际情形介绍几个相关多物理场耦合案例。

2.3.2 颗粒在水平油−水界面中电动运动

外加直流电场作用于水中情况下，微尺度球形固体颗粒在水平油−水界面中电动运动的物理模型如下：

（1）电场

直流电场施加在水中后，电势（V）分布由拉普拉斯方程 ［式（2-14）］ 控制：

$$\nabla^2 V = 0 \tag{2-14}$$

电场强度与电势关系为：

$$E = -\nabla V \tag{2-15}$$

外加电场的边界条件如下：
在水域的所有边界：

$$n \cdot E = 0 \tag{2-16}$$

式中，n 为边界单位法向量。
在通道入口边界：

$$V = V_0 \tag{2-17}$$

在通道出口边界：

$$V = 0 \tag{2-18}$$

另外，由于表面电荷的存在，在EDL内会形成一个额外电场，其电势（ζ）分布由泊松-玻尔兹曼方程 ［式（2-19）］ 控制：

$$\nabla^2 \zeta = \frac{2zen_\infty}{\varepsilon_0 \varepsilon_w} \sinh\left(\frac{ze\zeta}{k_B T}\right) \tag{2-19}$$

油-水界面的EDL电势等于该界面的zeta电势，在水域其他边界电势为零，即
在油-水界面：

$$\zeta = \zeta_i \tag{2-20}$$

在水域其他边界：

$$\zeta = 0 \tag{2-21}$$

需要特别说明的是，颗粒-水界面和通道壁面-水界面也有EDL和zeta电势，但是不同于油-水界面的情况，本研究选择另一种方法来体现EDL在这些边界中的影响，详见"（2）流场"。

（2）流场

流场的分布遵循纳维尔-斯托克斯（Navier-Stokes, NS）方程［式（2-1）］和连续性方程［式（2-2）］。

在本研究中，通道没有压力驱动流，压力梯度（∇p）为零。因此，在通道进出口没有压力和黏性应力，即

$$p=0 \tag{2-22}$$

$$n\nabla U=0 \tag{2-23}$$

对于电渗流来说，流速和雷诺数都很小。因此，式（2-1）中的惯性项（$\rho U \times \nabla U$）很小，可以忽略。外加电场会施加体积力作用在水中的EDL。于是，在水中NS方程可简化为：

$$\rho_w \frac{\partial U_w}{\partial t}=\mu_w\nabla^2 U_w+\rho_e E \tag{2-24}$$

式中，ρ_w是水的密度，kg/m³；μ_w是水的黏度，Pa·s；U_w是水的速度矢量，m/s；E是外加电场强度，V/m；ρ_e为局部净电荷密度，C/m³，其表达式如下：

$$\rho_e=-2zen_\infty\sinh(\frac{ze\zeta}{k_BT}) \tag{2-25}$$

油中没有电场，无体积力。因此，NS方程在油中可简化为：

$$\rho_o \frac{\partial U_o}{\partial t}=\mu_o\nabla^2 U_o \tag{2-26}$$

式中，ρ_o是油的密度，kg/m³；μ_o是油的黏度，Pa·s；U_o是油的速度矢量，m/s。

不同于固体壁面，油-水界面是可移动的。当外加电场施加在水中后，在通道壁面和油-水界面产生的电渗流会施加剪切应力作用于油-水界面；同时，界面电荷会受到外加电场施加的电场力。这两方面因素引起油-水界面的移动。由于黏性效应，移动的界面会带动油随着界面运动。在油-水界面，需要满足速率连续［式（2-27）］和应力平衡［式（2-28）］。

$$U_w=U_o \tag{2-27}$$

$$\frac{\partial U_w}{\partial n}-\beta \frac{\partial U_o}{\partial n}=\frac{\sigma_i E_x}{\mu_w} \tag{2-28}$$

式中，$\beta=\mu_o/\mu_w$为油-水动力黏度比，$\sigma_i E_x$是外加电场作用在界面电荷产生的应力，Pa；E_x是外加电场在x轴方向上的电场强度，V/m；σ_i为油-水界面的电荷密度，C/m²，表达式如下：

$$\sigma_i=\frac{4zen_\infty}{\kappa}\sinh(\frac{ze\zeta_i}{2k_BT}) \tag{2-29}$$

相比于通道尺寸，EDL的厚度很小。因此，在颗粒-水界面和通道壁面-水界面形成的EDL中的流场可以被忽略，相应地，用Helmholtz-Smoluchowski方程［式（2-30）］作为这些边界的滑移边界条件来体现EDL的影响。

$$U=-\frac{\varepsilon_w\varepsilon_0\zeta_s}{\mu_w}E \tag{2-30}$$

式中，ζ_s 是带电表面的 zeta 电势，V。

于是，水中的边界条件如下：

在颗粒 - 水界面：

$$U_w = U_p - \frac{\varepsilon_w \varepsilon_0 \zeta_p}{\mu_w} E \tag{2-31}$$

式中，U_p 是颗粒的平移速率，m/s。

在通道壁面 - 水界面：

$$U_w = -\frac{\varepsilon_w \varepsilon_0 \zeta_w}{\mu_w} E \tag{2-32}$$

然而，油 - 水界面水一侧形成的 EDL 中的流场分布情况不能忽略。如果 Helmholtz-Smoluchowski 方程也作为该界面上的边界条件，那么在该处 EDL 中的速率梯度（$\frac{\partial U_w}{\partial n}$）就会变为零，进而应力在界面无法达到平衡。因此，油 - 水界面处 EDL 中的流场分布需要求解泊松 - 玻尔兹曼方程［式（2-6）］和纳维尔 - 斯托克斯方程［式（2-1）］获得。

因为油中没有离子和 EDL 存在，所以在油中颗粒表面边界条件为：

$$U_o = U_p \tag{2-33}$$

通道壁面 - 油界面是无滑移边界条件，即

$$U_o = 0 \tag{2-34}$$

（3）颗粒运动速率

颗粒的平移速率由牛顿第二定律控制：

$$m_p \frac{\mathrm{d}U_p}{\mathrm{d}t} = F_w + F_o \tag{2-35}$$

式中，m_p 是颗粒质量，kg；F_w 是流动的水作用在颗粒表面的水动力，N；F_o 是流动的油作用在颗粒表面的水动力，N。表达式为：

$$F_w = \int \sigma_w n \mathrm{d}S_w \tag{2-36}$$

$$F_o = \int \sigma_o n \mathrm{d}S_o \tag{2-37}$$

式中，S_w 和 S_o 分别代表颗粒在水和油中的区域；σ_w 和 σ_o 分别是来自水和油的应力张量，由以下方程表示：

$$\sigma_w = -PI + \mu_w [\nabla U_w + (\nabla U_w)^T] \tag{2-38}$$

$$\sigma_o = -PI + \mu_o [\nabla U_o + (\nabla U_o)^T] \tag{2-39}$$

流场和颗粒的初始速率都为零，即在 $t = 0$ 时：

$$U_p = 0, \ U_w = 0, \ U_o = 0 \tag{2-40}$$

当颗粒速率达到稳定后，作用在颗粒表面的合力应该为零，即

$$F_{net} = F_w + F_o = 0 \tag{2-41}$$

2.3.3 油滴在空气–水界面附近电动运动

外加直流电场作用于水中情况下，微尺度油滴在水平空气-水界面附近电动运动的物理模型如下：

（1）电场

水中外加直流电场的电势（V）分布由拉普拉斯方程控制，详见式（2-14）～式（2-18）。此外，油-水界面及空气-水界面存在的电荷在其周围形成的双电层内造成一个额外电场，该电场的电势（ψ）分布由泊松-玻尔兹曼方程［式（2-42）］控制。

$$\nabla^2 \psi = -\frac{\rho_e}{\varepsilon_0 \varepsilon_w} \tag{2-42}$$

式中，ρ_e 为局部净电荷密度，C/m^3，其表达式如下：

$$\rho_e = -2zen_\infty \sinh(\frac{ze\psi}{k_B T}) \tag{2-43}$$

油-水界面和空气-水界面上的电势等于该界面的 zeta 电势，即

在油-水界面：

$$\psi = \zeta_{o/w} \tag{2-44}$$

在空气-水界面：

$$\psi = \zeta_{a/w} \tag{2-45}$$

（2）流场

稳定状态下，不可压缩液体的流场分布由纳维尔-斯托克斯（Navier-Stokes, NS）方程［式（2-1）］和连续性方程［式（2-2）］控制。

一般来说，电渗流的速率很低，使得雷诺数很小。因此，式（2-1）中的惯性项（$\rho U \times \nabla U$）远小于黏性项（$\mu \nabla^2 U$），从而可以忽略该项。另外，由于双电层中的电荷密度不为零，外加电场会施加电场力作用在双电层中。综上，控制水中流场分布的 NS 方程可简化为：

$$\nabla p = \mu_w \nabla^2 U_w + \rho_e E \tag{2-46}$$

式中，U_w 是水的速度矢量，m/s。

由于不导电的油中不存在直流电场，所以油不受体积力。于是，NS 方程在油中可简化为：

$$\nabla p = \mu_o \nabla^2 U_o \tag{2-47}$$

式中，μ_o 是油的动力黏度，$Pa \cdot s$；U_o 是油的速度矢量，m/s。

在本研究中，外界不施加压力作用在边界上。因此，计算区域左右两边界的压力和黏性应力都设置为零。

当直流电场施加在水中后，可移动的空气-水界面和油-水界面水一侧产生的电渗流会施

加剪切应力作用在界面上；同时，界面上的电荷会受到来自直流电场的电场力，引起空气-水界面和油-水界面的移动。在油-水界面上，需要满足速率连续条件［式（2-48）］和应力平衡条件［式（2-49）］。

$$U_w = U_o \tag{2-48}$$

$$\frac{\partial U_w}{\partial n} - \beta \frac{\partial U_o}{\partial n} = \frac{\sigma_{o/w} E_\perp}{\mu_w} \tag{2-49}$$

式中，$\beta = \mu_o/\mu_w$ 为油-水动力黏度比；$E_\perp$ 是油滴表面切向电场强度，V/m；$\sigma_{o/w}$ 为油-水界面的电荷密度，C/m²，其表达式如下：

$$\sigma_{o/w} = \frac{4zen_\infty}{\kappa} \sinh\left(\frac{ze\zeta_{o/w}}{2k_B T}\right) \tag{2-50}$$

由于空气的黏度远小于水的，室温下大约只有水的1/50，并且本研究认为水面上的空气是静止的。因此，空气对空气-水界面的影响忽略不计。于是，空气-水界面需要满足如下边界条件：

$$\mu_w \frac{\partial U_w}{\partial n} = \sigma_{a/w} E_x \tag{2-51}$$

式中，E_x 是外加电场沿 x 轴方向上的电场强度，V/m；$\sigma_{a/w}$ 为空气-水界面的电荷密度，C/m²，其表达式如下：

$$\sigma_{a/w} = \frac{4zen_\infty}{\kappa} \sinh\left(\frac{ze\zeta_{a/w}}{2k_B T}\right) \tag{2-52}$$

在本研究中，水的区域是无限大的，所以设定的水域尺寸远大于油滴的。因此，计算区域下边界设置为无滑移边界条件，即

$$U_w = 0 \tag{2-53}$$

另外，考虑到在离油滴足够远的地方，电渗流只沿 x 轴方向运动，那么计算区域的两侧边界沿切向方向的黏性应力为零，并且流体不能穿过这些边界［式（2-54）］。

$$U_w n = 0 \tag{2-54}$$

（3）油滴运动速率

当外加直流电场施加在水中后，首先带电油滴会受到电场力（F_e）的作用。另外，空气-水界面下产生的电渗流会施加水动力（F_h）作用于油滴表面。因此，带电油滴所受的合力为

$$F_{net} = F_e + F_h \tag{2-55}$$

上式中水动力（F_h）由两部分组成：

$$F_h = F_{hin} + F_{ho} \tag{2-56}$$

式中，F_{hin} 是双电层内部流体作用在油滴表面的水动力，N；F_{ho} 是油滴双电层外部流体作用在双电层区域外缘上的水动力，N。双电层内部的异号离子会中和油滴所带的电荷，也就是说，在稳定状态下，F_{hin} 和 F_e 相互抵消，直流电场不会施加电场力作用在油滴双电层外缘。因此，带电油滴所受的合力为：

$$F_{net} = F_{ho} = \int \sigma_w n dS_0 \tag{2-57}$$

式中，S_0 指的是环绕油滴周围的双电层的外缘，m^2；σ_w 为水力应力张量，N/m^2，表达式为：

$$\sigma_w = -PI + \mu_w[\nabla U_w + (\nabla U_w)^T] \tag{2-58}$$

当油滴表面所受的合力变为零后，油滴运动速率（U_d）也达到稳定。

2.4 浓度场相关理论

混合效率是微混合器的关键参数。目前已经提出了一些方法来评估混合效率。常用的方法是基于偏析的强度。像素强度或点浓度的标准偏差通常作为混合指数（MI）来评估混合效率，可以表示为：

$$MI = \sqrt{\frac{1}{N}\sum_{i=1}(c_i - \bar{c})^2} \tag{2-59}$$

式中，c_i 是点浓度/像素强度；$\bar{c}$ 是平均点浓度/像素强度；N 是采样点的数量。还报告了经过改进的基于标准偏差与平均点浓度/像素强度比较的混合指数，可以表示为：

$$MI = 1 - \frac{\sqrt{\frac{1}{N}\sum_{i=1}^{N}(c_i - \bar{c})^2}}{\bar{c}} \tag{2-60}$$

此外，提出了基于混合段与非混合段点浓度或像素强度标准差比较的混合指数，可以表示为：

$$MI = 1 - \frac{\sqrt{\frac{1}{N}\sum_{i=1}^{N}(c_i - \bar{c})^2}}{\sqrt{\frac{1}{N}\sum_{i=1}^{N}(c_i - \bar{c}_0)^2}} \tag{2-61}$$

式中，c_0 是非混合部分的点浓度或像素强度，mol/m^3；$\bar{c}_0$ 是非混合部分的平均浓度或强度，即 c_0 的平均值，mol/m^3。还报告了另一个基于混合和非混合部分点浓度或像素强度积分比较的混合指数，可以表示为：

$$MI = 1 - \frac{\int_0^H |c_i - c_\infty| dy}{\int_0^H |c_0 - c_\infty| dy} \tag{2-62}$$

式中，H 是截面宽度，m；c_∞ 是完全混合浓度，mol/m^3。

下面以基于电渗流的微混合器为例，介绍其具体模型，如下：

（1）电场

水中外加直流电场的电势（V）分布由拉普拉斯方程控制，详见式（2-14）～式（2-18）。

（2）流场

稳定状态下，不可压缩的液体的流场分布由纳维尔-斯托克斯（Navier-Stokes, NS）方程［式（2-1）］和连续性方程［式（2-2）］控制。一般来说，电渗流的速率很低，使得雷诺数很小。因此，式（2-1）中的惯性项（$\rho U \times \nabla U$）远小于黏性项（$\mu \nabla^2 U$），从而可以忽略该项。

溶液本体呈电中性，只有在EDL中静电荷密度ρ_e不为零，相比于微通道的尺寸，EDL的厚度很小，可以忽略，因此可以将NS方程中的$\rho_e E$项去掉，并将Helmholtz-Smoluchowski滑移速率作为壁面边界条件来体现电场对流场的影响：

非金属壁面：
$$u = -\frac{\varepsilon_0 \varepsilon_w \zeta_w}{\mu} E \tag{2-63}$$

金属圆柱表面：
$$u = -\frac{\varepsilon_0 \varepsilon_w \zeta_i}{\mu} E \tag{2-64}$$

式中，ζ_w为非金属壁面固有zeta电势，V；ζ_i为金属壁面诱导zeta电势，V。

在本研究中，外界不施加压力作用在边界上。因此，计算区域左右两边界的压力和黏性应力都设置为零。

（3）浓度场

假设通道内浓度不受任何反应的影响，且没有离子迁移。此时描述稳态下水中溶质浓度的对流扩散方程如下：

$$\nabla \times (-D\nabla c) + u \times \nabla c = 0 \tag{2-65}$$

式中，c为溶质浓度，mol/m^3；D为溶质扩散系数。

由于微通道壁面对溶质绝缘，因此不再对微通道壁面施加以下通量条件：

$$-n \times (-D\nabla c + uc) = 0 \tag{2-66}$$

设置入口1处溶质浓度$c_0 = 1mol/m^3$；入口2处溶质浓度为$0mol/m^3$。由于溶质是通过通道内的流动从出口流出，可以确定溶质的传递由对流主导，溶质的扩散传递可以忽略。因此出口处边界条件为：

$$n \times D\nabla c = 0 \tag{2-67}$$

2.5 磁场相关理论

在微流控芯片中，还会用到一些铁磁性材料来开展相关研究。常用的磁性材料有永磁体（如钕铁硼磁体等）、软磁体（如镍铁合金等）以及超顺磁磁珠（如四氧化三铁等）。所有的物质具有磁性，物质的磁性可分为五类：抗磁性、顺磁性、反铁磁性、铁磁性和亚铁磁性。通常所说的磁性材料是铁磁性和亚铁磁性物质的总称。各种物质在磁场中的磁化特性（包括磁化系数）如表2-1所示。

表2-1 物质磁性分类

项目	弱磁性			强磁性	
	抗磁性	顺磁性	反铁磁性	铁磁性	亚铁磁性
磁化系数	$\chi < 0$	$\chi > 0$	$\chi > 0$	$\chi \gg 0$	$\chi \gg 0$
示例	铜（-1.0×10^{-5}）水（-0.9×10^{-5}）	铝（2.2×10^{-5}）空气（3.6×10^{-7}）	氧化镍（0.67）	铁（约10^6）钴（约10^3）	四氧化三铁（约10^2）

当铁磁性或亚铁磁性物质（如铁或铁氧体颗粒等）的尺寸减小到纳米级时，颗粒只具有单磁畴结构。由于尺寸太小，其热扰动能大于磁各向异性能，磁矩取向表现为磁的布朗运动，这种特性与普通顺磁性物质十分相似，但具有更强的磁性，即为超顺磁性。磁性物质由铁磁性转变为超顺磁性的临界尺寸与温度有关，温度越高，此临界尺寸越大。构成磁珠的磁性纳米颗粒粒径一般在10nm左右，由于粒径太小，常温下便具有超顺磁性，其宏观物理特性为：在磁场作用下，磁珠显示出较强的磁性，而一旦撤去外加磁场，磁珠的磁性就几乎消失，无剩磁现象。磁珠的超顺磁性是其在微流控芯片内的运动能够被灵活操控的物理基础，而磁珠表面生物修饰的多样性又是其在生化分析领域获得广泛应用的保证。

磁性材料内部的原子内电子的未补偿的轨道运动或自旋运动是磁场能够对磁性材料产生作用的根本原因。磁场中可测得的量是磁感应强度 B（单位：$\mathrm{Wb/m^2}$），磁场的强度大小通常由磁感应强度 B 表示：

$$B=\mu_0(H+M) \tag{2-68}$$

式中，μ_0 是真空磁导率，H/m；H 是磁场强度，A/m；M 是磁化强度，A/m。

磁化强度取决于材料的磁性特性。针对铁磁质，其磁性特性通常由 B-H 曲线或 M-H 曲线表示，如图2-5所示。H 和 B 之间的关系是高度非线性的，并且由于存在迟滞和滞后环而具有多值性。

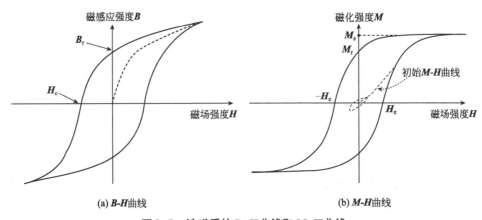

(a) B-H曲线　　　　　　　(b) M-H曲线

图2-5　铁磁质的 B-H 曲线和 M-H 曲线

铁磁材料通常分为软磁材料和硬磁材料，在微流控系统中，使用的永磁体是由硬磁材料制成的，而内嵌的微型磁体一般为软磁体。磁化强度与磁场强度的关系是由磁化系数 χ 来定义的：

$$M=\chi H_{in} \tag{2-69}$$

式中，χ 是材料的固有磁化系数，且 $\chi=\mu/\mu_0-1$。χ 的符号决定了材料是顺磁性或者反磁性，当 $\mu>\mu_0$ 时，材料为顺磁性，当 $\mu<\mu_0$ 时，材料为反磁性。上式中的 H_{in} 是指磁性材料内部的磁场强度，而通过磁化曲线测得的磁化系数 χ_m 不同于上式中的 χ，是材料磁化强度 M 与外加磁场强度 H_{ap} 之间的比值：

$$M=\chi_m H_{ap} \tag{2-70}$$

一般意义上，测量磁化系数χ_m不是一个常量，而是一个非单值矢量函数：

$$M(H) = \chi_m(H_{ap})H_{ap} \tag{2-71}$$

对于超顺磁性纳米粒子和部分软磁材料，可以认为无磁滞，则在低磁场下其磁化模型可以认为是简单的线性磁化关系，$\chi_m(H_{ap})$简化为单值标量即常数。但随着磁场增大，磁化强度与磁场强度的关系不再是线性关系。在微流控系统中，假设不考虑温度因素的影响，非单值矢量函数$\chi_m(H_{ap})$可简化为标量函数，基于以下假设进行简化：

$$\frac{\partial \chi_m(H_{ap})}{\partial H_{ap}}\bigg|_{H_{ap}} = \chi_0, \ \chi_m(H_{ap})H_{ap}\big|_{H_{ap}\to\infty} = M_s \tag{2-72}$$

有三种不同的简化函数来定义$\chi_m(H_{ap})$：

$$\chi_m(H_{ap}) = \chi_0 \tag{2-73}$$

$$\chi_m(H_{ap}) = \frac{M_s}{H}\tanh\left(\frac{\chi_0 H}{M_s}\right) \tag{2-74}$$

$$\chi_m(H_{ap}) = \frac{\chi_0 M_s}{M_s + \chi_0 H} \tag{2-75}$$

微流控系统中的磁性微粒处在磁化系数为χ_f的环境中，磁化强度与外加磁场强度的关系为：

$$\vec{M} = \chi_p\vec{H_{in}} = \frac{3\chi_p(\chi_f+1)}{(\chi_p-\chi_f)+3(\chi_f+1)}\vec{H_{ap}} \tag{2-76}$$

顺磁性材料的原子各自具有永久磁偶极矩，且假设原子之间没有相互作用。无磁场时，顺磁体不保留任何磁化，并且单个磁矩的方向指向随机方向。当施加磁场时，磁矩与磁通密度线方向只有部分对齐排列。这是由于足够大的热能导致磁矩排列的随机破坏。故磁化强度与磁场强度的非线性关系模型与温度有关。考虑温度因素，磁化率由Langevin函数给出：

$$\vec{M}\vec{H} = M_s n_a\left[\coth\left(\frac{\mu_0 mH}{k_B T}\right) - \frac{k_B T}{\mu_0 mH}\right]\frac{\vec{H}}{H} \tag{2-77}$$

式中，M_s是单个磁性粒子的饱和磁化强度；n_a是单位体积内的磁性粒子数；k_B是玻尔兹曼常数，$1.3806505(24)\times10^{-23}$ J/K；m是单个磁性粒子的磁矩，且$m = M_s V_p$，V_p是单个磁性粒子的体积。

 习题及思考题

1. 为什么微流控芯片中的流体流动形式通常为蠕动流？
2. 简述双电层的形成过程。
3. 什么是电渗流？
4. 电泳和电动运动有什么区别？
5. 在油-水界面电动现象的研究中，油-水界面需要满足什么条件？

参考文献

［1］王成法. 水溶液中油滴和固体颗粒电动运动界面效应研究［D］. 大连：大连海事大学，2018.

［2］Zhao C, Yang C. Advances in electrokinetics and their applications in micro/nano fluidics［J］. Microfluidics and Nanofluidics, 2012, 13(2): 179-203.

［3］Nakamura M, Sato N, Hoshi N et al. Outer helmholtz plane of the electrical double layer formed at the solid electrode-liquid interface［J］. ChemPhysChem, 2011, 12(8): 1430-1434.

［4］Grahame D C. The electrical double layer and the theory of electrocapillarity［J］. Chemical Reviews, 1947, 41(3): 441-501.

［5］Li D. Electrokinetics in microfluidics［M］. London: Academic Press, 2004.

［6］Li D. Encyclopedia of microfluidics and nanofluidics［M］. New York: Springer Science & Business Media, 2008.

［7］Hunter R J. Zeta potential in colloid science: principles and applications［M］. London: Academic press, 1981.

［8］Probstein R F. Physicochemical hydrodynamics: an introduction［M］. New York: John Wiley & Sons, 2005.

［9］Shaw D J. Electrophoresis［M］. New York: Academic Press, 1969.

［10］Ohshima H. Electrical phenomena at interfaces and biointerfaces: fundamentals and applications in nano-, bio-, and environmental sciences［M］. Hoboken: John Wiley & Sons, 2012.

［11］Peng R. Electrokinetic transport phenomena in nanochannels and applications of nanochannel-based devices in nanoparticle detection and molecule sensing［D］. Waterloo: University of Waterloo, 2018.

［12］Li M, Li D. Electrokinetic motion of an electrically induced Janus droplet in microchannels［J］. Microfluidics and Nanofluidics, 2017, 21(2): 1-12.

［13］Wang C, Li M, Song Y et al. Electrokinetic motion of a spherical micro particle at an oil-water interface in microchannel［J］. Electrophoresis, 2018, 39(5-6): 807-815.

［14］Lee J S H, Barbulovic-Nad I, Wu Z et al. Electrokinetic flow in a free surface-guided microchannel［J］. Journal of Applied Physics, 2006, 99(5): 054905.

［15］Gao Y, Wong T N, Yang C et al. Transient two-liquid electroosmotic flow with electric charges at the interface［J］. Colloids and Surfaces A: Physicochemical and Engineering Aspects, 2005, 266(1): 117-128.

［16］Movahed S, Khani S, Wen J Z et al. Electroosmotic flow in a water column surrounded by an immiscible liquid［J］. Journal of Colloid and Interface Science, 2012, 372(1): 207-211.

［17］Wang C, Song Y, Pan X et al. Electrokinetic motion of a submerged oil droplet near an air-water interface［J］. Chemical Engineering Science, 2018, 192: 264-272.

［18］Wang C, Song Y, Pan X et al. Electrokinetic motion of an oil droplet attached to a water-air interface from below［J］. Journal of Physical Chemistry B, 2018, 122(5): 1738-1746.

［19］Wu Z, Li D. Induced-charge electrophoretic motion of ideally polarizable particles［J］. Electrochimica Acta, 2009, 54(15): 3960-3967.

［20］Daghighi Y, Gao Y, Li D. 3D numerical study of induced-charge electrokinetic motion of heterogeneous particle in a microchannel［J］. Electrochimica Acta, 2011, 56(11): 4254-4262.

［21］Wu Z, Gao Y, Li D. Electrophoretic motion of ideally polarizable particles in a microchannel［J］. Electrophoresis, 2009, 30(5): 773-781.

［22］Ye C, Li D. Electrophoretic motion of two spherical particles in a rectangular microchannel ［J］. Microfluidics and Nanofluidics, 2004, 1(1): 52-61.

［23］Ye C, Li D. 3-D transient electrophoretic motion of a spherical particle in a T-shaped rectangular microchannel ［J］. Journal of Colloid and Interface Science, 2004, 272(2): 480-488.

［24］Ye C, Sinton D, Erickson D et al. Electrophoretic motion of a circular cylindrical particle in a circular cylindrical microchannel ［J］. Langmuir, 2002, 18(23): 9095-9101.

［25］O'Brien R W, White L R. Electrophoretic mobility of a spherical colloidal particle ［J］. Journal of the Chemical Society, Faraday Transactions 2: Molecular and Chemical Physics, 1978, 74: 1607-1626.

［26］Wang C. Liquid mixing based on electrokinetic vortices generated in a T-type microchannel ［J］. Micromachines, 2021, 12(2): 130.

［27］严密，彭晓领. 磁学基础与磁性材料 ［M］. 杭州：浙江大学出版社，2006.

［28］吴信宇. 磁动力微流控芯片内磁珠动力学行为及其强化混合与分离机理研究 ［D］. 上海：上海交通大学，2012.

［29］王桢. 微通道磁泳系统中磁性微粒的动态特性和分离行为研究 ［D］. 武汉：华中科技大学，2020.

［30］Shevkoplyas S S, Siegel A C, Westervelt R M, et al. The force acting on a superparamagnetic bead due to an applied magnetic field ［J］. Lab on a Chip, 2007, 7(10): 1294-1302.

［31］Furlani E P, Ng K C. Analytical model of magnetic nanoparticle transport and capture in the microvasculature ［J］. Physical Review E Statistical Nonlinear & Soft Matter Physics, 2006, 73: 061919.

［32］Smistrup K. Magnetic separation in microfluidic systems ［D］. Denmark: Technical University of Denmark, 2007.

［33］Coffey W T, Cregg P J, Kalmykov Y P. On the theory of Debye and Néel relaxation of single domain ferromagnetic particles ［J］. Advances in Chemical Physics, 2007, 83: 263-464.

第3章

微流控芯片材料与加工工艺

3.1 概述

微全分析系统(micro total analysis system, μ-TAS)最早在20世纪90年代被提出,也被称为芯片实验室(lab on a chip, LOC)。微全分析系统的核心技术和研究热点是以微流控技术为基础的微流控芯片。基于微通道网络结构的特征与微机电加工技术的特点,最大限度将分析实验室的制样、分离、检测等功能集中在一块数平方厘米级的芯片,该芯片具有微型化、集成化、自动化的特点。与宏观尺度的实验装置相比,微流控芯片中的流体在微米级反应通道中表现出一些特殊的效应,正是这些特殊效应使得微流控芯片具备很多独特且优越的分析性能。

微流控芯片的基本特征是多种技术单元在整体可控的微小平台上灵活组合、规模集成。微流控芯片提供集成功能,从样品处理到反应、分离和检测的整个实验室功能都可以集成到单个微流控芯片上,而且不需要大型和昂贵的外部辅助设备,因此微流控芯片与微流控技术正在彻底改变化学和生物分析,经过多年的研究与发展,已经具备了广阔的应用前景与应用领域,例如微尺度遗传和蛋白质组分析试剂盒、细胞培养和操作平台、生物传感器、病原体检测系统、即时诊断设备、高通量组合药物筛选平台、靶向药物传递和先进治疗方案、新型组织工程生物材料合成等。

微流控芯片的制作过程包括芯片材料的选择,芯片加工、封装、表面处理以及与其他装置的集成等多个环节。其中在芯片选材方面,常用的材料有硅片、玻璃、热塑性塑料和聚二甲基硅氧烷(polydimethylsiloxane, PDMS);在芯片加工方面主流技术是软光刻技术,相对于传统光刻技术,软光刻所需设备简单,可使用PDMS、陶瓷和玻璃等多种材料,且成本较低,因此被广泛用于微芯片的加工过程中。

3.2 微流控芯片材料

微流控器件的制造方法多种多样,材料种类繁多。事实上,设备材料可以影响微流控组件的流动性、吸收率、生物相容性和功能。在微流控芯片的研制过程中,芯片材料的选择是首先要考虑的问题。芯片材料选择原则如下:①芯片实验室的芯片材料和工作介质应有良好的化学和生物相容性,不发生反应;②芯片材料应有很好的电绝缘和散热性;③芯片材料应具有良好的光学性能,对检测信号干扰小或无干扰;④芯片材料表面要有良好的可修饰性,可产生电渗流或固载生物大分子;⑤芯片制作工艺简单,材料和生产成本低廉。

通常用于制造微流控芯片的材料包括单晶硅、玻璃、有机聚合物[聚甲基丙烯酸甲酯（polymethyl methacrylate, PMMA）、聚碳酸酯（polycarbonate, PC）、聚二甲基硅氧烷（polydimethylsiloxane, PDMS）、聚苯乙烯（polystyrene, PS）]、水凝胶等。如图3-1所示为使用不同材料制成的微流控芯片。

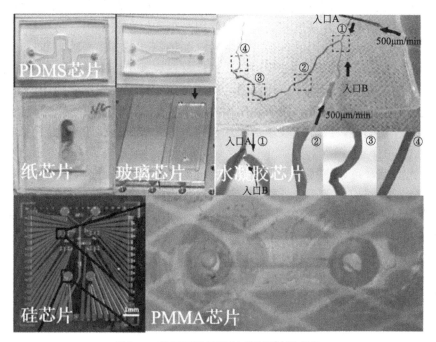

图3-1　使用不同材料制成的微流控芯片

扫一扫，查看彩图

3.2.1　硅

在微流控芯片中，硅材料的应用十分广泛，曾作为早期微流控芯片的主要材料。芯片实验室设备中使用的第一种材料就是硅，最早在20世纪70年代设计的微型气相色谱分析系统就是将整个结构集成在硅材料芯片上，形成了一套比较完整的微全分析系统。硅制造过程依赖半导体制造业的成熟技术，硅具有良好的化学惰性和热稳定性，利用光刻和蚀刻方法可以高精度地再现二维图形或复杂的三维结构。但硅材料具有易碎、热导率小、透光性差、介电性及抗腐蚀性能难以满足化学分析需要、表面化学行为复杂等缺点限制了其在微流控芯片中的应用。尽管如此，硅作为微加工中的一种微模具材料，仍广泛应用于大多数器件的加工。硅的基本特性参数如表3-1所示。

表3-1　硅的基本特性参数

密度/（g/cm³）	2.328
熔点/℃	1415
比热容/[J/（g·K）]	0.7
热膨胀系数/K⁻¹	2.6×10^6
热导率（300K）/[W/（cm·K）]	1.5
介电常数	11.9
耐电压/（V/cm）	约3×10^5

3.2.2 玻璃和石英

石英玻璃和普通玻璃由于弥补了单晶硅在电学和光学方面的不足，价廉、易得，尤其是玻璃，作为化学分析的反应和测量容器的传统材料，很快成为微流控系统主流基材之一。很多单晶硅微加工的条件比较容易过渡到玻璃。使用光刻和蚀刻技术可以将微通道网络刻在玻璃材料上。微流控装置中使用的玻璃有很多种，如钠钙、石英、派热克斯玻璃和光敏玻璃。尽管玻璃的组成略有不同，但一般说来，这组材料表现出以下特性，这使它们能够应用于生物学。玻璃具有生物相容性、透明性，玻璃还是低自发荧光水平的化学惰性绝缘体。玻璃的透明性为微系统的故障诊断和光学检测提供了便利条件，它可以应用于采用光学检测方法的单芯片实验室。此外，玻璃是亲水性的，因此细胞能够附着在表面，不需要额外的表面修饰。

光敏玻璃对紫外光敏感，可以直接用光刻法加工。例如，Schott Glass公司的Foturan™光敏玻璃使用标准镀铬石英掩模暴露在紫外线下，然后对玻璃进行热处理，以改变暴露区域的结晶。当暴露的玻璃在HF中被腐蚀时，晶体区域被去除，而未暴露的区域保留下来。这种玻璃在加工前，玻璃表面不需要任何涂层，使用方便，易于加工高深宽比结构，但价格昂贵。在热处理过程中，紫外线暴露区域的体积缩小，未暴露区域在压力下向外突出，因此它被用来制作透镜。石英特别适合用紫外分光光度法制作微流控芯片。然而，玻璃材料也有一些缺点，就是玻璃的微细加工技术既耗时又昂贵。常见玻璃和石英的材料特性如表3-2所示。

表3-2 常见玻璃和石英的材料特性

	参数	绿玻璃	白面玻璃	硼硅玻璃	石英玻璃
热学特性	热膨胀系数/（$\times 10^{-7} K^{-1}$）	94	93	37	5
	退火点/℃	542	533	686	1120
光学特性	折射率	1.52	1.52	1.53	1.46
	透射率	90	90	90	90
化学稳定性	质量损耗/（mg/cm²）	0.13	0.14	0.31	0.17
理学特性	密度/（g/cm³）	2.50	2.56	2.58	2.20
	努普硬度/（kgf/mm²）	540	530	657	615
	杨氏模量/（kgf/mm²）	7000	7314	7540	7413
	切变模量/（kgf/mm²）	2870	2980	3260	3170
	泊松比	0.22	0.23	0.16	0.18
电学特性	体电阻率/（Ω·cm）	1×10^{12}	1×10^{15}	1×10^{15}	1×10^{18}

注：1kgf=9.81N。

基于玻璃的微流控芯片可以在高压下进行实验。Heiland等将压力和温度可控的玻璃微流控芯片平台与超临界流体色谱相结合，以高效、快速地分离手性和非手性化合物，这是迈向便携式色谱的一步。该系统可用于药物或食品分析。Gerhardt等制作了一种与梯度洗脱反相色谱相结合的耐压液滴玻璃微流控芯片，如图3-2所示，作为一种防止峰分散的方法。然而，将分析物放入离散的液滴中会使整体分离时间大大缩短。

3.2.3　聚合物

聚合物是除了玻璃以外另一种常用的微流控芯片材料。PMMA、PS、PC和PDMS等聚合物被广泛应用于微流控芯片的制作。PDMS是其中最受欢迎的一种。与玻璃相比，应用于芯片实验室微器件的聚合物材料具有以下特性：种类多、生产成本低、加工成型方便、制造方法快速、易于与不同材料集成、非常适合大批量制作。各种各样的低成本聚合物材料具有耐热性和耐化学性、成型温度低和表面衍生性能。聚合物表面可以通过多种方式进行化学改性，这一特性在具有高表面积/体积比的微观结构中非常重要，可用于改变生物分子功能。由于聚合物薄膜可以很容易地通过旋涂法制备，因此它们可以集成到功能系统中。这种能力对于开发廉价、一次性的基因组学和蛋白质组学化学检测器可能很重要。普遍认为，聚合物芯片在一次性芯片的开发中可能会占主导地位。以下将聚合物分为高分子聚合物、弹性聚合物、光敏聚合物进行介绍。

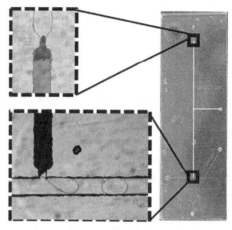

图3-2　耐压液滴玻璃微流控芯片

扫一扫，查看彩图

高分子聚合物种类繁多，加工相对容易，具有良好的透明性和介电性能。因此，它们已成为除玻璃材料外的另一种主要材料。硬质高分子聚合物材料指在室温下为固体的材料，常见的有聚甲基丙烯酸甲酯（PMMA）、聚碳酸酯（PC）、聚对苯二甲酸乙二醇酯（PET）等。

PMMA在可见光和紫外区是透明的，也表现出很低的自发荧光。它还具有生物相容性，易于灭菌。PMMA是一种低成本、透明的微流控材料。这种聚合物还表现出机械阻力、低吸湿性。它还具有疏水性，经表面改性后可用于细胞培养。Kelly等使用热键合方法操作PMMA基片以形成微流控系统，如图3-3所示。首先使用硅模板在PMMA衬底上施加压力和升高温度以形成微通道结构。通道外壳的热键合是通过将压印基片和空白基片夹在一起，并将组件置于沸水中1h来完成的。通过对荧光标记的氨基酸进行高分辨率电泳分离，证明了这些水键合微流控基片的功能。对四个微器件的黏结强度测试表明，平均失效压力为130kPa，与密封在空气中的器件的黏结强度相当；且在键合过程中，通道的尺寸得到了很好的保留。

聚碳酸酯微细加工技术操作简单，适用于特定有机溶剂。Liu等采用PC塑料材料，通过模压成型制备了微芯片毛细管电泳（CE）器件。利用热黏合将模制器件封装到另一个PC晶圆上。在热黏合之前，通过对疏水性PC塑料表面进行紫外线辐照处理，增强了塑料CE器件内部的水溶液传输。与玻璃微通道相比，天然PC通道中的电渗流（EOF）较低，并且在pH值为7和9时与缓冲液pH值无关。PC表面的紫外线照射增强了表面亲水性并增强了EOF。CE DNA分离在这些PC-CE设备中得到了证明，具有良好的分辨率和运行的重复性。由于相对较强的固有荧光背景，PC-CE器件与玻璃器件的灵敏度不匹配；然而，使用共焦显微镜检测装置有助于减少离焦PC荧光背景。通过紫外线照射进行表面处理可增加PC表面的亲水性。表面处理后

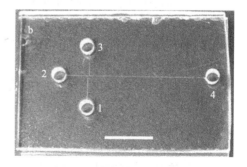

图3-3　热键合PMMA芯片

进行了热黏合，处理后的PC微通道内的水溶液传输被认为得到了改善。即使暴露在高温下，改性表面仍保持良好的亲水性。使用手动紫外线灯最佳紫外线照射时间为3h。未来将尝试使用更高输出功率的紫外线灯或等离子体，以缩短表面处理所需的时间。

聚对苯二甲酸乙二醇酯（PET）是一种有机高分子材料，也是微流控芯片制造领域应用的材料之一。通常采用激光制造PET基板加工微流控芯片。Mirzadeh等研究了激光功率和激光运动速率等激光参数对PET微通道的影响。采用CO_2激光加工微通道，并在热压机上成功制备了微流控芯片。

弹性聚合物如聚二甲基硅氧烷（PDMS），俗称硅橡胶，也是微流控器件最常用的材料之一。由于具有独特的弹性及良好的透光性、介电性、惰性，无毒，容易加工，价廉，因而迅速普及。PDMS容易由单体和交联剂的预聚物热交联而得，反应温和，100℃以下即可实现。PDMS与固化剂混合后，经过一段时间的固化变硬即可得到芯片。PDMS是众多聚合物中使用较多的一种。选择它是因为它的低成本、透明性、透气性、高重复性、灵活性、对细胞无毒、快速和廉价的制造技术；耐用、有一定的化学惰性；能可逆反复变形而无永久损伤；可以通过模压实现高保真复制微流控芯片；芯片的微通道表面可以通过各种方式进行改性修饰；它不仅能与自身可逆结合，还能与玻璃、硅、二氧化硅和氧化聚合物可逆结合。此外，PDMS对允许气体交换的气体具有渗透性。可以设计不同几何形状的微腔和微通道来调节流量。

PDMS具有许多理想的性能，微流控造技术，尤其是软光刻技术的出现，已经将其提升到了一个特殊的高度。最早的微流控器件是用玻璃和硅晶片作为建筑材料制造的，这不仅耗时，而且涉及昂贵的设备和耗材，即使是单芯片，更不用说批量生产了。这就是PDMS在开发成本效益高的微流体平台方面取得优势的地方。在过去十年中，随着微流体技术支持的芯片实验室设备的出现，PDMS的使用出现了激增，PDMS被证明是在正确的时间使用正确的材料。在许多研究中。从制造的角度来看，快速、易于与玻璃系统集成，以及在纳米级复制结构的能力，是从业人员对PDMS印象最深刻的理想特性。与微流体相关的另一个关键特性是透明度，微通道可直接在显微镜下观察，实时监测过程。此外，PDMS还具有良好的生物相容性、渗透性和低自发荧光，在生物技术和生物医学工程领域开辟了广阔的应用空间。所有这些因素都增强了其在学术界和工业界的成本效益。除了上述所有优点，PDMS也存在一定的不足。芯片实验室应用中的一个关键问题是分子在PDMS表面的吸附，在pH值适宜的情况下，这种吸附会加剧。在许多常见溶剂中，尤其是碳氢化合物基溶剂中，它也会膨胀。另一个问题是PDMS固有的疏水性，可以通过等离子体暴露来解决，但不会持续很长时间，在生物分析中会增强蛋白质的吸收。然而，通过谨慎的缓解策略，理想的性能明显超过了缺点，在该领域产生了重大贡献。

许多体内手术会涉及透明带的操作，Zeringue等利用PDMS制作微流控通道网络，用于精确控制化学物质的输送来达到清除这些透明带的目的。通道尺寸与胚胎直径相同，可以精确控制局部流体环境。该系统使用压力驱动流体来控制胚胎的移动。胚胎上携带的清洗溶剂（酸性酪氨酸培养基）可以实现透明带的去除。

光敏聚合物材料中最有代表性的是SU-8。SU-8是一种环氧聚合物材料，最早由IBM开发并获得专利。由于单体分子平均含有8个环氧基团，故名中含有8。SU-8本身既可作为光刻胶，又可作为微结构材料。SU-8在微加工材料中是独一无二的，因为它具有独特的光学透明性、硬度和光敏性。主要特点如下：机械强度高；高化学惰性；可加工高纵横比、厚膜、多层结构。由于该光刻胶在近紫外区具有较高的透光率，因此在较厚的光刻胶上仍具有良好的曝光均匀性。即使膜厚达到1mm，得到的图案边缘仍然几乎是垂直的，深宽比可以达到50∶1。SU-8在远紫外线中的透光率较差。Jackman等用SU-8制造的在线紫外检测微流控系统如图3-4所示。该微流控器件在SU-8中被制造。使用SU-8作为键合层的简单技术可以形成密封的微通道，这项技术与传统微加工方法的兼容性使微流控器件能够结合许多其他的材料。将这些技术与微加工的标准技术相结合，可以减少制造微化学系统的周期和成本，它允许在SU-8中产生密封的微流控通道。使用这种技术，完全用SU-8制造的用于执行液相反应的微混合器被证明适用于可见光谱。这种制造方法还允许加入通常难以集成的材料。

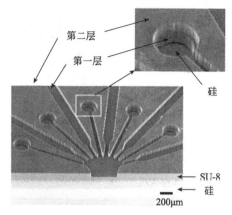

图3-4　多层微通道结构示意图

通过制作包含石英的混合器件，这些器件与有机溶剂兼容，并且可以在微流控系统中进行原位紫外检测。

3.2.4　其他材料

水凝胶是一种具有三维交联网状结构的亲水不溶聚合物，表现出与天然细胞外基质相似的性质。具有亲水性、生物相容性的水凝胶适合于细胞培养，因为它们可以从水溶液中原位形成凝胶。此外，它们在微流体设备中的应用是可以防止介质灌注产生的剪应力。由于水凝胶的多孔性，它能够吸收大量的水。但是，它们具有较差的力学性能，此时可以通过改变水凝胶的组成来调整它们。微系统中使用天然水凝胶（如胶原、基质胶、透明质酸、纤维蛋白、纤维连接蛋白）、天然材料的衍生物（如海藻酸钠和壳聚糖）和合成水凝胶（如聚乙二醇）合成材料通常具有更好的力学性能，而天然材料更能模拟生理条件。因此，天然和合成聚合物的组合也被用于细胞组学的材料与技术，以提高它们的生物（如亲水性等）、生物物理（如孔隙率等）和力学（如硬度等）特性。

将合成水凝胶和天然水凝胶引入微流控系统，可以为细胞提供更精确的体内生物物理和生化环境，从而更好地重现体内生理行为，甚至达到类有机物的规模。水凝胶在微流控系统中，可以充当支架并构建三维（3D）环境。水凝胶不仅可以促进3D细胞培养，还可以提供各种生物化学和生物物理环境，这归因于它们的组成和力学性能，因此被认为是重现细胞微环境的良好候选者。仿生水凝胶和微流控系统的结合，可以更好地重现干细胞微环境。这些水凝胶辅助的微流控系统通过为每个干细胞甚至类器官提供首选环境或生理相关条件，模拟干细胞所在的微环境，并在体内正常发挥作用，从而使它们能够有效地分化为所需的谱系。

Tabata等设计了一个水凝胶室，如图3-5所示，其两侧是开放的储层，用于产生扩散驱动的生物分子梯度。在微流控装置中通过生成固定化生物分子的梯度，对水凝胶室进行仿生功能化。小鼠胚胎干细胞在水凝胶室中暴露于白血病抑制因子梯度下进行3D培养，以操纵其早期随机选择和自组织特性。在这个系统中，小鼠胚胎干细胞集落在较高浓度的白血病抑制因子下保持多能性，而小鼠胚胎干细胞在较低浓度下发展成顶端极化的上皮囊肿。通过调节信号分子的局部浓度，可以在亚毫米级环境中诱导干细胞的空间异质性反应。

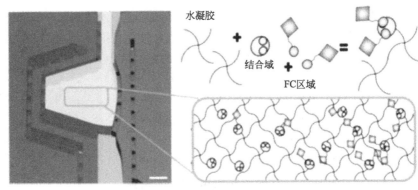

图3-5　水凝胶室中的生物分子梯度

FC—标记分子

扫一扫，查看彩图

　　尽管天然水凝胶得到了广泛的应用，但它们也有一些局限性，例如物理性质范围狭窄，控制基质硬度的能力有限，以及不同批次材料之间缺乏重现性。因此，合成水凝胶在微流控器件中的应用越来越广泛，例如聚乙二醇水凝胶等。天然/合成混合水凝胶在细胞组学的微流控设备中也有应用。Koh等描述了含有固定化水凝胶包裹的哺乳动物细胞的微流控系统，含有细胞的水凝胶微结构与基于PDMS的微流控设备集成，可以用作基于细胞的生物传感器。含有水凝胶微结构的细胞的光学显微照片如图3-6所示，被氢包裹的巨噬细胞固定在200μm宽的微通道内。哺乳动物细胞被包裹在三维聚乙二醇水凝胶微结构中，该微结构在微流控装置中通过光刻形成，并在静态培养条件下生长。封装后的细胞存活了一周，能够在微流控装置内进行酶促反应。细胞毒性试验证明，小分子量毒素如叠氮化钠很容易扩散到水凝胶的微观结构中，杀死包裹的细胞，从而导致活性降低。这将能够从细胞中获得更准确的信息，并在未来以微米级精确地操纵细胞间的相互作用。

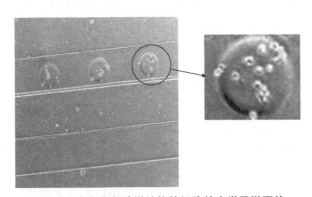

图3-6　含有水凝胶微结构的细胞的光学显微照片

　　随着印刷技术，如普通印刷、喷蜡印刷、纳米印刷等技术的快速发展，纸基微流控器件发展迅速，被广泛认为是微型快速检测器件发展的主流方向。与传统玻璃、硅等材料相比，纸基材料成本低、亲水性好、绿色环保，无需外力驱动即可完成样品的储存、混合和流动。所构建的纸基微流控芯片不仅成本低，而且解决了使用复杂的外部仪器实现处理和定量分析的局限性。纸基微流控芯片，是一种集成化、便携化、低成本化的检测技术。纸基芯片可追溯到17世纪，英国化学家波义耳偶然发现紫罗兰溅到盐酸会变红，由此发明了石蕊试纸。2007年马丁内斯等报告了第一台用于化学分析的微流控纸基分析设备。这项开创性工作的独特之处是，使用疏水性图案化试剂来模拟亲水性的流动通道，用于将样品从入口引导至预定的位置，以进行后续分析。这一简单而具有创造性的开发使许多人认识到纸是一种优秀的材料，适用于低成本和对便携性要求很高的应用。

Kim等开发了嵌入PMMA平台的聚醚砜纸，用于同步DNA扩增和比色检测。使用PMMA作为屏障，是为了避免样品在高温下蒸发。在等温条件下使用环介导等温扩增技术，利用常见的镁依赖性比色指示剂铬黑T扩增金黄色葡萄球菌的DNA，以检测DNA，并用肉眼进行观察。如图3-7所示的环介导等温扩增反应中，作为副产物释放的焦磷酸盐与镁离子结合并沉淀，从而降低溶液中的镁浓度。铬黑T被用作镁离子相关的比色指示剂，在反应过程中，它将溶液的颜色从紫色变为天蓝色。该用于DNA扩增和检测的PMMA芯片为护理点等温放大分析提供了一个很有前途的工具，因为它们由经济的材料制成，不需要其他外部设备，该平台在核酸实时分析和作为病原体现场诊断分析应用方面具有巨大潜力。

3D打印作为一种附加制造技术和快速原型技术被广泛应用，用于制造不同的微流控芯片。然而，当单独应用该技术时，光学透明度和通道变形是固有的问题。这可以通过加入玻璃或透明热塑性材料[如聚甲基丙烯酸甲酯（PMMA）或聚苯乙烯（PS）]以及层间的特定黏合过程来解决。加入玻璃可以带来化学稳定性和光学透明度，而聚合物提供良好的力学特性。这意味着两种或两种以上技术和材料的组合可以提供更好的微流控设备性能。此外，使用PMMA或热塑性材料，管道连接器可以很容易地嵌入微流控芯片中。

Kojić等介绍了一种新的、经济高效的、混合材料的微流控芯片，将3D打印工艺和虚拟图形技术相结合，制作出的多层微流控芯片如图3-8所示。标准Y形混合器使用热塑性聚合物进行3D打印，而通道的外壳则使用聚氯乙烯（polyvinyl chloride, PVC）层压箔实现。在芯片实现过程中，分析和测试了工艺参数、材料和键合层对沟道尺寸、性能和耐久性的影响。优化了三维加工工艺的各种参数。

由于不可生物降解的塑料会污染我们的土地和海洋，因此各国开始禁止使用一次性塑料。Andar等提出了一种新的策略，他们将木材用作各种微流

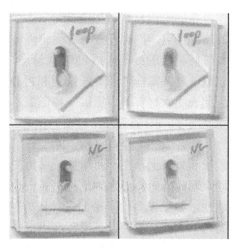

图3-7　芯片中试液反应——环介导等温扩增反应

扫一扫，查看彩图

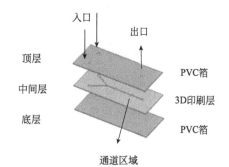

图3-8　3D打印和虚拟图形技术结合的多层微流控芯片

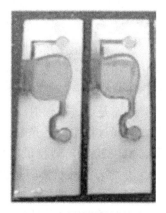

图3-9　木基微流控芯片

控设备的组成材料，如图3-9所示。这些设备由易于获取的可再生材料制成，具备塑料设备的所有优点，同时没有不可生物降解的废物和成本问题。激光在胶合板上雕刻图案，然后用特氟隆、醋酸纤维素或PMMA涂层。然后将通道用胶水密封在镀银的玻璃载玻片上，以便检测。对特氟隆、醋酸纤维素和PMMA涂层木材设备进行了比较，两者之间没有显著差异，因此表明木材有潜力提供一种低成本、环保的塑料替代品。了解这些设备如何处理极端的压力、温度、pH值等非常重要。但是此类绿色微流体领域仍处于早期发展阶段。

作为微加工模具材料，除了硅、玻璃，还可用金属材料。适合制造微流控设备的材料在数量和质量上都在不断增加。从历史上看，材料的选择是通过考虑可用资源和正在解决的问题来驱动的。例如，如果只需要一个特定的微通道形状，PDMS可能是一个较好的选择。类似地，如果设备由于平面设计固有的限制而性能不佳，则可以选择3D打印来提供更有利的架构。此外，如果设备需要高压或高温，无机材料可能最适合。最后，如果商业化是最终目标，那么热塑性或无机材料无疑是最好的选择。在过去，每种材料都有明确的弱点和优点。但最近的一个趋势是，这些具体材料的利弊界限变得模糊。例如，玻璃设备已经实现3D打印，PDMS生产正在扩大，木材已经被用作微流控设备的基板。我们相信，许多应用将受益于更通用的材料和制造技术，这些技术结合了合适的力学性能、建筑灵活性、高再现性、生物相容性和易于制造的特点。3D打印技术正在迅速向提供许多这些基本功能的方向发展，尽管一些应用，如需要高压的应用，可能会继续需要更传统的材料。正在进行的创造和改进微流控设备材料的努力将在未来几年推动该领域的发展。

3.3 微加工技术

3.3.1 光刻

微加工技术中最强大的是光刻技术，基本上所有集成电路都使用光刻技术进行制造。光刻是平面型晶体管和集成电路生产的一种重要工艺，主要流程包括衬底预处理、旋涂光刻胶、前烘、曝光、后烘、显影、坚膜以及表面化学处理等。

衬底预处理包括清洗烘干与涂底，目的为去除表面污染物与水蒸气，使基底表面由亲水性变为疏水性，增强基底表面黏附性。

光刻胶的选择至关重要，决定整个工艺的质量。根据光刻胶发生的光化学反应性质的异同和显影过程中洗去的光刻胶部分的差别将其分为正性光刻胶和负性光刻胶两种。负性光刻胶的使用情况为暴露在紫外线下的部分硬化，而未暴露的区域仍然是可溶的，在显影过程中可以被冲洗掉，反之则为正性光刻胶。SU-8系列光刻胶由于其出色的平版印刷性能、加工性能以及机械和化学稳定性，已成为高纵横比和三维光刻图案制作的首选光刻胶。目前SU-8系列光刻胶是制作微流控芯片常用的负性光刻胶，可加工厚度超过1mm、纵横比约为40∶1的微结构。

曝光通常是通过在辐射源和材料之间插入掩模或通过在材料表面扫描源的聚焦点来形成图案的。曝光过程主要是光刻胶在特定波长的紫外光照射下吸收足够的能量发生光化学反应的过程。SU-82000光刻胶最常使用传统的UV（350～400nm）辐射进行曝光，虽然i-Line（365nm）是推荐的波长，但是也可以使用电子束或X射线辐射。

通过调节光刻机的紫外光强和曝光时间来控制提供给光刻胶的能量。提供的能量过多，会使得在掩模透光部分的边缘光刻胶由于长时间衍射的紫外光照射作用而发生曝光，造成最终微结构的线宽增加。曝光过程提供的能量不足则会造成光刻胶涂层的底部吸收的能量不足，导致该部分交联反应不充分，显影时容易被显影液溶解掉，影响微结构边缘的垂直度，同时形成的这种倒梯形结构也容易造成剥离PDMS铸模时引起脱胶现象。

显影是利用显影液溶解掉未曝光部分的光刻胶，在硅片衬底上留下对应于掩模图样的光刻胶微结构的过程。显影之前等待硅片温度恢复到室温较为妥当，避免硅片温度突降使得光刻胶内应力过大造成光刻胶脱落。在显影的过程中存在显影不充分和过显的问题。显影时间过短，结构上会沾有光刻胶，表面不干净，显影时间过长，基底材料上的结构可能会被破坏，所以需要严格控制显影时间。

3.3.2　表面微加工

表面微加工包括多层薄膜的沉积、光刻和选择性蚀刻以构建微机械结构，最初用于集成电路。与其他微加工工艺不同的是，基板的选择区域被蚀刻以形成所需的结构，表面微加工中的基板仅为器件提供机械支撑。

一种简单的单层表面微加工工艺如图3-10所示。直到牺牲蚀刻前的所有加工步骤都是标准沉积和蚀刻步骤。首先沉积牺牲层材料，光刻定义牺牲层图形，沉积结构层材料，光刻定义结构层图形。最后一步是牺牲蚀刻，释放去除牺牲层，保留结构层，完成微结构的制造。牺牲层用于构建复杂的组件，可以通过沉积和构造牺牲层来构建悬臂，然后光束必须附着到基板的位置（即固定点）上选择性地去除牺牲层。将结构层沉积在聚合物的顶部，并进行结构化以定义梁。最后，使用不损坏结构层的选择性蚀刻工艺，去除牺牲层以释放光束。

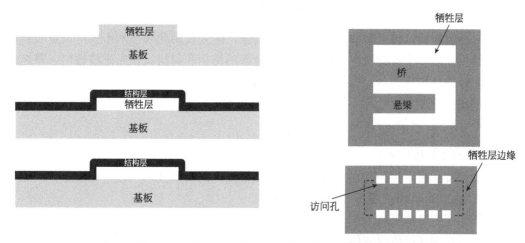

图3-10　表面微加工工艺流程图与牺牲蚀刻前表面微加工结构平面图

表面微加工工艺作为最通用的微加工技术有如下几个关键原因。首先，表面微加工是一种添加工艺，通过薄膜沉积技术来完成，可以制造复杂的多层结构。其次，结构层和牺牲层的图案通常是通过湿法和/或干法蚀刻完成的，这对薄膜的微观结构相对不敏感，从而为平面、自由形式的设计提供了很大的灵活性。最后，在特定工艺中使用的结构和牺牲层没有内在的限制。以下详细介绍三种表面微加工工艺，分别为化学气相沉积技术、物理气相沉积技术与电镀工艺。

（1）化学气相沉积技术

化学气相沉积是一种化工技术，该技术主要是利用含有薄膜元素的一种或几种气相化合物或单质，在衬底表面上进行化学反应生成薄膜的方法。原理为将各种气体引入反应室内，反应室内的衬底表面就会发生化学反应，生成的固体产物会沉积在表面生成薄膜。气体包括可以构成薄膜元素的气态反应剂或者液态反应剂的蒸气和发生反应的其他气体。在实际反应过程中，如果想要得到具有特定性质的薄膜，就要选择合适的反应方式，并科学确定温度、气体组成、浓度、压力等参数，因此必须要科学合理地控制参数，强化热力学研究，以此保证制备得到的材料质量合理、性能优良。

化学气相沉积工艺大致包含三步：①形成挥发性物质；②把上述物质转移至沉积区域；③在固体上发生化学反应并产生固态物质。技术原理图如图3-11所示。

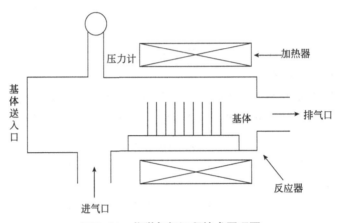

图3-11　化学气相沉积技术原理图

化学气相沉积技术拥有着非常广阔的应用前景，因为使用此项技术不仅可以延长材料寿命、优化材料性能、节省材料用量，还能合成全新的结构和材料。在先进核燃料、难熔金属材料制备、异型结构件制备、锂电子电池电极材料等领域得到广泛应用。利用该技术的化学反应对材料进行掺杂包覆处理，借助其本身易于重现和覆盖性均匀等特点，可以实现精确控制，形成复合材料，有效提高复合材料性能。

（2）物理气相沉积技术

物理气相沉积技术是一种对材料表面进行改性处理的高新技术，最初在半导体工业、航天航空等特殊领域得到发展，并且取得一定成果。物理气相沉积具体工艺为在真空条件下采用物理方法将材料源（固体或液体）表面气化成气态原子或分子，或部分电离成离子，并通过低压气体（或等离子体）过程，在基体表面沉积具有某种特殊功能的薄膜的技术，是主要的表面处理技术之一。

物理气相沉积技术基本原理可分三个工艺步骤。①镀料的气化：使镀料蒸发、升华或被溅射；②镀料原子、分子或离子的迁移：由气化源

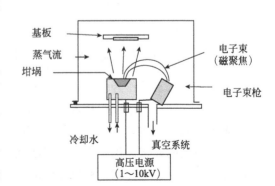

图3-12　物理气相沉积技术原理图

供出原子、分子或离子，经过碰撞后，产生多种反应；③镀料原子、分子或离子在基体上沉积。物理气相沉积技术原理图如图3-12所示。

物理气相沉积是制备硬质镀层（薄膜）的常用技术，按照沉积时物理机制的差别，一般分为真空蒸发镀膜、真空溅射镀膜、离子镀膜和分子束外延等。近年来，薄膜技术和薄膜材料的发展突飞猛进，成果显著，在原有基础上，相继出现了离子束增强沉积技术、电火花沉积技术、电子束物理气相沉积技术和多层喷射沉积技术等。

物理气相沉积技术工艺具有过程简单、无污染、耗材少、成膜均匀致密、与基体的结合力强等优点。被广泛应用于航空航天、电子、光学、机械、建筑、轻工、冶金、材料等领域，可制备具有高化学稳定性、耐磨、耐腐蚀、装饰、导电、绝缘、光导、压电、磁性、润滑、超导等特性的膜层。

电镀是利用电解原理在某些金属表面上镀上一薄层其他金属或合金的过程，是利用电解作用使金属或其他材料制件的表面附着一层金属膜的工艺从而起到防止金属氧化（如锈蚀）、提高耐磨性、导电性、反光性、抗腐蚀性及增进美观等作用。

电镀分为挂镀、滚镀、连续镀和刷镀等方式，主要与待镀件的尺寸和批量有关。挂镀适用于一般尺寸的制品，如汽车的保险杠、自行车的车把等。滚镀适用于小件，如紧固件、垫圈、销子等。连续镀适用于成批生产的线材和带材。刷镀适用于局部镀或修复。电镀液有酸性的、碱性的和加有铬合剂的酸性及中性溶液，无论采用何种镀覆方式，与待镀制品和镀液接触的镀槽、吊挂具等应具有一定程度的通用性。

3.3.3 体微加工

体微加工是一种制造极其微小机械或电气部件的方法，通常指在晶圆背面蚀刻晶圆以形成所需结构。这种工艺通常使用硅片，但偶尔也会使用塑料或陶瓷材料，是微传感器、微执行器制造中最重要的加工技术。与表面微加工不同的是，体微加工从固体零件开始，将材料去除直到其最终形状，它一层一层地构建一个工件。

体微加工技术分为两大类：湿体微加工和干体微加工。二者均可用于各向同性或各向异性蚀刻。由于干式蚀刻中涉及等离子体，通常称为等离子体蚀刻。基于离子和激光的蚀刻也属于干式蚀刻的范畴。干式蚀刻过程通常是定向蚀刻，蚀刻速率几乎与晶体取向无关。另一方面，湿法蚀刻是在液相蚀刻剂中进行的，可进一步细分为各向同性蚀刻和各向异性蚀刻。在各向同性蚀刻中，蚀刻速率不依赖于衬底的取向，即蚀刻在各个方向上的速率相等。

随着微机电系统的发展，对微结构的要求也更加精细，常见的体微加工技术有以下三种，分别为LIGA技术、深等离子体蚀刻技术和石英晶体深槽湿法蚀刻技术。下面详细介绍前两种技术。

（1）LIGA技术

LIGA是lithographie、galvanoformung、abformung首字母缩写，即光刻、电铸及注塑，是一种用于生产由金属、陶瓷或塑料制成的微机电系统的技术，LIGA技术工艺过程如图3-13所示。LIGA工艺利用X射线同步辐射作为光刻光源。同步加速器产生的高度准直的高能X射线冲击到一个图案掩模上，靠近对X射线敏感的光刻胶，经X射线照射的光刻胶区域发生键断裂，这些区域在化学显影剂中选择性溶解。LIGA技术在微加工领域具有很多优势，如可制造较大高宽比的结构；取材广泛，可以是金属、陶瓷、聚合物、玻璃等；可制作任意截面形状图形结构，加工精度高；可重复复制，符合工业上大批量生产要求，制造成本相对较低等。LIGA技术被视为微纳米制造技术中最有生命力、最有前途的加工技术。

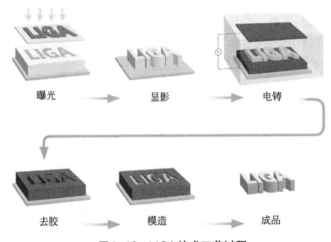

图3-13 LIGA技术工艺过程

（2）深等离子体蚀刻技术

深等离子体蚀刻一般是选用硅作为蚀刻微结构的加工对象，它有别于超大规模集成电路中的硅蚀刻，因此又称为先进硅蚀刻（advanced silicon etching, ASE）工艺。与传统蚀刻技术相比，具有更大的各向异性蚀刻速率比和更高的蚀刻速率，且系统结构简单。由于硅材料本身较脆，需要将加工了的硅微结构作为模具，对塑料进行模压加工，再利用塑料微结构进行微电铸后，才能用得到的金属模具进行微结构器件的批量生产。或者直接从硅片上进行微电铸，获得金属微复制模具。这一技术的突破使在硅基底上进行体微加工的技术向前迈进了一大步。

常用的石英晶体蚀刻工艺有干法蚀刻和湿法蚀刻两种。干法蚀刻又称等离子体蚀刻，主要利用等离子体取代化学腐蚀液，基本原理是：

① 等离子体产生激活态的粒子以及离子。激活态粒子（自由基）在干法蚀刻中主要用于提高化学反应速率，而离子用于各向异性腐蚀。

② 在固定能量输入的气体中，电离和复合处于平衡状态，在正负离子复合或电子从高能态向低能态跃迁的过程中发射光子。这些光子可用于终点控制的检测。

③ 半导体工艺等离子体一般都是部分电离，常规有0.01% ～ 10%的原子/分子电离。

在工业中常采用高频辉光放电反应来产生等离子体。因而等离子体蚀刻是采用高频辉光放电反应，使反应气体激活成活性粒子，如原子或游离基，这些活性粒子扩散到需蚀刻的部位，在那里与被蚀刻材料进行反应，形成挥发性生成物而被去除。它的优势为拥有快速的刻蚀速度的同时能够获得良好的物理形貌。该工艺用作微机械加工所得到的外形不受基片的晶向控制。等离子体不会给微结构带来大的应力，但设备较复杂，很多工艺参数必须精确控制，且加工成本高，速度慢，蚀刻深度有限。

湿法蚀刻是将蚀刻材料浸泡在腐蚀液内进行腐蚀的技术。涉及使用液体化学药品或蚀刻剂去除基板材料的蚀刻工艺称为湿法刻蚀。主要在较为平整的膜面上刻出绒面，从而增加光程，减少光的反射。简单来说，就是化学溶液腐蚀的概念，蚀刻可用稀释的盐酸等，是一种纯化学蚀刻，具有优良的选择性，蚀刻完当前薄膜就会停止，而不会损坏下面一层其他材料的薄膜。由于所有的半导体湿法蚀刻都具有各向同性，所以无论是氧化层还是金属层的蚀刻，横向蚀刻的宽度都接近于垂直蚀刻的深度。这样一来，上层光刻胶的图案与下层材料上被蚀刻出的图案就会存在一定的偏差，也就无法高质量地完成图形转移和复制的工作，因此随着特征尺寸的减小，在图形转移过程中基本不再使用。

石英晶片的典型腐蚀过程如图3-14所示。

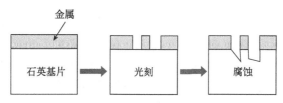

图3-14 石英晶片的典型腐蚀过程

3.3.4 三维打印技术

三维（3D）打印技术是快速成型技术的一种，又称增材制造，它是一种以数字模型文件为基础，运用粉末状金属或塑料等可黏合材料，通过逐层打印的方式来构造物体的技术，其核心原理是"分层制造，逐层叠加"，通常是采用数字技术材料打印机来实现的。

区别于传统的"减材制造"，3D打印技术将机械、材料、计算机、通信、控制技术和生物医学等技术融合，具有缩短产品开发周期、降低研发成本和一体制造复杂形状工件等优势，未来可能对制造业生产模式与人类生活方式产生重要的影响。

3D打印的设计过程是：先通过计算机辅助设计或计算机动画建模软件建模，再将建成的三维模型"分区"成逐层的截面，从而指导打印机逐层打印。设计软件和打印机之间协作的标准文件格式是STL文件格式。一个STL文件使用三角面来近似模拟物体的表面。三角面越小其生成的表面分辨率越高。PLY是一种通过扫描产生三维文件的扫描器，其生成的VRML或者WRL文件经常被用作全彩打印的输入文件。利用3D打印技术制作的产品图如图3-15所示。

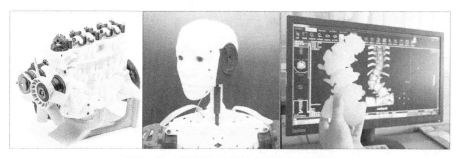

图3-15 利用3D打印技术制作的产品图

扫一扫，查看彩图

目前3D打印技术存在以下亟待解决的问题：3D打印技术急需在金属领域有突破性进展来打破材料单一、消耗量大的局面；3D打印技术需要借助数字模拟技术进行生产制造，因此，操作技术对操作者的要求较高，需要用户自身具备一定程度的专业知识或专业技术才能正常投入生产；由于目前3D打印技术尚处于发展阶段，所制造的快速成型零件的质量和精度不能达到直接使用的标准，产品型号缺少统一标准。

3.3.5 激光直写技术

激光直写是利用强度可变的激光束对基片表面的抗蚀材料实施变剂量曝光，显影后在抗蚀层表面形成所要求的浮雕轮廓。激光直写的基本工作流程是：用计算机产生设计的微光学元件或待制作VLSI掩模结构数据，将数据转换成直写系统控制数据，由计算机控制高精度激光束在光刻胶上直接扫描曝光，经显影和蚀刻将设计图形传递到基片上。激光直写技术将高分辨率的激光束与数控技术有机结合，是一种新的微细加工技术。激光直写加工多为直接成型法，即利用激光直写直接在工件材料表面加工出微流道结构再键合成微流控芯片。该方法可以在聚合物基片材料上烧蚀出垂直的矩形流道和规则的圆孔，流道的深宽比、表面粗糙度等性质比较理想，还可在动态移动范围内进行全三维空间加工。激光直写法可实现打孔、线槽烧蚀、结构生成去除式、成型添加式、连接等多种微操作，对微结构设计、微图案设计都有较大的柔性。激光直写加工目前主要有CO₂激光直写、准分子激光直写和飞秒激光直写等。

（1）CO₂激光直写

CO₂激光直写是用CO₂激光器进行加工的工艺，它以数控技术为基础，再辅以激光，由于光束能量较高，输入热量远大于工件传导和散发的热量，导致激光作用区的材料会被烧蚀、气化，留下孔洞。CO₂激光直写PMMA微流控芯片的方法是利用红外激光的高能束在PMMA基片上直接加工微通道。在聚焦CO₂激光直写微加工的基础上，加上图形CAD/CAM软件、扫描运动、深度进给、控制软件等必要的辅助环节，可以建立CO₂激光直写微加工系统。CO₂激光的波长为10.6μm。被加工聚合物PMMA俗称有机玻璃，是一种无色透明的高分子材料，它具有良好的力学强度和抗腐蚀性。PMMA热稳定性较差，在200℃左右即发生解聚。加工原理如图3-16所示。

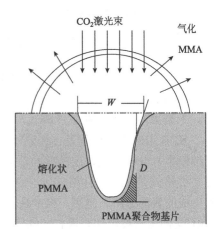

图3-16 CO₂激光直写PMMA微流控芯片微通道加工原理

（2）准分子激光直写

准分子激光属于紫外光，其直写是基于光化学效应去除材料，通过高光子能量直接打破材料化学键，因而对材料的热损伤较小，在聚合物材料芯片的加工中具有独特的优势。常见的准分子激光器波长为193nm和248nm，一般有两种加工方式，一是激光通过掩模直接聚焦到工件表面以成型图案，二是利用激光将掩模成像，通过掩模的像加工出所需的结构。准分子激光可在PMMA表面加工出微流道，并用低通量的激光照射基板30次以提高表面质量，最后热压键合成可用于聚合酶链反应的微流控芯片系统，准分子激光抛光后的表面粗糙度达1.42μm。准分子激光直写系统示意图如图3-17所示。

准分子激光直写具备加工阶梯结构的能力，利用准分子激光在可降解的聚合物上可实现不同宽度微流道的加工，流道的深度为20～1200μm。先用准分子激光加工出所需的微流控芯片结构后，再通过电铸技术复制出反向模具，最后注塑成型微流控芯片的复合加工方法可

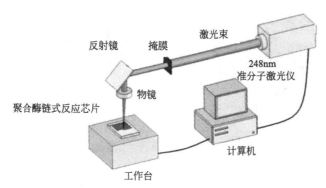

图3-17 准分子激光直写系统示意图

降低准分子激光加工后的底面质量。通过对比复合加工法和准分子激光直写加工的微流道底面的表面质量，得出相比于直接加工法中表面粗糙度为887nm，复合法能够达到18nm的表面粗糙度，如图3-18所示。

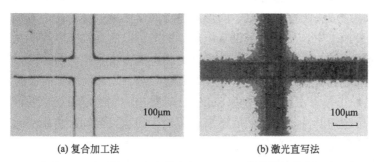

(a) 复合加工法　　　　　　　　　(b) 激光直写法

图3-18 复合加工法和激光直写法加工出的微通道底面图

（3）飞秒激光直写

飞秒激光脉冲具有极短的脉冲宽度和极高的峰值功率，与物质相互作用时呈现强烈的非线性效应，它主要依靠多光子吸收机制来加工一些长脉冲激光无法作用的透明材料。飞秒脉冲作用时间极短，热效应小，因而可以大大提高加工精度。近红外区的飞秒激光又能避免紫外激光对大多数材料不透过的缺点，它可以深入透明材料内部在介观尺度上实现真正意义上的三维立体微加工。飞秒激光微加工的实验技术手段主要包括直写、干涉和投影制备等方法。直写加工比较灵活且具有较高的自由度，常用于各种点、线扫描；干涉方法常用于加工多维空间周期结构；投影成型技术可以在材料表面制备任意形状的二维图案。

飞秒超短脉冲对加工区域热影响小，加工精度高。传统的激光加工技术，光源多使用纳秒激光或脉宽更长的脉冲激光。由于激光的脉冲宽度较长，即使将光斑聚焦成微米级别，在对材料进行加工时，仍然有很强的热影响，降低了加工精度。而常用的飞秒激光光源，其脉冲宽度多为几十到几百飞秒。在与材料相互作用的时候，由于极短的作用时间，会从根本上改变激光与材料相互作用的物理机制，从而可以使能量快速且准确地沉积到材料内部。图3-19为Chichko等利用飞秒激光和纳秒激光分别进行钻孔实验的电镜图。从图中可以明显看出，利用飞秒激光制备的孔结构，孔边缘较为光滑，孔壁较为陡峭，没有形成明显的热区域。而利用纳秒激光制备的孔结构，孔边缘形成了柱状毛刺结构，孔壁很粗糙，结构周围的热影响区域明显。因此，通过实验对比可以证明飞秒激光"冷加工"的特性。

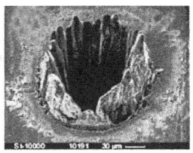

(a) 飞秒激光　　　　　　　　　　　　　　　(b) 纳秒激光

图3-19　飞秒激光与纳秒激光在100μm厚钢片上钻孔图

3.3.6　电化学微加工

电化学加工是一种重要的特种加工方法，是通过金属离子的还原或金属的氧化对材料进行加工，材料的增加或去除都是以离子的形态进行的，已被广泛应用于难加工金属材料、复杂形状零件的批量加工中。从原理上讲，电化学加工可以实现加工精度和微细程度在微米级甚至更小尺度的微加工。只要采取措施精确地控制电流密度和电化学反应发生的区域，就能实现电化学微加工达到对金属表面进行微量"去除"或"生长"加工的目的。

3D电化学微加工技术由德国科学家Schuster等提出，先给浸没在电解液中的工具电极与加工工件施加一个超短脉冲电位，然后逐渐缩短加工间隙，当间隙特别小时，加工工件与工具电极两者之间的电阻比其余部位要小得多，使得加工工件表面各部位的双电层时间常数存在差异，导致在超短脉冲下充电常数更小的工件表面的电极电位比其他部位的电极电位大得多，这样蚀刻反应就被限制在工具电极表面极小的范围内。在铜片上采用纳秒级脉宽的超短脉冲电压用于电化学微加工，加工出微米级的三维微结构。当使用的脉冲电压脉宽小到纳秒乃至皮秒级时，就可使加工片上双电层的有效充电仅发生在两电极距离只有微/纳尺寸的范围内，从而实现复杂微细三维图形的加工。

掩模电化学微加工技术借鉴微电子工艺中的掩模光刻加工原理，可有效提高电化学微加工的尺寸分辨率和加工精度。它通过在工件表面（单面或双面）涂覆一层光刻胶经光刻显影后，工件上形成具有一定图案的裸露表面，然后通过束流电化学加工或浸液电化学加工，有选择性地溶解没有被光刻胶保护的裸露部分，加工出所需的工件形状。

电化学微加工所能实现加工尺寸的微细化程度取决于两个方面：一是电化学微加工所能达到的加工精度和区域化程度；二是所使用工具阴极的尺寸。目前，微电极的制作有很多方法，如线电极放电磨削（wire electrical discharge grinding, WEDG）、精密切削、微磨削等。电化学微加工本身也是一种应用广泛的微电极制作方法。与其他加工方法相比。电化学加工的方法可以实现微细电极的批量制作且结合电化学抛光以得到微观表面质量良好的微细电极。采用电化学腐蚀的方法加工微细钨丝电极时。通过调整加工中的电流密度，可以有效控制电极的形状，根据要求制备出微针尖或直径均匀的微细轴。

微细电极的表面质量也会影响到电化学微加工的效果。采用WEDG或电化学腐蚀等方法制作的微细电极，其微观表面粗糙，采用类似WEDG的加工方法，在旋转的阳极（微细电极）和运动的金属丝阴极之间喷电解液，进行线电化学抛光（wire electrical chemical

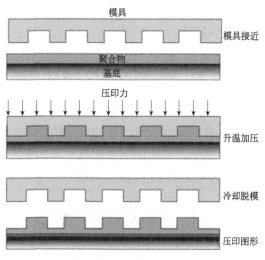下面文本对应右侧图

grinding, WECG）可以有效去除加工表面缺陷，得到光滑的工件表面。

3.3.7 其他微加工技术

（1）热压印加工技术

热压印加工微通道的基本原理是利用热量将聚合物材料加热至玻璃化转变温度以上，再通过对压模施加压力将压模上的图案转移到玻璃化的聚合物上，冷却固化后得到具有一定机械强度的图案，最后通过脱模得到所需的微通道结构。热压印技术是热塑性材料微流控芯片极具前景的加工工艺，尤其适用于高深宽比结构的加工。热压印的工艺过程如图3-20所示，在均匀涂布热塑性高分子光刻胶（如PMMA）的硅基板，利用电子束直写技术制作的具有纳米图案的Si或SiO$_2$模板。在硅基板上的光刻胶加热到玻璃化转变温度以上，将模具以一定的压力盖在硅基板上，模具的空腔中就会填入光刻胶，再经冷

图3-20 热压印工艺过程

却、刻蚀后处理便可得到所需的纳米图形。热压印技术所使用的抗蚀剂为PMMA，与现行电子行业相同，在后续光刻工艺中不需要重新调配工艺参数，与现有的微电子工业生产线吻合性良好，这是该工艺的技术优势。但是热压印技术需要加热，且压印力很大，会使整个压印系统产生很大的变形；同时，该工艺采用的是硬质模具，无法消除模具与衬底之间的平行度误差及两平面之间的平面度误差；此外，模板在高温条件下，表面结构或其他热塑性材料会有热膨胀的趋势，这将导致转移图形尺寸的误差且增加了脱模的难度，要提高热压印的图形质量，必须改变图形转移时的均匀性，降低光刻胶热的变形效应。

（2）微细铣削加工

微细铣削加工是一种机械加工方式，通过数控编程控制微细铣刀的运动轨迹，使其按照设定的刀轨去除材料以实现各种二维或三维结构的成型，具有可加工材料范围广、精度高、柔性好和成本低等优点，且可以加工出各种复杂三维结构的零件。对微流控常用的高聚物材料PC和PMMA进行铣削试验，结果表明加工出的结构具有良好的表面质量且深宽比高达3。利用四轴数控微细铣床可在6061铝合金表面加工出深度为50μm的微流道，将带有微通道的铝板通过边缘处的螺钉与中空环氧树脂盖板封合。

Young等研制了一台五轴微小型立式铣床，使用直径200μm和100μm的硬质合金平头立铣刀，在黄铜工件上加工出了厚25μm、高650μm的微型墙结构，以及微型方柱（30μm×30μm×320μm）、微型圆柱以及微型叶轮（直径600μm）。Schmidt等为了证明微细铣削加工微小模具的能力，加工了微车轮、微齿轮的模具（工件硬度52HRC），获得了较好的精度（0.01mm）及合适的表面粗糙度，如图3-21所示。

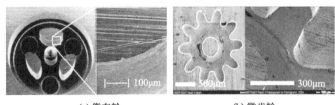

(a) 微车轮   (b) 微齿轮

图3-21　微车轮与微齿轮模具

3.4　微流控芯片制作工艺

由于微流控芯片是在所选用的材料基板上构建微通道，因此需要采用特定的微加工技术来让其内壁足够光滑。目前常用的制作材料有硅、玻璃和石英等无机材料以及高分子聚合物。微流控芯片的加工方法与选用的微流控芯片材料有着密切的关系，制备芯片的材料不同，其制作芯片的方法也不同。

3.4.1　无机材料芯片制作

对于硅和玻璃材料，常见加工方法为光刻，该方法借鉴了半导体制造中的工艺方法，它包括光刻、蚀刻和除胶三个基本工序步骤，图3-22展示了以玻璃为基片制作微流控芯片的步骤。

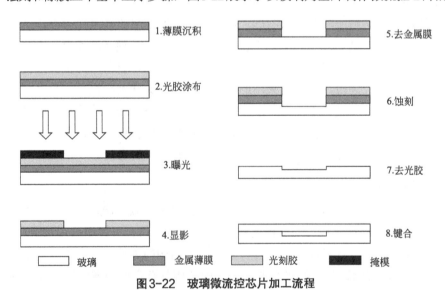

1.薄膜沉积　　　　　　5.去金属膜

2.光胶涂布　　　　　　6.蚀刻

3.曝光　　　　　　　　7.去光胶

4.显影　　　　　　　　8.键合

□ 玻璃　　■ 金属薄膜　　■ 光刻胶　　■ 掩模

图3-22　玻璃微流控芯片加工流程

在制作微流控芯片的同时，需要在基片上沉淀各种材料的薄膜，经图形加工后可起到不同的作用。例如，作为限制区域扩张的掩蔽膜，作为多层布线间的绝缘介质膜，用作电极引线和器件互连的导电金属膜等。氧化法是将硅片在氧化环境中加热到900～1100℃的高温，在硅的表面上会生长出一层二氧化硅。根据氧化剂的不同，氧化又可以分为水汽氧化（氧化剂为水蒸气）、干氧氧化（氧化剂为氧气）以及湿氧氧化（氧化剂介于水汽氧化和干氧氧化之间，是它们两者的混合物）。其中水汽氧化和干氧氧化的化学方程分别如式（3-1）和式（3-2）所示：

$$Si(s)+2H_2O(g) \longrightarrow SiO_2(s)+2H_2(g) \tag{3-1}$$

$$Si(s)+O_2(g) \longrightarrow SiO_2(s) \tag{3-2}$$

蒸镀法主要用于玻璃表面形成金属层。该方法在真空条件下加热蒸发靶金属材料，当蒸气接触温度较低的基本表面时，凝结成固体形成薄膜。真空蒸镀法的原理如图3-23所示，通常在$10^{-2} \sim 10^{-4}$Pa的压力下成膜。对于难熔金属，可以借助电子束聚焦轰击金属的方法进行蒸镀。

蚀刻是指坚膜后的光刻胶作为掩蔽层，通过化学或物理方法将被蚀刻物质剥离下来，在基材表面形成所需微结构的过程。根据原理不同可分为化学蚀刻和物理蚀刻。化学蚀刻由于腐蚀剂的状态不同又可分为湿法蚀刻和干法蚀刻两种工艺。蚀刻对象主要以硅、玻璃为主。

湿法蚀刻是通过化学蚀刻液和被蚀刻物质之间的化学反应将被蚀刻物质剥离下来的蚀刻方法。大多数湿法腐蚀是不容易控制的各向同性腐蚀。其特点是选择性高、均匀性好、对硅片损伤少，几乎适用于所有的金属、玻璃、塑料等材料。缺点是图形保真度不强，蚀刻图形的最小线宽受到限制。

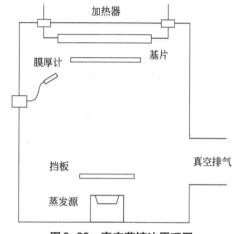

图3-23 真空蒸镀法原理图

（1）牺牲层

又称过渡层。在蚀刻时，工艺上可以添加一层过渡层用于加固和保持微图形结构，避免因光胶耐蚀能力的不足造成蚀刻的微图形结构不理想，蚀刻后去掉该过渡层。硅基材蚀刻需要在高温湿氧条件下进行，通常选用二氧化硅作为牺牲层。玻璃基材蚀刻通常选用金属作为牺牲层。ITO（铟锡氧化物）导电玻璃基材蚀刻通常直接利用ITO导电层作为牺牲层。

（2）蚀刻剂

蚀刻剂可以腐蚀基材表面，但不会腐蚀光胶和牺牲层，从而保证暴露在蚀刻剂中的基材能够形成预期的微图形结构，包括预期的形状和深度。依据不同基材性质，选择对应的蚀刻剂种类。最常用硅基材蚀刻剂为HNA，即氢氟酸、硝酸和乙酸混合物。硅在硝酸的作用下氧化，然后与氢氟酸中的氟离子作用形成可溶性的硅化合物。乙酸则有助于避免硝酸的分解，有利于可溶性硅化合物的生成。在各向异性腐蚀中，蚀刻剂在不同方向上的腐蚀速率显著不同。

（3）湿法刻蚀的方向性

① 各向同性 单晶硅的各向同性蚀刻常采用HNO_3和HF的混合物，其特点是：a. 蚀刻速率高，每分钟能达到几微米；b. 反应放热；c. 难以控制反应形状，对温度和搅拌条件要求较高；d. 由于基底材料的不同，蚀刻的方向并非完全各向同性，还与材料组成有关。

② 各向异性 硅通常在20%～40%的KOH溶液、70℃下进行各向异性腐蚀。温度控制精度决定了蚀刻的均匀性。材料晶体结构和蚀刻剂决定了蚀刻的方向性。图3-24是蚀刻方向性示意图。

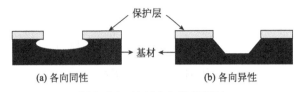

(a) 各向同性   (b) 各向异性

图3-24 蚀刻方向性示意图

干法蚀刻。整个干法蚀刻过程主要在气相中完成,不涉及任何溶液反应,通过高能束与表面薄膜反应,形成挥发性物质,或直接轰击需要被蚀刻的薄膜表面来形成预期的微图形结构。干法蚀刻的最大特点是能实现各向异性蚀刻,即纵向的蚀刻速率远大于横向的蚀刻速率,从而保证细小图形转移后的保真性。由于设备价格昂贵,目前干法蚀刻较少用于微流控芯片的制造。

软光刻。软光刻技术是指一系列基于印刷、模塑和压花技术来制作微结构和纳米结构的技术。软光刻技术是光刻技术的一种扩展延伸。最初,标准的光刻技术主要被用来处理半导体材料。光刻法步骤较多,技术、设施以及环境条件要求较高,而且主要在平面上进行微加工。

蚀刻结束后,光刻胶的作用就完成了,因此需要将这层无用的保护层去掉,这一工序称为去胶。去胶主要有下列几种方法:①溶剂去胶;②氧化去胶;③等离子去胶。除此之外,还有紫外光分解去胶法,即在强紫外光照射下,使光刻胶分解为 CO_2、H_2O(g)等挥发性气体而被除去。经过上述各步加工制作过程,就可以得到刻有预期微结构图案的微流控芯片基片。

3.4.2 聚合物芯片制作

高分子聚物材料的软化点远低于无机材料,因此聚合物芯片的加工方法与无机材料芯片的加工方法差别很大。目前,高分子聚合物材料以其较玻璃廉价、制作方法简单、生产成本低、可制作一次性使用芯片等优点,已占领了芯片材料大部分的市场,将来对于高聚物材料特性的研究将更加深入,其应用范围也会更加广阔。

模塑法是目前制作高分子聚合物的主要方法,主要是通过光刻的方法得到模具并在模具上固化液态高分子聚合物得到微结构芯片的方法。其流程如图3-25所示,首先用光刻方法制出阳模,然后在阳模上浇注液态的高分子材料,最后将固化后的高分子材料与阳模剥离,得到具有微通道结构的芯片。

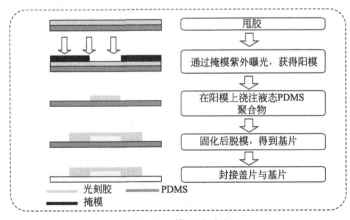

图3-25 模塑法流程

热压法是一种在模具、压力、热量的共同作用下使热塑性塑料或高聚物实现精确成型的方法,该方法应用比较广泛,可以大批量复制具有微通道结构的芯片。其流程如图3-26所示,首先在热压机中加热PMMA至135℃,保温条件下放上模具加压,即可在PMMA板上压制出微通道,将带通道的基片和盖片加热封装可得微流控芯片。此方法可大批量复制,设备简单,操作简便。

注塑法是一种将原料置于注塑机中,加热使之变为流体压入模型,冷却后脱模即得芯片的方法。其流程如图3-27所示,首先通过光刻和蚀刻技术在硅片上蚀刻出微流控芯片阴模,用此阴模进行电铸,得到镍合金模,然后将镍合金模加厚,精心加工制成金属注塑模具,将此模具安装在注塑机上批量生产聚合物微流孔芯片基片。Wiedemeier等在注塑过程中引入了超疏水表面层,实现了全血液滴在微流控芯片中的精确形成和流动。Szydzik等将复杂流体处理技术整合到注塑微流控芯片中,改进了注塑微流控芯片的功能,使其更好地应用在即时诊断中。

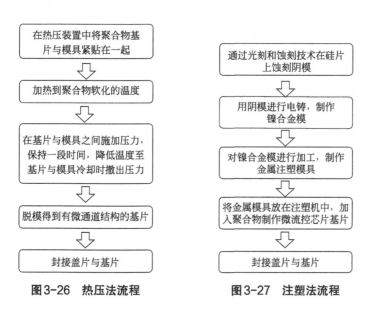

图3-26 热压法流程   图3-27 注塑法流程

LIGA包括X射线光刻、微电铸和微复制等三个环节,通过X射线深刻及电铸制造精密模具,再大量复制微结构的特殊工艺流程。其流程为:先将对X射线敏感的厚度为几毫米的光胶材料(通常为PMMA)涂布在一层导电性能较好的金属膜上,利用平行和高辐射同步辐射X射线,将掩模上的图形转移到光胶层上。受掩模保护的光胶不会被X射线照射分解,而非图形区下的光胶受X射线强烈照射而分解,可溶于显影液中而被溶解除掉,这样就得到了一个与掩模结构相同的光胶图案。然后在光胶图案上沉积金属,这样去掉光胶后就能得到所需微通道的阳模。最后用注塑的方法来制作微通道。

软光刻是基于光刻的微图形和微制造新方法,以自组装单分子层材料,以及弹性印章和聚合物模塑技术为基础发展的一种低成本的加工新技术。软光刻过程可以分为两个主要步骤:制作带有微通道结构的弹性模印章,以及使用这个印章来转移由元素浮雕结构定义的几何结构中的分子。其中,制作带有微通道结构的弹性模印章是核心步骤,通常用光刻和注塑法来加工。实验室常用软光刻方法加工PDMS微流控芯片的步骤为:先在硬质材料上涂布光刻胶,然后前烘使光刻胶固化,再使用带有微通道结构的掩模进行紫外曝光,曝光之后在显影液中进行显影,之后用异丙醇溶液溶掉硅片表面残留的显影液,得到软光刻的模板。然后利用该模板，能得到带有微通道结构的PDMS芯片（图3-28）。

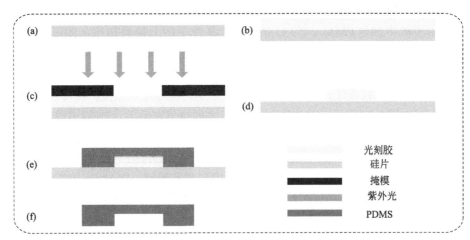

图3-28　软光刻方法加工PDMS微流控芯片步骤

3.4.3　芯片表面改性技术

表面改性的方法很多，按照改性剂作用状态的不同，大致可以分为动态改性和静态改性两大类。前者是最简单的表面改性方法，改性化合物可通过物理吸附结合在微通道表面实现动态改性。但因表面涂层不能长期保持稳定状态，其应用受到限制。后者是控制电渗流和减少样品表面吸附的最有效的方法。静态改性主要包括硅烷化、聚合诱导接枝、本体掺杂、共价偶联等方法。

（1）玻璃和石英芯片改性方法

① 玻璃与石英芯片的动态改性　　动态改性（动态涂层）是最简单的表面改性方法，可通过把改性化合物加到电泳缓冲溶液中，或在分析前用改性化合物冲洗微通道进行动态涂层处理。玻璃和石英芯片的动态改性涂层通常利用静电引力，在通道表面吸附某种物质，以改变表面的性质。在电泳分离时减少表面吸附，以此提高分离效率。但因改性化合物是以物理吸附方式附着在微通道表面，其吸附-脱附过程是可逆的，且涂层会随使用时间延长变得厚度不均匀，经常在使用一段时间后进行清洗以更新表面状态，不能长期保持稳定状态，使其应用受到限制。

② 玻璃与石英芯片的静态改性——硅烷化反应　　静态改性方法与动态改性方法相比虽然操作较复杂，但涂层性质稳定、均一，更适用于进行高效、高复现的介电泳分离。玻璃和石英芯片的静态改性绝大多数与硅烷化反应有关，硅烷化试剂具有双功能团，其分子的一端与通道表面的——SiOH基团进行共价键合生成Si——O——Si，另一端与其他线性聚合物连接，能有效屏蔽微通道内表面的——SiOH基团，使其不能在电泳缓冲液中解离，从而减小或消除EOF。但在偏碱性条件下Si——O——Si可能水解，涂层难以保持稳定性，导致其抑制EOF能力下降，影响芯片的分离质量。

（2）热塑性聚合物芯片改性方法

① 热塑性聚合物芯片的动态改性　　聚合物芯片的动态改性涂层多利用氢键作用和疏水

相互作用，在表面吸附某种物质来改变表面的性质，减少分析物质在芯片表面的吸附，从而提高电泳分离效率。Song等采用分离DNA的筛分介质多羟基化合物$E_{99}P_{69}E_{99}$为动态涂层试剂改性了PMMA芯片微通道。涂层试剂含5%$E_{99}P_{69}E_{99}$，用30%（体积分数）丙酮水溶液配制而成。将涂层试剂充入微通道，放置5min后，真空吸出，芯片置于烘箱中75℃过夜，完成热塑性聚合物芯片的涂层改性过程。

② 热塑性聚合物芯片的静态改性　热塑性聚合物芯片的静态改性与玻璃和石英芯片不同，除了可以采用不同的方法对热塑性聚合物芯片表面进行改性处理，聚合物芯片也可以根据各自材料的不同采用各种化学和物理手段对材料本身进行改性。本体掺杂就是一种常用的热塑性聚合物芯片静态改性方法，通过在聚合物芯片本体中加入改性物质，改变聚合物成分来控制和调节芯片的表面性质。热塑性聚合物芯片在注塑制作过程中向聚合物本体中添加5%左右的ABS（丙烯腈-丁二烯-苯乙烯共聚物）塑料，能够使芯片透光率明显提高，表面水接触角减小，芯片电泳核酸分离效果得到改善。实现热塑性聚合物芯片通道表面静态改性。表面分子的脱氢介导聚合利用芯片表面有机分子在自由基引发剂或强烈的物理辐射（例如紫外光）下脱氢后形成的自由基诱导聚合，在表面形成高分子涂层，该方法不需要对芯片表面进行严格的处理，尤其适合在热塑性聚合物芯片上使用，可以在表面方便而且高效地引入高分子化合物，从而改善表面性质。

（3）固化型聚合物芯片改性方法

PDMS表面改性的方法很多，有本体掺杂法、等离子体处理法、紫外光照法、聚合诱导接枝法、动态涂层表面改性技术等。

本体掺杂法通过在PDMS的预聚体中引入一些特殊性质的分子，在芯片固化后，这些分子会在芯片表面微孔的吸附作用下向芯片的表面迁移，从而改变芯片表面的性质。加入PDMS的预聚体中的表面活性剂有阴离子型、阳离子型、非离子型和特种型，其中十二烷基硫酸钠（SDS）是最常用于PDMS的表面修饰剂。Kim等将1%的Silwet L-77加入PDMS的预聚体中。改性后的PDMS的接触角在10min内由86.5°降低到48.7°，而未改性的仅由106.2°降低到100.9°。非离子表面活性剂有Triton X-100、Brij 35和Tween 20等。

等离子体是由部分电子被剥夺后的原子及原子团电离后产生的具有高能量的电子和离子的混合物，其正负电荷数量相等。等离子体的作用可以使PDMS表面疏水的硅甲基转变为活性基团如硅羟基、醇羟基，使其非常亲水。目前广泛应用的PDMS微流控芯片一般通过高真空（压力低于10Pa）氧等离子体活化进行表面改性和键合。Frimat等使用经过空气等离子体处理过的PDMS芯片培养细胞，由于PDMS本身疏水性极高，细胞无法黏附生长，而经过等离子体处理的PDMS表面变为亲水状态，细胞可以黏附生长，从而能够精确地控制细胞培养区域，生产细胞阵列。此项技术为细胞模板的生产提供了一种快速、精确、低成本的方法。氧等离子体处理法快速，可以在表面产生大量的活性基团，但是，处理后的PDMS表面亲水性数小时后会逐渐恢复到原来的状态，并且会对PDMS表面产生一定的破坏，使之产生裂纹。针对以上问题，Wu等用等离子体活化PDMS表面，将环氧修饰的亲水性聚合物快速吸附在活化的PDMS表面，最后在110℃下加热，通过这种方式将环氧修饰的亲水性聚合物直接共价偶联到芯片表面。

紫外光照法就是用紫外光照射PDMS，经过紫外光照后的PDMS表面会产生亲水性的基团。除了只用紫外光照射，Olah等采用紫外臭氧处理PDMS表面，通过原子力显微镜（AMF）检测发现，PDMS表面在紫外光作用下与臭氧反应形成硅氧烷，提高其亲水性。通过接触角的测定发现随着时间的推移接触角逐渐增大，PDMS表面逐渐恢复其原有的疏水性。这是PDMS本体中的小分子化合物转移到表面以及表面的亲水基团转移到PDMS本体中的缘故。与等离子体处理方法相比，紫外光处理条件温和，对PDMS表面的破坏小，但是需要较长的反应时间。经紫外光照射后PDMS表面由于产生了化学反应，折射率等发生了变化，影响了整个PDMS的光学性能，而且与等离子体处理方法一样，PDMS表面亲水性随着时间的推移会逐渐恢复到原来的状态。

通过用紫外光直接照射单体溶液使PDMS表面接枝一些亲水性的化合物，如丙烯酸（AA）、丙烯酰胺（AM）、二甲基丙烯酰胺，这种方法能长时间改变PDMS表面的性质。Hu等先将基片和盖片浸于0.5mmol/L NaIO₄、0.5%（质量/体积）苯甲醇和指定浓度单体的水溶液中，然后在紫外光照射下完成聚合反应。NaIO₄能去除单体溶液中的氧，抑制溶解氧对聚合反应的淬灭作用，苯甲醇能够降低溶液的黏度，来提高单体向芯片表面扩散的效率。紫外辐射为PDMS表面产生自由基提供能量，完成单体的自由基接枝聚合反应。反应完成后，将基片和样片在80℃蒸馏水中清洗，并连续搅拌24h，以除去吸附的单体和聚合物。

在芯片的微通道中引入含有聚合电解质的溶液，溶液中的阴、阳聚合电解质交替作用在表面产生聚合电解质多层（PEMs），通过这种方式改变PDMS表面的性质。Liu等采用动态涂层技术，在以PDMS为盖片，玻璃为基片的微流控芯片中，先涂上阳离子PB（polybrene）层后，再附着一层右旋糖酐（DS）层，形成聚合双层。涂层后的芯片用于电化学检测分离多巴胺和对苯二酚，分离较好，并且涂层稳定，电极对涂层的吸附并不显著，可以用该芯片进行多次实验。除了用含有聚合电解质的溶液在PDMS表面涂层，Wu等在PDMS芯片表面进行聚乙烯醇（PVA）涂层来改变PDMS表面的性质。具体方法为：在氧等离子体处理后的PDMS芯片表面，多次循环吸附PVA，加热交联多层PVA涂层。

3.4.4 芯片封装

通过上述微加工得到的玻璃或者聚合物上面的微通道不是封闭的，需要可靠的键合方法将组成微流控芯片的基片和盖片以某种方式结合在一起，从而形成封闭的微通道，使液体在封闭的微通道内借助毛细力等实现流动。微流控键合技术可分为间接键合和直接键合。直接键合的主要原理是通过某种手段如热压、超声波加热使热塑性材料表面软化或降解形成熔融微层进行键合；间接键合是通过在基片和盖片间添加胶黏剂或者溶剂进行键合。

热键合主要依靠键合温度、键合压力和键合时间的配合使得微流控芯片基片和盖片实现分子水平键合的键合方法，是一种不需要使用任何辅助黏结剂的键合方式。高温和高压是让两表面原子形成化学键最简单有效的方法，高压使得两表面的原子距离更近，在高温的作用下让原子的运动更加剧烈，加快化学键的形成，提高键合的质量和速率。在此过程中，键合层被加热到玻璃化温度附近或以上，并在外部压力作用下通过浸润和黏合作用实现界面处分子链的纠缠（chainentanglement），从而获得紧密的界面接触。基本热键合工艺过程如图3-29所示。

热键合的一个显著优点是在键合过程中不会产生污染物，另一个显著优点是热键合之后，芯片的力学性能和热性能非常接近母材的等效固体块，对后续的热膨胀或收缩也不会产生不利影响。热键合需要键合表面紧密接触，且不能有其他杂质存在，否则不易实现基片和盖片的紧密键合，对于基片和盖片表面质量要求较高。此外，芯片内部含有温度敏感材料（如电极及波导管等）或使用具有不同热膨胀系数的材料制作的芯片不能

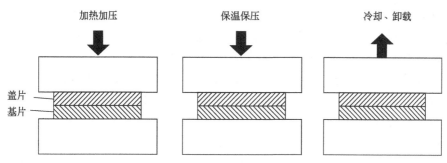

加热加压　　　　　　保温保压　　　　　　冷却、卸载

盖片
基片

图3-29　基本的热键合工艺过程

采用热键合进行封装。错误的温度和压力容易引起通道变形是热键合的主要技术瓶颈。使用可编程热压机或高通量辊式层压机有助于精细控制温度、压力和键合时间，避免芯片通道发生形变。

即使在使用性能良好的商用热压机时，也必须确定合适的工艺参数以避免热键合期间的通道形变，必须针对每个制作步骤进行优化。不同的材料可能需要对键合参数进行重大调整。最佳工艺值甚至可能在不同的聚合物批次之间变化，这需要不断监测和调整实验条件。键合前，基底应尽可能保持平整、整洁和干燥。尽可能在洁净室环境中完成键合步骤，以防止尘土微粒被困在密封的微通道内。当初始热塑性板无法达到高平整度时，可将导热硅酮垫放置在黏合基板的一侧，以帮助在键合期间，整个基板区域上均匀受力。

胶黏结键合是通过基片与盖片之间的中间介质实现键合的方法。该方法在常温下即可进行，施加一定的压力即能达到很好的效果。胶黏结键合一般可分为两种，一种是通过在芯片的基片或盖片上涂上一层黏结剂，形成胶黏层，然后进行键合；另一种是使用双面压敏胶，双面胶则为胶层，实现芯片基片和盖片的键合。目前胶黏结键合中常用的黏结剂主要有加热固化黏结剂与UV固化黏结剂。UV固化黏结剂通常由含有光引发剂的合成树脂制成，以在暴露于特定波长的光时增强树脂的交联。Carroll等先将黏结剂旋涂在硅片上作为转移板，对玻璃基片进行适当的清洗之后，用掩模对准器使带有黏结剂的硅片与顶部的玻璃基片接触数分钟，将黏结剂选择性地转移到顶部的玻璃基片上，然后将顶部的玻璃基片与底部玻璃基片对准并黏结，最后用紫外线照射3min使黏结剂固化，过程如图3-30所示。这种方法对芯片的表面质量和表面粗糙度要求较低，操作方便，成功率接近100%，且键合后的微晶片性能稳定，此外整个键合过程不超过30min，通过溶解固化的胶黏层可实现芯片的可逆键合。Dang等报告了一种接触式印刷工艺，其中，黏结剂层可由不锈钢板孔精确控制，并使用牺牲通道去除气泡和过量黏结剂，确保黏结剂不会进入通道，这种方法的

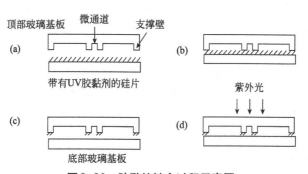

顶部玻璃基板　　微通道　　支撑壁
(a)　　　　　　　　　　　　　(b)
带有UV胶黏剂的硅片

　　　　　　　　　　　　　　紫外光
(c)　　　　　　　　　　　　　(d)
底部玻璃基板

图3-30　胶黏结键合过程示意图

另一个好处是，除了胶黏层的暴露厚度外，所产生的微通道具有均匀的表面特性。通过在黏结之前使用丝网印刷将黏结剂涂敷在盖板上，也取得了类似的结果，如图3-31所示，首先将黏结剂倒在带有空心的钢板上，并使用刀片将其摊铺在钢板上。然后在硅橡胶垫上涂抹黏结剂。最后将硅橡胶垫上的黏结剂沉积在PMMA芯片上，PMMA芯片上的黏结剂厚度接近中空深度的四分之一，多余的黏结剂通过牺牲通道去除。Sayah等提出了一种在室温下使用环氧胶键合玻璃芯片的方法。首先清洗玻璃基片和盖片，清除表面的污染物，获得洁净的表面，并且提高基片和盖片表面的亲水性。然后在盖片上涂一层1μm厚的环氧胶，加热到80℃，使环氧胶开始硬化，最后将微流控芯片基片和盖片对齐，施压直到环氧胶完全固化，完成芯片的键合。

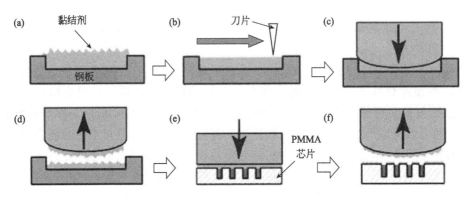

图3-31　接触印刷式胶黏结键合

与热键合方法相比，胶黏结键合有如下的优点：键合在室温条件下即可进行，无需加热装置，键合工艺简单，能极大地降低键合成本；使用范围广，胶黏结键合几乎适用于所有材质的微流控芯片的键合。但是胶黏结键合也存在一些缺点，如作为中间层材料的黏结剂具有多孔性，键合密封不够完全；黏结剂容易引起微通道的堵塞，而且黏结剂的使用使得微通道的表面性质不一致，黏结剂材料会对化学分析实验的结果产生干扰；黏结剂多数具有挥发性，受温度变化的影响较大，长期稳定性较差。

表面处理辅助键合是一种通过改变键合材料表面性质来实现芯片键合的方法。键合材料表面经过处理会发生多种物理、化学变化，使得材料的表面特性得到改善，可以大大降低键合难度并提高键合强度。表面处理一般包括等离子体表面处理与辐射降解表面处理。Chen等提出了一种在低温或室温键合玻璃微流控芯片的方法。首先将玻璃盖片和基片浸入浓硫酸溶液中，然后用去离子水快速冲洗基片和盖片，用HF蒸气处理芯片表面。在用去离子水清洗或者用HF蒸气处理芯片表面时，可以将基片和盖片接触在一起，然后在低温或者室温下24h实现玻璃微流控芯片的键合。这种方法不需要洁净室环境以及极高键合温度，但是使用的HF毒性很大，而且操作流程复杂，操作不便。

等离子体表面改性指的是等离子体在轰击材料表面的同时还会给材料表面的分子和原子传递能量，进而改变材料的表面性能的一个过程。PMMA、PC、COC（环烯烃共聚物）、PDMS等经过等离子体表面处理后，表面会变得更加亲水，可以大大降低键合难度与提高键合强度。Pelzer等在13.33～53.32Pa（100～400mTorr）气压条件下，通过氧等离子体改善了聚合物表面的亲水性，使基片与盖片接触表面间的亲和力大大提高，在低于基片聚合物材料玻璃化转变温度的条件下实现了键合。辐射降解表面改性原理是通过电离辐射的作用使聚合物分子的主链发生断链，分子量下降，材料的热稳定性（如玻璃化转变温度）下降，现在最常用到的辐射源是X射线与紫外光。Truckenmiller等分别采用X射线和紫外光作为辐射源，对PMMA材料进行了实验，辐射后较低的键合温度避免了微结构在键合过程中被损坏。通过辐射处理、等离子体表面处理，键合温度得到降低，改善了微通道和芯片整体的变形，提高了连接强度，这类方法的缺点是适用的材料有限，键合时间没有缩短，因而效率并没有得到提高。

聚合物键合中表面改性热处理、溶剂键合、等离子键合都是属于表面处理键合，只是表面处理的表现形式不一样。玻璃的表面处理主要包括化学表面活化与等离子表面活化。两种方式的表面处理都是为了增强玻璃表面的亲水性，提高表面能。一般化学表面活化是将玻璃浸泡在浓硫酸中，让玻璃表面形成亲水层，玻璃表面形成大量的Si—OH基团，不同玻璃在接触后，表面的Si—OH基团发生脱水反应，在两片玻璃之间形成稳定的Si—O—Si键。等离子体活化也是使玻璃表面形成大量的Si—OH基团，只是形成的方式是通过氧等离子体轰击玻璃表面。氧等离子体表面活化处理简单方便，不需要使用危险溶液，处理时间也较化学活化短，但是等离子体活化对设备要求较高。化学活化交联键合可以非常有效地实现聚合物芯片的键合。例如，聚甘油丙烯酸甲酯可以通过化学气相沉积法修饰到含有微通道的基质上，用等离子体处理的聚丙烯酰胺修饰另一盖片，70℃条件下贴合两芯片，在共价作用力下可以完成两芯片的键合，该方法可以实现200nm宽的通道的键合，密封后至少可以承受0.34MPa的压力，并且广泛适用于玻璃、石英、硅、PDMS、PS、PET和PC等各种材质。

等离子体改性是一种降低加工温度和提高由一系列热塑性塑料制成的微流控芯片黏结强度的方法。等离子体中的高能离子、电子和紫外光子具有足够的能量来破坏目标表面上的化学键，产生高活性自由基，有助于形成所需的带电表面基团，并增加表面的总能量密度。Bhattacharyya等发现暴露于10W空气等离子体源的COC和PS进行热黏合时表面的黏结强度提高了2～3倍。溶剂键合是通过特殊配制的溶剂将需要连接的聚合物芯片表面轻微溶解，然后贴合芯片并施加压力，使得溶解后的游离分子再重新相互作用来实现芯片的永久封合。溶剂键合在室温下就能实现芯片键合，操作简单，且键合之后微

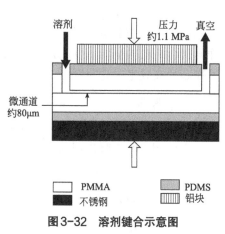

图3-32 溶剂键合示意图

通道变形小。Shah等采用丙酮作为键合PMMA微流控芯片的溶剂，将带有微通道的基片与盖片对齐后，将丙酮注入微通道的一端，在另一端真空抽吸，如图3-32所示。Koesdjojo等先在微通道加入水，然后使水在−20℃的温度环境下形成固体牺牲层，后续采用二氯乙烷对芯片表面表层微溶之后进行键合，键合后使冰融化并用水进行冲洗后达到使用要求。

3.5 芯片制作环境

芯片的制作主要在超净间内完成，超净间也称为无尘室、洁净室，是指将一定空间范围内空气中的纤维粒子、有害气体、细菌、病毒等污染物排除，并将室内温度、洁净度、室内

压力、气流速率、气流分布、噪声振动及照明、静电控制在某一需求范围内，即不论外在空气条件如何变化，室内均能具有维持原先设定要求的洁净度、温湿度及压力等性能特性，而给予特别设计的实验室空间。超净间最主要的作用在于控制芯片所接触的环境和污染物的含量，使芯片能在一个良好的环境空间中生产、制造，是许多研究领域必备的工作场所，如制药、生物科学、电子、地球化学等。本节主要介绍有关超净间的工作环境、洁净度分级、组成及设备、应用、管理制度及安全细则等内容。

3.5.1 超净间工作环境

微流控芯片加工时所选择的环境对实验的成功具有重要影响，其加工环境一般选择超净间，所以对超净间环境需要严格把控的指标通常有：室内温湿度、光照强度、噪声、室内压差等。下面对这些环境指标进行介绍。

（1）室内温湿度

在需要严格把控的多个指标里，对超净间内温湿度的控制是重点，其控制的效果直接影响研究的成功与否。目前超净间一般温度范围为20～27℃、相对湿度在30%～60%之间。目前超净间实验室内对温湿度的控制大多采用新风空调箱（makeup air unit, MAU）、风机过滤单元（fan filter unit, FFU）以及干冷盘管（dry cooling coil, DCC）的设计。

（2）光照强度

由于超净间是密闭房间，许多超净间是没有窗户的，所以对光照度一直有较高的要求。根据《洁净厂房设计规范》的要求，超净间内一般相对光照强度不应小于0.7，无采光窗超净间混合照明的平均照度应按各视觉等级相应混合照度值的10%～15%确定，并高于200lx，且在芯片实验室中光照度为300lx时工作效率较高。

（3）噪声

超净间内噪声的高低不仅影响着实验人员的健康，同时对实验能否成功也有着重要的影响。当前超净间内噪声级（空态）根据室内气流流向不同，其标准也不相同：非单向流超净间的噪声不应高于60dB；单向流及混合流超净间不应高于65dB。

（4）室内压差

在洁净区内每个相邻房间、相邻区域的压力差，称为"相对压差"，简称"压差"。因为空气总是从压差高的地方流向压差低的地方，所以在超净间内需要保证洁净度越高的房间压差越高，洁净程度较低且容易产生污染的房间其压差较低。

（5）空气中颗粒浓度

对空气洁净度的控制主要在两方面：一是可能造成损害的空气中最小微粒直径，当前0.5μm是空气洁净技术主要控制的微粒直径；二是可能造成损害的空气中的微粒数量，即超净间内主要区域或工作台上的微尘颗粒物浓度。

（6）静电防护

由于超净间在建造时是无尘无菌的，因此室内的静电大多是实验人员进入时自身携带的。这些静电会随着实验人员的移动从而扩散在超净间中，其产生的电场能击穿电子和微电子设备，导致设备工作状态紊乱。同时空气中的灰尘会依附在静电较多的带电体上，十分影响环境洁净度。

（7）超纯水

超纯水是超净间内最常使用的水资源，超纯水（ultrapure water）是指电阻率达到18.2MΩ·cm（25℃）的水。超纯水中除了水分子外，几乎没有什么杂质，更没有细菌、病毒、二噁英等有机物。水的纯化过程分如图3-33所示，分为四步：预处理（初级净化）、反渗透（生产出纯水）、离子交换（可生产出18.2MΩ·cm的超纯水）和终端处理。

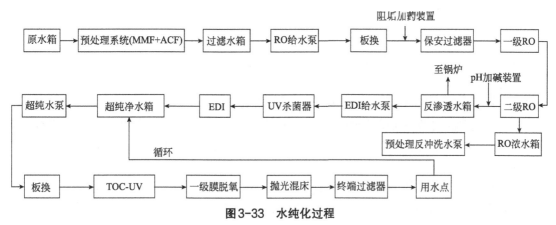

图3-33　水纯化过程

MMF—人造纤维；ACF—异向导电膜；EDI—连续除盐；RO—反渗透；TOC—总有机碳；UV—紫外线

3.5.2　超净间洁净度分级

在过去的几十年里，半导体和薄膜技术的快速发展、微电子技术的巨大发展、电子元件物理几何形状的缩小以及单个芯片上元件密度的增加，使得一旦环境发生污染，对产品质量影响很大，因此超净间的洁净环境已成为降低废品率和提高产品质量的必要条件。对超净间的洁净环境进行分析，主要就是分析超净间的污染源。超净间内的污染源包括微尘和细菌两大类，以下详细介绍超净间室内的主要污染源：

（1）室内工作人员

工作人员发尘是超净间内空气污染的最主要来源，占90%左右。人动作时的发尘量相当复杂，可以认为一个人在室内活动时的平均发尘量为其静止时的5倍，为5×10^5粒/（min·人）。根据工艺性质、人的动作的多少和强弱的不同，这个倍数是不同的，可以分为较低和较高两类，分别为3倍和7倍于静止发尘量的数值。人体发尘量还与服装材质、洗晾、吹淋等有很大关系。根据实验测定，尼龙绸洁净服发尘量最少，且洁净工作服不宜揉洗，洗后应在洁净环境中晾干。

（2）设备及工艺产生的灰尘

设备的产尘以转动设备尤为突出，电动机、齿轮转动部件、伺服机械部件、液压和气动启动器开关或人工操作的设备，都会由于移动（转动）着的表面之间的摩擦而产生微粒。

（3）与超净间相邻区域

与超净间周边相邻或相通的、较低洁净度的区域或非洁净区域，由于人员、材料的进出携带的污染空气，或沉降在人员、物料上的污染物被带入，是影响室内洁净度的另一个重要污染来源。合理的正压差是减少侵入污染空气的重要措施。设在门口的气闸室、缓冲室以及风淋室也有重要作用。

（4）未经过滤送风

在正常情况下，新建、改建的超净间或是末级过滤器更换后，要进行严格的验收检测，高效过滤器本身、高效过滤器与支撑框架的接触面如有泄漏，都应被查出并予以处理。

（5）原材料、包装等

黏附在原材料、容器、包装，特别是一些黏附在产品的细小组件上的污染物会被带入超净间。因此对进入超净间的设备、材料、容器、包装等的预清洁、拆包地点和方法，以及进入超净间的程序等，都应该按照超净间运行管理规范执行。

以上为超净间内部污染的主要来源，在日常超净间的维护和使用过程中，需要进行多方面考虑。通过技术手段的运用、人员的管理、设备的状况检测维护好超净间，提升超净间使用效果。

超净间洁净度等级的国际标准如表3-3所示。国际上根据空气清洁程度划分了等级，从高到低依次划分为1级、10级、100级、1000级、10000级和100000级六种等级的超净间。国际标准化组织给出计算洁净程度的具体公式1表示为：

$$C_n = 10^N \times (0.1/D)^{2.08} \tag{3-3}$$

式中，C_n 是气颗粒的最大容许浓度值，个/m³；N 是国际标准化组织的分类号，不得超过9；D 是空气中微粒尺寸，μm。

表3-3 超净间洁净度等级国际标准 ISO14644-1　　　　单位：个/m³

空气洁净度等级（N）	大于或等于缩小粒径的粒子最大浓度限值（空气粒子数）					
	0.1μm	0.2μm	0.3μm	0.5μm	1.0μm	5.0μm
ISO 1级	10	2				
ISO 2级	100	24	10	4		
ISO 3级	1000	237	102	35	8	
ISO 4级	10000	2370	1020	352	83	
ISO 5级	100000	23700	10200	3520	832	29
ISO 6级	1000000	237000	102000	35200	8320	293
ISO 7级				352000	83200	2930
ISO 8级				3520000	832000	29300
ISO 9级				35200000	8320000	293000

为维护和保持超净间的洁净环境，实现其洁净等级，需要针对其室内污染源采取相应的解决措施，根据前文所述的五类污染源，提出以下解决措施：

（1）控制工作人员散发的污染

工作人员的鼻腔、口腔、皮肤、头发和身上的服装都会散发污染物，因此进入的工作人员要遵循超净间工作守则，整齐穿着洁净工作服，戴工作手套、口罩、头套，穿净化鞋，经洁净通道进入。除尽可能降低人员散发的污染物外，空调净化送风的气流也是有效稀释、疏导并排出人员散发的污染物的重要手段。关键工序部位设置在超净间中非操作人员不易到达之处，以减少额外的人员污染。

（2）控制工艺设备及工艺产生的灰尘

超净间内的工艺设备应选料精良，光洁耐磨，那些转动、滑动部位格外重要，要尽可能地减少磨损及产尘。对于那些产尘的工艺过程要尽可能地将其封闭或设置围挡，并辅以排风，形成局部范围相对于超净间的负压，以限制污染物向超净间其他区域扩散。

（3）不同级别相邻超净间的压差

为防止从相邻的洁净度较低区域向超净间传播污染，主要方法是维持高洁净度区域相对于低洁净度区域有一个合适的正压值。根据不同的情况，不同级别相邻房间的正压值为5～10Pa。让不同洁净度的各级房间维持梯次的压差，这样就可减少由低级别超净间向高级别超净间传播空气中的悬浮污染物。

（4）超净间的送风过滤

超净间空调送风系统的末端装备高效空气过滤器，在正常情况下能有效过滤经空调机组处理的新风和回风中的颗粒污染物。经高效空气过滤器处理后的洁净空气送入室内，可有效地排替、冲淡室内污染物，以维持室内的洁净度。

（5）进入超净间的材料与部件的清洁

超净间的产品和原材料、产品的容器和包装材料都要使用不产生污染的材料。这些材料的生产制造也要在对产品污染相对较小的环境中进行。不符合超净间使用要求的零部件要经过清洁后方可进入超净间。

超净间是一项综合性技术的反映，在维护和管理控制时，需要进行多方面考虑。超净间使用前的检测是正常使用的基本保证，使用中的维护和运行管理更是对净化环境的维持。通过技术手段的运用、人员的管理、设备的状况检测，可以提升超净间洁净效果。

3.5.3　超净间组成及设备

超净间具有较高的洁净等级和安全性，因此其中的设备通常可分为用于提供洁净环境的设备和工作时需要较高洁净度的实验仪器。本小节主要介绍超净间的组成以及必须在超净间这种高洁净环境中使用的仪器设备。

首先是超净间中用于提供洁净环境的组成部分：

① 空气浴尘室　也称风淋室，作为实验人员或物品进入实验室时的第一道防线，用来吹除人体衣服、设备、物料、工具上的尘埃污染，能有效地阻止尘源进入洁净区。如图3-34所示为风淋室结构示意图及现场照片。空气浴尘室应用于微电子、光电、半导体、医学、化工、食品、军事等领域的超净间、无尘车间与非无尘车间，大大提升了超净间等工作区域的

洁净程度，为实验的顺利进行和工作人员的健康安全做出了贡献。

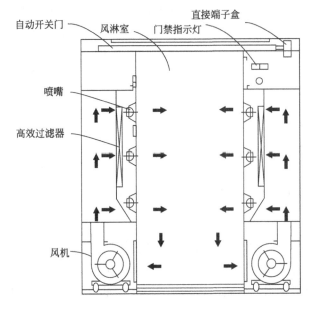

自动开关门　风淋室　门禁指示灯　直接端子盒

喷嘴

高效过滤器

风机

图 3-34　风淋室结构示意图及现场照片

② 超净工作台　是一种提供局部无菌、无尘实验环境的洁净设备。能提高超净间的整体洁净程度，由风箱、风机、预过滤器、高效过滤器和电器控制系统构成，可以将实验中产生的废弃气体通过实验人员人为地控制排放，如图 3-35 所示。

③ 净化空调　为了使超净间内保持实验所需的温度、湿度、风速、压力和洁净度等参数，最常用的方法是向实验室内不断通入一定量经过处理的空气，以消除超净间内各种热湿干扰及尘埃污染问题。送入超净间具有一定状态的洁净空气，需要一整套的设备对空气进行处理和释放，这一套设备就构成了超净间内的净化空调系统，如图 3-36 所示。

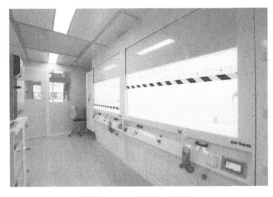

图 3-35　超净工作台　　　　　　图 3-36　超净间净化空调系统

④ 传递窗　超净间内常用的辅助设备，主要用在洁净区与洁净区、非洁净区与洁净区之间的小物品的传递，来减少超净间内开关门的次数，传递窗的应用可以最大限度地减少超净间内洁净区的污染，如图 3-37（a）所示。

⑤ 紫外灭菌灯　用于杀死室内具有污染或危害样品活性的细菌。灭菌灯利用较低汞蒸

气压（＜10^{-2}Pa）被激化而发出的紫外光，紫外光子的能量会引起病毒或细菌遗传物质的变异，使细菌当即死亡或不能繁殖后代，以达到杀菌、净化实验室的目的，如图3-37（b）所示。

⑥ 安全传感器　主要用于实验人员夜晚工作，实验人员夜晚独自工作如遇突发情况，安全警报器便会开启警报装置来保护实验人员的人身安全，如图3-37（c）所示。

(a) 传递窗　　　　　(b) 紫外灭菌灯　　　　　(c) 安全传感器

图3-37　传递窗、紫外灭菌灯和安全传感器

扫一扫，查看彩图

微加工技术是目前微流控芯片制备最依赖的技术，微加工技术主要包括光刻工艺、化学气相沉积技术、物理气相沉积技术等，微加工技术所使用的仪器对环境洁净度和样品都有较高要求，下面主要介绍超净间中进行微加工时使用到的相关仪器设备。

① 紫外曝光机　也称光刻机、掩模对准曝光机、曝光系统、光刻系统等，是印制电路板以及微流控芯片制作工艺中的重要设备。一般的光刻工艺要经历硅片表面清洗烘干、涂底、旋涂光刻胶、软烘、对准曝光、后烘、显影、硬烘、蚀刻等工序。MJB4型紫外曝光机如图3-38（a）所示。

② 电子束曝光机　又名电子束光刻机，是实验室中常见的光刻设备。电子束曝光机与传统的光学曝光机相比，采用电子束代替传统光照实现抗蚀剂曝光的功能，利用某些高分子聚合物对电子束敏感的特点从而实现光刻。高分辨率电子束曝光机如图3-38（b）所示。

(a) MJB4型紫外曝光机　　　　　(b) 高分辨率电子束曝光机

图3-38　MJB4型紫外曝光机和高分辨率电子束曝光机

扫一扫，查看彩图

③ MOCVD　指金属有机物化学气相沉积系统（图3-39）。该系统以第Ⅲ族、第Ⅱ族元素的有机化合物和第Ⅴ族、第Ⅵ族元素的氢化物等作为晶体生长的原材料，以热分解方式在衬底上进行气相外延，形成各种有机化合物材料和多元固溶体的薄层单晶材料。

图3-39　金属有机物化学气相沉积系统

扫一扫，查看彩图

④ 电子束蒸发镀膜机　超净间内进行物理气相沉积常用的仪器，其采用的电子束蒸镀技术与传统蒸镀方式不同，通过电磁场的配合能够精准实现利用高能电子轰击坩埚内靶材，使之熔化进而沉积在基片上，从而镀出高纯度、高精度的镀膜。MEB550S电子束蒸发镀膜机如图3-40所示。

⑤ PECVD　指等离子体增强化学气相沉积镀膜系统［图3-41（a）］，通过借助微波或射频等使含有薄膜组成原子的气体电离，在局部形成等离子体，从而在基片上沉积出所需要的薄膜。

⑥ 等离子体蚀刻机　又名等离子蚀刻机、等离子平面蚀刻机等［图3-41（b）］。等离子蚀刻，是干法蚀刻中最常见的一种形式，其原理是暴露在电子区域的气体形成等离子体，由

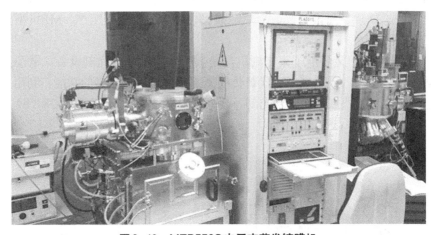

图3-40　MEB550S电子束蒸发镀膜机

(a) PECVD仪器　　　　　　　(b) 等离子体蚀刻机

图3-41　PECVD仪器和等离子体蚀刻机

此产生的电离气体和释放高能电子组成的气体，从而形成了等离子或离子。电离气体原子通过电场加速时，会释放足够的力量与表面驱逐力紧紧黏合材料或蚀刻表面。

⑦ 原子力显微镜 是一种用于分析包括绝缘体在内的固体材料表面结构的分析仪器（图3-42）。原子力显微镜利用微悬臂感受和放大悬臂上的尖细探针与受测样品原子之间的作用力，从而达到检测的目的，具有原子级的分辨率。由于原子力显微镜既可以观察导体，也可以观察非导体，从而很好地弥补了老式显微镜的不足之处。

图3-42 原子力显微镜

⑧ 扫描电子显微镜 是继透射电镜之后发展起来的一种电子显微镜［图3-43（a）］。扫描电子显微镜的成像原理和光学显微镜以及透射电子显微镜不同，它依据电子与物质的相互作用，以类似电视摄影的方式，利用细聚焦电子束在样品扫描时激发出的各种物理信号来调制成像。扫描电子显微镜具有精确度高、观察范围广、图像景深大、立体感强以及样品制备简单的特点，越来越成为众多研究领域中不可或缺的工具，目前已广泛应用于化学、生物、医学、电子等领域的研究。

⑨ 光学显微镜 是实验室内最常见的仪器设备，能够把人眼所不能分辨的微小物体放大成像，来供实验人员观察细胞的微细结构［图3-43（b）］。光学显微镜主要利用凸透镜放大成像原理，增大近处微小物体对眼睛的张角（视角大的物体在视网膜上成像大），用角放大率表示它们的放大倍数，通常规定实验人员在观察时，明视距离应在25cm。

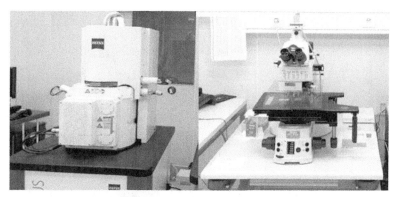

(a) 扫描电子显微镜　　　　　　(b) 光学显微镜

图3-43 扫描电子显微镜和光学显微镜

3.5.4　超净间应用

根据研究领域不同，通常可以把超净间分为光刻实验室、化学实验室、生物医学实验室。光刻技术是指在借助光致抗蚀剂（如光刻胶）将掩模版上的图形转移到基片上的技术。如图3-44所示为光刻实验室，因为光刻胶是光敏材料，且对黄光不敏感，所以光刻实验室用黄光使生产环境更加接近自然光。光刻技术主要包括光复印和蚀刻工艺两类，光复印工艺是指经曝光系统将预制在掩模版上的器件或电路图形按所要求的位置，精确传递到预涂在晶片表面或介质层上的光致抗蚀剂薄层上。而蚀刻工艺是指利用化学或物理方法，将抗蚀剂薄层未掩蔽的晶片表面或介质层除去，从而在晶片表面或介质层上获得与抗蚀剂薄层图形完全一致的图形。

图3-44　光刻实验室

在化学实验室内，微流控芯片作为一种分析化学的平台，其优势包括耗样量低、分析速度快、灵敏度高和分辨率高，还可以把样品处理、分离、反应等与分析相关的过程集成在一起，大大提高分析的效率。微流控化学实验室应用在分子水平上时，除了离子和小分子的分离分析外，在以蛋白质、核酸等生物大分子为对象的研究中更显示出其操作单元规模集成和灵活组合的优势。分子层面应用最重要且相对最成熟的一类对象是核酸。核酸研究是迄今为止微流控芯片应用最有说服力的领域之一，其范围已由对简单核苷酸的分离分析过渡到以复杂的遗传学分析、基因诊断等为目的的生物医学领域，如图3-45所示为化学实验室。

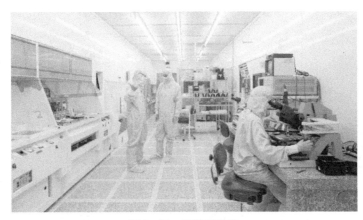

图3-45　化学实验室

生物医学实验室，其应用往往被看成是对化学研究和生物学研究的直接结果。如果在药品的制造过程中某些药物被微生物或者空气中的灰尘颗粒污染或被交叉污染，则可能会导致药品变质，发生意外的疾病和危害。因此，随着超净间技术的日益发展，它与生物医学的结合也愈加紧密，大大提高了药品生产和手术室等医学设施的洁净程度，避免了污染物对其造成的不良影响，为生物医学的发展做出了极大的贡献。生物医学实验室如图3-46所示。

图3-46 生物医学实验室

3.5.5 超净间管理制度及安全细则

超净间内使用的化学物质和液体样品体积较小，且物理化学性质各不相同，样品会与空气中微小物质反应造成火灾爆炸等事故。为了不发生类似的事故，要注意以下超净间内常见的危险源，并规避危险的发生。

① 火灾和爆炸 实验室中通常存储氢气、氧气等气体用于实验反应，如果实验室的规则不严格、管理不佳，对温度和压力等关键因素没有仔细考虑，易发生火灾和爆炸事故。

② 化学元素对人体产生的危害 在调查的事故当中，80%以上为危险化学品引发的爆炸、燃烧事故。毒性物质事故所造成的人员伤亡问题也极为严重，实验室中常见的毒性气体如液氮、液氯、光气、一氧化碳等有毒化学物质都会致使实验人员中毒死亡。如图3-47（a）所示为按照国家标准《危险货物分类和品名编号》（GB 6944—2012）关于危险化学品的分类，分析了每种危险物品在事故中的占比；如图3-47（b）所示为各类事故数及其比例。

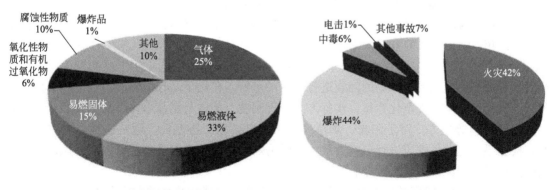

(a) 实验室危险化学品分类   (b) 各类事故数及其比例

图3-47 实验室危险化学品分类与各类事故数及其比例

③ 电伤和化学制剂灼伤　实验室芯片制备中常用的搅拌器、加热手套等，都属于高热的实验设备。如果出现操作不当，或者仪器老旧等问题，容易电伤和灼伤实验人员。

④ 实验室残留废液污染　芯片制备完成后不能很好地处理废液会污染环境。实验室人员应加强对实验结束后残留物的处理意识，不污染环境且不影响下次实验的顺利进行。

⑤ 仪器设备问题　对实验室仪器的使用常存在操作不慎、使用不当、违规操作、仪器陈旧老化等问题。极易引发火灾、爆炸和中毒等事故。因此应加强定期对设备的检修和对实验室相关人员的安全培训，增强其安全观念，在安全问题上实验室应做到高度重视。

为保证实验人员在超净间中进行安全研究工作，以下超净间内管理制度工作尤为重要：

① 超净间安全管理制度培训　为保证实验过程安全，必须建立和完善相应的超净间安全制度。如图3-48所示为超净间安全培训流程。

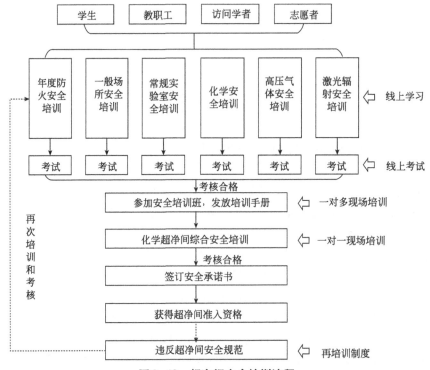

图3-48　超净间安全培训流程

② 超净间安全制度化、标准化建设　通过标准化建设制定出以超净间安全运行为目标的翔实、可供实验人员操作的管理标准。对超净间中高精度仪器具有一套完整规范的操作流程，保证超净间中仪器的齐全、完好，从而有效减少安全事故。

③ 危险化学品、危险仪器等安全管理对策　关于超净间中危险化学品的管理，需要从购买、存放、使用以及废弃物的回收进行全程的监管。在化学品存储方面，必须严格按照国家规定进行严格化、规范化存储，实行专人管理制度。某些易燃易爆化学品必须存放在药品柜、防爆冰箱等地方。对于阳光、潮湿度及洁净度必须严格把控，避免化学品失效或者自燃。根据不同化学品性质进行分类存放，易燃易爆化学品隔离存放并保证阴凉通风，挥发性较强的化学品需存放在通风较好的环境里。

④ 空气　超净间应该配备完善的高纯度供气系统，集中供应氮气及压缩空气等。超净间应注意通风，供氧量至少高于19.5%，避免缺氧现象的产生。

⑤ 安全事故风险预案　应针对不同类型的超净间制定不同的事故紧急预案，并有针对性地进行事故应急演练。演练事故类型应包括火灾事故演练、有毒有害物质泄漏演练、气体泄漏与爆炸等事故的相关演练，以提高在超净间遇到不同事故时的自我保护能力和应对危机的能力。

习题及思考题

1. 键合包括直接键合、_____和_____。
2. 体微加工方法包括_____蚀刻和_____蚀刻。
3. MEMS开关的连接形式有串联开关和_____，导通方式有金属接触和_____。
4. 请问下图中微型结构使用何种微加工技术加工而成？该微加工技术的方法与核心分别是什么？

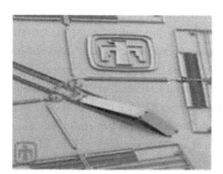

5. 请问下图中微型结构使用何种微加工技术加工而成？该微加工技术在加工过程中常见的三种问题分别是什么？

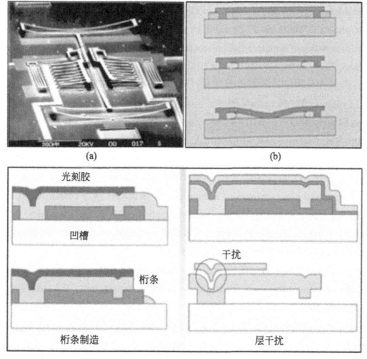

(a)　　　　　　　(b)

(c)

参考文献

[1] Manz A, Graber N, Widmer H M. Miniaturized total chemical analysis systems: a novel concept for chemical sensing [J]. Sensors & Actuators B Chemical, 1990, 1(1-6): 244-248.

[2] Patabadige D, Jia S, Sibbitts J, et al. Micro total analysis systems: fundamental advances and applications [J]. Analytical Chemistry, 2015,88(1): 320-338.

[3] Yeo L Y, Chang H C, Chan P, et al. Microfluidic devices for bioapplications [J]. Small, 2011, 7(1):12-48.

[4] Zhao X M, Xia Y, Whitesides G M. Soft lithographic methods for nano-fabrication [J]. Journal of Materials Chemistry, 1997, 7(7): 1069-1074.

[5] 林炳承，秦建华. 图解微流控芯片实验室 [M]. 北京：科学出版社，2008.

[6] Castano-Alvarez M, Ayuso D, Granda M G, et al. Critical points in the fabrication of microfluidic devices on glass substrates [J]. Sensors & Actuators B Chemical, 2008, 130(1): 436-448.

[7] Hirayama K, Onoe H, Takeuchi S. 3D microfluidics formed with hydrogel sacrificial structures [C]. Proceedings of the IEEE International Conference on Micro Electro Mechanical Systems (MEMS), 2012.

[8] Ayoib A, Hashim U, Gopinath S C B, et al. Design and fabrication of PDMS microfluidics device for rapid and label-free DNA detection [J]. Applied Physics A, 2020, 126(3): 1-8.

[9] Toossi A, Moghadas H, Daneshmand M, et al. Bonding PMMA microfluidics using commercial microwave ovens [J]. Journal of Micromechanics and Microengineering, 2015, 25(8): 085008.

[10] Garcia-Cordero E, Bellando F, Zhang J, et al. Three-dimensional integrated ultra-low-volume passive microfluidics with ion-sensitive field-effect transistors for multiparameter wearable sweat analyzers[J]. ACS nano, 2018, 12(12): 12646-12656.

[11] Kim J H, Yoo I S, An J H, et al. A novel paper-plastic hybrid device for the simultaneous loop-mediated isothermal amplification and detection of DNA [J]. Materials Letters, 2018, 214: 243-246.

[12] Garcia-Cordero E, Bellando F, Zhang J, et al. Three-dimensional integrated ultra-low volume passive microfluidics with ion sensitive field effect transistors for multi-parameter wearable sweat analyzers[J]. ACS Nano, 2018, 2018, 12(12): 12646-12656.

[13] 方肇伦. 微流控分析芯片的制作及应用 [M]. 北京：化学工业出版社，2005.

[14] Ti.W C,Finehout E.Microfluidics for biological applications [M]. Berlin: Springer Science & Business Media, 2009.

[15] Krawczyk S K, Mazurczyk R, Bouchard A, et al. Towards medical diagnostic chips with monolithically integrated optics in glass substrates [J]. Physica Status Solidi C, 2007, 4(4): 1581-1584.

[16] Sasaki D Y, Cox J D, Follstaedt S C, et al. Glial cell adhesion and protein adsorption on SAM coated semiconductor and glass surfaces of a microfluidic structure [C]. Biomedical Instrumentation Based on Micro-and Nanotechnology. International Society for Optics and Photonics, 2001.

[17] Rodriguez I, Spicar-Mihalic P, Kuyper C L, et al. Rapid prototyping of glass microchannels [J]. Analytica Chimica Acta, 2003, 496(1-2): 205-215.

[18] Heiland J J, Geissler D, Piendl S K, et al. Supercritical-fluid chromatography on-chip with two-photon-excited-fluorescence detection for high-speed chiral separations [J]. Analytical chemistry, 2019, 91(9): 6134-6140.

[19] Gerhardt R F, Peretzki A J, Piendl S K, et al. Seamless combination of high-pressure chip-HPLC and droplet microfluidics on an integrated microfluidic glass chip [J]. Analytical chemistry, 2017, 89(23): 13030-13037.

［20］Minerick A R. The rapidly growing field of micro and nanotechnology to measure living cells［J］. AIChE journal, 2008, 54(9): 2230-2237.

［21］Kelly R T, Woolley A T. Thermal bonding of polymeric capillary electrophoresis microdevices in water ［J］. Analytical chemistry, 2003, 75(8): 1941-1945.

［22］Liu Y, Ganser D, Schneider A, et al. Microfabricated polycarbonate CE devices for DNA analysis［J］. Analytical Chemistry, 2001, 73(17): 4196-4201.

［23］Hu Z L, Chen X Y. Fabrication of polyethylene terephthalate microfluidic chip using CO_2 laser system[J]. International Polymer Processing, 2018, 33(1): 106-109.

［24］Mukhopadhyay R. When PDMS isn't the best［J］.Analytical Chcmistry,2007,79(9):3248-3253.

［25］Zeringue H C, Wheeler M B, Beebe D J. A microfluidic method for removal of the zona pellucida from mammalian embryos［J］. Lab on a Chip, 2005, 5(1): 108-110.

［26］Jackman R J, Floyd T M, Ghodssi R, et al. Microfluidic systems with on-line UV detection fabricated in photodefinable epoxy［J］. Journal of Micromechanics and Microengineering, 2001, 11(3): 263.

［27］Bichsel C A, Gobaa S, Kobel S, et al. Diagnostic microchip to assay 3D colony-growth potential of captured circulating tumor cells［J］. Lab on a Chip, 2012, 12(13): 2313-2316.

［28］Tabata Y, Lutolf M P. Multiscale microenvironmental perturbation of pluripotent stem cell fate and self-organization［J］. Scientific Reports, 2017, 7(1): 1-11.

［29］Koh W G, Pishko M V. Fabrication of cell-containing hydrogel microstructures inside microfluidic devices that can be used as cell-based biosensors［J］. Analytical and bioanalytical chemistry, 2006, 385(8): 1389-1397.

［30］肖疏雨，胡敬芳，王继阳，等.纸基微流控电化学传感器芯片的研究进展［J］.传感器世界，2020，26(12): 1-11.

［31］Kim J H, Yoo I S, An J H, et al. A novel paper-plastic hybrid device for the simultaneous loop-mediated isothermal amplification and detection of DNA［J］. Materials Letters, 2018, 214: 243-246.

［32］Kojić S, Birgermajer S, Radonić V, et al. Optimization of hybrid microfluidic chip fabrication methods for biomedical application［J］. Microfluidics and Nanofluidics, 2020, 24(9): 1-12.

［33］Andar A, Hasan M S, Srinivasan V, et al. Wood microfluidics［J］. Analytical chemistry, 2019, 91(17): 11004-11012.

［34］Szweda R. Handbook of microlithography, micromachining, and microfabrication, Vol. 1,2［J］. Ⅲ-Vs Review, 1997, 10(4): 54.

［35］Scott S M, Ali Z. Fabrication methods for microfluidic devices: an overview［J］. Micromachines, 2021, 12(3):319.

［36］Campo A D, Greiner C. SU-8: a photoresist for high-aspect-ratio and 3D submicron lithography［J］. Journal of Micromechanics & Microengineering, 2007, 17(6): 81-95.

［37］Xia Y, Rogers J A, Paul K E, et al. Unconventional Methods for Fabricating and Patterning Nanostructures［J］. Chemical Reviews, 1999, 99(7): 1823-1848.

［38］杨西，杨玉华.化学气相沉积技术的研究与应用进展［J］.甘肃水利水电技术，2008(3):211-213.

［39］郭展郡.化学气相沉积技术与材料制备［J］.低碳世界，2017(27): 288-289.

［40］Mattox D M. Physical vapor deposition (PVD) processes［J］. Metal Finishing, 2001,100(S1): 394-408.

［41］吴笛.物理气相沉积技术的研究进展与应用［J］.机械工程与自动化,2011(4): 214-216.

［42］Abbott A P, Frisch G, Ryder K S. Electroplating using ionic liquids［J］. Annual Review of Materials Research, 2013, 43: 335-358.

［43］Kovacs G, Maluf N I, Petersen K E. Bulk micromachining of silicon［J］. Proceedings of the IEEE, 1998, 86(8): 1536-1551.

［44］Pal P, Sato K. A comprehensive review on convex and concave corners in silicon bulk micromachining based on anisotropic wet chemical etching［J］. Micro & Nano Systems Letters, 2015, 3(1): 6.

［45］Hruby J. LIGA Technologies and Applications［J］. Mrs Bulletin, 2001, 26(4):337-340.

［46］温梁，汪家友，刘道广，等. MEMS器件制造工艺中的高深宽比硅干法刻蚀技术［J］. 微纳电子技术，2004, 41(6): 30-34.

［47］Shahrubudin N, Chuan L T, Ramlan R. An overview on 3D printing technology: technological, materials, and applications［J］. Procedia Manufacturing, 2019, 35(2019): 1286-1296.

［48］AA Yazdi, Popma A, Wong W, et al. 3D printing: an emerging tool for novel microfluidics and lab-on-a-chip applications［J］. Microfluidics and nanofluidics, 2016, 20(3): 50.1-50.18.

［49］强邵雯. 3D打印技术及应用趋势研究［J］. 科技创新导报，2017, 14(32): 2.

［50］杜惊雷，黄奇忠，姚军，等. 激光直写邻近效应的校正［J］. 光学学报，1999(7): 90-94.

［51］陈梦月，郝秀清，李子一，等. 微流控通道加工技术的研究进展［J］. 微纳电子技术，2021, 58(3): 244-253.

［52］李芸，海涛，王林君. 数控激光雕刻在玻璃深加工中的应用研究［J］. 装备制造技术，2006 (3): 70-72.

［53］傅建中，相恒富，陈子辰. 聚合物微流控芯片激光加工及建模研究［J］. 中国机械工程，2004(17): 1-4.

［54］朱迅. 聚合物微流控芯片的激光加工技术研究［D］. 杭州：浙江大学，2004.

［55］Wang T, Chen T, Liu S B, et al. Several typical microstructures on microfluidic chip fabricated by excimer laser［C］. Proceedings of International Conference on Biomedicine and Engineering. Bali Island, Indonesia, 2011.

［56］Zuo T C, Qi H, Yao L Y, et al. Miniaturized continuous-flow polymerase chain reaction microfluidic chip system［J］. Frontiers of Optoelectronics in China, 2008, 1(1): 39-43.

［57］Zhang W W, Zhu J J, Yuag W K C, et al. Fabrication of biodegradable polymeric micro-analytical devices using a laser direct writing method［J］. Advanced Materials Research, 2010, 136: 53-58

［58］申雪飞，陈涛，吴靖轩. 准分子激光微加工技术结合模塑技术加工微流控芯片［J］. 中国激光，2011 (9): 61-66.

［59］何飞，程亚. 飞秒激光微加工：激光精密加工领域的新前沿［J］. 中国激光，2007(5): 595-622.

［60］Chichkov B N, Momma C, Nolte S, et al. Femtosecond, picosecond and nanosecond laser ablation of solids［J］. Applied physics A, 1996, 63(2): 109-115.

［61］朱荻. 纳米技术与特种加工［J］. 电加工与模具，2002(2): 1-5.

［62］李小海，王振龙，赵万生. 微细电化学加工研究新进展［J］. 电加工与模具，2004(2): 1-5.

［63］Lim Y M, Kim S H. An Electrochemical Fabrication Method for Extremely T hin Cylindrical Micropin［J］. International Journal of Machine Tools and Manufacture, 2001, 41(15): 2287-2296.

［64］陈建刚，魏培，陈杰峰，等. 纳米压印光刻技术的研究与发展［J］. 陕西理工学院学报（自然科学版），2013, 29(5): 1-5, 9.

［65］Ampara A, Shaw K C S, Liu K. Micro milling for polymer materials used in prototyping of microfluidic chip application［J］. Advanced Materials Research, 2012, 565: 552-557.

［66］Lin Y S, Yang C H, Wang C Y, et al. An aluminum microfluidic chip fabrication using a convenient micromilling process for fluorescent poly (DL-lactide-co-glycolide) microparticle generation［J］. Sensors, 2012, 12 (2): 1455-1467.

［67］Schmidt J, Tritschler H. Micro cutting of steel［J］. Microsystem Technologies, 2004, 10(3): 167-174.

［68］Wiedemeier S, Roemer R, Waechter S, et al.Precision moulding of biomimetic disposable chips for droplet-based application［J］.Microfluid Nanofluid, 2017, 21(11): 167.1-167.11.

［69］Detlev B, Martin L. Surface modification in microchip electrophoresis［J］. Electrophoresis, 2003,

24: 3595-3606.

[70] Song L G, Fang D F, Kobos R K,et al. Separation of double stranded DNA fragments in plastic capillary electrophoresis chips by using E$_{99}$P$_{69}$E$_{99}$ as separation medium [J]. Electrophoresis, 1999, 20: 2847-2855.

[71] Kim H T, Kim J K, Jeong O C. Hydrophilicity of surfactant-added poly(dimethylsiloxane) and its applications [J]. Japanese Journal of Applied Physics, 2013, 50(6): 4-6.

[72] Frimat J P, Menne H, Michels A, et al. Plasma stencilling methods for cell patterning [J]. Analytical & Bioanalytical Chemistry, 2009, 395(3): 601-609.

[73] Wu D, Qin J, Lin B. Self-assembled epoxy-modified polymer coating on a poly(dimethylsiloxane) microchip for EOF inhibition and biopolymers separation [J]. Lab on a Chip, 2007, 7(11). 1490-1496.

[74] Oláh A, Hillborg H, Vancso G J. Hydrophobic recovery of UV/ozone treated poly(dimethylsiloxane): adhesion studies by contact mechanics and mechanism of surface modification [J]. Applied Surface Science, 2005, 239(3-4): 410-423.

[75] Hu S W, Ren X Q, Bachman M. et al. Surface modification of poly(dimethylsiloxane)microfluidic devices by ultraviolet polymer grafting [J]. Analytical Chemistry, 2002, 74(16): 4117-4123.

[76] Liu Y, Fanguy J C, Bledsoe J M, et al.Dynamic coating using polyelectrolyte multilayers for chemical control of electroosmotic flow in capillary electrophoresis microchips [J]. Analytical Chemistry, 2000, 72(24): 5939-5944.

[77] Wu D, Luo Y, Zhou X, et al. Multilayer poly (vinyl alcohol)-adsorbed coating on poly(dimethylsiloxane) microfluidic chips for biopolymer separation [J]. Electrophoresis, 2010, 26(1): 211-218.

[78] Carroll S, Crain M, Naber J, et al. Room temperature UV adhesive bonding of CE devices [J]. Lab on A Chip, 2008.

[79] Dang F, Shinohara S, Tabata O, et al. Replica multichannel polymer chips with a network of sacrificial channels sealed by adhesive printing method [J]. Lab on A Chip, 2005, 5(4): 472-478.

[80] Sayah A, D Solignac, Cueni T, et al. Development of novel low temperature bonding technologies for microchip chemical analysis applications [J]. Sensors and Actuators A: Physical, 2000, 84(1-2): 103-108.

[81] Chen L, Luo G, Liu K, et al. Bonding of glass-based microfluidic chips at low- or room-temperature in routine laboratory [J]. Sensors And Actuators B, 2006, 119(1): 335-344.

[82] Pelzer R, Farrens S. Plasma Activated Bonding and Imprinting of Polymer by Hot Embossing for Packaging Applications [J]. International Journal of Nanoscience. 2005, 4(4): 551-557.

[83] R Truckenmüller, Henzi P, Herrmann D, et al. Bonding of polymer microstructures by UV irradiation and subsequent welding at low temperatures [J]. Microsystem Technologies, 2004, 10(5): 372-374.

[84] Pan Y J, Yang R J. A glass microfluidic chip adhesive bonding method at room temperature [J]. Journal of Micromechanics & Microengineering, 2006, 16(12): 2666-2672.

[85] Bhattacharyya A,Klapperich C M. Mechanical and chemical analysis of plasma and ultravioletozone surface treatments for thermal bonding of polymeric microfluidic devices [J]. Lab on a chip, 2007, 7(7): 876-882.

[86] Shah J J, Geist J, Locascio L E, et al. Capillarity Induced Solvent-Actuated Bonding of Polymeric Microfluidic Devices [J]. Analytical Chemistry, 2006, 78(10): 3348-3353.

[87] Koesdjojo M T, Tennico Y H, Remcho V T. Fabrication of a microfluidic system for capillary electrophoresis using a two-stage embossing technique and solvent welding on poly (methyl methacrylate) with water as a sacrificial layer [J]. Analytical Chemistry, 2008, 80(7): 2311.

[88] White A F Buss H L, Treatise on Geochemistry [J]. Treatise on Geochemistry, 2014, 6(4): 115-155.

［89］洁净厂房设计规范：GB 50073—2013［S］.2013-01-28.

［90］陈帅，蔡颖玲，姜小敏.ISO6级洁净室气流组织形式及其可行性分析［J］.医药工程设计，2009, 30(2): 3.

［91］Classification of air cleanliness by particle concentration: ISO 14644-1［S］.国际标准化组织，2015.

［92］林炳承，秦建华.微流控芯片分析化学实验室［J］.高等学校化学学报，2009, 30(3): 13.

［93］Zhou X M, Dai Z P, Liu X, et al.Modification of a poly(methyl methacrylate)injection-molded microchip and its use for high performace analysis of DNA［J］. Journal of Separation Science［J］. 2015, 28(3): 225-233.

［94］马骏.医药工业洁净室换气次数按需设计的研究［J］.化工与医药工程, 2015(5): 23-26.

［95］危险货物分类和品名编号：GB 6944—2012［S］.2012-05-11.

［96］李志红.100起实验室安全事故统计分析及对策研究［J］.实验技术与管理, 2014(4): 210-213, 216.

［97］徐文，张键，李江，等.高校实验室废液处理工作规范的构建［J］.实验技术与管理, 2021, 38(1): 282-286.

［98］叶元兴，马静，赵玉泽，等.基于150起实验室事故的统计分析及安全管理对策研究［J］.实验技术与管理, 2020, 37(12): 317-322.

［99］刘恩涛，王华，吕晓霞，等.昆士兰大学化学超净实验室安全管理体系及其启示［J］.实验室研究与探索, 2021, 40(10): 289-294.

第**4**章

微流体驱动与控制技术

4.1 概述

微米和纳米尺度构件中的微流体驱动控制是微系统发展中的关键技术之一。液体微喷射和粉体微输送是微流体驱动控制的重要研究方向。目前存在多种方法来实现液体微喷射和粉体微输送，但也存在一些问题。在液体微喷射方面，外接驱动设备庞大，对喷射液体的性质有限制，而微喷嘴的加工工艺较为复杂。在粉体微输送方面，输送分辨率较低，实现精确输送较为困难。因此，研究具有广泛适用性和高分辨率的微流体驱动控制技术是非常重要的课题。同时，需要解决微喷嘴的设计与制作问题，并探索微流体驱动控制技术在实际应用中的潜力。

4.2 微流体机械驱动

4.2.1 离心式

离心力驱动控制方式通常通过在塑料圆盘上采用光刻和模塑成型的方法制作微流道网络，然后将流体加载到靠近圆盘中心的供液池中。当马达带动圆盘旋转时，离心力作用下，流体沿着微流道网络向远离圆心的方向运动。通过调节马达转速，可以控制流体的流速。此外，通过控制转速、微流道网络在圆盘上的分布和几何构型，还可以实现流体的混合和模拟被动阀的功能。

离心力驱动控制方式具有多个优点。首先，该方式只需要使用普通的马达，功率消耗低且所需空间较小。其次，它对液体的物理化学性质不敏感，因此适用于驱动血液、尿液以及某些有机溶剂等生物流体，同时也适用于驱动气体，具有广泛的应用范围。此外，离心力驱动控制方式适用于不同尺度范围内的微流道中的流体。最后，该方式能够实现广泛的流速范围，并且流速的调节非常方便。与其他几种驱动技术相比，离心力驱动控制方式的流速调节范围更大。然而，尽管离心力驱动控制方式在流速调节方面已经取得了一定的发展，但在控制的灵活性和应用等方面仍然存在一些问题，需要进一步发展和完善。日本学者发表文章 *Use of a novel microfluidic disk in the analysis of single-cell viability and the application to Jurkat cells*，本文在离心芯片上设计了一个杯状腔和分支通道，将单个细胞捕获在微腔中。作者设计了两种类型的微流体流道。圆心部分的主流道径向分布于圆盘上，在其底部放置的杯状腔体沿离心力方向排列。每个杯子都对应一个主通道，细胞悬浮液从主通道引入杯状腔，从侧通道排出多余的液体。该芯片由光刻技术制作而成。所有通道和腔室高度均固定为40μm。

液滴微流控技术是在微尺度下利用连续相的流体剪切力来破坏离散相的表面张力，将离散相分割成纳升级甚至皮升级液滴的一种技术。液滴微流控芯片具有体积小、精度高、液滴之间完全隔离等优点，是一种非常优异的微反应器，已广泛应用于质谱分析、基因筛选与蛋白合成、数字聚合酶链反应（polymerase chain reaction，PCR）等领域。常用的液滴生成方法有"T"形通道法、流式聚焦法和同轴法。在稳定的正压或者负压的驱动下，这3种液滴生成方法具有良好的一致性和生成速率。

液滴的数量、生成速率和液滴一致性是影响液滴微技术应用的关键因素。随着生物医学等领域对检测精度、检测通量的要求提高，对液滴生成的速率和通量要求也越来越高。对数字PCR而言，其原理为根据阴性液滴、阳性液滴的个数，利用泊松分布来计算原始核酸浓度。液滴数量直接影响到仪器的检测精度和灵敏度，液滴数量越多，检测灵敏度越高。

为实现更高通量的液滴生成，研究人员采用"T"形通道法、流式聚焦法和同轴法进行阵列，并行液滴制备。2011年，Jan等对"T"形液滴生成结构进行了16阵列，将液滴制备速率提高了16倍。2013年，Yang等对流式聚焦型微生成结构进行64阵列，将生成速率提高了64倍。2017年，Venkata等将流式聚焦型液滴生成结构进行了200阵列，生成速率提高了200倍。这种阵列结构虽然提高了生成速率，但由于各个生成液滴结构的尺寸和流速误差，生成的液滴尺寸差异很大（CV>15%），影响样品的等量分配以及最终的精度和灵敏度。

另一种是采用液滴多级分割方法，将生成的液滴逐步分割成小液滴，以提高生成速率。基本原理为：第一级将"T形"或"+形"生成的液滴一分为二，第二级将第一级分割后的液滴一分为二。每增加一级，液滴数量增加一倍，生成液滴的速率与级数成指数增长关系。2012年，Kawai等采用5级分割方法，将生成的液滴速率提高了25倍。2015年，Hatch等采用8级分割方法，将生成液滴速率提高了28倍。但各个微分割结构存在加工差异，使得液滴分割不对称，制备的液滴尺寸差异大（CV>20%）。

以上两种高通量液滴生成技术因尺寸差异过大，很难应用于数字PCR等领域。中国科学院苏州生物医学工程技术研究所提出一种利用微喷嘴阵列与离心力相结合的数字PCR液滴生成芯片，实现了纳升级液滴的超高通量生成。该方案具有较好的均一性和较高的生成速率。

液滴收集腔内预存有连续相（油相），向加样腔内加入离散相（样品），在离心力的驱动下，离散相沿微流道流动，经由微喷嘴后进入液滴收集腔。由于离散相密度低于连续相，离散相流出微喷嘴后受到离心形成静压力梯度的挤压和浮升力的拉扯而断裂，形成液滴。

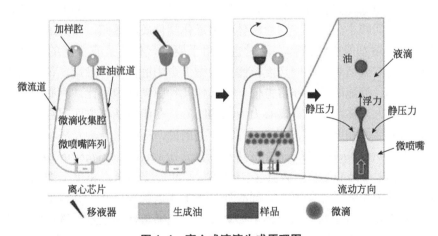

图4-1 离心式液滴生成原理图

扫一扫，查看彩图

微喷嘴结构如图4-2所示。喷嘴包括样品流出时的锥孔，以及样品出口处的凸起。锥孔用于节流样品，凸起的作用是增大样品流出时与壁面的夹角，减少样品挂壁现象。

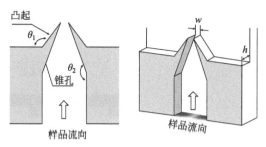

图4-2　微喷嘴结构

扫一扫，查看彩图

离心式液滴生成芯片的详细结构见图4-3，其圆周上分布40个生成液滴微结构，以提高通量，满足40个样品同时生成液滴的需要。

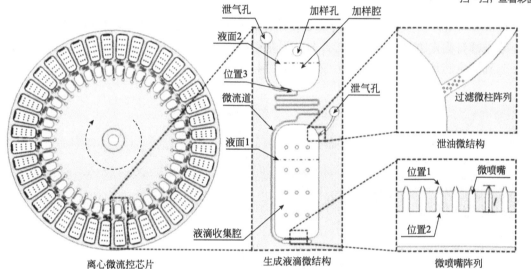

图4-3　离心式液滴生成芯片的详细结构

每个生成液滴微结构包括加样孔、加样腔、微流道、微喷嘴阵列、液滴收集腔和泄气孔等。液滴收集腔内预存有油液，将水相样品通过加样孔添加至加样腔后，在离心力的驱动下样品沿微流道流动至微喷嘴阵列处，形成"油包水"液滴进入液滴收集腔。微喷嘴阵列由若干个微喷嘴构成，在生成液滴时，所有微喷嘴同时制备液滴，实现超高通量的液滴制备。

离心式芯片加工采用软光刻加工技术实现。采用AutoCAD绘制光刻所需的掩模版，通过甩胶、曝光、显影、蚀刻和去胶等工艺制作硅模具（图4-4）。采用硅片作为基底，结构高度便于控制，厚度均匀性好，寿命长。

采用化学气相沉积技术在硅模具表面制备一层百纳米级的聚对二甲苯薄膜，作为钝化层。使用PDMS材料作为芯片本体，PDMS浇铸倒模具有优异的结构复制性能和脱模性能，通过倒模实现图形结构的快速复制和转移。图4-5给出了芯片倒模的工艺流程。

PDMS倒模结果见图4-6。在显微镜下测试，喷嘴宽度均值为（62±3）μm，通过台阶仪测得的喷嘴深度均值为（55±1）μm。

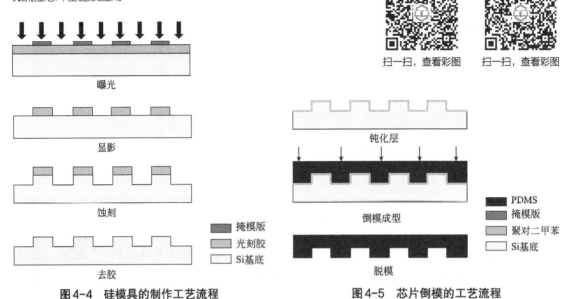

扫一扫,查看彩图　　扫一扫,查看彩图

图4-4　硅模具的制作工艺流程　　　　图4-5　芯片倒模的工艺流程

PDMS为柔性材质,无法直接离心使用,采用精雕机加工PMMA材质的芯片上、下盖板,通过螺钉固定方式使PDMS芯片与盖板精密贴合,形成封闭流道与腔体。同时,上、下盖板起到固定芯片的作用,液滴生成芯片如图4-7所示。

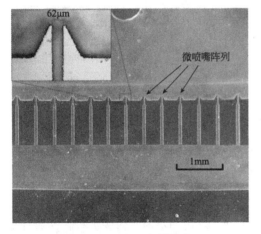

图4-6　PDMS倒模结果

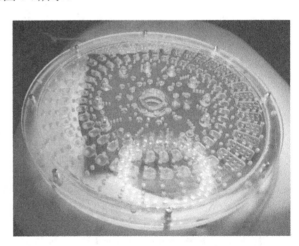

图4-7　液滴生成芯片

采用Iolitec公司的Novec7500氟化油作为连续相,并添加质量分数为3%的Picosurf-1表面活性剂(Dolomite公司)。离散相选用去离子水,实验结果见图4-8和图4-9。

扫一扫,查看彩图

采用ImageJ对图像进行分析,对图像进行灰度化与二值化,获得黑白图像。随后对黑白图像进行形态学变换以去除空隙和小噪点,使用分水岭算法将重叠的液滴分割即可获得液滴轮廓图像,进而获得液滴长短轴尺寸,得到液滴直径d。液滴直径与离心加速度之间的关系见图4-10,可以看出,液滴直径的变化趋势与仿真结果一致,证明了本设计的可行性。但相对于仿真结果直径小了约20μm,其原因可能是仿真过程中网格划分不够细密,以及所制备的芯片的微喷嘴尺寸、表面张力和接触角等存在误差。

扫一扫,查看彩图

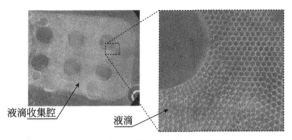

液滴收集腔　液滴

图4-8　离心式芯片制备液滴图像

扫一扫，查看彩图

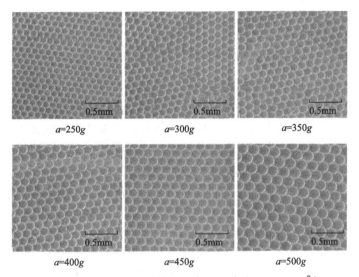

a=250*g*　*a*=300*g*　*a*=350*g*

a=400*g*　*a*=450*g*　*a*=500*g*

图4-9　不同离心加速度下制备的液滴（*g*=9.81m/s²）

扫一扫，查看彩图

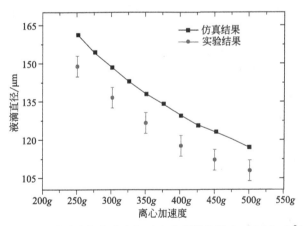

图4-10　液滴直径与离心加速度之间的关系（*g*=9.81m/s²）

根据离心加速度和微喷嘴结构宽度、深度和长度，可以计算出单喷嘴的理论流量*q*。根据所制备的液滴尺寸，可以计算出液滴制备速度与离心加速度之间的关系，见图4-11，可见加速度在250*g*～500*g*之间时，单喷嘴液滴的制备速率达105～275s⁻¹。在离心加速度为350*g*时，所制备的液滴直径为126μm，体积约为1nL，符合项目需求，此时单喷嘴的制备速率约为136s⁻¹，总制备速率为现有技术的近30倍，能够实现真正意义上的超高通量微滴制备。

083

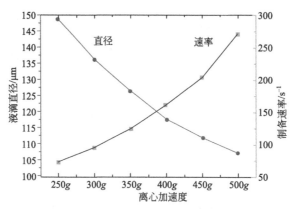

图4-11 液滴直径、制备速率与离心加速度之间的关系（g=9.81m/s²）

Ma等设计了一种带分流器的细胞分选离心微流控芯片。离心微流控芯片可提供快速、高度可集成且同时进行的多通道微流控，而无需依赖外部压力泵和管道。当前的离心微流控芯片主要基于沉降方法来分离不同密度的颗粒。但是，在某些生物细胞中，体积差异比密度差异更明显。特别地，癌细胞通常大于正常细胞。由于流体在离心微流控芯片中的不稳定流动而引起的颗粒速度的不稳定性导致不同尺寸的颗粒的分离纯度低。

近年来，农产品中农药残留超标的问题日益严重，特别是蔬菜、水果等农产品。为了确保农产品的食用安全，采用及时、有效、快速的检测方法对农产品质量安全进行监管至关重要。目前，有机磷和氨基甲酸酯类农药残留在水果、蔬菜等农产品中超标的情况最为突出。传统的农药残留快速检测方法主要基于酶抑制反应原理结合吸光度分析仪器，用于批量样品的快速、定性或半定量筛查。尽管与色谱-质谱联用等精密仪器分析方法相比，酶抑制法具有简便、低成本的优势，并成为基层单位进行大量农产品农药残留初筛的首选方法，但仍存在以下问题：①检测步骤烦琐，需要单独进行样品前处理、酶抑制反应、显色反应及检测；②现场需要配制多种试剂，并依赖人工移液完成多步生化反应，容易出现操作误差；③检测效率低，单个样品检测至少需要20min；④需要专业人员进行操作。因此，目前的农药残留快速检测方法和仪器无法真正实现现场、快速、高效、准确地检测，并且难以满足基层单位（如农贸市场、超市、食堂等）对大批量样品进行快速筛查的检测需求。因此，迫切需要发展一种便携、简便、全自动、高通量的农药残留现场快速检测新方法。

4.2.2 压力式

微流体压力驱动控制的原理类似于宏观流体控制，都是依靠入口、出口和腔体内的压差来驱动流体，并利用机械阀门实现流动控制。目前，利用压力驱动微流体有两种主要方法。一种方法是将外部的宏观泵或注射器与微流道连接，通过外部推动力驱动流体在微流道中流动，从而打开流道中的阀门。这种方法简单易行，成本较低，并已商业化。然而，其主要缺点是不易实现小型化。另一种方法与前者类似，唯一的区别在于采用微机械技术制造的微型机械泵提供压力。然而，微型机械泵所能提供的压力非常有限，很难用于实际流体的驱动和控制，并且微型机械泵包含微小可动部件，制造工艺复杂且成本较高。目前与其他微流体驱动控制方式相比，它仍处于竞争劣势。目前市场上的微型机械型泵已经相当成熟，按照物理原理分类主要有以下三种形式。

（1）活塞式

活塞直接和流动相接触，含动态密封和单向阀，主要有往复泵、注射泵（包括电机、气动和电磁力驱动）。基于该原理的泵，压力和流量波动是不可避免的。

注射泵是由步进电机及其驱动器、丝杆和支架等组成的装置，其特点是具有往复移动的丝杆和螺母结构，因此也被称为丝杆泵。注射器的活塞与螺母相连，药液被装入注射器中，实现了高精度、平稳无脉动的液体输送。工作时，单片机系统通过发出控制脉冲来驱动步进电机旋转，步进电机则带动丝杆将旋转运动转化为直线运动，推动注射器活塞进行注射输液，从而实现了高精度、平稳无脉动的液体输送。注射速度可由操作人员通过键盘设定。注射泵启动后，CPU通过D/A转换提供电机驱动电压。电机旋转检测电路采用光电耦合电路，通过电机的旋转产生脉冲信号，该脉冲信号反馈给CPU，CPU根据反馈信号控制电机电压，以实现设定的转速。根据用途的不同，注射泵可分为医用和非医用，以及实验室用微量注射泵和工业用注射泵。根据通道数的不同，注射泵可分为单通道和多通道（如双通道、四通道、六通道、八通道、十通道等）。根据工作模式的不同，注射泵可分为单向推送、推拉和双向推拉模式。此外，按构造也可以分为分体式和组合式等不同形式。

注射器工作原理如图4-12所示。

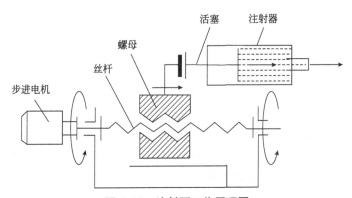

图4-12　注射泵工作原理图

注射泵全程匀速运动，工作平稳无脉动，宽范围运行速度。10000倍的宽运行速度范围大大增加了用户使用的灵活性，无需清洗；输送不同特性的流体只需更换注射器，流量精确；控制精度高，当≥30%满行程时，控制误差在±0.5%以内，注射泵具有以下特点：

① 注射泵分为电动注射泵、推进式注射泵；

② 电动注射泵分为单通道、双通道、程控十通道，可根据要求选择；

③ 多种注射器可选，可自动识别注射器；

④ 流速可设定最小为0.001μL/h，流速在0.001μL/h，精度在±0.5%，重复性在±0.2%；

⑤ 程控式注射泵可自由设定2个或10个注射器的流速，可分别设定不同的流量；

⑥ 带有电压电流信号输出，带有RS232接口，可连接打印机和电脑，可连接时间控制器；

⑦ 注射泵可以选择双向运行，既可以单方向注射液体，也可以回收注射液以达到混合作用；

⑧ 可设定脉冲，防止对小动物饲养灌液时的冲击太大；

⑨ 可选配脚踏开关，方便操作；

⑩ 推进式注射泵可以设定为推进次数（从1到19000次推进）；

⑪ 可选择最多4个同时推进器（推进器连接的注射针有200多种规格），可自由设定每个注射器每次的注射量和每次的距离，分配量最小为每注射一下0.0526μL，移动距离3.2μm，最快速度可达700次/s推进注射，有RS232信号输出，可以连接脚踏开关和电脑。

往复泵是一种包括活塞泵、计量泵和隔膜泵在内的泵类型，也被称为往复式泵。作为一种正位移泵，往复泵在各个领域得到广泛应用。它通过活塞的往复运动直接向液体提供压力能量，属于一种能量传递的机械输送装置。往复泵的主要组成部件包括泵缸、活塞、活塞杆以及吸入阀和排出阀。当活塞从左向右移动时，泵缸内形成负压，使贮槽中的液体通过吸入阀进入泵缸。当活塞从右向左移动时，泵缸内的液体被挤压，压力增大，并通过排出阀排出。每当活塞完成一次往复运动，液体就完成一次吸入和排出，这称为一个工作循环，因此该泵被称为单动泵。如果活塞往返一次，液体吸入和排出都发生两次，称为双动泵。活塞从一端移动到另一端的过程称为一个冲程。往复泵工作原理如图4-13所示。

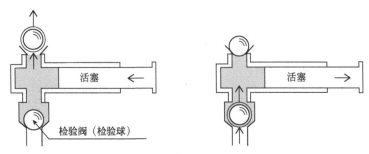

图4-13 往复泵工作原理

往复泵的主要特点是：①效率高而且高效区宽；②能达到很高压力，压力变化几乎不影响流量，因而能提供恒定的流量；③具有自吸能力，可输送液气混合物等。④流量和压力有较大的脉动，特别是单作用泵，由于活塞运动的加速度和液体排出的间断性，脉动更大，通常需要在排出管路上（有时还在吸入管路上）设置空气室使流量比较均匀，采用双作用泵和多缸泵还可显著地改善流量的不均匀性；⑤速度低，尺寸大，结构较离心泵复杂，需要有专门的泵阀，制造成本较高。

（2）隔膜式

驱动力通过某种介质推动隔膜，隔膜再压缩或吸入流动相。主要分为隔膜泵（包括电机、气动、电磁力和压电驱动）和蠕动泵（主要是电机驱动）。

隔膜泵依靠一个隔膜片的来回鼓动改变工作室容积从而吸入和排出液体，并且气缸分离，通过不同性质的流体来选择不同的隔膜。在大气量时，噪声和管路振动特别明显。另外它的工作原理决定了膜片的寿命较短，更换较为复杂。

蠕动泵通过泵头内的滚轮挤压软管，从而利用软管的回弹性来传输液体。具有较高的精度，结构简单，方便用户更换（常规情况下，仅仅需要更换软管），后续成本较低。蠕动泵的流量取决于许多因素，如管内径、管外径、泵头转速、入口脉动。增大的辊的确会通过增加脉冲流的频率来减小出口处的流体脉动幅度。管子的长度（从入口附近的最初收缩点到出口附近的最终释放点）不会影响流速。但是，较长的管意味着入口和出口之间有更多的收缩点，从而增加了泵可能产生的压力。蠕动泵的流量在大多数情况下不是线性的。泵入口处的脉动效应会改变蠕动软管的填充程度。在高入口脉动的情况下，蠕动软管变成椭圆形，这导致流量减少。因此，只有在泵的流量恒定或使用正确设计的脉动阻尼器完全消除了进口脉动的情况下，才能使用蠕动泵进行精确计量。

脉动是蠕动泵的重要副作用。蠕动泵中的脉动取决于许多因素，例如：①流速，流速越高，脉动越多；②管道长度，长管道更易产生脉动；③更高的泵速，更高的泵速产生更多的脉动；④流体的密度，流体密度越大，脉动越多。

（3）齿轮式

齿轮泵是一种回转泵，其工作原理是通过泵缸与啮合齿轮之间的容积变化和移动来输送液体或增压。它由两个齿轮、泵体以及前后盖构成，形成两个封闭空间。当齿轮旋转时，与泵缸脱开的一侧空间体积从小变大，形成真空，使液体被吸入；而与齿轮啮合的一侧空间体积从大变小，将液体推入管路中。吸入腔和排出腔之间通过两个齿轮的啮合线进行隔离。齿轮泵的排出口压力完全取决于出口处阻力的大小。

在实际运行中，泵内只会有极少量的流体损失，因为这些流体用于润滑轴承和齿轮的两侧。由于泵体无法实现完全无间隙的配合，流体也无法被100%排出，因此少量流体损失是不可避免的。尽管如此，泵仍能良好运行，并对大多数挤出物料可达到93% ～ 98%的效率。

泵的转速实际上有限制，主要取决于工艺流体。当传送的是油类时，泵可以以较高速度旋转，但当流体是高黏度的聚合物熔体时，限制就会显著增加。保持两齿空间中充满高黏度流体是非常重要的，否则泵无法准确排出流量，因此pv值（压力×流速）也是另一个限制因素，同时也是一个工艺变量。基于这些限制，齿轮泵制造商提供一系列产品，包括不同规格和排量（每转一周所排出的量）。这些泵与特定的应用工艺相匹配，以实现系统性能和价格的最优化。

PEP-Ⅱ泵的齿轮和轴是一体的，并采用通体淬硬工艺，以获得更长的工作寿命。采用"D"形轴承结合强制润滑机制，使聚合物经过轴承表面并返回到泵的进口侧，以确保旋转轴的有效润滑。这种特性降低了聚合物滞留和降解的可能性。精密加工的泵体确保了"D"形轴承与齿轮轴的精确配合，以防止齿轮磨损。Parkool密封结构与聚四氟唇形密封结合，形成水冷密封。这种密封实际上不接触轴表面，其密封原理是将聚合物冷却至半熔融状态形成自密封。也可以使用Rheoseal密封，其在轴封内表面上加工了反向螺旋槽，可以将聚合物反压回进口。为方便安装，制造商设计了环形螺栓安装面，以便与其他设备的法兰安装相匹配，从而简化了筒形法兰的制造。PEP-Ⅱ齿轮泵配备了与泵规格相匹配的加热元件，用户可以选择使用，以确保快速加热和热量控制。与泵体内部加热方式不同，这些元件的损坏仅限于一个板上，与整个泵无关。

外啮合齿轮泵是应用最广泛的一种齿轮泵，通常所指的齿轮泵就是指外啮合齿轮泵。它主要由主动齿轮、从动齿轮、泵体、泵盖和安全阀等组成。当吸入室一侧的齿轮逐渐分开时，吸入室容积增大，压力降低，从而将吸入管中的液体吸入泵内；吸入液体在齿槽内被齿轮推送到排出室。液体进入排出室后，由于两个齿轮的轮齿不断啮合，液体被挤压进入排出管。主动齿轮和从动齿轮持续旋转，使泵能够连续吸入和排出液体。泵体上装有安全阀，当排出压力超过规定压力时，液体可以自动顶开安全阀，使高压液体返回吸入管。

内啮合齿轮泵由一对相互啮合的内齿轮和它们之间的月牙形件、泵壳等组成。月牙形件的作用是隔离吸入室和排出室。当主动齿轮旋转时，齿轮脱开啮合的地方会形成局部真空，液体被吸入泵内充满吸入室的齿间空隙，然后沿着月牙形件的内外两侧分两路进入排出室。在齿轮再次啮合的地方，液体被挤压并送入排出管。

齿轮泵除了具备自吸能力、流量与排出压力无关等特点外，泵壳上不设吸入阀和排出阀，具有结构简单、流量均匀、工作可靠等特性。然而，它的效率较低，噪声和振动大，易受磨损。齿轮泵主要用于输送无腐蚀性、无固体颗粒且具有润滑能力的各种油类，其温度一般不超过70℃。

该泵配置差压式安全阀，用于超载保护。安全阀的全回流压力设置为泵额定排出压力的1.5倍，并可根据需要在允许的排出压力范围内进行调整。然而，此安全阀不适用于长期减压操作。如有需要，可以另行安装减压阀。

泵的轴端密封设计提供两种形式：机械密封和填料密封。具体使用情况和用户要求可决定所选密封形式。机械密封和填料密封的优点包括结构简单紧凑、体积小、质量轻、工艺性好、价格便宜、自吸能力强、对油液污染不敏感、转速范围广、能耐冲击性负载、维护方便以及工作可靠。然而，这些密封形式也存在一些缺点，包括径向力不平衡、流动脉动大、噪声大、效率低、零件互换性差、磨损后难以修复以及不能用作可变泵。

齿轮泵工作原理如图4-14所示。

图4-14 齿轮泵工作原理图

微型机械泵能够提供与芯片微通道匹配的低流量流体输送，并能够通过某种简易的操作界面与微分析系统进行组装，尤其适合高分子材料类（如PDMS等）芯片的简易界面组装，其连接管可以使用商品的医用连接管。由于不可避免地需要机械结构，因而其微型化具有相当的难度，这类泵驱动单元很少能直接集成到芯片上。因此，微型机械泵能够满足微分析系统一定条件下的输液要求。

4.3 微流体非机械驱动

4.3.1 电驱动

利用电渗流产生泵和阀的动作驱动是一种较为成熟的方法，可以实现液体在微流道中的流动控制。这种方法在微流体系统中得到广泛应用，特别是在生物和电泳芯片领域，是目前最成功的微流体控制方式之一。

电渗流现象是一种宏观现象，指的是在电场作用下，液体沿着流道中或固相多孔物质内的固体表面移动的现象。电渗流产生的前提是流道壁与电解液接触的表面具有固定的表面电荷。这些表面电荷可以来自离子化基团或被液体中的电荷强烈吸附在表面上。在表面电荷的静电吸附和分子扩散的作用下，溶液中的离子在固液界面上形成了双电层，而流道中央液体中的净电荷几乎为零。双电层由接触层和扩散层组成，其中接触层的厚度约为一个离子的厚度。当在流道的两端施加适当的电压时，在电场的作用下，固液两相就会在紧密层和扩散层之间的滑动面上发生相对运动。由于离子的溶剂化作用或阻滞力作用，当扩散层中的离子发生迁移时，它们将携带液体一同移动，从而形成了电渗流。

电渗流驱动控制方式简单，无需可动部件，并且易于在微流道中应用。尽管该方法没有机械阀门，但可以通过切换电压来实现阀门的动作，因此在微生物化学分析领域得到广泛应用，是目前成熟且效率较高的微流体驱动控制技术。然而，电渗流驱动控制方式也存在一些缺点。首先，电渗流对流道壁材料和流体的物理化学性质敏感，适用范围有限。其次，电渗流的实现要求液体在流道中保持连续性，这使得当流道中存在气泡时该方法失效。最后，由于焦耳热问题，电渗流只适用于驱动控制微量液体的狭窄流道，无法高速驱动控制更宽流道中的液体，而这种能力在许多微流体应用中是必要的。

微流控芯片作为核心的微全分析系统是在20世纪90年代由瑞士的Manz和Widmer提出的一种高效快速的分离分析方法。它基于微机电加工技术（MEMs），涉及分析化学、计算机、电子学、材料学、生物学、医学等多个学科领域，将样品制备、生物与化学反应、分离与检测等基本操作单元集成或基本集成到一块几平方厘米的芯片上。目前，微流控芯片分析系统正以强大的势头渗透到生命科学领域。在临床检验、新药合成与筛选、研究人类基因与疾病关系等生物医学领域中，待测样品通常具有干扰成分多、含量低等特点。芯片上的样品浓缩富集技术是提高分析效率和灵敏度、降低对检测器要求的一种简单而有效的技术和方法。目前，样品预富集大多在微芯片外部实现，这容易引起污染和损失，并且不利于μ-TAS的集成和微型化。因此，发展微流控芯片上的在线富集技术成为研究人员关注的热点。

微流控芯片上的样品预富集方法主要分为三类：基于吸附的固相萃取、膜富集等；基于磁场、声场作用的场效应分离、超声波分离；基于电驱动的等速电泳、等电聚焦、场放大、介电电泳等。与微流控芯片上其他富集技术相比，电驱动的在线富集技术具有更易于与微流控芯片分析过程相结合的优势。

例如，Grab等在聚甲基丙烯酸甲酯（PMMA）微芯片上利用电泳分离硒胺酸，采用等速电泳（ITP）进行预富集，获得了80倍的富集效率。Kaniansky等在连有两个分离柱并使用在线电导检测的PMMA芯片上制备了不同的ITP，通过富集微量亚硝酸盐、磷酸盐和氟化物，并将其电泳迁移到分离柱中，实现了良好的分离效果。Waimight等在微流控芯片上采用电泳连接以提高检测限。他们通过间断缓冲液的使用，在芯片上将样品富集在一个窄区域，然后在区带电泳模式下进行分离，使灵敏度提高了400倍。林炳承等在微流控芯片上使用ITP进行在线预富集和凝胶电泳分离十二烷基硫酸钠等蛋白质。芯片上的每个通道设计成带有较长的进样通道，以增加样品量，并使用间断的缓冲液将样品富集在一个小的区域内。与传统凝胶电泳相比，最低检测浓度降低为原来的1/40。最新发展的瞬间等速电泳也被应用于芯片上的样品预浓缩。Jeong等在聚二甲基硅氧烷（PDMS）芯片上使用ITP分析阴离子荧光素和2,7-二氯荧光黄，在250mmol/L的NaCl溶液中，仅用2min即获得500倍的富集效率，结合自制的激光诱导荧光检测器，检测限（$S/N=3$）达到了3pmol/L。Jung等采用芯片电泳结合技术对100fmol/L痕量的Alexa nuor488进行富集，获得了较高的富集效率。

微流控芯片上ITP是一种简单、有效的在线富集技术，它既可以单独采用，也可以与其它分离分析模式联用，达到优势互补、提高分析性能的目的。要扩大微流控芯片上在线rrP技术的应用范围，需要在芯片管道结构设计等方面继续开展深入研究。在这一方面，结合MEMS（微机电系统）设计和加工技术，进行微流控芯片分析系统的研究和开发具有很大的潜力。

等电聚焦（IEF）是一种基于蛋白质和肽等两性离子的等电点差异进行电泳分离分析的方法，具有高分离能力。在微流控芯片上进行等电聚焦分离时，将待测物和两性电解质的混合溶液注入微通道，微通道的两端浸入酸性缓冲液和碱性缓冲液。施加电压后，两性电解质在微通道中形成pH梯度。当待测组分迁移到与其等电点（pI）相同的区域时，不再带电，停止迁移，从而实现分离、聚焦成按等电点排序的区带。徐溢等利用平面PDMS芯片成功实现了自由流动电泳和等电聚焦的联合在线分离，分离了多肽血管紧张素Ⅰ和血管紧张素Ⅱ，以及胰岛素样生长因子（IGF-I）。

Mikker等提出了一种基于场放大样品堆积技术（FASS）的毛细管电泳在线样品浓缩技术，它是目前芯片电泳中最重要的预富集方法之一。该方法将样品溶解于水或低浓度的背景电解质中，施加高压后，样品区带中的电场强度高于载体电解质部分，样品离子在电场作用下迁移速度大大提高；当样品离子迁移到样品溶液和载体电解质溶液的界面时，在较低电场作用下，电泳迁移速度降低，形成一个窄的区带，使样品离子浓集。Jacobson等将FASS应用于芯片上的样品在线预富集，采用门式进样在分离通道内形成长的进样区带，用于阴离子和金属阳离子的分析。随着FASS在微流控芯片上在线预富集的发展，也出现了一些问题，如样品区带长度、电泳歧视等，其中最大的困难是难以控制分析物的区带宽度。因此，在芯片上设计合适的通道对于实现有效的分离富集目标非常重要。

Lichtenberg等通过连接一个长的预富集通道和一个短的分离通道柱系统，分析了荧光标记的氨基酸，获得了20倍的富集效果。所有通道的宽度和深度均为45μm和12μm，长通道和短通道通过一个9mm长的普通通道连接，双T结构进样通道之间距离为400μm，这有效限制了样品区带的长度，消除了进样过程的样品歧视问题。为了进一步提高富集倍数，设计了用于全柱堆集的芯片，通过极性切换使样品基质发生迁移，在69μm长的堆集通道内富集倍数可提高到65倍。场放大样品堆集技术还可以通过增加样品进样量和使用反转电极的全柱堆集技术提高富集效率，但使用反转电极的全柱堆集技术在提高富集效率的同时通常会延长分析时间1～2min。Li等在微流控芯片上使用反转电极的全柱堆集技术富集痕量蛋白质消化产物，将氨基酸的检测限浓度从3倍提高到50倍。在实验中，将样品池和芯片上微小的电喷雾发射器之间的70nL通道填满样品溶液，当分析物在载体电解质溶液界面上堆集时，倒转电极排除样品基质。通过控制电流，直到通道中只剩下少量溶液为止，完成基质驱除过程。最后，通过电渗流（EOF）将富集的样品区带驱动到电喷雾发射器中进行质谱（MS）分析。

场放大进样（FAI）最早由Mikkers提出，基本原理与电堆集富集相似，因此也被称为柱头电堆集富集。芯片上的FAI技术最早由Jacob和Kutter等开始研究。该技术利用电迁移进样将低浓度的样品溶液加入充满高浓度缓冲液的微通道中。在电迁移进样过程中，进样口端的电场强度远高于微通道内的电场强度。芯片上的FASS可以同时对阴离子和阳离子进行富集，而FAI只能对某一种离子在进样区带的前沿进行预富集。在FAI中可以采用反转电极的方法，同时实现对阴离子和阳离子的富集。

然而，由于FAI中局部电场不均匀，会引起层流、堆积和带宽增加等问题，限制了富集效率。为改进富集效果，已经提出了使用电渗流（EOF）将样品基体排出的方法。控制EOF方向的方法包括使用反转极性、添加剂减弱或反转电渗流、调节缓冲液pH和改变电渗流速度等。这些技术提高了FAI在芯片上的预富集效率和应用范围。

介电电泳是指在非均匀交流电场中，悬浮在一定介质中的微粒因诱导极化作用而产生定向迁移的现象。介电电泳在细胞、细菌等生物样品的分析检测中具有许多优点，例如不需要添加抗体、采用交变电场对样品无破坏性、可控性好以及易于与其他方法联合使用等。基于介电电泳原理结合微流控芯片技术发展起来的集成芯片介电电泳技术，对细胞、细菌等复杂生物样品具有高效、快速的富集和分离能力。因此，介电电泳成为微流控芯片上细胞、细菌等生物样品分离和富集的重要技术。

早在1998年，Morishima等提出了一种基于介电电泳力和激光镊子的新型高通量微生物筛选方法，用于无接触传输和操纵大肠埃希菌在微通道系统中。Morgan等在微流控芯片上使用抛物线电极装置从单纯疱疹 I 型病毒（HSV）中分离烟草花叶病毒（TMV）。通过在芯片上应用频率为6MHz、电压为5V的抛物线电极，利用正的介电电泳将TMV富集在高电场处，利用负的介电电泳将HSV富集在低电场处，实现了二者的分离和富集。芯片介电电泳分离富集技术具有传统分离富集技术所不具备的优势，例如无需添加抗体、对细胞无破坏性等。

在微流控芯片上结合介电电泳技术进行分离和富集的研究还处于起步阶段，目前已有一些成果。例如，Xu等在单通道芯片上利用带有电动增压预富集的微芯片凝胶电泳（MCGE）方法成功分离了6种蛋白质，并通过UV检测器实现了最低检测限达到0.27pg/mL，相比传统方法提高了30倍。Dhopeshwarkar等在微流控芯片上使用水凝胶微塞电动预富集单链DNA和荧光素。他们在微通道中光聚合水凝胶，并在水凝胶两端施加电压，使带电的分析物分子从池中迁移到水凝胶中，在水凝胶-溶液界面上富集。对于不带电的水凝胶，通过在150s内施加电压，成功使样品富集500倍；对于带电的荧光素，富集倍数为50倍。

总而言之，场放大进样和介电电泳是微流控芯片上常用的样品富集技术。通过优化电场分布和利用电渗流等方法，可以改善富集效率。这些技术在生物、医学诊断、制药和食品卫生等领域具有广阔的应用前景，但仍需要进一步深入研究和开发。

4.3.2　电水力驱动

电水力驱动控制和电渗流驱动控制都利用电场与液体中的电荷相互作用来产生驱动力。然而，电水力驱动控制需要在流体中或液体-固体界面诱导自由电荷，并利用电场与这些自由电荷的相互作用来驱动和控制液体。这种方法主要适用于电导率极低的液体。相比之下，电渗流驱动控制则主要依赖于材料与液体之间形成的双电层以及电场的相互作用来驱动液体流动，适用于电解质溶液。

在宏观器件中，电水力驱动控制广泛应用于绝缘流体的驱动和地下输油管道中的油冷却等领域。然而，在微流体驱动控制中，电水力驱动控制方式通过将电压降低到几百甚至几十伏就能获得满意的驱动效果。尽管如此，电水力驱动控制方式也存在一定的局限性，即仅适用于电导率极低的液体，其适用范围较为有限。

综上所述，电水力驱动控制和电渗流驱动控制是利用电场与液体中电荷的相互作用来产生驱动力的方法。它们在不同领域和条件下具有各自的适用性和局限性。

4.3.3　表面张力驱动

表面张力驱动控制是一种利用固-液界面上特定的表面张力梯度来驱动液体流动的方法。通过在固体支持面上引入某种特定的表面张力梯度，可以使液体在特定方向上流动。产生表面张力梯度的方法通常可以分为两类：一类是改变固体支持面的浸润性，另一类是改变液体的成分或温度梯度。

尽管人们早已认识到表面张力的变化可以驱动流体流动，但将其应用于微流体控制和驱动仍处于实验室研究阶段。要将其应用于具体的微流体系统，还有许多技术问题需要解决。表面张力驱动控制方法具有巨大的潜力，可以在微观尺度上实现精确的流体操作和操控。然而，在实际应用中，仍然存在一些挑战和限制。例如，如何实现可控的表面张力梯度、如何稳定和调节梯度的强度以及如何将其集成到微流体系统中等问题需要进一步研究和解决。随着技术的不断进步和理论的深入探索，表面张力驱动控制方法有望在微流体领域发挥重要作用，并为微流体操作和实验提供更多的可能性。

4.3.4　热驱动

热气泡驱动控制是一种通过加热液体来产生气泡并随温度升高而膨胀，从而实现对液体的驱动和控制的方法。在热气泡驱动控制方式中，通过对液体施加热能，使其中的气泡随着温度的升高逐渐膨胀，从而产生驱动力来控制液体的流动。这种方式具有一些优势，例如所需的加热电压较小、无可动部件、操作简单，并且容易将控制电路和微流道集成在一起。因此，它被认为是一种较为理想的驱动控制方式。

然而，目前热气泡驱动控制方式的驱动速度相对较慢，需要进一步改进和优化。研究人员正在致力于提高其驱动速度、稳定性和可靠性，以实现更高效的液体驱动和控制。随着技术的不断发展和创新，热气泡驱动控制方式有望在微流体领域发挥重要作用，并为微流体操作和实验提供更多的可能性。通过进一步改进和优化，我们可以期待热气泡驱动控制成为一种更加高效、可靠的驱动方式，为微流体系统的发展和应用带来新的突破。

4.4　微流体控制技术

4.4.1　电动控制

目前，已有许多关于液滴和固体颗粒电动运动的相关研究，下面将分别介绍液滴和固体颗粒电动运动的研究现状。

微尺度的液滴作为一种优良的传输媒介，目前已在药物传输和疾病诊断等生物医学领域有了广泛的应用。此外，微尺度液滴还可以作为一种独立的微反应器，目前已成为微流控系统中的一种新兴微反应技术平台，被广泛应用于化学和生物学领域。因此，有关液滴的研究历来是热点和关注重点。

通常油的密度比水的小，那么尺寸很大的油滴在水中会受到很大的浮力，当上浮至空气-水界面时，油滴会冲破空气-水界面表面张力的束缚，从而浮在水面之上形成一层油膜。在这种情况下，水中施加外加直流电场后，就变成油-水界面系统中的电动现象的研究。与前面介绍的固体壁面相同，流体界面（如空气-水界面、油-水界面）上通常也带有电荷，所不同的是流体界面是可移动。以油-水界面为例，油-水界面上的电荷会吸附水中的异号离子，在油-水界面附近形成EDL。由于油中没有离子，所以EDL只在油-水界面水的一侧产生。当外加直流电场施加在水中后，油-水界面水侧EDL中产生的EOF会施加水动力作用在可移动的油-水界面上，同时直流电场还会施加电场力作用在油-水界面上的电荷，从而引起油-水界面的移动。移动的油-水界面依靠流体的黏度作用带动油随着界面移动。目前，这种流体界面系统中电动现象的研究已经有了一些成果发表。Brask等首先开展了相关研究，他们设计了一种新型电渗流泵（electroosmotic pump），在一种导电的水溶液中施加外加直流电场，通过液体间的黏性效应，利用水溶液中产生的电渗流驱动一种不导电的液体运动，如图4-15所示。但是在他们的研究和分析中，没有考虑流体界面产生的EDL和界面上的表面电荷（surface charges, SC）的影响，仅考虑了流体间黏性力的影响。

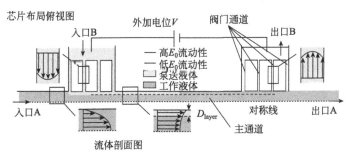

图4-15　电渗流泵工作原理图

接下来，Gao等设计了类似的电渗流泵，如图4-16所示。他们考虑了流体界面附件产生的EDL的影响，建立了数学模型（EDL模型）来描述流体界面系统中的电动现象。该模型考虑在流体界面上需要同时满足速度连续条件和应力平衡条件，即

$$U_1 = U_2 \tag{4-1}$$

$$\mu_1 \frac{\partial U_1}{\partial n} = \mu_2 \frac{\partial U_2}{\partial n} \tag{4-2}$$

式中，U_1和U_2分别是导电液体和不导电液体的流动速度；μ_1和μ_2分别是导电液体和不导电液体的动力黏度；n为界面法向向量。

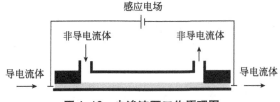

图4-16　电渗流泵工作原理图

从上式可知，该模型并没有考虑流体界面表面电荷的影响。实际上，流体界面上的表面电荷还会受到外加电场施加的电场力，对界面移动速度有很大影响。随后，Gao等完善了其模型，加入了表面电荷的影响，创建了新的理论模型（EDL+SC模型），研究了流体界面系统在矩形微通道中的电动现象。在新模型中，流体界面应力平衡条件改为

$$\mu_1 \frac{\partial U_1}{\partial n} - \mu_2 \frac{\partial U_2}{\partial n} = \sigma_i E_\parallel \tag{4-3}$$

式中，$E_\parallel$为平行于流体界面的外加直流电场强度；σ_i为界面电荷密度。之后，基于上述三种模型，Lee等采用实验和数值模拟两种方法研究了流体界面系统中的电动现象，结果显示EDL+SC模型能很好地解释实验现象。

除了上述两种情况外，对于某些尺寸相对较小或密度与水密度相差不大的油滴，由于其所受浮力相对较小，当上浮至空气-水界面时，不足以冲破空气-水界面，而是受到油滴和空气-水界面间相互作用力的影响，使得油滴和空气-水界面形成一个微小的间距。根据著名的 Derjaguin-Landau-Verwey-Overbeek（DLVO）理论，当一个带电油滴距离带电空气-水界面足够近时，油滴和空气-水界面间的双电层作用力（EDL interaction force）和范德瓦尔斯力（van der Waals force）就会变得很大。此外，当外加直流电场沿水平空气-水界面施加在水溶液中后，油滴和空气-水界面狭小的间隙使得该间隙区域内的局部电场强度显著增大，造成电场和相应的麦克斯维尔应力张量（Maxwell stress tensor, MST）沿油滴表面的分布变得不对称，从而使得油滴受到一个额外的排斥力——介电泳（dielectrophoretic, DEP）力。当上述油滴所受的力相互平衡后，油滴和空气-水界面会形成一个稳定的间距。Ye 与 Li 及 Young 与 Li 计算了带电固体球形颗粒和带电水平固体壁面间的稳定间距，但关于带电油滴和带电空气-水界面间的稳定间距，目前还没有相关研究发表。另外，关于液滴在一个流体界面附近运动的研究，目前也非常少。Lee 等研究了处于硅油（silicone oil，密度比水的大）中的大尺寸水滴（直径毫米级）靠近水平油-空气界面时的电泳运动行为，结果发现：当水滴远离油-空气界面时，水滴在两个电极之间几乎是沿直线运动，不受油-空气界面的影响，如图 4-17（水滴距离油-空气界面大约 7mm）所示；但当水滴距离油-空气界面较近时，水滴的电泳运动就会受到油-空气界面排斥力的影响而远离油-空气界面。不过，在他们的研究中，不导电的油中施加了很强的静电场（1.5～4kV/cm），并且由于油中没有离子存在，所以靠近油-空气界面没有 EDL 和 EOF 产生，这与直流电场下浸没在水溶液中的带电油滴靠近带电空气-水界面时的运动机理截然不同。

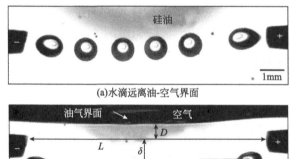

(a)水滴远离油-空气界面

(b)水滴靠近油-空气界面

图 4-17　带电水滴电泳运动轨迹图

Gao 等理论研究了带电固体球形颗粒在水平流体界面附近的电动运动规律，结果发现：相同条件下，随着颗粒和水平流体界面间距的变小，颗粒在流体界面附件平移电动运动速度变大。然而，他们的研究没有计算颗粒和流体界面间的稳定间距，而是人为设定了不同的间距。此外，不同于固体颗粒，油滴表面和内部的油是可移动的，移动的油滴表面和内部流动的油也会对油滴运动速度产生一定影响。

与油滴和流体界面间的相互作用力相同，当带电油滴与带电水平固体壁面之间的距离足够近时，油滴也会受到双电层作用力、范德瓦尔斯力和 DEP 力的作用，最终会形成一个稳定间距。目前还没有研究成果报道过带电油滴与带电水平固体壁面之间的稳定间距，相应地，关于直流电场下带电油滴靠近带电水平固体壁面运动的研究也非常少。到目前为止，大量的研究者研究了固体边界对带电固体颗粒电动运动的影响。Keh和Chen理论研究了球形固体颗粒靠近一个不导电平板时的电泳行为，发现颗粒和平板间微小的间隙会增大颗粒电泳速度。之后，Keh等又理论分析了圆柱形固体颗粒靠近一个固体壁面的电泳运动规律，研究结果发现：相同条件下，边界对圆柱形颗粒电泳速度的影响比对球形固体颗粒的影响大。Ennis等和Shugai等则理论分析了一个球形固体颗粒通过一个圆柱形微孔时的电动运动行为。他们的研究都发现当双电层厚度较大时，颗粒表面和圆柱壁面产生的双电层发生较大的重叠，会阻碍颗粒的运动，使得颗粒电动运动速度下降。Liang等则通过实验证实了Yariv等的分析。然而，这些研究并没有研究颗粒和固体壁面间的稳定间距，并且前面已经提到过，不同于固体颗粒，移动的油滴表面和内部流动的油也会对油滴运动产生影响。

需要说明的是当油滴靠近空气-水界面时，油滴和空气-水界面间的相互作用力取决于水溶液和油滴的性质。例如，带电油滴和带电空气-水界面间的双电层作用力和范德瓦尔斯力在某些情况下是排斥力，但在另一些情况下是吸引力。另外，在施加直流电场之前，油滴是不受DEP排斥力的。因此，在一些特殊情况下，油滴和空气-水界面间不会形成稳定的间距，而是会与空气-水界面直接接触。在这种情况下油滴的电动运动规律目前还没有研究成果发表。Velev等设计了一种微流控系统，在氟化油（fluorinated oil）下面布置电极阵列，利用施加交流电后电极阵列产生的介电泳力来操控漂浮在氟化油表面的水滴和十二烷油滴运动，如图4-18所示，但这与直流电场下附着在空气-水界面的油滴的运动机理完全不同。

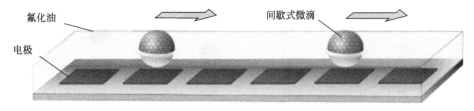

氟化油
电极
间歇式微滴

图4-18　外加电场操控流体界面中液滴运动原理图

除了上述固体颗粒完全处于水溶液中的情况外，胶质固体颗粒还很容易被流体界面捕获，从而稳定地吸附在流体界面中。著名的皮克林乳液（Pickering emulsion）就是依靠吸附在流体界面中的微纳米尺度的固体颗粒降低界面表面能而形成的，其在原油回收、新材料合成、药物输送以及食品和化妆品等领域都有着广泛的应用。因此，固体颗粒吸附在流体界面中的情形在实际中是广泛存在的。

目前，对于固体颗粒在一个流体界面中运动行为的研究，绝大多数已发表成果是关于颗粒在流体界面中的自由扩散速度或者相互间靠近的速度，没有外加电场的作用。只有很少的文章报道了单个固体颗粒在流体界面中的运动规律。Vassileva等研究了单个亚毫米玻璃颗粒在油-水界面的运动行为。他们所采用的油-水界面系统是在一个培养皿中，该油-水界面带有一定弧度，中间最低，边缘高，如图4-19所示。他们的研究发现，颗粒在流体界面中受到毛细管作用（capillary interaction）的影响，当颗粒从培养皿边缘释放向中间移动时，颗粒在油-水界面中自由运动的速度是逐渐减小的。Cavallaro等实验研究了圆柱形微颗粒在弯曲的油-水界面中的运动规律，其中，弯曲的界面是通过在液体中垂直插入的柱子产生，如图4-20所示。实验结果发现：一旦圆柱形微颗粒被弯曲的油-水界面捕获，在毛细管作用的影响下，圆柱形颗粒首先会在界面上旋转到一个稳定角度，随后会向界面弧度最大的地方移动，如图4-21所示。然而，在上述这些研究中，颗粒在流体界面中的运动是自发产生的，没有外加电场的存在，并没有研究颗粒在界面中的电动运动行为。

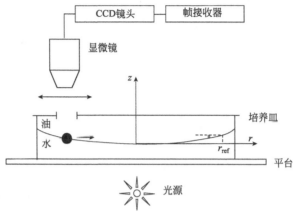

图4-19　实验装置示意图

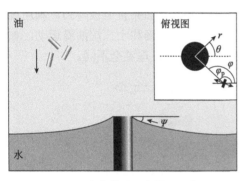

图4-20　弯曲的油-水界面示意图

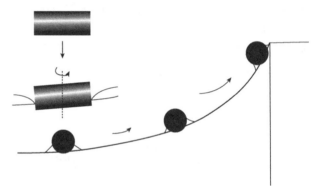

图4-21　圆柱颗粒在弯曲油-水界面旋转和移动示意图

　　近年来，Li等基于带电纳米颗粒在油-水界面中的电动运动现象提出了一种制造Janus油滴（Janus droplet，也就是两侧表面性质不同的油滴）的新方法。在该方法中，首先向水溶液中加入氧化铝纳米颗粒，然后水溶液中的油滴就会吸附纳米颗粒在其表面，如图4-22所示；然后在水溶液中施加外加直流电场，在电场作用下，油滴表面的纳米颗粒就会移动到油滴一侧，从而形成Janus油滴。他们的研究发现，提高外加直流电场的电场强度，形成Janus油滴所需时间会缩短，也就是说，纳米颗粒在油滴表面的电动运动速度随着电场强度的增大而增大。不过他们的研究侧重点是Janus油滴的制作及应用，对于颗粒在流体界面中的电动运动规律并未做深入分析和研究。

　　最近，Zhang等通过在玻璃器皿中将球形聚苯乙烯颗粒放置在一种流体界面中，如图4-23所示，然后在水溶液中施加一个直流电场，实验研究了微尺度球形聚苯乙烯颗粒在一种流体界面中的电动运动现象。相比于实验所用微尺度颗粒，其所用的流体界面系统区域尺寸是足够大的。他们的研究结果表明：在外加直流电场作用下，聚苯乙烯颗粒在空气-水界面和十二烷-水界面中沿电场相反方向运动，并且运动速度随着电场强度的增大而增大。不过，受到实验材料等方面的限制，有些影响参数无法自由更改，在某些方面还可以进行深入研究。

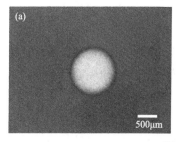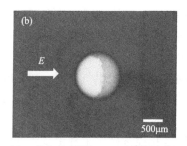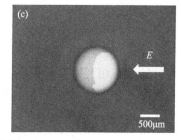

图4-22 外加电场下Janus油滴形成示意图

（a）外加电场施加前，带正电的纳米颗粒均匀吸附在油滴表面；（b）电场由左向右施加在水溶液中后，带电纳米颗粒在
油滴右半侧聚集；（c）改变电场方向后，带电纳米颗粒聚集在油滴左半侧

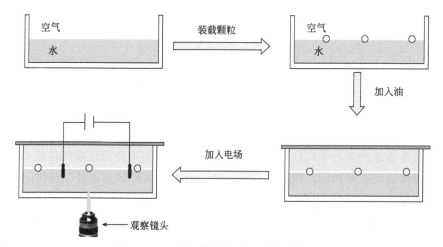

图4-23 固体颗粒放在油-水界面流程图

4.4.2 微阀控制

　　微阀可以分为两大类：主动微阀和被动微阀。模块式气动微阀是一种典型的被动微阀，通常作为微泵的一部分用于对整个芯片进行控制。其开启时的响应时间受到设计的影响。在相关研究中，Zhang等设计了一种八角形硅铝双金属膜片，并通过有限元分析软件对悬臂梁进行了分析，通过结构参数优化提高了驱动膜片的性能。基于流体力学理论，Li等建立了液体中悬臂梁的动力学模型，并提供了该阀基本频率的计算方法。Liu等利用Matlab对悬臂式金-硅热双晶进行了模拟，分析了各种结构参数和材料参数对变形的影响。Lisec等通过ANSYS有限元模拟对跨桥单晶硅膜进行了三维模型分析，研究了进口压力与变形、功耗和温度分布之间的关系。对于硅铝双层材料的桥式对称型膜片，通过仿真和参数优化，提高了微阀结构的稳定性。Mrasiab等通过流固耦合的有限元分析方法对微阀的驱动膜片进行了研究，通过研究不同的流体流动和隔膜参数对微型阀响应的影响，优化了微型阀的设计。

　　为了解决现有微型三角阀效率低的问题，Niu等提出了通过改变表面亲水性质来增加流阻，使流通道表面张力发生变化，以实现阀的封闭效果。针对这一问题，Huang等提出了双肋式气动微型阀。

　　当气体通道内的气体压力/流量增加时，阀膜片受到气体压力的作用而向流体通道一侧弯曲，减小了被控液体的通流截面，从而抑制了液体在通道内的流动。当控制气体压力进一步增大，阀膜片被顶起并完全贴附在液体通道的弧形顶面上，使液体通道完全关闭，即微阀处于关闭状态。通过调节芯片中气体通道的控制压力，可以实现微阀的开闭控制。液体通道和气体通道相互垂直设置。当向控制通道提供气压时，PDMS膜片在气压的驱动下向液体通道方向产生变形，将液体通道截断；当减小控制通道的气体压力时，PDMS膜片恢复到原始形状，微阀重新打开，如图4-24所示。

　　以上研究和设计为微阀的性能和控制提供了理论基础和实验依据，为微流体系统的开发和应用提供了重要的支持和指导。未来的研究还可以继续优化微阀的设计，改进响应时间和稳定性，并探索新的驱动机制和材料，以满足不同应用领域对微阀的需求。

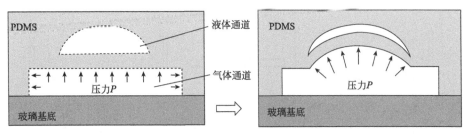

图4-24　气动微阀工作原理图

　　气动微阀是微流控芯片中广泛应用的一种有源阀，其利用外部压缩气体或负压作为驱动力来控制微流体的开关和换向。根据结构的不同，气动微阀可分为常开型和常闭型两类。

　　常开型气动微阀和常闭型气动微阀是基于多层聚二甲基硅氧烷（PDMS）制造的薄膜式气动微阀。这些微阀中，上层是气体通道，中间层使用PDMS作为材料加工出微流体通道。两种流体通道交叉放置在芯片结构中。通过调节气体通道入口处的气压，可以控制阀膜的形变，从而实现微流体通道的开闭控制。当气压增大时，阀膜向液体通道一侧弯曲，逐渐截断液体通道，使其闭合。当气压减小时，阀膜恢复原状，液体通道再次导通。这些气动微阀在微流控芯片中得到广泛应用。例如，Unger等制作了一种常开型气动微阀，通过调节控制通道的气压来控制阀门状态。而Mathies研究组制作了常闭型气动微阀，通过施加负压气体来控制阀门的开闭。这些气动微阀的结构复杂度和集成程度各有差异，但它们都利用了PDMS材料的优良性能，如低成本、易加工、良好的弹性和生物兼容性。气动微阀的研究也涉及其性能的优化。例如，Galas等对多层PDMS薄膜式气动微阀的性能展开了研究，发现在低频制动频率下，PDMS自身的弹性形变会导致阀膜响应延迟。为了解决这个问题，Cheng等利用软蚀刻技术制作了一种常开型气动微阀，将其集成在玻璃基片中，以提高阀膜的响应速度和精度。

　　气动微阀作为微流控芯片中重要的元件之一，为实现高度集成化的流体控制提供了关键技术。它们的应用范围广泛，可以用于微流控器件、实验室分析系统、生物传感器等领域。未来的研究还可以进一步优化气动微阀的设计和性能，探索新的驱动机制和材料，以满足不同领域对微阀的需求，推动微流体技术的发展。

　　压电驱动技术具有高驱动力和快速响应的优点，即使在高电压下，传统的压电隔膜仅能产生微小的位移。为了克服这一问题，Kruckow等采用了体微加工的方法，通过硅熔融键合将两层硅结构紧密连接，成功研制出一种压电驱动的自封锁常闭型微阀。在无电压施加时，微阀具有良好的密封性能，当电压为100V时，气体流速为0.38mL/min。

此外，Park 等开发了一种适用于低温环境下流速调制的常开型压电微阀。该微阀包括由绝缘体上硅（SOI）制成的芯片、玻璃片、压电堆叠驱动器和玻璃陶瓷封壳。该微阀的响应时间低于 1ms，带宽可达 820kHz。在室温下，当入口压力为 55kPa 时，若微阀完全打开（0V），流速可达 980mL/min。当施加 60V 的驱动电压时，流速降至 0mL/min。在 80K 的温度下，当入口压力为 104kPa 时，该微阀可将气体流速从 350mL/min 调节至 20mL/min。

Cheng 等将铁粉掺入聚二甲基硅氧烷（PDMS）中，并将该混合物填充在经硅的 KOH 各向异性蚀刻处理后形成的 V 形腔中，用作阀塞和阀塞支撑。这种常闭型微阀在外加磁场下，阀塞和阀塞支撑被抬起，从而打开了阀门。Duch 等提出了一种低功耗、易于操作的磁性微阀。该微阀由上部的 V 形悬臂梁和下部的硅隔膜组成，V 形悬臂梁电镀了一层 CoNi 合金。当在微阀的上部和下部分别施加磁场时，阀门相应地打开和关闭。

另外，Hasegawa 等提出了一种无死体积的空气驱动微分配系统，其中主要组件是由微螺线管驱动器实现方向转换的多方向出口微开关阀。该开关阀包含带有硅树脂橡胶环的旋转装置和带球的自定位闭锁装置。定位装置能够精确自动定位出口并检测当前选定的出口，因此无需其他传感器和控制器。为了实现芯片在 500kPa 以上高压下的快速转换，硅胶环的高度应为 300μm，转子压缩力为 3N，转子旋转力为 0.8N。当在螺线管上施加 6V 直流电压时，吸引力为 1N，开关时间为 0.1s。

这些创新的微阀技术在微流体领域具有重要的应用潜力，为实现高性能微流控系统和生物传感器提供了有力的支持。随着进一步研究和发展，压电驱动技术和磁驱动技术等将进一步提升微阀的性能和功能，推动微流体技术的不断创新和应用拓展。

热驱动的微阀是一种常见的微阀类型，包括热空气驱动微阀、双金属驱动微阀和形状记忆合金驱动微阀。尽管这些微阀消耗较多功率且反应时间较长，但由于它们具有简单的结构和较大的驱动力，因此备受关注。

Rich 等开发了一种皱褶隔膜式热空气微阀。该微阀在隔膜下设有一个密封腔，腔内装有挥发性液体。通过电阻加热，液体的蒸发压力增大，从而导致隔膜偏移并关闭阀门。当入口压力为 133.3kPa、功率为 350mW 时，阀门处于关闭状态，维持关闭状态所需功率为 30mW。

双金属驱动器具有简单的结构和较大的驱动力，但功耗较高且对环境温度敏感。在 20 世纪 90 年代，Jerman 研制了一种由厚度分别为 8μm 和 5μm 的硅膜和铝层组成的双金属驱动微阀。该微阀在输入压力为 7 ～ 350kPa、流速为 0 ～ 0.15L/min 范围内实现了良好的比例控制。

形状记忆合金驱动微阀利用具有形状记忆效应的智能材料。形状记忆合金在高温下被固定形状后，冷却至低温（或室温）并施加外力，会产生残余变形。加热到临界温度以上时，残余变形消失，形状恢复到高温下的形状。米智楠等利用形状记忆合金开发了一种微型气动开关阀。在低温下，受气体压力作用，形状记忆合金弹簧被压缩，阀门关闭。通过对 NiTi 合金弹簧通电加热，其屈服应力增大，产生较大的恢复力，克服气体压力，推动阀门开启。断电后，通过气流冷却降低温度，减小屈服应力，在气体压力作用下关闭阀门。该微阀在气压为 0.4MPa、通电电流为 5A 时，开启时间为 0.8s，关闭时间为 2.6s。

相变驱动微阀利用水凝胶、溶胶 - 凝胶、石蜡等材料，通常需要消耗能量（如温度、电力或光能）。然而，由于成本相对较低，相变驱动微阀在一次性使用的生物芯片中被广泛应用。Liu 等使用石蜡开发了一种热驱动微开关阀，该阀可将样品溶液密封在反应腔内。当压力小于 137.9kPa 时，微阀关闭且无泄漏；当压力达到 275.8kPa 时，在流道壁和石蜡界面上出现泄漏。该微阀的反应时间约为 20s，但增加凝固通道宽度或缩短凝固区与加热区的距离可有效缩短反应时间。早期的水凝胶微阀主要通过改变溶液的盐浓度来控制，并使用原位光刻技术制造。目前，许多研究人员开发了基于温度效应和热效应的水凝胶微阀。例如，Richter研制了基于温度敏感的常闭型水凝胶微阀，通过光聚合作用，将水凝胶驱动物直接定位在微通道内。该水凝胶的状态转变温度为34℃，微阀开启和关闭所需时间分别为0.3s和2s。

外部气动微阀具有良好的开关转换和密封性能。迄今为止，由于能够提供零泄漏和较大的承压能力，带有外部驱动力（如空气/真空泵）的压力型微阀非常受欢迎。然而，为了适应手持式生物化学应用，外部系统（如空气/真空泵）需要进一步小型化。Malek等利用硅和PDMS制造了一种多层气动常闭微阀，其工作原理简单。要使流体流动，需要在外部施加负压以打开阀门；当流体压力过高时，需要施加正压使阀门紧闭。这种微阀具有简单的结构、低制造成本和易于操作的优点。由于PDMS是一种弹性材料，具有较大的变形能力，只需施加很小的压力即可使薄膜变形，从而实现良好的密封性能。

这些热驱动、双金属驱动、形状记忆合金驱动和相变驱动微阀在微流控系统和生物芯片等领域具有广泛应用，并在实现流体控制、密封和比例控制等方面发挥重要作用。它们的特点和适用场景各有不同，研究人员正在不断探索和改进这些微阀技术，以满足不同应用需求。

无源微阀在微流体系统中主要用作止回阀元件，根据是否含有可动部件，它们可分为含有机械可动部件的微阀（如悬臂梁式和薄膜式微阀）和不含机械可动部件的微阀（如毛细管微阀）。含可动部件的无源微阀通常只能沿顺压方向打开，表现出二极管特性。它们结构简单，容易制造，可以利用体硅蚀刻、金属沉积、多晶硅或聚合物材料表面微加工工艺制造。然而，这些微阀的性能受输入压力的影响。毛细管微阀通过表面张力来调节流体流动，由于没有可动部件，通常不易堵塞通道。而扭矩驱动微阀则通过旋紧螺钉将阀关闭，使用非常方便。单个微阀为常闭型微阀，其入口通道和阀塞由硅制成，阀瓣由镍制成，与悬臂梁连接并键合在硅衬底上。在正压差作用下，阀瓣被抬起，阀门打开；在负压差和悬臂梁的弹性恢复力共同作用下，阀门被关闭。将阀瓣设计成交叉形状，能有效提高微阀在关闭状态时的承压能力，并克服阀瓣接触塞子时的黏附问题。Weibel等研制了一种扭矩驱动微阀，其中包含直径大于500μm的螺钉。通过顺时针旋转螺钉，微阀关闭；逆时针旋转则将阀打开。这种阀的优点在于不需要额外驱动力即可保持关闭状态，能够轻松集成为便携式和多功能微流体器件。此外，它还能够完全关闭高度大于50μm的流道。

随着科技的发展，微阀技术不断提高，并出现了各种形式的有源微阀和无源微阀（如前文所述）。在微阀的发展过程中，经历了两个主要阶段：第一阶段从20世纪70年代开始到90年代，第二阶段从90年代末至今。第一阶段主要是基于MEMS技术的微阀发展，包括压电、磁、静电、热驱动等机械可动微阀。这些微阀通常要求三维结构，并采用多层硅工艺（多层硅结构堆积键合）制造，因此器件结构复杂，不宜与微流体系统集成，成本高，可靠性差，功耗大，并且存在泄漏问题。此外，由于硅的杨氏模量较大，硅或氮化硅隔膜的位移通常只有几十微米或更小。因此，这些微阀不适用于开关转换应用，但可用于气体或某些液体的调节。第二阶段主要研究了基于非传统技术的微阀，例如毛细管无源微阀、相变微阀和外部气动有源微阀等。为了满足制造简单、易于集成、成本低等要求，这一阶段逐渐将微阀制造材料从硅转向聚合物，其中最常用的是聚二甲基硅氧烷（PDMS）。PDMS是一种优秀的柔性材料，具有高气透性、无毒、生物相容性和可调节表面亲水性等特点。这些微阀（如气动微阀）成本低廉，易于利用软光刻技术制造，具有良好的密封性能，能够实现零泄漏，且体积小，适用于一次性使用的芯片。此外，它们易于集成到微流控芯片装置中。

近年来，微阀领域经历了迅猛的发展，不断提升了性能参数，如泄漏、承压能力、功耗、死体积、反应时间、生物兼容性和一次性使用等方面。然而，仍存在一些需要改善的问题。传统的机械可动微阀（如压电、磁、静电驱动微阀）存在泄漏、结构复杂和成本高等挑战。热驱动微阀的反应时间较长，功耗较高，并且在散热方面在生物实验中应用受限。外部气动微阀需要外部驱动装置，不便于携带和集成。

此外，现有的微阀通常只针对某一方面进行改进，如高流速微阀或一次性低成本微阀。然而，随着应用范围的扩大，对微阀性能的要求也日益提高，需要同时具备多个特征。例如，在太空探索中，微阀需要具备更宽的工作温度范围，在低温环境下仍能正常工作，并能承受更大的压力差。而在个人诊断的一次性微流体芯片中，要求微阀具有简单结构、小型化、多功能集成和低成本化等特点。

为了进一步改善微阀性能并推动其商业化发展，未来的研究可以从以下几个方面着手：

① 微加工技术　进一步研究微加工技术，简化工艺流程，降低成本。虽然软光刻技术简化了制造过程，但仍需要传统加工技术对材料如玻璃片、硅片进行光刻和蚀刻来制造模具。因此，对加工设备和原材料的要求较高，芯片成本也较高。

② 结构与集成　研究微阀的基本结构，包括流道和密封表面，探索其驱动机制。将微阀、微驱动器、微传感器和相关电路集成为一体，减少工艺步骤，实现微型化、自动化、集成化和便携化。

③ 材料键合技术　研究硅和聚合物等不同材料组装而成的微阀的键合技术，实现无泄漏、抗高压和高可靠性。例如，真空热压键合、紫外线支持键合和超声键合等技术可应用于此领域。

④ 封装技术　封装是微机电系统应用中的难点，对微流体系统尤其具有挑战性。因此，应重点解决外部高压力管道连接到芯片端口时的泄漏问题，提高抗污染和抵抗环境温度影响的能力。

⑤ 微尺度流体力学　由于微尺度效应的存在，微流体系统中的流体流动与宏观领域有所不同。微尺度下，各种力的对比发生变化，表面力的影响不容忽视。因此，研究微尺度下流体的流动特性有助于微阀和微流体系统的发展。通过在以上方面的深入研究，微阀的性能将进一步提升，促进其商业化应用。

本章主要讨论了微流体的驱动与控制技术。微流体驱动技术可分为微流体机械驱动和微流体非机械驱动两大类。在微流体机械驱动技术中，根据驱动源的不同，主要包括离心式机械驱动和压力式机械驱动。离心式机械驱动利用高速旋转的微流控芯片产生离心力来控制微通道中的流体运动。该方法具有流速范围广、控制方便等优点，但需要使用马达带动芯片高速旋转，难以实现小型化。相比之下，压力式机械驱动在使用过程中更为简单、方便，能够简化控制操作。

微流体非机械驱动技术根据原理的不同可分为电驱动、电水力驱动、表面张力驱动和热驱动等。这些驱动方法能够与芯片有效集成，减小外部驱动控制设备的体积，更容易实现设备的小型化需求。在微流体控制技术方面，本章主要分析了电动控制、微阀控制和其他控制技术。通过对各种微阀的结构特点、驱动特点和工作原理等多个方面的分析，介绍了各种微阀的特点和应用领域。

经过几十年的发展，微流体驱动与控制技术取得了重大进展，应用范围不断扩大，涵盖从打印喷头到生物化学分析系统、微型燃料电池等各个领域。然而，目前每种驱动与控制方法仍存在各自的缺点，仍有改进性能、降低成本以实现产品商业化的空间。此外，基于微流体力学、化学、生物学和微流体控制等理论的集成优化设计和控制理论仍不完善，尚未实现从芯片性能、结构设计到制造工艺全流程的理想设计方式。因此，从基体材料、加工方法、设计优化到实用化技术等方面，还有大量的理论和实际的基础性课题需要深入研究。

 习题及思考题

1. 简述离心式微流体机械驱动的特点。
2. 简述离心式微流体机械驱动在农药残留检测过程中的作用。
3. 简述电渗流的产生原理及其用以驱动微通道中液体过程中流体运动特点。
4. 以石蜡构成的相变微阀为例，简述相变微阀的开关控制过程及特点。
5. 简述气动微阀的工作原理及其适用范围。

参考文献

[1] 罗志伟，赵小双，罗莹莹等.微滴喷射技术的研究现状及应用 [J].重庆理工大学学报，2015，29(5): 1674-8425.

[2] 张玲，王传虎.基于离心力驱动微流控芯片的研究进展 [J].广州化工，2010，38(11): 57-58, 64.

[3] Kubo J, Furutani S, Matoba K. Use of a novel microfluidic disk in the analysis of single-cell viability and the application to Jurkat cells [J].Journal of Bioscience and Bioengineering, 2011, 112(1):98-101.

[4] Mashaghiab S, Abbaspourradc A David A, et al.Droplet microfluidics: a tool for biology, chemistry and nanotechnology [J]. TrAC Trends in Analytical Chemistry, 2016, 82:118-125.

[5] Gach P C, Iwai K, Kim P W, et al. Droplet microfluidics for synthetic biology [J]. Lab on A Chip, 2017, 17:3388-3400.

[6] 周武平，唐玉国，黎海文，等.高通量离心式液滴生成芯片设计 [J].光学精密工程，2020, 28(12):2636-2645.

[7] 罗俊霞，赵建波，贾冬，等.酶抑制法快速检测有机磷农药残留的比较试验 [J].湖北农业科学，2019，58(18):115-120.

[8] 苑宝龙，陈炯，王晓东，等.用于农药残留现场快速检测的微流控芯片研制 [J].食品科学，2016，37(2):198-203.

[9] 戴莹，王纪华，韩平，等.生物传感器在有机磷农药残留量检测中的应用研究进展 [J].食品安全质量检测学报，2015 (8): 2976-2980.

[10] 杜美红，孙永军，汪雨，等.酶抑制-比色法在农药残留快速检测中的研究进展 [J].食品科学，2010(17): 462-466.

[11] 葛静，王素利，钱传范，等.韭菜中农药残留酶速测法假阳性消除研究 [J].食品科学，2008(4):299-301.

[12] 邱静.我国主要农药残留快速检测方法及产品现状分析 [J].农产品质量与安全，2011 (5):41-46.

[13] 王艳树，马涛，王琴，等.酶抑制法检测蔬菜中农药残留存在的不足及提高检测准确性的途径 [J].现代农业科技，2017 (1):104-105.

[14] Arduini F, Cinti S, Scognamiglio V, et al. Nanomaterials in electrochemical biosensors for pesticide detection: advances and challenges in food analysis [J]. Microchimica Acta, 2016, 183(7): 2063-2083.

[15] Campanella L, De Luca S, Sammartino M P, et al. A new organic phase enzyme electrode for the analysis of organophosphorus pesticides and carbamates [J]. Analytica Chimica Acta, 1999, 385(1): 59-71.

［16］王晓东，乔伟奇，宋志谦，等.全集成离心式微流控农残检测芯片研制［J］.食品与发酵工业，2021，47(15):276-279.

［17］曹宁，周新丽.离心微流控芯片技术用于核酸等温扩增的研究进展［J］.工业微生物，2020，50(6):48-55.

［18］Stumpf F, Schwemmer F, Hutzenlaub T, et al. LabDisk with complete reagent prestorage for sample-to-answer nucleic acid based detection of respiratory pathogens verified with influenza A H3N2 virus［J］. Lab on A Chip, 2016, 16(1):199-207.

［19］Chen J, Xu Y C, Yan H, et al. Sensitive and rapid detection of pathogenic bacteria from urine samples using multiplex recombinase polymerase amplification［J］. Lab on A Chip, 2018, 18(16) : 2441-2452.

［20］Loo J F C, Kwok H C, Leung C C H, et al. Sample-to-answer on molecular diagnosis of bacterial infection using integrated lab-on-a-disc［J］. Biosens Bioelectron, 2017, 93: 212-219.

［21］Zhang L, Tian F, Liu C, et al. Hand-powered centrifugal microfluidic platform inspired by the spinning top for sample-toanswer diagnostics of nucleic acids［J］. Lab on A Chip, 2018，18 (4) : 610-619.

［22］李清岭，陈令新.微流体驱动与控制技术［J］.化学进展，2008(9):1406-1415.

［23］冯焱颖，周兆英，叶雄英，等.微流体驱动与控制技术研究进展［J］.力学进展，2012(1):1-16.

［24］黄永光，刘世炳，陈涛，等.基于微通道构型的微流体流动控制研究［J］.力学进展，2009(1):69-78.

［25］何云鹏，郅静刚，臧辰鑫，等.一种单腔式微型隔膜泵的结构设计及流量分析［J］.真空，2016，53(6)：12-14.

［26］Takabatake S，Ayukawa K，Mori A. Peristaltic pumping in circular cylindrical tubes: a numerical study of fluid transport and its efficiency［J］. Journal of Fluid Mechanics, 1988, 193: 267-283.

［27］Reichmut H D, Schirica G, Skirby B J.Increasing the performance of high-pressure, high-efficiencyelectrokinetic micropumps using zwitterionic solute additives［J］. Sensors and Actuators：B, 2003, 92(1-2):37-43.

［28］陈令新，关亚风.单级高压微流量电渗泵的研究［J］.分析化学仪器装置与实验技，2003，31(7):886-889.

［29］Chen Z, Hobo T.Chemically L-prolinamide-modified monolithic silica column for enantiomeric separation of dansyl amino acids and hydroxy acids by capillary electrochromatography and high performance liquid chromatography［J］. Electrophoresis, 2001, 22(15):3339-3346.

［30］刘伟，刘璇，檀润华.基于专利分析的蠕动泵设计研究［J］.工程设计学报，2013, 20(5): 361-367.

［31］张玲，徐光明，崔群，等.一种基于玻璃-PDMS微流控芯片上气动微泵的研制及其在化学发光分析中的应用研究［J］.浙江大学学报（理学版），2007(6):648-652.

［32］Lee S K, Y i G R, Yang S M, High-speed fabricationg of patterned col-loidal photonic structures in centrifugal microfluidic chips［J］. Lab on A Chip, 2006, 6:1171-1177.

［33］Lee L J, Madou M J, Koelling K W , et al. Design and fabrication of CD-like microfluidic platforms for Diagnostics:polymer-based micro-fabrication［J］. Biomed microdevices, 2001, 3:339-351.

［34］Puckett L G, Dikici E, Lai S, et al. Investigation into the applicability of the centrifugal microfluidics platform for the development of protein-ligand Binding assays incorporating enhanced green fluorescent protein as a fluorescent reporter［J］. Anal Chem, 2004, 76:7263-7268.

［35］Chen Z, Ozawa H, Uchiyama K, et al. Cyclodextrin-modifiedmonolithic columns for resolving dansyl amino acid enantiomers and positional isomers by capillary electrochromatography［J］. Electrophoresis, 2003, 24(15):2550-2558.

［36］徐溢，徐平洲，张剑，等.微流控芯片上电驱动在线富集技术的研究进展［J］.化学通报.2007(9):655-661.

［37］李茜，朱丽，王洪成，等.基于微流体脉冲驱动控制技术的导线印制系统的设计［J］.仪表技术与传感器，2015(5):76-79.

［38］郑悦，侯丽雅，朱丽，等.基于微流体脉冲驱动控制技术的微量试剂分配方法及应用研究［J］.分析化学，2014(1):21-27.

［39］周诗贵.压电驱动膜片式微滴喷射技术仿真分析与实验研究［D］.上海：上海交通大学，2013.

［40］权建军，丁世勇.基于蠕动泵的液体容积稀释仪研究［J］.数字技术与应用，2020,38(7):148-149.

［41］Ducree J, Haeberle S, Lutz S, et al. The centrifugal microfuidic bio-disk platform［J］J Micromech Microeng 2007, 17:S103-S115.

［42］Leclerc E, Yasuyuki S, Teruo F. Cell culture in 3-dimensional microfluidic structure of PDMS (polydimethylsiloxane)［J］. Biomedical Microdevices.2003, 5:109-114.

［43］Zhao D S, Roy B, McCormick M T, et al. Rapid fabrication of a poly(dimethylsiloxane) microfluidic capillary gelelectrophoresis system uti-lizing high precisionmachining［J］. Lab on A Chip, 2003(3):93-99.

［44］Esch M B, Kapur S, Irizarry G, et al. Influence of master fabrication techniques on the characteristics of embossed microfluidic channels［J］. Lab on A Chip, 2003, 3:121-127.

［45］Li Y, Buch J S, Rosenberger F, et al. Integration of isoelectric focusingwith parallel sodium dodecyl sulfate gel electrophoresis for multidimensional protein separations in a plastic microfludic network［J］. Anal Chem, 2004, 76:742-748.

［46］Becker H, Gartner C. Polymer microfabrication methods for microfludic analytical applications［J］. Electrophoresis, 2000, 21:12-26.

［47］M adoua M J, Lua Y, Laib S, et al. A novel design on a CD disc for 2-point calibration measurement［J］. Sensors and Actuators A, 2001, 91:301-306.

［48］Li G, Chen Q, Jun L, et al. A compact dis-like centrifugal microfluidic system for high-throughput nanoliter-scale protein crvstallization screenina［J］. Anal Chem, 2010, 82:4362-4369.

［49］Hu J S, Chao C Y H. A study of the performance of microfabricated electroosmotic pump［J］. Sensors and Actuators：A, 2007, 135(1):273-282.

［50］Manz A Graber N, Widmer H M. Miniaturized total chemical analysis systems: a novel concept for chemical sensing［J］.Sensors and Actuators B: Chemical, 1990,1(1-6):244-248.

［51］Jubery T Z, Srivastava K S,Dutta P. Dielectrophoretic separation of bioparticles in microdevices: a review［J］. Electrophoresis, 2014, 35(5):691-713.

［52］Ren Y K, Wu H C, Feng G J, et al. Effects of chip geometries on dielectrophoresis and electrorotation investigation［J］. Chinese Journal of Mechanical Engineering, 2014, 27(1) : 103-110.

［53］顾雯雯，温志渝.介电电泳细胞分析芯片结构设计及富集效率优化［J］.仪器仪表学报.2015, 36(1):174-180.

［54］张婷，方群.基于电渗驱动的微流控芯片顺序注射分析系统［J］.分析科学学报.2014, 30(5):697-700.

［55］王洪成，侯丽雅，章维一.驱动电压波形修圆对微流体脉冲惯性力和驱动效果的影响［J］.光学精密工程，2012 (10):2251-2259.

［56］徐溢，陆嘉莉，胡小国，等.微流控芯片中的流体驱动和控制方式［J］.化学通报，2012(12):922-928.

［57］Nakamura M, Sato N, Hoshi N, et al. Outer helmholtz plane of the electrical double layer formed at the solid electrode-liquid interface［J］. ChemPhysChem, 2011, 12(8):1430-1434.

［58］Grahame D C. The electrical double layer and the theory of electrocapillarity［J］. Chemical Reviews, 1947, 41(3): 441-501.

［59］江涛. 基于MEMS技术的直流电渗流微泵的研究［D］.哈尔滨：哈尔滨工业大学，2006.

［60］Paul P H, Arnold D W, Rakestraw D J. Electrokinetic generation of high pressures using porous microstructures［C］. Proceedings of the μ-TAS 98 Banff Canada, 1998.

［61］Vassileva N D, Ende D, Mugele F, et al. Capillary forces between spherical particles floating at a liquid-liquid interface［J］. Langmuir, 2005, 21(24):11190-11200.

［62］杨振生，李亮，张磊，等.疏水性油水分离膜及其过程研究进展［J］.化工进展，2014, 33(11):3082-3089.

［63］Flagella M M, Verlaque M, Soria A, et al. Macroalgal survival in ballast water tanks［J］. Marine Pollution Bulletin, 2007, 9(S4):1395-1401.

［64］黄维安，蓝强，张妍.胶体颗粒在液-液界面上的吸附行为及界面组装［J］.化学进展，2007, 19(2):212-219.

［65］Li D. Encyclopedia of microfluidics and nanofluidics［M］. New York: Springer Science & Business Media, 2008.

［66］Probstein R F. Physicochemical hydrodynamics: an introduction［M］. New York: John Wiley & Sons, 2005.

［67］Cavallaro J M, Botto L, Lewandowski E P, et al. Curvature-driven capillary migration and assembly of rod-like particles［J］. Proceedings of the National Academy of Sciences, 2011, 108(52):20923-20928.

［68］Li M, Li D. Fabrication and electrokinetic motion of electrically anisotropic Janus droplets in microchannels［J］. Electrophoresis, 2017, 38(2):287-295.

［69］Zhang J, Song Y, Li D. Electrokinetic motion of a spherical polystyrene particle at a liquid-fluid interface［J］. Journal of Colloid and Science, 2018, 509: 432-439.

［70］Wu Z M, Li D Q. Induced-charge electrophoretic of ideally polarizable particles［J］. Electrochimica Acta, 2009, 54(15):3960-3967.

［71］Ai Y, Joo S W, Jiang Y, et al. Transient electrophoretic motion of a charged particle through a converging-diverging microchannel: Effect of direct current-dielec force［J］. Electrophoresis, 2009, 30(14):2499-2506.

［72］Kawakatsu T, Kikuchi Y, Nakajima M. Regular-sized cell creation in microchannel emulsification by visual microprocessing method［J］. Journal of American Oil Chemists the Society, 1997, 74(3): 317-321.

［73］Creux P, Lachaise J, Graciaa A, et al. Strong specific hydroxide ion binding at the pristine oil/water and air/water interfaces［J］. The Journal of Physical Chemistry B, 2009, 113(43): 14146-14150.

［74］Vacha R, Rick S W, Jltngwirth P, et al. The orientation and charge of water at the hydrophobic oil droplet-water interface［J］. Journal of the American Chemical Society, 2011, 133(26):10204-10210.

［75］Derjaguin B V, Landau L. Theory of the stability of strongly charged lyophobic sots and of the adhesion of strongly charged particles in solutions of electrolytes［J］. Progress in Surface Science, 1993, 43(1-4):30-59.

［76］Daghichi Y, Gao Y, Li D. 3D numerical study of induced-charge electrokinetic motion of heterogeneous particle in a microchannel［J］. Electrochimica Acta, 2011, 56(11):4254-4262.

［77］Liang L, Ai Y, Zhu J, et al. Wall-induced lateral migration in particle electrophoresis through a rectangular microchannel［J］. Journal of Colloid and Interface Science, 2010, 347(1):142-146.

［78］Ha J W, Yang S M. Deformation and breakup of a second-order fluid droplet in an electric field［J］. Korean Journal of Chemical Engineering, 1999, 16(5):585-594.

［79］肖丽君，陈翔，汪鹏，等.微流体系统中微阀的研究现状［J］.微纳电子技术，2009(2): 91-98.

［80］王欣.基于PDMS气动阀的微流体控制方法及其应用研究［D］.沈阳：东北大学，2011.

［81］耿鑫.微流体脉冲驱动-控制基础实验研究［D］.南京：南京理工大学，2010.

第5章

微流控芯片中进样与混合

5.1 概述

　　微流控芯片是一类具有微型化和集成化等特点的检测与分析器件，实现微流控芯片内流体的充分混合是实现该器件功能的重要条件。在微流控芯片中，大部分的功能与化学反应、生物实验有关，其中微混合器和微反应器作为微流控芯片中的重要组成部分之一，因为其相对应的微技术具有特殊性，成为研究者们关注的热点。如何制成快速、高效、易于集成的微流控芯片也成为如今研究的热门方向。

　　本章首先介绍了微流控芯片中样品进样方式的主要分类以及样品前处理的方法，之后对微混合器以及微反应器中的混合、化学反应以及生物反应进行分类并说明，解释了其在微流控芯片中发挥的重要作用。

5.2 样品进样与前处理

5.2.1 样品进样

　　进样是微流控芯片实验室的一个重要单元操作，也是芯片实验室样品处理的前道工序。芯片进样一般包括上样和取样两个步骤。上样指的是利用一个或一组微通道与分离通道相交形成网络，使用电动力或压力控制样品在网络中的流动，最终在分离通道内形成一段样品区带；取样指的是在分离通道两端施加电场将样品区带输入分离通道。多种进样方法的陆续提出不但为后续样品处理提供了有力的支撑，还丰富了芯片实验室概念的外延，促进微流控芯片实验室的发展。图5-1为微流控芯片进样基本分类示意图。

5.2.1.1 单通道辅助进样

　　微流控芯片尺寸很小，通常在微米甚至纳米级别，如何将外部样品引入微流控芯片中并操控芯片各部分微网络，都是需要解决的重要问题。通常向微流控芯片通道中输入样品区带需要其他方式加以辅助，其中最简单的为单通道辅助进样法，简单来说就是添加一条辅助通道帮助样品进样。

　　（1）电动进样

　　电动进样是指仅以电渗或电泳为驱动力将样品引入通道的方法，这种方式是将毛细管入口浸入样品溶液中，并将毛细管出口浸入分离缓冲液中来进行的。然后一段预定的时间内不施加电压，将样品输入毛细管中。电动进样操作简单、易于实施，对仪器没有额外的要求，

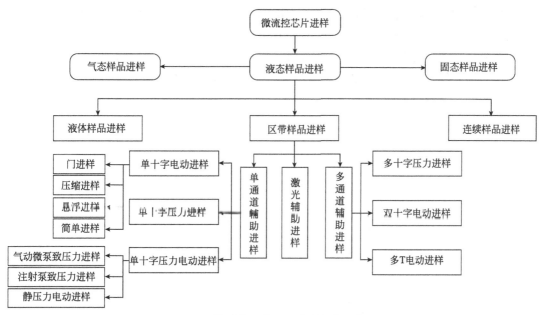

图5-1　微流控芯片进样基本分类示意图

是比较热门的进样方法。电动进样种类很多，其中包括门进样、悬浮进样、简单进样和压缩进样等。门进样方法作为一种基于时间控制的方法，其进样可以连续进行，门进样方法速度较快且进样量容易控制。最早是在1994年由Stephen等提出门进样法，他们制备了一个带有柱后反应器的玻璃微型芯片，这种小型分离装置是使用标准光刻、湿化学蚀刻和黏合技术构建的。同时他们设计了一种新型的门控注射器，它可以保持分析物、缓冲液和试剂流的完整性。具体示意图如图5-2所示，样品由分析物贮液池通过注射交叉处向分析物废物池连续泵送的同时向缓冲液池中注入缓冲液，将样品送至分析物废物池和废物池中。1999年Stephen将此方法进一步应用到含有乙酰胆碱酯酶的缓冲液中，在该实验中抑制剂样品通过电动力学从阀门输送到样品废物库。同时，将酶溶液电动泵出，通过阀门进入分离通道，是为了防止抑制剂迁移或扩散到分离通道有一小部分酶溶液流入样品废物通道。对于抑制剂注射，酶和样品废物库的电位分别暂时降低和提高，以匹配阀门交叉处的电位。抑制剂会电动迁移到分离通道，注射过程是通过将酶和样品废物储层的电位重置到初始值来完成的，防止过量抑制剂进入分离通道。

当使用外部注射泵时，很难精确控制微通道中的体积流量，导致注射体积的重现性较差，定量结果的准确性较低。Li等使用一个连续的门控注射基微流控装置，结合静水压力和电动门控注射的新型连续门控注射方法，以实现对单细胞的连续操作，来保证几乎恒定的体积流量，从而保证单细胞注射的良好重现性。图5-3为基于连续门控注射的单细胞操作示意图，采

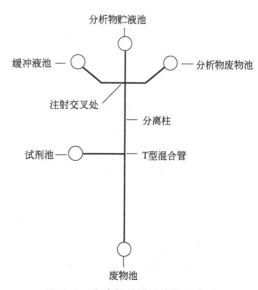

图5-2　集成柱后微反应器示意图

用样品储层（S）和样品废料储层（SW）之间的通道进行取样，用缓冲储层（B）和缓冲废料储层（BW）之间的通道进行分离，辅助储层被标记为A，圆圈中的黑色颗粒表示细胞。断线箭头表示静水流动的方向，实心箭头表示电渗透迁移的方向。图5-4中（a）为单个细胞采样步骤（b）、（c）和（d）单细胞加载步骤，（e）和（f）为细胞溶解和电泳分离步骤，白色箭头表示细胞的流动方向。

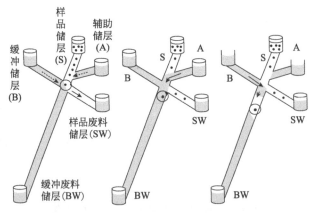

图5-3　连续门控注射的单细胞操作示意图

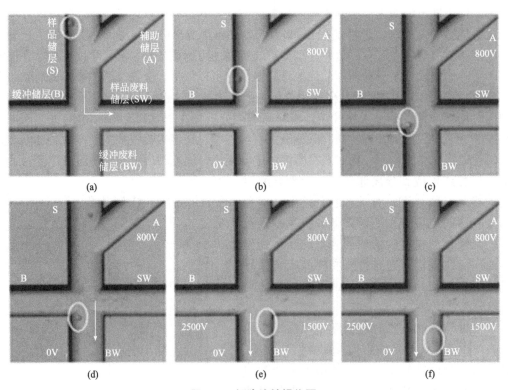

图5-4　细胞连续操作图

门控进样是一种最简单、基本的进样方式，经常被应用于毛细管分离中。为了提高检测的灵敏度和重现性，Zhu等设计了一种交替注射结合流动门控毛细管电泳的方法，用于快速准确地定量分析。该方法使用了双流分支，分别提供样品和标准添加物，然后交替地注入单个毛细管中进行快速分离，其中采用微加工开关来实现交替注射。该方法减少了毛细管波动和检测系统所引起的不确定性。图5-5为双流分支的流门控毛细管电泳系统。

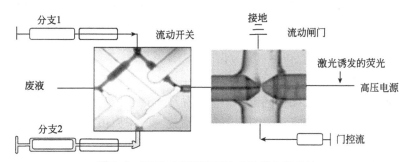

图5-5　双流分支的流门控毛细管电泳系统

悬浮进样只涉及单方向电场，通常采用传统的深床悬浮流动模型来描述悬浮注入过程。它结合了固体进样和液体进样的优点，其样品前处理比较简单，整个工作过程耗时少，需要的工作量小，同时需要的样品量少且导致暴露在实验环境中的时间短，因此减少了样品被污染的可能性。利用悬浮进样氢化物发生原子荧光光谱法对价态金属进行分析，可以避免在传统前处理过程中对金属价态的改变，这种方法会得到越来越广泛的应用。

（2）压力进样

压力进样是指引入样品时只依靠压力作用，其中使用流体动力和流体静力的方法都为压力注入。因为不需要额外的仪器来提供压力，所以这种注入的最大优点之一是可以直接实现。尽管进样中需要使用不同的电压组合，但是使用者们依旧可以很容易地使用相同的设备进行电动或水动力注入。Kazuhiro等设计了一种微流注射系统，该系统可以很好地降低样品和试剂的消耗。该微型系统中的阀门由3D打印机制成，它将一个小型的6端口阀门集成在一个微芯片上。通过将阀门从负载位置切换到注入位置，可以注入加载通道中的样品溶液，结果表明该样品注入系统的性能与市用注射器相当。其结构图如图5-6所示，该微阀有一个用于手动操作的旋钮和一个带有三个液体流动通道的圆柱，载体溶液从入口1引入，并在通过

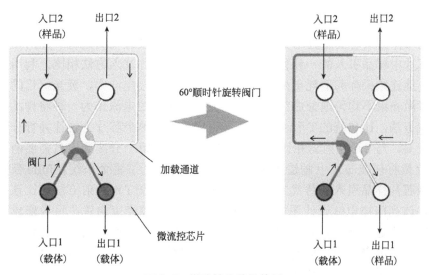

图5-6　微流控芯片结构图

6端口阀中的通道后从出口1排出。样品溶液从入口2引入一个加载通道，多余的样品溶液从出口2排出。这种带有阀门结构的微流控芯片使用方便，且可以根据实际应用进行规格设计，样品注射方法可以适用于许多系统中各种基于微生物的分析，如环境检测、医疗诊断和食品分析等。

（3）压力电动进样

压力电动进样是使用电动学手段在芯片上产生压力梯度，使系统中的死体积最小化，从而提供所需的控制。微芯片毛细管区电泳中的样品注入往往依赖于电场的使用，根据其电泳迁移率和分子扩散系数，这种方法通常需要对微流控网络中应用的压力梯度进行极好的动态控制。Liu等设计了一种压力电动进样芯片，结构示意图如图5-7所示。他们在两个不同深度的通道段上施加电场，然后利用所产生的压力驱动流将样品以最小注入偏差引入毛细管区电泳通道。

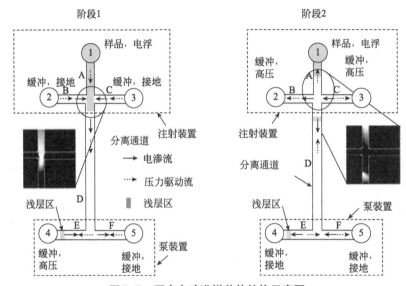

图5-7　压力电动进样芯片结构示意图

5.2.1.2　激光辅助进样

如果引入样品带有荧光且用荧光法检测，则可以不设置辅助通道。光门控电泳已被用作微制备芯片中样品引入的一种替代方法，与传统的芯片注入方法相比，利用这种注入技术允许快速地连续采样和消耗更少的芯片空间。在光门控电泳中，荧光标记的样品连续通过毛细管，激光束不均匀地分成门控束和探测束。光门控电泳作为一种将样品引入微制造芯片的替代方法，比传统的T形注入器更具有优势。在单个芯片上设计并行分离时，面积变得尤为重要。与T形注射器相比，光学门控注射方案每个分离通道只需要两个储层。更少的储层数量将使在芯片上制造更多的通道，从而简化了整个系统。Julie等使用光门控电泳作为微芯片样品引入的替代方法，并研究了与传统的T形注射方法相比该技术性能方面的优势。该光门控电泳设计图如图5-8所示，其中门控光束由镜子引导聚焦到微制造芯片上。探针光束通过准直器/膨胀仪，聚焦到倒置显微镜将检测光束传递到芯片上。该装置中包含一个铂电极，铂电极被放置在芯片的两个储层中，并连接到一个高压电源上，芯片的注入端相对于检测端保持在一个正电位。光学门控电泳样品注射与传统T形注射方法的注射体积相当。此外，光门控允许高吞吐量通过快速串行分离，同时利用最小的芯片空间。据设想，这种分离方法的快速、连续性和所需的低样品量将使其成为一种使用微制造芯片分析监测动态事件的可行技术。

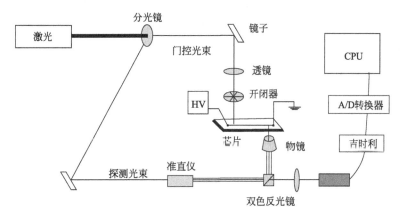

图5-8　在芯片上的光门控电泳的设计图

5.2.1.3　多通道辅助进样

在向样品处理通道中输入样品区带时添加多条辅助通道的方式称为多通道辅助进样。2006年研究人员们提出了一种新的毛细管电泳芯片（CE）样品注入方法。这种注入方法使用排空样品废物池产生的静水压力和电动力。注射是在双芯片上进行的，其中一个交叉通道由样品和分离通道创建，用于形成一个样品塞。另一个交叉通道由样品和控制通道形成，用于插头控制。通过改变和控制通道中的电场，可以线性地调整样品插头的体积。在电泳芯片上，注射器泵可以通过芯片到试剂的界面产生压力，该界面由油管、样品库和用于密封的环氧胶组成。静水压力利用了其在微流控芯片上产生的便利性，无需任何电极或外部压力泵，从而允许用最少数量的电极注入样品。通过四分离通道CE系统证明了这种注入方法的潜力。在该系统中，只有两个电极可以实现平行样品分离，这是传统注射方法不可能实现的。

在2002年Fu等设计了一种具有多T形结构的注入系统，他们将几个传统的交叉、双T形和三T形注入系统结合在一个单个微流控芯片中。图5-9表示的是传统单交叉注入系统与

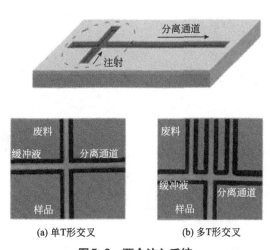

(a) 单T形交叉　　　　　(b) 多T形交叉

图5-9　两个注入系统

多交叉注入系统的结构图片，图5-10表示双T形注入系统与三T形注入系统的原理图。之后该研究团队又设计了一种双孔注射微流控芯片，该注入技术使用了在不同通道内具有不同的电势分布和独特的加载步骤序列来实现一个虚拟阀。此研究通过开发一种具有双交叉注入微通道结构的微流控装置，解决了传统的注入通道的设计形式的一个限制，就是它只能注入离散的、固定体积的样本。通过在加载步骤中集中电场，可以在一定程度上克服传统配置的限制，结果表明，该设计改进了分离通道中的样品塞分布，从而获得了优越的分离检测性能。

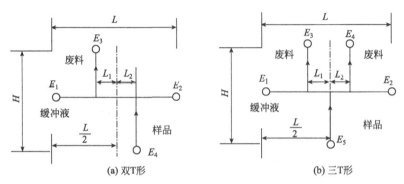

(a) 双T形　　　　　　　　(b) 三T形

图5-10　双T形交叉和三T形交叉注入系统的原理图

5.2.1.4　其他样品进样

（1）气态样品进样

液体流的空气分割长期以来被用于连续分析设备，以帮助分离样品、增强混合和最小化分散，流式分割也被用于实现微流控设备的快速混合、液体段内的再循环驱动混合。Jamil等使用分段气液流动来增强混合，设计了一种具有快速刺激和裂解哺乳动物细胞的微流控装置。从图5-11中可以看到该装置中有三个主要的入口，一个用于细胞流，一个用于刺激，还有一个气体入口用于形成分段的气-液流。每个入口的压降通道有助于产生足够的压降，以最小化与气泡产生相关的周期性波动，从而确保流段的稳定形成。

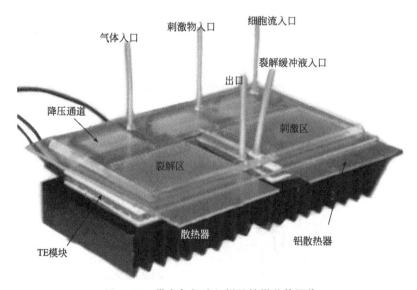

图5-11　带有气相注入样品的微芯片图像

（2）固态样品进样

固态样品进样一直具有很大挑战。Torsten等使用微流体和微全分析系统（μ-TAS）中已知的技术，在玻璃和塑料芯片中分离和运输微量的干粉。他们所述的两种粉末处理方法可作为耗时的手动称重的自动替代方法，从而实现包括自动化配方和少量干粉混合的第一步。这两种技术都可以用于小型混合设备，它们依赖可靠的颗粒供给系统来替代天平和耗时的称重过程。

设计模型示意图如图5-12所示，它的特点是一个T形通道，包括气体入口、粉末入口和出口，B形圆锥形的连接通道特点是为了促进粒子引入主通道。这种设计是为了研究流体床和脉冲注入方法将干粉颗粒引入玻璃和塑料芯片的小通道的可行性，实验结果表明这两种方法都能够实现这一目标。

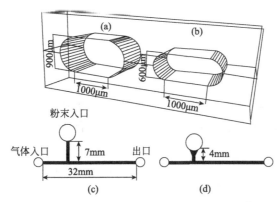

图5-12　两种不同的通道设计和各自的通道截面

（3）液滴进样

液滴微流控技术作为一种新兴的热门技术，具有很大优势和发展潜力。因为其反应速率快、尺寸可控且均一、反应条件稳定、效率高、消耗时间短等优点，成为现在研究的热门方向。但是因为其操作复杂、样品更换效率低等因素，在现在的发展中也受到了很多限制。图5-13展示了液滴的两种注入方式，其显示了在流动的液滴流中添加额外溶剂/试剂的两种主要方法：一种是液滴融合注入，其中包含新的溶剂/试剂的第二液滴流与原始液滴流的合并，使用电压或特殊设计的通道结构；另一种是直接注入，其中新的溶剂/试剂作为连续流直接插入液滴中。由于不需要特殊制造的通道结构或外围设备，直接注射比液滴融合注入更容易实现，但是缺点是为了实现一致给药，需要一个均匀的液滴间距，以便在每一个新的液滴到达传递点前积累等量的试剂。Adrian等提出一种有效的方法，就是重复地添加控制数量的试剂到液滴。这些试剂被注入多相流体流中，该流体流包括载体液体、反应混合物的液滴和惰性气体，以保持均匀的液滴间距并抑制新的液滴的形成。

Adrian等通过实验证明这是一种简单、平

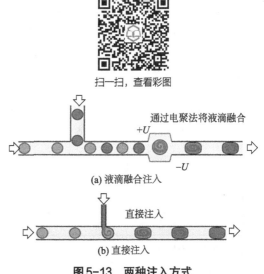

扫一扫，查看彩图

图5-13　两种注入方式

稳且有效的方法，可以在流动的液滴流中加入控制量的试剂。通过使用气相来保持均匀的液滴间距，可以使用简单的T形连接来反复将新的试剂注入液滴中，其体积达到现有液滴体积的2倍，且可以保持流动的均匀性。

Link等使用流聚焦形状的几何图形来形成液滴。水流通过狭窄通道并注入，油流通过水动力集中水流，并在水流中通过收缩口时减小

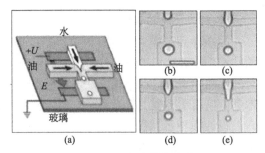

图5-14　产生带电液滴

其大小［图5-14（a）］。这种液滴发生器可以运行在一个流动的状态下，产生一个稳定的均匀液滴流。图5-14表示产生带电液滴的图像，（a）为油流和水流汇聚在微米的孔口上的示意图，（b）～（e）表示在电压（U）数值为0V、400V、600V和800V时液滴生成尺寸。

5.2.2　样品前处理

样品前处理主要包括两方面的作用：一是对分析目标物的富集，有些目标物在实际样品中的含量比较低，低于现有仪器的检测限，需要采用一种比较合适的样品前处理方法把含量较低的目标物加以浓缩后再进样检测；二是消除或减少样品中含有的对目标物的检测会造成严重干扰的复杂基质，如果处理不当不但会对仪器设备造成一定的损害，而且还会影响设备的使用寿命。近年来，研究简单、快速、高效、环保的微型化、无溶剂或少溶剂的样品前处理技术已经成为现代分析化学中研究的前沿课题。前处理技术主要包括液-液萃取（liquid-liquid extraction，LLE）、固相萃取（solid phase extraction, SPE）、固相微萃取（solid phase micro extraction, SPME）、超临界流体萃取（supercritical fluid extraction, SFE）、微波辅助萃取（microwave extraction, MAE）、浊点萃取（cloud point extraction, CPE）。

（1）液-液萃取

液-液萃取（LLE）是许多分析应用中常见的样品预处理方法。其目的是预浓缩或分离多种分析物，如超微量金属和类金属物种、酚类化合物、表面活性剂、药物等。目前的液-液萃取方法通常需要微升到毫升体积的溶剂和样品、长平衡时间和手工程序。微流控系统中样品的提取方法一直受到限制，因为该工具很难在纳升或更小的规模上实现。液相提取可以应用在分析技术或检测方法中，对于提高自动化和增加吞吐量有很重要的作用。这一目标导致了中空纤维微萃、单滴微萃、液-液微萃和电膜提取的发展。除了促进与分析技术的耦合，这些方法还允许将样品和萃取溶剂体积减小到数百微升范围，而不是LLE典型的毫升，并可以将萃取时间减少到分钟。通过使用微流体技术，甚至可以获得进一步的改进。一些微流体LLE装置已经被开发出来，允许更快和更低的体积提取，包括平行流动装置、片上分散液-液提取、Y结或T结装置提取。微流控LLE技术使用微升或更少的样品和溶剂，并有亚分钟的平衡时间，尽管这些时间仍然仅限于一次单个样品的提取。

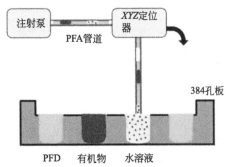

图5-15　LLE技术中两相段塞生成过程

图5-15为LLE技术中两相段塞生成过程，其中应用真空的可溶性聚四氟乙烯（PFA）管的长度依次浸入全氟萘烷（PFD）、有机物溶剂和水样品中。流微萃取（SFME）是一种简单、快速、低体积的样品制备方法，可减弱用于纳升电喷雾离子化质谱（nESI-MS）分析样品的基质效应。SFME已被用于多种方式，包括与纸喷雾质谱结合时微量安非他明类（苯丙胺）药物的测定，三烯酶SFME用于极性分析物的测定和用于散装样品中分析物的预浓度测定。

（2）固相萃取

固相萃取由液固萃取柱和液相色谱技术相结合发展而来，利用固体吸附剂将液体样品中的目标化合物吸附，与样品的基体和干扰化合物分离，然后再用洗脱液洗脱或加热脱附，达到分离和富集目标化合物的一种样品前处理技术。根据使用固相萃取的目的，可以将固相萃取分为两类：目标化合物吸附模式固相萃取和杂质吸附模式固相萃取。固相萃取具有分离、净化、浓缩及转换溶剂等作用。

固相萃取大致包括活化、上样、淋洗、洗脱等四个步骤。

① 活化 在上样前用甲醇或者乙腈对固相萃取柱进行淋洗，有机试剂淋洗后还需用纯水淋洗一遍。有机溶剂淋洗其目的是去除固相萃取小柱中的杂质，用水淋洗是为了使小柱里的有机试剂不会部分溶解在水里，这样可以建立一个合适的固定相环境使样品分析物得到保留。

② 上样 上样是将样品溶液缓慢地流过SPE小柱，从而使样品中的待测组分保留在小柱上的过程。上样过程通常用移液器、注射器或者泵，当处理大量样品时，一般使用泵更方便。

③ 淋洗 通常选用纯水或缓冲液作为淋洗试剂，通过淋洗固定相来去除不需要的组分。淋洗过程的目的就是最大限度地去除干扰物质，所以所用的试剂极性和体积也需要仔细考虑，因为使用过量的体积，或者使用极性大的溶剂，都会把待测物洗脱下来。

④ 洗脱 用少量有机试剂洗脱待测目标物，从而达到分离净化与浓缩的目的。所用有机试剂最好挥发性强一些，这样比较好富集浓缩及蒸干。在选择洗脱剂的时候需要注意，其极性不能太强，太强会把不必要的组分洗脱下来，也不能太弱，极性太弱就需要更大量体积的溶剂来洗脱目标分析物，从而削弱了SPE小柱的浓缩功效，因此洗脱溶剂要认真选择。

SPE也是一种特别有用的提取方法，因为它能够进行离线和即时的选择性分离。同时，在色谱测量前准备离线SPE样品，在线SPE直接连接为色谱系统带来了较少污染、自动化和具有更高灵敏度的完整分析的优势。一般来说，在线SPE-LC由一个放置在六端口高压开关阀中的小预柱组成。在注射过程中，样品预集中在预柱上，预柱尺寸小，以避免空间中的频带增宽，且耐压。这些分析物通过阀门开关被洗脱到分析柱上。也有可能在阀门中使用没有预柱的系统，它提供了低压或高压模式。这种模式主要用于生物液体（血浆、全血、尿液）的分析，但其应用受限于吸附剂材料。

（3）固相微萃取

固相微萃取（SPME）是1990年由加拿大Waterloo大学Pawliszyn教授的工作小组提出的样品前处理方法。样品前处理是分析检测的关键步骤，直接影响样品的分析检测时间和分析方法的灵敏度。SPME技术是一种集采样、萃取、浓缩和进样于一体的，简便、快速、无溶剂消耗的新型绿色样品前处理技术。微型化的萃取形式使得采样过程非常便捷和迅速，并且对所萃取基质的干扰很小。SPME的优势促使其演变为可研究复杂系统中化学反应、分配平衡及重要物理化学参数性质的有效工具。如今，SPME技术发展迅速，在环境、食品、药物分析和法医鉴定等方面均得到了广泛的应用。

随着工业的快速发展，环境污染越来越严重，尤其有机物对环境的污染在人类生存环境的各个部分如气体、水体和土壤中均广泛存在。SPME在各种环境领域中具有广泛的应用，如对室内大气中的单环芳烃类化合物的分析。经过20多年的发展，SPME在环境水体中的应用也不断完善并趋于成熟。利用该技术分析环境水体如生活污水、工业废水、地表水、地下水、饮用水、河水等各种水体中的有机污染物报道已相当多。环境水体中的有机污染物主要有芳烃类、胺类、酚类、多氯联苯、有机农药等，其来源主要为工业废水、生活污水、化肥以及农药等。这些有机污染物在水体中含量较低，目前通常用SPME的前处理方法对待测组分进行预富集，再结合色谱或色谱与质谱联用技术进行分析，如工业废水、井水、自来水中的多环芳烃（polycyclic aromatic hydrocarbons, PAHs）测定。Vakh等开发了一种流化反应器中的自动磁分散微固相萃取程序，用于测定肉类婴儿食品样品中的氟喹诺酮类抗菌药物（氟罗沙星、诺氟沙星和达诺氟沙星）。图5-16为磁色散微固相萃取的自动化歧管结构示意图。

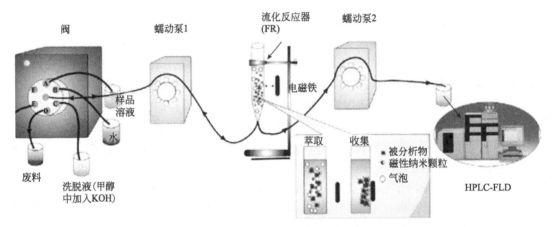

图5-16　用来测定酮类药物的磁色散微固相萃取的自动化歧管

（4）超临界流体萃取

超临界液体萃取是提取有价值的植物成分最有效的方法。超临界流体萃取（SFE）是利用二氧化碳作为超临界流体的提取溶剂，将一种组分（萃取剂）从另一种组分（基体）中分离出来的过程。超临界流体是一种高度压缩的气体，它以一种有趣的方式结合了气体和液体的特性。超临界流体会导致反应，这在传统溶剂中很难甚至不可能实现。超临界流体可以通过简单地释放压力从分析物中分离出来，几乎不留下任何痕迹，并产生纯残留物。它是一个解吸过程，并取决于传质现象。萃取速率的控制因素通常是溶质通过界面处液体边界层的扩散速率。提取包括在标准提取程序中使用选择性溶剂从非活性或惰性成分中分离出植物或动物组织的药物活性部分。从植物中获得的产品是相对不纯的液体、半固体或粉末，仅用于口服或外部使用。因此，为了提高来自植物和动物的药物的产量，提取仍然具有相当大的潜力。

多年来，对于提取复杂环境中的药品、食品和石油样品的方法之一是基于索氏萃取器用碳氢化合物或氯化有机溶剂提取少量样品。不幸的是，液体提取经常不能满足几个理想的标准。它们通常需要几个小时或更长的时间才能获得令人满意的分析物回收，有时甚至不能做到。从20世纪中期开始，化学家们开始探索使用超临界流体从工业界和政府机构感兴趣的许多样品的基质中分离分析物，因为使用这种类型的试剂避免了有机液体萃取剂的许多问题。

（5）微波辅助萃取

近年来，利用微波从植物材料中提取成分，显示出了巨大的潜力。传统的提取活性成分的技术耗时和耗溶剂，热不安全，对植物材料中多种成分的分析受到萃取步骤的限制。高的萃取性能和较少的溶剂消耗以及对耐热成分的保护是这种新型的微波辅助萃取（MAE）技术的一些优点。影响萃取效率的主要参数是溶剂性质和体积、萃取时间、微波功率、基质特性和温度等。传导加热原理与MAE中微波辐射加热原理如图5-17所示。

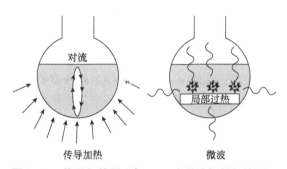

图5-17　传导加热原理与MAE中微波辐射加热原理

（6）浊点萃取

浊点萃取（CPE）是一种分离和预浓缩方法，已广泛应用于几种不同基质中的微量金属测定。其主要优点是实验程序简单、成本低、预浓缩系数高、环境安全等。这些方面将它包含在一套符合"绿色化学"原则的分析方法中。浊点萃取的整个过程类似于传统的液-液萃取（LLE），唯一的区别是"有机"相是在水相中产生的，通过简单收集先前分散的疏水悬浮液，将先前均匀的溶液转化为非均匀的溶液。当溶液条件如温度和压力被适当地改变时，胶束水溶液发生相分离。换句话说，表面活性剂单体在散射可见光的同时聚集并与水分离。这种浑浊的、富含表面活性剂的相具有初始溶液的疏水负担，而水上清液中表面活性剂的浓度接近临界胶束浓度（CMC）。虽然这种现象发生的确切机制尚未确定，但一些研究表明，这种相分离是由于熵（有利于水中胶束的混溶）和焓（有利于分离）之间的竞争，因此分离过程是可逆的。初始溶液条件的重新建立驱动胶束与水相合并，重新产生一个均匀的体系。图5-18为浊点萃取机制的简要概述图。

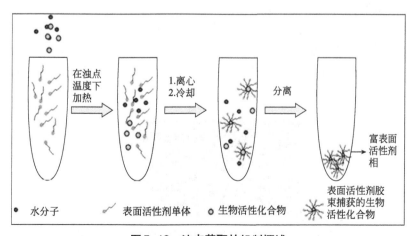

图5-18　浊点萃取的机制概述

117

5.3 微混合与微混合器

5.3.1 微混合

雷诺数（Re）是判断流体流动状态的重要参数。一般，雷诺数小于2000，流体为层流流动状态。微流体设备中的微通道尺寸小，且流体流速通常很低，所以雷诺数很小，例如，在圆形管道直径为100μm、流速为1000μm/s的水基（流体密度为1000kg/m³，动力黏度为0.001Pa·s）微流体系统中，根据计算公式，可得其雷诺数为0.1。因此，微通道中的流体基本是层流流动状态，即流体在平行层中流动，层与层之间没有扰动，流体的混合主要依靠扩散效应，混合效率极低，所以微混合器是微流体设备中重要的组件之一，开发高效的微混合器对微流体系统的发展至关重要。

微流体的混合通常需要在微通道中引入外部能量源，增加流体扰动或者设计特殊的微通道结构，以获得更大的比表面积，从而提高混合效率。微混合器通常被分为主动式微混合器和被动式微混合器。主动式微混合器一般需要外部能量源，例如电场、磁场和声场等，而被动式微混合器只需要驱动流体的能量源，无需其他能量源，通常使用具有复杂几何结构的微通道，增强对流体的扰动，以提高对流扩散效应。主动式微混合器的结构通常较为简单，也更容易控制，但需要外部能量源，使得其更加难以集成。相比之下，被动式微混合器更容易集成到微流体设备中，但它们也往往更加难以制造。

5.3.2 主动式微混合器

主动式微混合器，又称有源微混合器，通过不同的外部能量源对流体进行扰动、增大接触面积等方式，来达到增强混合效果的目的。根据外部能量源的类型，可将主动式微混合器进一步分为电场驱动微混合器、声场驱动微混合器、磁场驱动微混合器、压力场驱动微混合器、温度场驱动微混合器等。

（1）电场驱动微混合器

电场驱动的微混合器主要基于电流体动力学（electrohydrodynamic，EHD）不稳定性，利用带电流体在交流电场或直流电场中的运动来扰动界面，增强流体混合性能。图5-19展示了一种典型的电场驱动微混合器。该Y形微混合器主通道底部设置了倾斜电极阵列，通过在电极阵列上施加电场，产生电热涡流，从而增强对流扩散效应，进而达到有效混合流体的目的。

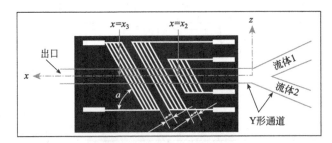

图5-19 基于EHD的Y形电场驱动微混合器示意图

另外，电动力学（electrokinetic，EKI）是EHD的一个重要分支，是一种电场、离子输运和流体流动的耦合现象。EKI不稳定性通常发生在液体或粒子向带电表面移动时。EKI混合方法包括电渗流、诱导电渗流、电泳等。

图5-20展示了一种基于电渗流的T形电场驱动微混合器。该微混合器微通道壁面带有极性相同但大小不同的zeta电势，其中，相比于下游壁面zeta电势绝对值远小于上游壁面zeta电势，结果下游壁面产生的流速较小的电渗流，阻碍上游流速较大的电渗流，从而在上游形成涡流，进而搅动流体，增强混合性能。此外，诱导电渗流也是流体混合的重要方式之一。在直流电场作用下，处于

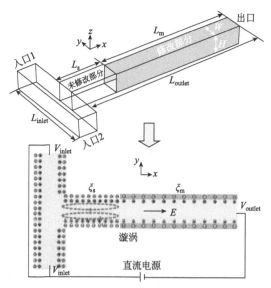

图5-20　基于电渗流的T形电场驱动微混合器示意图

电解质溶液中的金属导电物体内部，会诱导产生极性相反、电量相同的偶极子。偶极子吸引溶液中的异号离子，最终在金属物体表面形成双电层（EDL），使得金属两侧带有极性相反的zeta电势。电场作用于EDL中的离子，在金属物体表面产生流动方向相反的诱导电渗流，进而形成诱导电渗涡流，如图5-21所示。诱导电渗涡流可以搅动流体，从而有效提高混合性能。如图5-22所示是一种基于诱导电渗涡流的电场驱动微混合器。微通道腔体中含有一个金属导电颗粒，当外加直流电场施加在水溶液中后，金属颗粒诱导产生电渗涡流，同时受电泳作用，金属颗粒在腔体内移动，使得流体在腔体内被充分搅动，实现流体的高效混合。

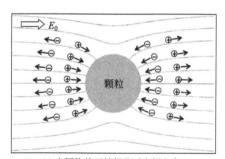

(a) 金属物体开始极化时电场分布

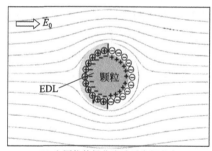

(b) 金属物体极化完成后电场分布

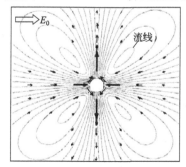

(c) 诱导电渗涡流分布图

图5-21　诱导电渗流形成过程示意图

扫一扫，查看彩图

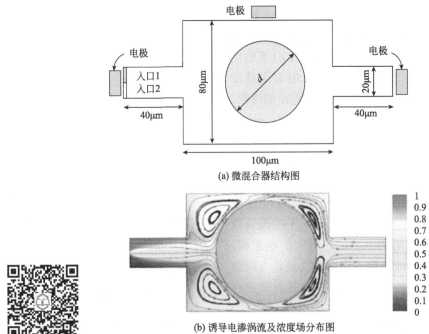

(a) 微混合器结构图

(b) 诱导电渗涡流及浓度场分布图

扫一扫，查看彩图

图5-22 基于诱导电渗涡流的电场驱动微混合器

（2）声场驱动微混合器

声场驱动微混合器主要是基于声学共振扰动流体来实现混合的。图5-23展示了一种典型的声场驱动微混合器。该微混合器利用声波激发液体中气泡，并将气泡束缚在马蹄形微结构中，来搅动层流，进而实现快速而高效的混合。

另一种典型的声场驱动微混合器是基于声表面波（surface acoustic wave，SAW），一种沿固体材料表面传播的声波，来实现流体的混合。图5-24所示的微混合器利用聚焦叉指电极代替传统的平行叉指电极来集中声能。布置在压电基底上的叉指电极产生声表面波，激发横向声流扰动流体，以实现高效混合。此外，在压电传感器作用下，微通道侧边尖锐障碍物产生的振荡也可以产生声流，从而实现流体的快速高效混合，如图5-25所示。

扫一扫，查看彩图

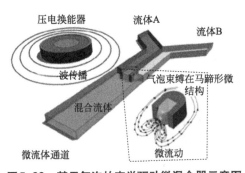

图5-23 基于气泡的声学驱动微混合器示意图

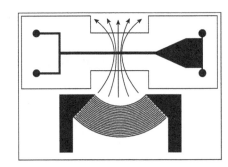

图5-24 基于声表面波的声场驱动微混合器示意图

（3）磁场驱动微混合器

磁场驱动的微混合器主要基于磁流体动力学（magneto-hydrodynamics，MHD）以及磁力搅拌原理来实现流体的混合。

扫一扫，查看彩图

图5-25　基于振荡侧边尖锐障碍物的声表面波的声场驱动微混合器示意图

MHD微混合器通常是利用交流或直流电场和磁场对磁流体施加洛伦兹力，从而诱导二次流动进行搅拌和混合。图5-26（a）展示了一个典型的MHD微混合器。该微混合器包含一个直通道，通道内充满电解质溶液，独立控制的电极布置在两侧壁面上。将微混合器置于均匀磁场中，既可作为微混合器又可作为泵。近年来，铁磁流体被广泛应用于磁场驱动微混合器的研究中。图5-26（b）展示了一种基于铁磁流体的磁性混合器。该微混合器使用带有永磁体的Y形微通道混合去离子水和Fe_3O_4铁磁流体。铁磁流体在永磁体产生的磁场作用下，从通道底部向通道顶部迁移，从而实现两种流体的混合。

磁力搅拌微混合器通常使用由外部旋转磁场驱动的磁力搅拌器来混合腔室中的流体。典型的磁力搅拌微混合器如图5-26（c）所示。通过旋转磁场控制微米级磁力搅拌器对通道内流体进行搅拌，可在数秒内实现流体的完全混合。

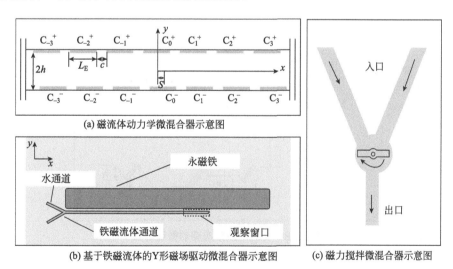

图5-26　三种微混合器示意图

L_E—电极宽度；c—相邻两电极间的间距宽度；S—侧边两个相对电极的迁移量；$2h$—直通道宽度

（4）温度场驱动微混合器

热能可以通过增大扩散系数、产生热气泡或利用电热效应来提升微混合器的混合性能。图5-27展示了一种集成微阀、微泵和微混合器的热气泡驱动微流体芯片。该混合器中嵌入了微加热器。产生的热气泡起着微泵的作用，驱动流体流动。当流速小于4.5μL/s时，热气泡的大小可以有效控制。在微加热器上施加高频交流电时，热气泡会周期性增长并迅速坍缩，从而在流体中产生湍流，进而提高混合性能。

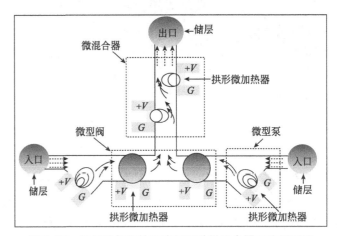

图 5-27　基于热气泡的温度场驱动微混合器工作原理图

由电热效应驱动的微混合器是另一种温度场驱动微混合器。图 5-28 展示了一种交流电热效应驱动微混合器。该微混合器包含八对非对称电极，电极施加交流电。如图 5-28 所示，在这种微混合器中，通道下侧波纹形壁面增大了两种流体的接触面积，并且位于上侧壁面上的对称电极还可以产生涡流搅动流体，从而可以高效混合流体。

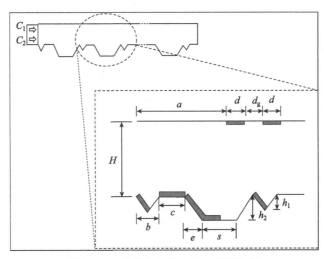

图 5-28　交流电热效应驱动微混合器

（5）压力场驱动微混合器

压力场驱动微混合器的结构较为简单，通常是一个主通道带有一个或多个侧通道。典型的压力场驱动微混合器是基于交替扰动原理来实现流体混合的。图 5-29（a）是一种基于流体拉伸和折叠概念而设计的压力场驱动微混合器。该微混合器利用脉动流诱导流体的交替扰动，在通道中产生混沌流，从而提高流体混合性能。图 5-29（b）是另一种压力场驱动微混合器。该微混合器中设置了振荡器，振荡器工作产生振荡流，强化了流体拉伸和折叠现象，增强了流体交替扰动效应，从而实现流体高效混合。

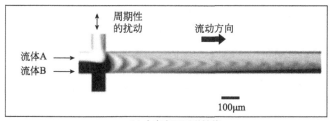

(a) 十字交叉通道结构

(b) 振荡腔体结构

图5-29 压力场驱动微混合器

5.3.3 被动式微混合器

被动式微混合器，又称无源微混合器，是基于微通道的结构来增强分子扩散和混沌流效应，从而实现高效混合的。根据结构尺寸，被动式微混合器还可以细分为二维被动式微混合器和三维被动式微混合器两类。

5.3.3.1 二维被动式微混合器

二维被动式微混合器一般具有相对简单的平面结构，这种结构使得其易于使用光刻法制造。二维被动式微混合器通过将微通道形状设计为收敛扩散形、非对称形、螺旋形等特殊形状，或者在微通道中设置障碍物（挡板、凹槽等），来增强通道中的混沌流，从而实现流体混合。

（1）基于障碍物的微混合器

通过在微通道中设置凹槽或布置障碍物，可以在通道中产生涡流和混沌流，从而有效提高流体混合性能。应该指出的是，这种模式的微混合器有时会与其他模式的微混合器结合，从而进一步提升微混合器混合性能，例如，障碍物与弯曲弧形通道相结合。

图5-30展示了一种基于凹槽的被动式微混合器。该微混合器通过在微通道底面设置一系列平行凹槽，利用凹槽对流体的阻碍和搅动作用，在通道中产生涡流，从而提高通道中的对流扩散效应，进而提高混合性能。研究表明，该微混合器可以在较宽的雷诺数范围内（0 < Re < 100），获得较好的混合效果。

另一类是基于障碍物阻挡和扰动作用的被动式微混合器，该类微混合器的障碍物可以设置在通道内部独立存在，或者设置在通道壁面上。图5-31展示了一种典型的基于微通道内障碍物的被动式微混合器。该微混合器内部设置了一系列不同布局的圆柱形障碍物。研究表明，该微混合器只有在高雷诺数下，通道内的障碍物才能通过扰动流体流动产生混沌流，并且障碍物对流体混合最有效的布置是非对称布置。障碍物的形状除了图5-31所示的圆柱形外，还可以设置成多种形状，如图5-32所示。

123

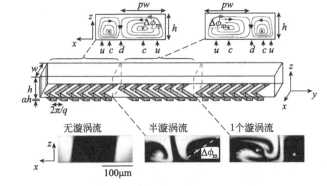

扫一扫,查看彩图

图5-30 基于凹槽的被动式微混合器

c—旋转中心;u—向上流动;d—向下流动;pw—下方人字形凹槽长边宽度;
h—通道高度;w—通道宽度;αh—人字形凹槽高度

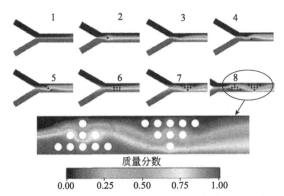

图5-31 基于微通道内障碍物的被动式微混合器

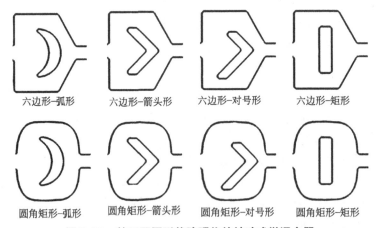

六边形-弧形　　六边形-箭头形　　六边形-对号形　　六边形-矩形

圆角矩形-弧形　　圆角矩形-箭头形　　圆角矩形-对号形　　圆角矩形-矩形

图5-32 基于不同形状障碍物的被动式微混合器

　　障碍物除了与直通道结合外,还可以与弯曲通道结合,可以增加混合长度,进一步提高混合性能,如图5-33所示,弯曲通道设置了一系列不同截面形状的障碍物,研究发现,圆形截面和六边形截面的障碍物具有相同的混合效果。

　　障碍物除了设置在通道内部独立存在外,还可以嵌入在通道壁面上,如图5-34(a)所示,Y形通道主通道侧壁上设置了一系列挡板,挡板阻碍流体流动,扰动层流,产生混沌流,从而实现流体的混合。侧壁挡板障碍物还可以与弯曲通道相结合，如图5-34（b）所示。此外，障碍物可以同时设置在通道内部和通道侧壁上，如图5-34（c）所示，这样对流体的扰动更强，微混合器的混合性能会进一步得到提升。

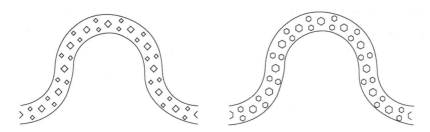

图5-33　基于不同形状障碍物的弯曲形被动式微混合器

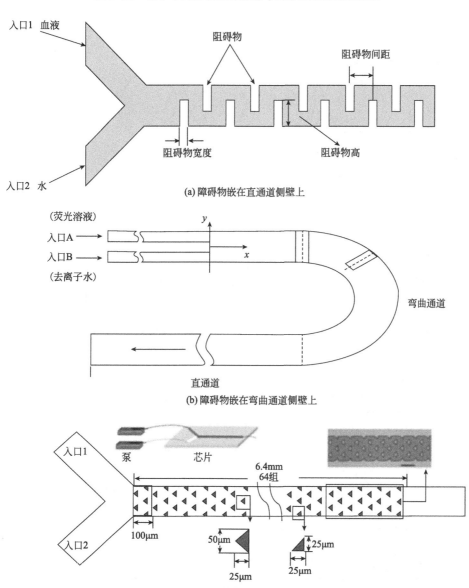

图5-34　基于障碍物的被动式微混合器

（2）基于非平衡碰撞的微混合器

基于非平衡碰撞的微混合器主要是依靠通道的非对称结构和不同的流速实现流体的混合。图5-35（a）展示了一种典型的基于非平衡碰撞的微混合器。其结构（双分流弧形结构）是基于流体的不平衡分裂和交叉碰撞来设计的，由不平衡碰撞和迪恩涡流（Dean vortices）的共同作用来实现流体的混合。图5-35（b）是另一种基于非平衡碰撞的微混合器。该混合器在主子通道内设置了扇形腔体，形成一种收敛-发散的结构，并且在主子通道转角处采用了交错结构，显著提升了混合性能。图5-35（c）展示了一种带有三个不平衡菱形子通道的非平衡碰撞微混合器。仿真结果表明，在雷诺数为60时，这种三分流菱形微混合器的混合效率是双分流菱形微混合器混合效率的1.44倍。

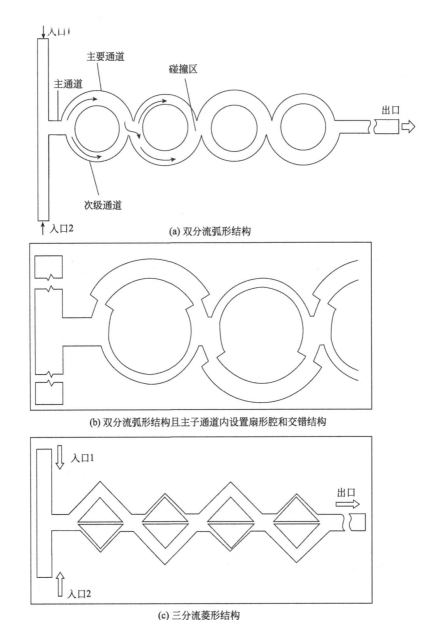

(a) 双分流弧形结构

(b) 双分流弧形结构且主子通道内设置扇形腔和交错结构

(c) 三分流菱形结构

图5-35　基于非平衡碰撞的微混合器

（3）基于螺旋结构的微混合器

基于螺旋结构的微混合器通过拉伸、折叠、破坏流体原有流动状态等方式实现混沌流，以达到高效混合的目的。该类微混合器由Schönfeld等首次提出，其结构如图5-36（a）所示。这种螺旋结构使得通道内形成迪恩涡流，并且具有两个涡流和四个涡流的两种流动状态在通道内周期性"切换"，便可以产生混沌流，从而加速流体的混合。随后不同结构的螺旋微混合器陆续出现。图5-36（b）为一种双螺旋且通道带有膨胀和收缩结构的微混合器。该微混合器因为是双螺旋结构，并且带有膨胀和收缩部分，对流体的扰动更强，因而进一步提升了微混合器的混合性能。

此外，螺旋结构与不平衡碰撞相结合可以进一步提升混合性能。图5-36（c）展示了一种典型的基于螺旋与不平衡碰撞的微混合器。该微混合器通道由半环形通道和四分之三环形通道交错布置而成。弯曲通道受离心力作用形成迪恩涡流，并且通道的分裂和重组结构会进一步扰动流体，提升混合效果。图5-36（d）展示的是一种平面迷宫状多螺旋微混合器。流体经接口注入混合器中后，在圆弧式通道中持续旋转，两流体的接触界面被反复扭曲，实现充分混合。

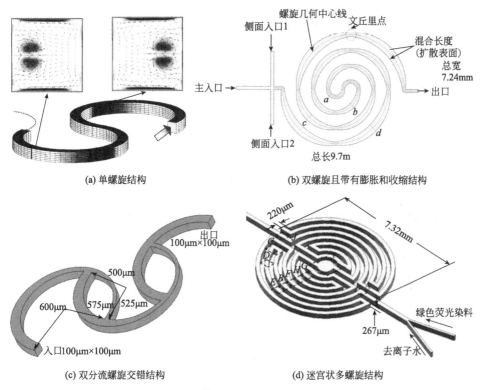

(a) 单螺旋结构

(b) 双螺旋且带有膨胀和收缩结构

(c) 双分流螺旋交错结构

(d) 迷宫状多螺旋结构

图5-36　基于螺旋结构的微混合器

扫一扫，查看彩图

（4）基于收敛-发散的微混合器

微混合器的收敛-发散结构使得流体经过横截面突然增大部分时产生膨胀涡流，进而对微通道层流产生较大扰动，增大不同流体之间的接触面积，从而提高混合效率。图5-37（a）展示了一种典型的基于收敛-发散的正弦壁结构微混合器。这种结构的微混合器膨胀比越大，产生的膨胀涡流越强，微混合器混合效果越好。收敛-发散结构还可以与分裂-重组结构相结合，可以进一步提升微混合器的混合效果，如图5-37（b）所示。

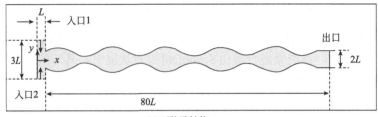

(a) 正弦壁结构

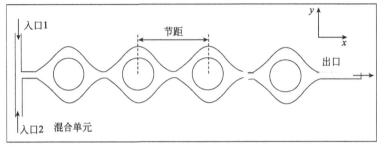

(b) 收敛-发散与分裂-重组相结合结构

图5-37 基于收敛-发散的微混合器

5.3.3.2 三维被动式微混合器

二维被动式微混合器通常是单层结构，而三维被动式微混合器一般为多层空间结构，如图5-38所示。这种微混合器通过复杂空间结构产生二次流涡流（second flow vortices）、迪恩涡流等多种类型的涡流来增强流体混合，但制造烦琐。

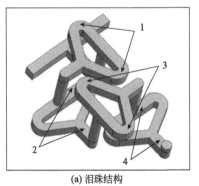

(a) 泪珠结构

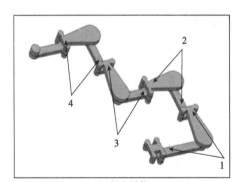

(b) 链条结构

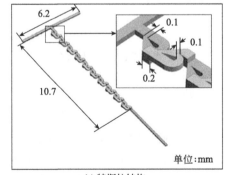

(c) 特斯拉结构

图5-38 三维被动式微混合器

　　螺旋结构是三维被动式微混合器常用结构，与二维螺旋微混合器不同，三维螺旋微混合器一般为多层螺旋结构。图5-39（a）展示了一个典型的基于三维螺旋的微混合器，它具有两个螺旋微通道和一个直立通道。连接两个螺旋通道的直立通道对混合起着重要作用。图5-39（b）是另一种基于三维螺旋的微混合器，它由反向的双螺旋通道组成，形成重复的交叉区域，在较宽的低雷诺数范围内（0.003 ～ 30），这种微混合器的混合效率可达99%。图5-39（c）是一种包含三维螺旋通道和细螺纹微通道的微混合器，适用于更大范围的雷诺数（1 ～ 1000）。

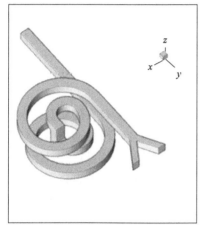

(a) 两个螺旋微通道和一个直立通道结构

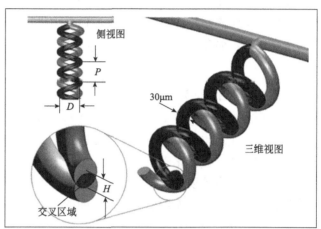

(b) 具有方向相反的双螺旋通道结构

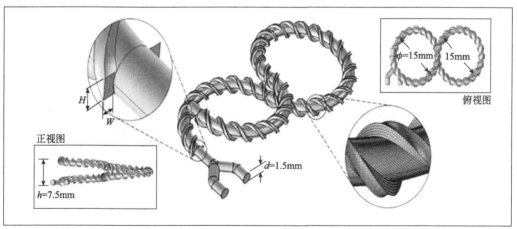

(c) 三维螺旋通道和细螺纹微通道结构

图5-39　基于三维螺旋结构的微混合器

5.4　微反应与微反应器

5.4.1　微反应

　　微反应是指在微结构内进行反应过程的技术，进行微反应的设备或器件称为微反应器。微反应器是一种建立在连续流动基础上的微管道式反应器，用以替代传统反应器，如玻璃烧瓶、漏斗，以及工业有机合成中常用的反应釜等传统间歇反应器。在微反应器中有大量的以精密加工技术制作的微型反应通道，它可以提供极大的比表面积，传质传热效率极高。另外，微反应器以连续流动代替间歇操作，使准确控制反应物的停留时间成为可能。这些特点使反应过程在微观尺度上得到精确控制。微反应器种类繁多，通常可分为微化学反应器和微生物反应器两大类。

5.4.2 微化学反应器

根据反应体系中存在相的状况，微化学反应器可分为均相反应器和非均相反应器两类。均相反应器，又称液相反应器，是指反应体系中只存在可混溶液相的反应器，它是最为常见的微化学反应。而非均相反应器是指反应体系中存在着不止一个相的反应器，通常包括两相或三相。

5.4.2.1 均相反应器

传统固相合成反应过程灵活性差，而液相合成反应过程灵活，且实时在线检测，因此受到了广泛关注。在液相反应器中，由于雷诺数小，两种可混溶的反应液在微通道中仅以层流状态平行向前流动，使得化学反应只能基于扩散效应利用界面上的浓度梯度进行。因此，反应物充分混合是反应得以快速顺利进行的关键。图5-40展示的均相反应器通过将两种可混溶反应液分裂成多个薄层，缩短了两种液体间的扩散距离，显著缩短了混合时间，大大提高了反应效率。

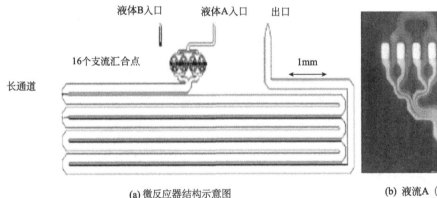
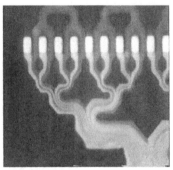

(a) 微反应器结构示意图

(b) 液流A（荧光素）与液流B（罗丹明B）混合的实物图

图5-40　均相液相微反应器

5.4.2.2 非均相反应器

非均相反应器通常分为液体-液体、气体-液体、气体-液体-固体等微反应器系统。相比于均相反应器，由于反应物之间相界面的存在，非均相反应更加复杂。

（1）液体-液体微反应器

液体-液体微反应器系统通常是水相和不混溶的有机液体相之间的反应系统。两种不同的液体从单独的通道泵入共同的主通道，平行流动形成两相界面，其相接触、扩散分布和反应均发生在所建立的纵向界面处。通过设置入口通道的数量、调节流量及表面修饰改性，可以形成一个或多个轴向界面，如图5-41所示。相比于单个界面，多个界面的情况会大大提高反应速率和效率。

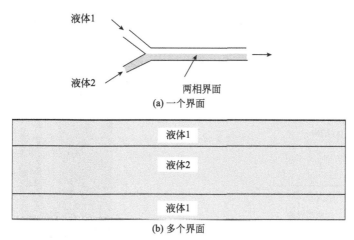

图5-41　液体-液体微反应器基本结构示意图

图5-42展示了一种典型的液体-液体微反应器，该微反应器宽250μm，深100μm，长3cm。在该微反应器系统中，当线性流速为1.3cm/s（停留时间2.3s）时，水溶解的4-四氟化硼偶氮硝基苯和乙酸乙酯溶解的5-甲基间苯二酚进行反应，其转化率接近100%。

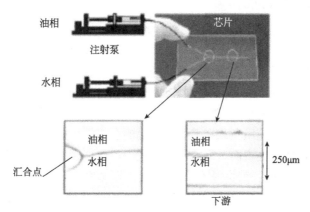

图5-42　液体-液体微反应器示例

（2）气体-液体微反应器

气体-液体微反应器系统需要一种将气体分散在液体中的有效方法，以增加界面接触面积，同时在所需的时间范围内保持沿整个微通道反应器的分散状态。这些反应器主要是空心微通道，配有气液进料机构。气液两流可以同时流入，但在气体连续流动的同时，液体流动是脉动的，这导致气液在通道中呈单线分段分布，如图5-43（a）所示。另外，气体和液体流还可以使用"T"形混合器以直接逆流配置高速进料，其中气体和液体流正面碰撞并产生单线分段的气泡序列进入垂直的微反应器侧通道，如图5-43（b）所示。

为了在生物医学应用中产生分散在液体中的单尺寸微气泡，气体通过毛细管连续供应，在小孔附近形成大气泡，周围的同流液体流被迫通过该小孔产生稳定的气体韧带，如图5-44（a）所示。在通过孔口后，气体韧带以恒定频率产生单线、相同大小的微气泡列。通过控制相对的气体和液体流速、孔口直径（30～500μm）和液体黏度，可以产生5～120μm之间的微气泡，如图5-44（b）所示。

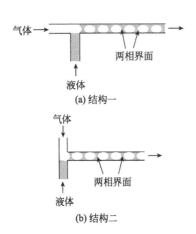

(a) 结构一

(b) 结构二

图5-43　气体-液体微反应器结构

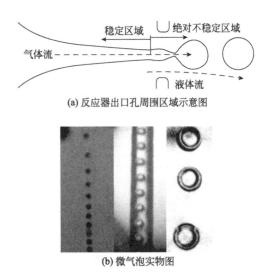

(a) 反应器出口孔周围区域示意图

(b) 微气泡实物图

图5-44　气体-液体微反应器出口孔周围区域示意图及微反应器产生的微气泡实物图

（3）气体-液体-固体微反应器

在气体-液体-固体微反应器系统中，除了将气体分散在液体中并在所需时间范围内沿整个反应器维持分散状态的方法外，还包括掺入固体以提供大的总固体表面积和大的气体-液体-固体界面接触面积，同时降低反应器通道的压降，这对反应器的成功也至关重要。在已报道的气体-液体-固体微通道反应器系统中，固体通常为催化剂，这些都依赖于上述微气泡列、段塞和环流气-液分散原理。另外，多数报道的芯片上的气体-液体-固体微反应器是蚀刻在硅中的填充床微氢化反应器，并使用负载在多孔颗粒上的金属催化剂。这是因为填充床原理为反应提供了最大可能的固体催化剂表面，而氢化反应代表了典型且普遍存在的工业过程之一。

图5-45展示了一种气体-液体-固体微反应器工作系统。在微反应器（E）中，上方为气体（H_2），下方为液体，固体Pt/Al_2O_3作为催化剂沉积在底部与液体接触，而不直接接触气体。当微反应器（E）和液体注射阀（D）之间的四通阀（G）处于不同位置时，分别代表连续或关闭的不同状态。利用该反应器可实现高氢压力下（45Pa）以Pt/Al_2O_3为催化剂的丙酮酸盐不对称加氢反应。

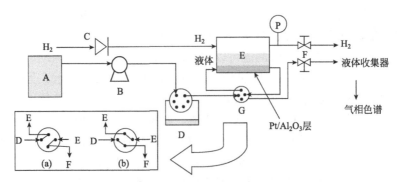

图5-45　气体-液体-固体微反应器工作系统

（A）液体池；（B）高效液相色谱泵；（C）气体流量表；（D）注射阀；（E）微反应器；（F）针形阀；（G）四通阀；（P）压力传感器（a）四通阀处于连通状态；（b）四通阀处于关闭状态

5.4.2.3 液滴微反应器

微通道作为一个微反应器的一个关键优势是高表面积与体积的比率，它可以对热力学参数和反应动力学进行有效的控制。微流体最初采用流体相的连续流动，但其存在一些缺点，如堵塞和结垢。而液滴作为分段流动反应器，使用不相溶的流体将试剂相分成等体积的离散部分，且添加试剂只需在主通道的任何位置插入侧通道即可。此外，与连续流动相比，液滴流动使反应混合物远离通道壁，可能沉积在那里的任何反应产物（固体、黏性凝胶等）都被安全地封装在液滴的范围内，最大限度地减少堵塞和结垢的风险，如图5-46所示。因此，作为一种非均相液体-液体微反应器，基于液滴的微反应器在微纳米材料合成方面的应用近年来受到了广泛关注。

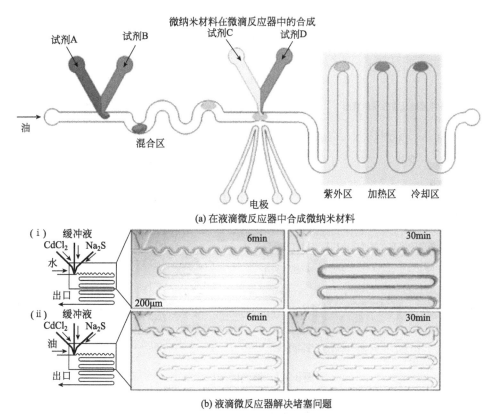

(a) 在液滴微反应器中合成微纳米材料

(b) 液滴微反应器解决堵塞问题

图5-46　在液滴微反应器中合成微/纳米材料的示意图及通过液滴微反应器解决了堵塞问题

（1）液滴的形成

液滴的大小可以通过改变流体相的流速和尖端尺寸来控制。在光刻制造的PDMS（聚二甲基硅氧烷）微流控芯片中，可以应用于液滴生成的通道结构形状包括T形、共流和流动聚焦结构，如图5-47（a）所示。这三个通道的几何形状主要取决于液滴破碎的黏性剪切力。还有一些几何学认为液滴的形成与连续相和分散相的流速无关。例如，如图5-47（b）所示，步进乳化装置可以通过由通道高度变化引起的毛细管压力的显著差异产生单分散液滴。另一种广泛使用的装置是毛细管微流体装置，它通常由一些玻璃毛细管的同轴组件组成。玻璃的同轴组件和高耐化学性使玻璃毛细管装置能够产生具有广泛材料结构和组成的液滴，如图5-47（c）所示。

133

当加入化学试剂时，液滴可作为单独的微反应器。产生的液滴需要进一步操纵，以进行所需的反应方案，如聚结、分裂和微量注射。如图5-47（d）所示，当两个带有相反电荷的液滴在静电力的帮助下靠近时，它们的界面将在高频电场下失稳，使得两个液滴结合。对于液滴分裂，有一种在简单的微流体结构中利用压力驱动的流动被动地将液滴分裂成精确尺寸的子液滴的方法，如图5-47（e）所示。为了按设计顺序准确地向微反应器中注入试剂，提出了一种通过微注射器在特定位置通过电场激励直接注入试剂的稳健方法。通过改变注射压力和滴液速度可以精确地控制增加的体积，如图5-47（f）所示。高度单分散的多重乳状液是一种复杂的体系，其中大液滴含有较小的液滴，其数量和大小受到精确控制，如图5-47（g）所示。

扫一扫，查看彩图

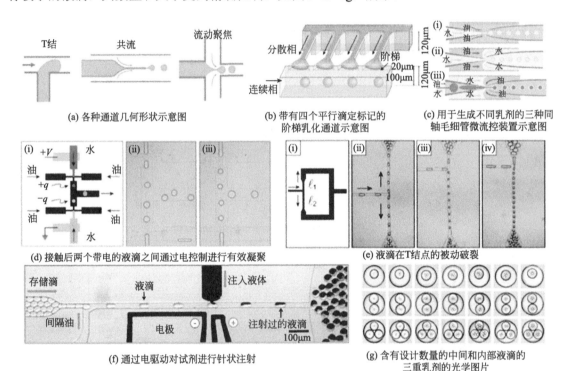

(a) 各种通道几何形状示意图

(b) 带有四个平行滴定标记的阶梯乳化通道示意图

(c) 用于生成不同乳剂的三种同轴毛细管微流控装置示意图

(d) 接触后两个带电的液滴之间通过电控制进行有效凝聚

(e) 液滴在T结点的被动破裂

(f) 通过电驱动对试剂进行针状注射

(g) 含有设计数量的中间和内部液滴的三重乳剂的光学图片

图5-47　液滴的形成示意

（2）基于PDMS芯片的液滴微反应器

PDMS是微流控芯片制备的常用材料，基于PDMS的微流控系统具有设计复杂微观结构的灵活性，可以实现对流体力学的精确操作，从而控制试剂的添加和快速混合。基于PDMS芯片的液滴微反应器，可以制备和合成不同微纳米材料。图5-48（a）展示了一种用于合成单分散星形金纳米颗粒的液滴微反应器。为了满足批量合成的要求，该微反应器使用两种不同的基于PDMS的微流体装置生成了微滴。星形金纳米颗粒在液滴内的生长允许在颗粒形成过程中进行局部浓度和良好的试剂混合控制。

图5-48（b）展示了一种用于合成磁性氧化铁纳米材料的液滴微反应器。该芯片能够基于两个分离喷嘴的流体动力学耦合产生液滴对，其中一个液滴含有氢氧化铵溶液，而另一个液滴含有 Fe^{2+}/Fe^{3+} 混合物。当两个液滴通过两个通电电极时合并，出现氧化铁纳米材料的沉淀物。利用这项技术，可合成了尺寸较小（约4nm）的晶体超顺磁性尖晶石纳米材料。

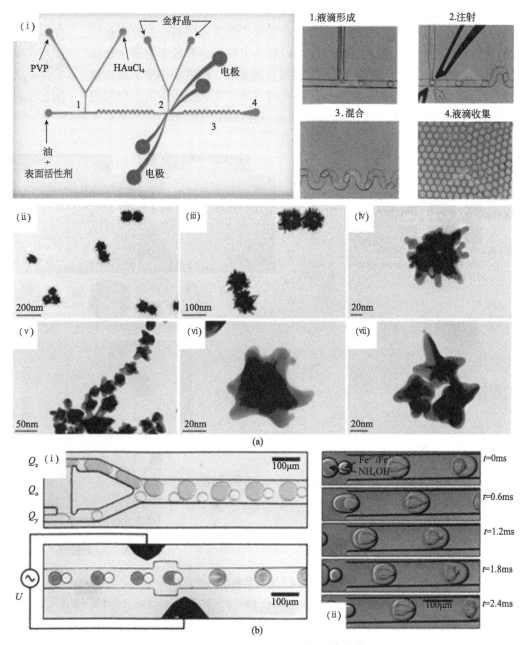

图5-48 星形金纳米颗粒液滴微反应器及磁性氧化铁纳米材料液滴微反应器

（a）：（i）在微流控平台上基于液滴的星形金纳米颗粒（AuNSTs）的合成以及微流控芯片不同点的光学图像；

（ii）～（vii）不同放大率下的AuNSTs的TEM图像

（B）：（i）液滴微流控芯片包含一个T形液滴制造模块、配对模块和合并模块（注入两相水，通过中间的油道同步乳化，

成对的液滴可以通过在两个电极之间施加交流电压进行合并）；（ii）一对液滴融合后的氧化铁沉淀物的合成过程

此外，基于PDMS微流控芯片的液滴微反应器，通过在间歇反应器中产生均匀的液滴，然后蒸发诱导自组装，可以合成具有无序孔结构的单分散多功能介孔微粒。例如，基于图5-49（a）所示的液滴微反应器可合成单分散和有序的介孔二氧化硅微粒。该合成方法结合了微流体通道内单分散液滴的产生和快速扩散诱导的自组装。介孔二氧化硅微粒的直

径和表面形态通过调节微流体条件来控制。基于图5-49（b）所示的液滴微反应器可合成功能性聚合物微粒。该方法利用微流控芯片产生反相微乳液液滴，并控制有机溶剂的蒸发，通过控制分散相的流速，可以制备出粒径分布较窄的聚合物微粒。基于图5-49（c）所示的液滴微反应器可合成多孔、刚性和中空的聚合物纳米颗粒。其中，中空结构的微颗粒是由液滴界面的氟表面活性剂上存在的正电荷和液滴内带负电荷的纳米颗粒之间的相互作用产生的。

扫一扫，查看彩图

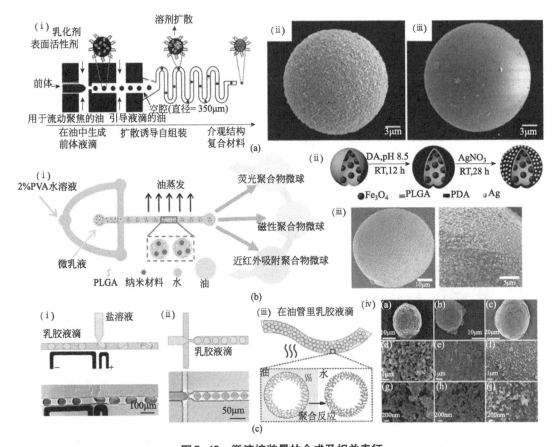

图5-49　微流控装量的合成及相关表征

（a）：（i）利用微流控扩散诱导自组装（DISA）的有序中孔二氧化硅颗粒的合成过程示意图；

（ii）在十六烷中产生的中孔二氧化硅微颗粒的SEM图像；（iii）在矿物油中产生的中孔二氧化硅微颗粒的SEM图像

（b）：（i）在微流控芯片中产生单分散聚合物微粒子的示意图；（ii）多聚多巴胺（PDA）涂层的方案和Ag纳米颗粒在聚合物微颗粒表面的生长；（iii）PLGA@Fe_3O_4@PDAAg银微粒子的SEM图像

（c）：（i）～（iii）微流控装置的示意图以及合成工作流程；（iv）微颗粒的SEM图像及其相应的表面

　　基于PDMS芯片的液滴微反应器，还可以制备分子模拟多面体胶体晶体微粒，如图5-50（a）所示。通过调节界面张力，乳化具有磁性纳米颗粒的光固化单体有机相和含有聚苯乙烯悬浮颗粒的水相，以产生稳定的双相液滴。然后，有机部分被固化，并且溶剂蒸发后聚苯乙烯颗粒部分聚集成胶体晶体，从而产生磁性分子模拟多面体胶体晶体微粒子。除了使用单个液滴作为模板外，复杂的液滴还可以用来制造具有复杂形状的微颗粒。通过复杂液滴的选择性聚合，可以制造出具有双凹结构的微粒子，如图5-50（b）所示。

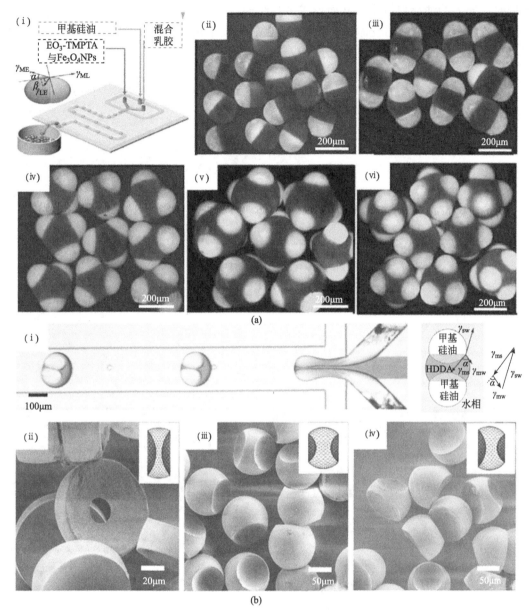

图5-50 基于液滴微反应器的分子模拟多面体胶体晶体微粒及双凹结构微粒子

（a）：（i）用于生成固体-液体Janus构件的微流控过程示意图；（ii）～（vi）PC集群的荧光显微镜图像（b）：（i）由微流控
装置控制的三元液滴的形成；（ii）～（iv）通过片外悬浮光聚合制造的中心具有不同形状的双凹结构的颗粒的SEM图像

（3）基于毛细管的液滴微反应器

相比于基于PDMS的微流控系统，基于毛细管的微流控系统难以设计复杂的微结构，但玻璃具有很高的化学稳定性，因此，基于毛细管的液滴微反应器也有广泛的应用。图5-51（a）展示的液滴微反应器系统可以制备开室多孔PNIPAM（聚异丙基丙烯酰胺）微凝胶。在该方法中，微小的油滴首先被嵌入含有NIPAM（异丙基丙烯酰胺）单体的水相中。然后，混合物被乳化以产生W/O乳液液滴，并在紫外线照射下进行聚合。然后，由于PNIPAM微凝胶的体积收缩，在温度升高

扫一扫，查看彩图

的同时，嵌入的油滴被挤出，从而形成多孔结构。图5-51（b）展示了基于毛细管的液滴微流控系统，利用组装好的胶体纳米颗粒作为牺牲模板来建立微粒子的周期性排列结构，制备了具有相互连接的多孔结构的反光子微粒子。

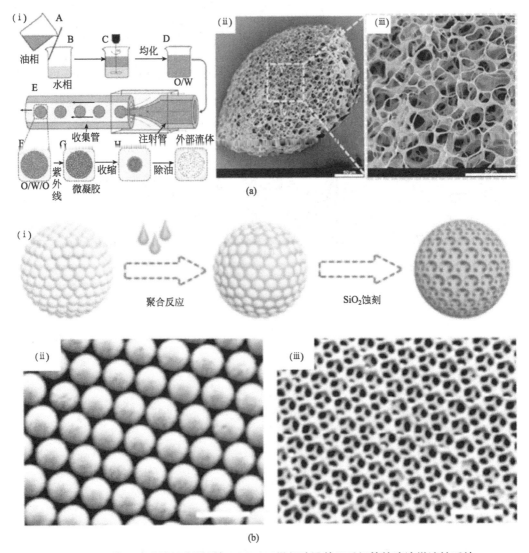

图5-51　基于液滴微反应器制备PNIPAM微凝胶及基于毛细管的液滴微流控系统

（a）：（ⅰ）基于液滴微流控装置的开孔多孔PNIPAM微凝胶的制造过程示意图；

（ⅱ）、（ⅲ）显示开孔多孔PNIPAM微凝胶结构的SEM图像

（b）：（ⅰ）水凝胶反胶体微粒子的制造过程示意图；（ⅱ）、（ⅲ）SEM图像；水凝胶反蛋白石微粒子的表面和内部结构（具有六边形紧密堆积结构的互连多孔表面的反蛋白石微粒子）

图5-52（a）展示的液滴微反应器系统，可以制备具有不同形态的单分散混合智能凝胶微粒子。通过温度控制和调整膨胀-收缩程度，将颗粒的形态转化为雪人状、哑铃状和树莓状。图5-52（b）展示的基于毛细管的液滴微流控系统，可以通过将聚合物相转移到非溶剂相的方法，从单一乳液中产生环状微粒子，其中非球形颗粒的形成是由缓慢的溶解过程造成的。

扫一扫，查看彩图

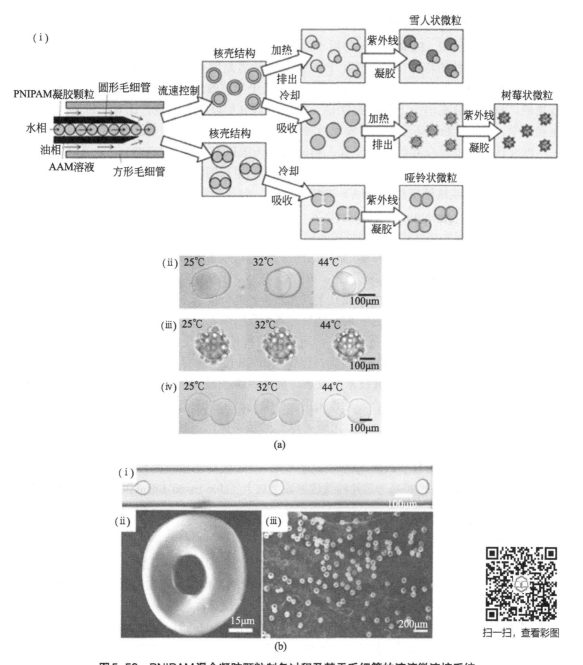

图5-52 PNIPAM混合凝胶颗粒制备过程及基于毛细管的液滴微流控系统

（a）：（i）具有不同形态的单分散聚异丙基丙烯酰胺（PNIPAM）混合凝胶颗粒的制备过程示意图；

（ii）～（iv）在代表性温度下具有不同形态的混合凝胶颗粒的光学图像

（b）：（i）在微毛细血管装置内产生的聚合物液滴；（ii）、（iii）环状聚合物微粒子的SEM图像。

5.4.3 微生物反应器

微流控系统还可以开发作为微生物反应器，应用于聚合酶链式反应（PCR）、免疫分析等。

5.4.3.1 聚合酶链式反应

聚合酶链式反应（PCR）是一种用于放大扩增特定的DNA片段的分子生物学技术，它可看作是生物体外的特殊DNA复制，PCR的最大特点是能将微量的DNA大幅增加。因此，无论是化石中的古生物、历史人物的残骸，还是几十年前凶杀案中凶手所遗留的毛发、皮肤或血液，只要能分离出一丁点儿的DNA，就能用PCR加以放大，进行比对。目前，已经在生物医学、临床诊断、环境检测等领域得到广泛的应用。

PCR技术发展至今共经历了三代：第一代是传统PCR技术，由1983年美国Mullis首先提出设想，1985年由其发明了聚合酶链反应，通常利用琼脂糖凝胶电泳进行快速复制脱氧核糖核酸（DNA）或核糖核酸（RNA）的特定片段，但其精度低、灵敏度差且操作烦琐；第二代是定量PCR（quantitative PCR，qPCR）技术，1992年Simonctti等人在第一代传统PCR技术基础上引入荧光化学物质，通过荧光信号的变化对整个PCR过程进行实时监控，最后通过循环阈值和标准曲线对待测样本进行定量检测，但其结果依赖于循环阈值，只是相对定量结果；第三代是数字PCR（digital PCR，dPCR）技术，1999年Vogelstein等人正式提出了数字PCR的概念，通过将一个样本分成几十到几万份，并分配到不同的反应单元，在每个反应单元中分别对目标分子进行PCR扩增，然后对各个反应单元的荧光信号进行统计学分析。

与qPCR不同，dPCR定量是绝对的，可直接获得DNA分子的拷贝数，无须使用标准进行校准，因此其过程更快，结果更精确。但传统dPCR技术也存在样品分散数量低和均匀性差的缺陷，极大地限制了dPCR技术的发展。随着微流控技术的出现和近年来的高速发展，微流控技术与数字PCR技术结合，通过采用在平面基材上加工高密度微孔阵列的方法进行高通量的纳升级或皮升级dPCR反应，突破了原有的技术瓶颈，使dPCR技术的灵敏度和精确度大大提高，并促使基于微流控的dPCR得到了快速发展。

基于微流控技术的数字PCR通常可分为两类：基于液滴的微流控数字PCR（droplet-based digital PCR，ddPCR）技术和基于芯片的微流控数字PCR（chip-based digital PCR，cdPCR）技术。

（1）基于液滴的微流控数字PCR（ddPCR）

ddPCR是样品通过微流控技术形成一种分段流，被分成数以万计的液滴，由不混溶的液体分离形成乳液，样品被稀释至单分子水平，并被平均分配到几万个反应体系中，然后对目标分子进行PCR扩增。图5-53展示了一种ddPCR系统的工作流程。含有目的基因、*Taq*聚合酶、引物、分子信标（如*Taq*Man等）的溶液经过微流控芯片，被分为数百万个微液滴，分散的微液滴被收集在离心管中进行PCR热循环扩增，扩增的同时，通过荧光探针/分子信标标记目的基因，最后，微液滴被重新送入微流控芯片中，微液滴依次通过荧光传感器进行检测，最后得到数据分析图。

图5-54展示了一种高度集成和小型化的用于ddPCR的多体积微流控装置。其采用"非对称液滴分裂"微结构，制备不同大小的两种液滴用于多体积ddPCR，可在超过10^4的动态范围内进行DNA分子定量检测。小液滴主要用于提高系统分辨率以量化高浓度样品；大液滴主要用于提高系统在低浓度样品中追踪DNA分子的灵敏度。此外，液滴体积可根据流体流速进行调节。因此，该装置对处理具有大浓度差异的样品具有更强的定量检测能力。

目前，ddPCR已被广泛应用于疾病检测、基因诊断、基因测序、食品安全等多个领域。虽然ddPCR结构简单，制作成本低，但在ddPCR平台中，液滴是单分散且自由移动的，水溶液被离散化为数十万个油包水乳液，由于反应液和封闭液都是液体，在实验过程中可能

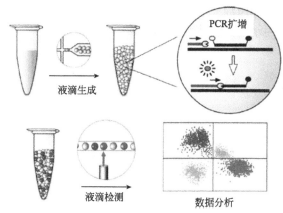

图5-53　基于液滴微流控技术的ddPCR工作流程

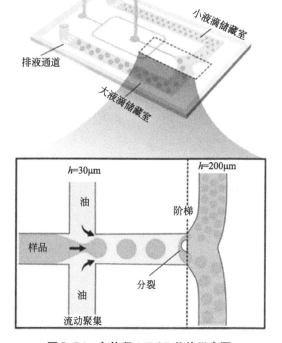

图5-54　多体积ddPCR芯片示意图

扫一扫，查看彩图

扫一扫，查看彩图

会引起碰撞和聚集，导致交叉污染，从而影响定量结果的准确性。因此，ddPCR中液滴的稳定性及可控性相对较差，再加上ddPCR的实验可重复性也较差，这一系列的缺点导致ddPCR不易用于现场检测及便捷性检测。

（2）基于芯片的微流控数字PCR（cdPCR）

cdPCR首先由微加工技术在硅、玻璃或聚合物（如PDMS、PMMA）等材料上加工制备微流控通道和反应微孔，然后将样品加载到微流控芯片中的反应微孔中，再进行PCR热循环扩增，并通过荧光显微镜对芯片进行成像，对PCR结果为阳性的微孔进行计数。相对于ddPCR，cdPCR芯片的固体分区会更加稳定，数据会更准确，且cdPCR可实现小型化和便携化。因此，基于芯片的微流控数字PCR近年来受到了广泛关注。

图5-55展示了一种基于PDMS的带缓冲室的自吸微流控芯片，用于稳健且易于操作的dPCR。该芯片包含两种不同体积和形状的腔室。主通道垂直分成许多支路，逐级递进。每支路末端连接6个反应室和1个缓冲室，如图5-55（a）所示。dPCR芯片由两层玻璃盖玻片和夹在它们之间的PDMS（入口和微阵列层）组成。该芯片只有一个入口，没有任何出口，可以通过负压自主分配样品，该负压由具有多级垂直分支微通道的脱气PDMS层提供。将垂直分支微通道的每一端引入缓冲室，缓冲室使芯片能够非常稳健地分配样品。通过缓冲室和多级垂直分支微通道，该微流控芯片大大提高了dPCR芯片的耐受性，并且无须额外的泵和阀门即可主动实现试剂分隔。该微流控芯片可对10倍连续稀释的DNA模板进行定量检测，在靶基因的绝对定量检测方面表现出优异的性能。

图5-56展示了一种基于液滴和芯片的微流控数字PCR，其结合了ddPCR和cdPCR的优点。该dPCR系统采用经过油饱和处理的基于PDMS材料的微流控芯片，对饮用水中的 *E. coli* O157和 *L. monocytogenes* 两种细菌进行了dPCR检测，分别用两种不同颜色的荧光探针标

141

记两种细菌，PCR扩增后可以同时对两种颜色的荧光微液滴进行检测计数，从而得到两种细菌在初始溶液中的绝对定量结果，用这种方法对饮用水的检测精度可以达到10CFU/mL。

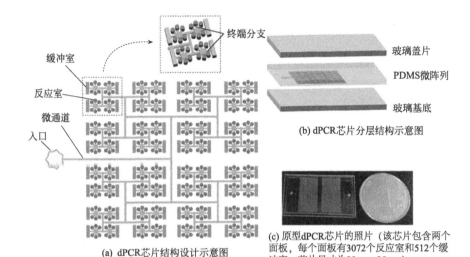

(a) dPCR芯片结构设计示意图

(b) dPCR芯片分层结构示意图

(c) 原型dPCR芯片的照片（该芯片包含两个面板，每个面板有3072个反应室和512个缓冲室，芯片尺寸为20mm×35mm）

图5-55　带缓冲室的自吸dPCR芯片示意图

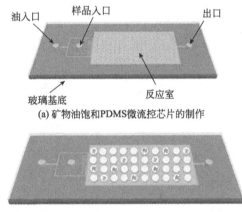

(a) 矿物油饱和PDMS微流控芯片的制作

　液滴含有*E.coli* O157 DNA

　液滴含有*L. monocytogenes* DNA

(b) 液滴的产生（在出口处应用注射器泵，通过形成单分散0.14nL液滴的横截面抽取样品和油）

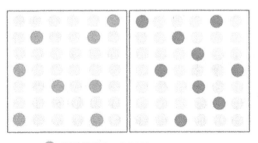

●　阳性液滴*E.coli* O157

●　阳性液滴*L. monocytogenes*

(c) 在多次热循环下进行片上扩增，然后进行荧光读出

图5-56　用于同时检测*E. coli* O157和*L. monocytogenes*的微滴式数字PCR工作流程

5.4.3.2 免疫分析

免疫分析是利用抗原和抗体的特异性反应进行检测的一种方法。由于其极高的选择性和灵敏度，在临床诊断和生化分析中得到了广泛应用。然而，常规免疫分析所需时间长，操作复杂，需要消耗大量昂贵的免疫试剂，且检测设备大，难以满足现场检验的要求。而微流控技术可以在微米级结构中操控纳升至皮升体积流体，执行样品预处理、分离与检测等步骤，具有体积小、比表面积大、反应时间短、分析速度快、试剂和样品用量少、易集成化和自动化等优点。因此，将微流控分析技术与免疫分析结合，在一定程度上克服传统免疫分析的缺点，大大改善了常规免疫分析的性能。总结起来，基于微流控芯片的免疫分析具有以下优点：易于集成化和便携化；操作简便，自动化程度高；反应时间短，效率高；所需免疫试剂用量少，成本低。因此，基于微流控芯片的免疫分析受到了广泛关注。

免疫分析根据免疫试剂是否均相存在，可分为均相免疫分析和非均相免疫分析。近年来基于微流控芯片的均相和非均相免疫分析均取得了较大进展，前者主要利用生物分子在微芯片上的快速电泳分离进行分析，而后者则利用微通道的高比表面积来提高免疫分析方法的性能。

（1）均相免疫分析

均相免疫分析中免疫试剂和底物应均匀存在于同一相。为此，在微流控芯片上设计一定的结构使它们从不同的微通道进入，汇流混合后抗原与抗体进行特异性反应，在同一相中形成抗原-抗体复合物。由于免疫试剂和底物同在液相中进行反应，因此液流操控比较方便，也较易实现多种分析功能的集成化，但因为抗原-抗体反应后形成复杂混合物，所以一般需通过对混合物进行分离才能检测出抗原-抗体复合物。根据免疫反应和反应产物分离是否都在同一芯片上进行，基于微流控芯片的均相免疫分析可为两种方案：芯片外免疫反应-芯片上反应产物分离方案及芯片上免疫反应和反应产物分离集成方案

① 芯片外免疫反应-芯片上反应产物分离　该方案首先将免疫反应在微流控芯片外完成，然后将免疫反应的产物与剩余的反应物转移到芯片上进行分离，其分离方法通常是毛细管电泳，并利用电动力驱动液体流动，实现抗原-抗体复合物与游离的抗原、抗体的分离。因此，该方案不是完全意义上的基于微流控芯片的均相免疫分析。

② 芯片上免疫反应和反应产物分离集成　在该方案中，免疫反应和反应产物的分离在同一微流控芯片上实现，缩小了分析系统，提高了分析性能，同时更容易实现分析仪器小型化和便携化。同样，该方案主要采用电动力驱动液流，并以毛细管电泳为主要分离方法。图5-57展示了一种集成化免疫反应和分离的微流控芯片，在该芯片上，采用直接法免疫反应，在电泳分离前将抗原和酶标抗体混合，反应后形成的抗原-抗体复合物与酶标抗体在通道中进行电泳分离，柱后检测酶催化底物的安培响应信号，得到游离的酶标抗体和抗原-酶标抗体复合物的两个峰。

（2）非均相免疫分析

非均相免疫是指将抗原（或抗体）固定在固相载体（微通道壁面、微珠、凝胶和各类膜等）表面，通过特异性免疫反应，将所需的抗体（或抗原）结合在固相表面形成抗原-抗体复合物的反应。基于微流控芯片的非均相免疫分析将抗体固定在微流控芯片中固定载体表面，能使抗原从稀溶液中浓集到固定载体表面且只需通过清洗固定载体，就能实现抗原-抗

143

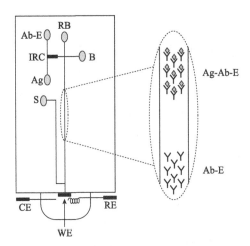

图5-57　集成化免疫反应和分离的微流控芯片示意图

RB—运行缓冲液池；Ab-E—酶标抗体；Ag—抗原；S—基材；IRC—免疫反应室；

RE—参比电极；CE—对电极；WE—工作电极；B—未使用的液池

体复合物与自由抗原、抗体的分离。与均相免疫分析相比，抗体损失小，分析速度快，检测灵敏度高，检出限低。

　　固定抗体稳定性与固相载体材质、固定方法、分析条件有关。抗体可以通过物理吸附或共价键合于固相载体表面，但物理吸附固定抗体方法的稳定性不如共价键合固定方法，抗体在重复使用中容易损失。

　　① 微通道壁面作为抗体固定载体　在微流控芯片通道壁面固定抗体，具有较高的比表面积，是使用最多的固定载体。抗体通过物理吸附和共价键合于微通道壁面或经过修饰的微通道壁面上，实现抗体的固定。例如，PDMS作为一种表面疏水性的聚合物，对蛋白质等非极性物质有很强的吸附能力，基于该特点，可在PDMS微通道表面直接固定抗原（或抗体），用于检测样品中的抗体（或抗原）。由于抗体固定在微通道壁面一层上，比表面积相对其他固定方法小，反应时间长，灵敏度低，但免疫试剂可直接固定在微通道壁面上，无须加工特殊结构芯片。

　　② 微珠作为抗体固定载体　与微通道壁面作为抗体固定载体相比，采用微珠作为抗体固定载体具有众多优势。首先，该方式微流控芯片中的比表面积大，能有效地减少样品扩散到固相载体表面的时间，从而减少免疫反应的温育时间，加快免疫反应分析速度。其次，微珠表面可有不同的修饰方法，引入不同的官能团，在微流控芯片中发挥不同的作用。另外，还可以利用压力或者电场有效地将表面修饰有抗原或抗体的微珠传送进微通道。但微珠的填充与排废操作具有一定的难度。微珠还可能会吸附在通道壁或电极上，阻塞通道，减小通道内径或散射光线。

　　聚苯乙烯微珠和磁性微珠是两种常用的抗体固定载体，其中在使用聚苯乙烯微珠作为抗体固定载体时，微流控芯片需要加工微堰或其他特殊结构，使得微珠停留在微通道中。图5-58展示了一种利用聚苯乙烯微珠作为抗体固定载体进行免疫分析的微流控芯片结构图。该芯片微通道中设置有微堰结构，当吸附免疫球蛋白A的聚苯乙烯微珠填入芯片后，微珠截留在微堰结构处，胶体金共价结合的抗体同抗原反应后，通过热透镜显微术进行检测。

　　当使用磁性微珠作为抗体固定载体时，微流控芯片中不需要加工特殊结构，依靠压力驱

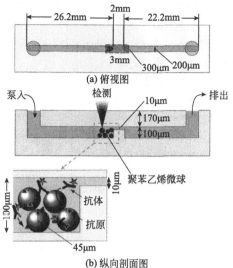

(a) 俯视图

(b) 纵向剖面图

图5-58　免疫试剂固定在聚苯乙烯微珠上的免疫分析芯片结构图

动微通道中的液体流体，并利用磁铁对磁珠进行控制，使磁珠固定于通道表面，用于免疫分析，如图5-59所示。检验结束后撤去磁场，排出微珠。因此，基于磁珠的免疫分析所需微流控芯片加工简单，操作方便。

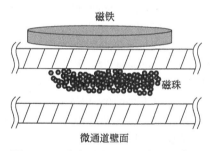

图5-59　磁珠固定于通道表面示意图

③ 凝胶作为抗体固定载体　凝胶具有多孔性，可以增大比表面积，从而加快免疫反应速度。另外，凝胶作为抗体固定载体还具有稳定性好、非特异性吸附少、容量高（吸附更多的抗体）的优点。凝胶单体聚合于微通道中形成抗体固定载体，对微流控芯片通道结构要求低，芯片加工和制备简单，且无须使用外加部件。

④ 膜作为抗体固定载体　膜也可以作为抗体固定载体，常用的可作为抗体固定载体的膜有等离子聚合膜、双层磷脂膜、纤维素膜等，其中等离子聚合膜具有化学惰性好、与基片黏结力强、能有效抑制非特异性吸附等优点，并且固定于膜上的抗体能很好地保持活性和稳定性。

 习题与思考题

1. 进样作为微流控芯片实验室中重要的操作单元，其中单通道辅助进样和多通道辅助进样主要包含哪几类？

2. 液滴进样技术作为一种新兴的进样方式，其优点有哪些？你觉得其在未来发展中面临的最大挑战是什么？

3. 为什么要对样品进行前处理？前处理技术主要包括哪些？

4. 固相萃取大致包括哪四步？每一步的意义是什么？

5. 为什么说微混合器是微流控设备的重要组件？

6. 主动式微混合器和被动式微混合器各有什么优缺点？

7. 常见的主动式微混合器有哪些？

8. 简述微化学反应器的分类。

9. 简述基于微流控技术的数字PCR的分类及优缺点。

10. 可以用于非均相免疫分析的抗体固定载体有哪些？

 参考文献

［1］ Caruso G, Musso N, Grasso M, et al. Microfluidics as a novel tool for biological and toxicological assays in drug discovery processes:focus on microchip electrophoresis ［J］. Micromachines, 2020, 11(6):593.

［2］ Valenta A C, D'Amico C I, Dugan C E, et al. A microfluidic chip for on-line derivatization and application to in vivo neurochemical monitoring ［J］. Analyst, 2021, 146(3):825-834.

［3］ Casto L D, Schuster J A, Neice C D, et al. Characterization of low adsorption filter membranes for electrophoresis and electrokinetic sample manipulations in microfluidic paper-based analytical devices ［J］. Analytical Methods, 2018, 10(29):3616-3623.

［4］ Kitagawa F, Otsuka K. Sample Preconcentration Protocols in Microfluidic Electrophoresis ［M］. New York:Microfluidic Electrophoresis. Humana Press, 2019.

［5］ Jacobson S C, Koutny L B, Hergenroeder R, et al. Microchip capillary electrophoresis with an integrated postcolumn reactor ［J］. Analytical Chemistry, 1994, 66(20):3472-3476.

［6］ Hadd A G, Jacobson S C, Ramsey J M. Microfluidic assays of acetylcholinesterase inhibitors ［J］. Analytical Chemistry, 1999, 71(22):5206-5212.

［7］ Gao D, Jin F, Zhou M, et al. Recent advances in single cell manipulation and biochemical analysis on microfluidics ［J］. Analyst, 2019, 144(3):766-781.

［8］ Ou X, Chen P, Huang X, et al. Microfluidic chip electrophoresis for biochemical analysis ［J］. Journal of Separation Science, 2020, 43(1):258-270.

［9］ Li L, Li Q, Chen P, et al. Consecutive gated injection-based microchip electrophoresis for simultaneous quantitation of superoxide anion and nitric oxide in single PC-12 cells ［J］. Analytical chemistry, 2016, 88(1):930-936.

［10］ Zhu Q, Zhang Q, Zhang N, et al. Alternate injections coupled with flow-gated capillary electrophoresis for rapid and accurate quantitative analysis of urine samples ［J］. Analytica chimica acta, 2017, 978:55-60.

［11］ Erokhin K S, Gordeev E G, Samoylenko D E, et al. 3D printing to increase the flexibility of the chemical synthesis of biologically active molecules:Design of on-demand gas generation reactors ［J］. International journal of molecular sciences, 2021, 22(18):9919.

［12］ Diehm J, Hackert V, Franzreb M. Configurable 3D printed microfluidic multiport valves with axial compression ［J］. Micromachines, 2021, 12(10):1247.

［13］ Morioka K, Sato H, Morita K, et al. Development of an on-chip sample injection system with a 6-port valve incorporated in a microchip ［J］. RSC Advances, 10(59):35848-35855.

［14］ Castiaux A D, Selemani M A, Ward M A, et al. Fully 3D printed fluidic devices with integrated valves and pumps for flow injection analysis ［J］. Analytical Methods, 2021, 13(42):5017-5024.

［15］ Sanders K L. Applying analytical methods to biological sample preparation and analysis ［D］. Baguio:Saint Louis University, 2020.

［16］ Liu Y, Xia L, Dutta D. Reduction in sample injection bias using pressure gradients generated on chip[J]. Electrophoresis, 2021, 42(7-8):983-990.

［17］ Lapos J A, Ewing A G. Injection of fluorescently labeled analytes into microfabricated chips using optically gated electrophoresis ［J］. Analytical chemistry, 2000, 72(19):4598-4602.

［18］ Ezrre S, Reyna M A, Anguiano C, et al. Lab-on-a-chip platforms for airborne particulate matter applications:a review of current perspectives ［J］. Biosensors, 2022, 12(4):191.

［19］ Luo Y, Wu D, Zeng S, et al. Double-cross hydrostatic pressure sample injection for chip CE:variable sample plug volume and minimum number of electrodes ［J］. Analytical chemistry, 2006, 78(17).6074-6080.

［20］ Fu L M, Yang R J, Lee G B, et al. Electrokinetic injection techniques in microfluidic chips ［J］. Analytical chemistry, 2002, 74(19):5084-5091.

［21］ Gao Y, Wang C, Wong T N, et al. Electro-osmotic control of the interface position of two-liquid flow through a microchannel ［J］. Journal of micromechanics and microengineering, 2007, 17(2):358.

［22］ El-Ali J, Gaudet S, Günther A, et al. Cell stimulus and lysis in a microfluidic device with segmented gas-liquid flow ［J］. Analytical chemistry, 2005, 77(11):3629-3636.

［23］ Vilkner T, Shivji A, Manz A. Dry powder injection on chip ［J］. Lab on a Chip, 2005, 5(2):140-145.

［24］ Zardi P, Carofiglio T, Maggini M. Mild microfluidic approaches to oxide nanoparticles synthesis ［J］. Chemistry—A European Journal, 2022, 28(9):e202103132.

［25］ Liu Z, Fontana F, Python A, et al. Microfluidics for production of particles:mechanism, methodology, and applications ［J］. Small, 2020, 16(9):1904673.

［26］ Nightingale A M, Phillips T W, Bannock J H, et al. Controlled multistep synthesis in a three-phase droplet reactor ［J］. Nature communications, 2014, 5(1):1-8.

［27］ Li W, Zhang L, Ge X, et al. Microfluidic fabrication of microparticles for biomedical applications ［J］. Chemical Society Reviews, 2018, 47(15):5646-5683.

［28］ Link D R, Grasland-Mongrain E, Duri A, et al. Electric control of droplets in microfluidic devices ［J］. AngewandteChemie International Edition, 2006, 45(16):2556-2560.

［29］ Payne E M, Holland-Moritz D A, Sun S, et al. High-throughput screening by droplet microfluidics:perspective into key challenges and future prospects ［J］. Lab on a Chip, 2020, 20(13):2247-2262.

［30］ Yu Z X, Wang X L, Chang Y L, et al. A core-annular liquid-liquid microextractor for continuous processing ［J］. Chemical Engineering Journal, 2021, 405:126677.

［31］ Wells S S, Kennedy R T. High-throughput liquid-liquid extractions with nanoliter volumes ［J］. Analytical chemistry, 2020, 92(4):3189-3197.

［32］ Ren Y, McLuckey M N, Liu J, et al. Direct mass spectrometry analysis of biofluid samples using slug‐flow microextraction nano‐electrospray ionization ［J］. AngewandteChemie International Edition, 2014, 53(51):14124-14127.

［33］ Tang W, An Y, Row K H. Emerging applications of (micro) extraction phase from hydrophilic to hydrophobic deep eutectic solvents:opportunities and trends ［J］. TrAC Trends in Analytical Chemistry, 2021, 136:116187.

［34］ Arabi M, Ostovan A, Bagheri A R, et al. Strategies of molecular imprinting-based solid-phase extraction prior to chromatographic analysis ［J］. TrAC Trends in Analytical Chemistry, 2020, 128:115923.

［35］Wu A, Zhao X, Wang J, et al. Application of solid-phase extraction based on magnetic nanoparticle adsorbents for the analysis of selected persistent organic pollutants in environmental water:a review of recent advances［J］. Critical Reviews in Environmental Science and Technology, 2021, 51(1):44-112.

［36］Vakh C, Alaboud M, Lebedinets S, et al. An automated magnetic dispersive micro-solid phase extraction in a fluidized reactor for the determination of fluoroquinolones in baby food samples［J］. Analytica Chimica Acta, 2018, 1001:59-69.

［37］Khatibi S A, Hamidi S, Siahi-Shadbad M R. Current trends in sample preparation by solid-phase extraction techniques for the determination of antibiotic residues in foodstuffs:a review［J］. Critical Reviews in Food Science and Nutrition, 2021, 61(20):3361-3382.

［38］Faraji M, Shirani M, Rashidi-Nodeh H. The recent advances in magnetic sorbents and their applications ［J］. TrAC Trends in Analytical Chemistry, 2021, 141:116302.

［39］Chisvert A, Cárdenas S, Lucena R. Dispersive micro-solid phase extraction［J］. TrAC Trends in Analytical Chemistry, 2019, 112:226-233.

［40］Kaufmann B, Christen P. Recent extraction techniques for natural products:microwave‐assisted extraction and pressurised solvent extraction［J］. Phytochemical Analysis:An International Journal of Plant Chemical and Biochemical Techniques, 2002, 13(2):105-113.

［41］Arya S S, Kaimal A M, Chib M, et al. Novel, energy efficient and green cloud point extraction:technology and applications in food processing［J］. Journal of food science and technology, 2019, 56(2):524-534.

［42］Cai G, Xue L, Zhang H, et al. A review on micromixers［J］. Micromachines, 2017, 8(9):274.

［43］Bayareh M, Ashani M N, Usefian A. Active and passive micromixers:A comprehensive review［J］. Chemical Engineering and Processing-Process Intensification, 2020, 147:107771.

［44］Eribol P, Uguz A K. Experimental investigation of electrohydrodynamic instabilities in micro channels ［J］. The European Physical Journal Special Topics, 2015, 224(2):425-434.

［45］Huang J J, Lo Y J, Hsieh C M, et al. An electro-thermal micro mixer［C］. 2011 6th IEEE International Conference on Nano/Micro Engineered and Molecular Systems. IEEE, 2011.

［46］Wang C. Liquid mixing based on electrokinetic vortices generated in a T-type microchannel［J］. Micromachines, 2021, 12(2):130.

［47］王成法，周航，宋永欣，等. 微通道内诱导电渗流样品聚焦方法［J］. 微纳电子技术，2014, 51(11):731-742.

［48］Kazemi S, Nourian V, Nobari M R H, et al. Two dimensional numerical study on mixing enhancement in micro-channel due to induced charge electrophoresis［J］. Chemical Engineering and Processing-Process Intensification, 2017, 120:241-250.

［49］Ahmed D, Mao X, Shi J, et al. A millisecond micromixer via single-bubble-based acoustic streaming［J］. Lab on a Chip, 2009, 9(18):2738-2741.

［50］Luong T D, Phan V N, Nguyen N T. High-throughput micromixers based on acoustic streaming induced by surface acoustic wave［J］. Microfluidics and nanofluidics, 2011, 10(3):619-625.

［51］Huang P H, Xie Y, Ahmed D, et al. An acoustofluidic micromixer based on oscillating sidewall sharp-edges［J］. Lab on a Chip, 2013, 13(19):3847-3852.

［52］Qian S, Bau H H. Magneto-hydrodynamic stirrer for stationary and moving fluids［J］. Sensors and Actuators B:Chemical, 2005, 106(2):859-870.

［53］Nouri D, Zabihi-Hesari A, Passandideh-Fard M. Rapid mixing in micromixers using magnetic field［J］. Sensors and Actuators A:Physical, 2017, 255:79-86.

［54］Ryu K S, Shaikh K, Goluch E, et al. Micro magnetic stir-bar mixer integrated with parylene microfluidic channels［J］. Lab on a Chip, 2004, 4(6):608-613.

［55］Huang C, Tsou C. The implementation of a thermal bubble actuated microfluidic chip with microvalve, micropump and micromixer［J］. Sensors and actuators A:Physical, 2014, 210:147-156.

［56］Kunti G, Bhattacharya A, Chakraborty S. Rapid mixing with high‐throughput in a semi-active semi-passive micromixer［J］. Electrophoresis, 2017, 38(9-10):1310-1317.

［57］Niu X, Lee Y K. Efficient spatial-temporal chaotic mixing in microchannels［J］. Journal of Micromechanics and microengineering, 2003, 13(3):454.

［58］Wu J W, Xia H M, Zhang Y Y, et al. An efficient micromixer combining oscillatory flow and divergent circular chambers［J］. Microsystem Technologies, 2019, 25(7):2741-2750.

［59］Stroock A D, Dertinger S K W, Ajdari A, et al. Chaotic mixer for microchannels［J］. Science, 2002, 295(5555):647-651.

［60］Wang H, Iovenitti P, Harvey E, et al. Optimizing layout of obstacles for enhanced mixing in microchannels［J］. Smart materials and structures, 2002, 11(5):662.

［61］Cheri M S, Latifi H, Moghaddam M S, et al. Simulation and experimental investigation of planar micromixers with short-mixing-length［J］. Chemical engineering journal, 2013, 234:247-255.

［62］Alam A, Afzal A, Kim K Y. Mixing performance of a planar micromixer with circular obstructions in a curved microchannel［J］. Chemical Engineering Research and Design, 2014, 92(3):423-434.

［63］Karthikeyan K, Sujatha L, Sudharsan N M. Numerical modeling and parametric optimization of micromixer for low diffusivity fluids［J］. International Journal of Chemical Reactor Engineering, 2018, 16(3):1-11.

［64］Tsai R T, Wu C Y. An efficient micromixer based on multidirectional vortices due to baffles and channel curvature［J］. Biomicrofluidics, 2011, 5(1):014103.

［65］Wang L, Ma S, Wang X, et al. Mixing enhancement of a passive microfluidic mixer containing triangle baffles［J］. Asia-Pacific Journal of Chemical Engineering, 2014, 9(6):877-885.

［66］Ansari M A, Kim K Y, Anwar K, et al. A novel passive micromixer based on unbalanced splits and collisions of fluid streams［J］. Journal of micromechanics and microengineering, 2010, 20(5):055007.

［67］Raza W, Kim K Y. Unbalanced split and recombine micromixer with three-dimensional steps［J］. Industrial & Engineering Chemistry Research, 2019, 59(9):3744-3756.

［68］Hossain S, Kim K Y. Mixing analysis of passive micromixer with unbalanced three-split rhombic sub-channels［J］. Micromachines, 2014, 5(4):913-928.

［69］Schönfeld F, Hardt S. Simulation of helical flows in microchannels［J］. AIChE Journal, 2004, 50(4):771-778.

［70］Mehrdel P, Karimi S, Farré-Lladós J, et al. Novel variable radius spiral-shaped micromixer:from numerical analysis to experimental validation［J］. Micromachines, 2018, 9(11):552.

［71］Sheu T S, Chen S J, Chen J J. Mixing of a split and recombine micromixer with tapered curved microchannels［J］. Chemical engineering science, 2012, 71:321-332.

［72］Li P, Cogswell J, Faghri M. Design and test of a passive planar labyrinth micromixer for rapid fluid mixing［J］. Sensors and Actuators B:Chemical, 2012, 174:126-132.

［73］Mondal B, Mehta S K, Patowari P K, et al. Numerical study of mixing in wavy micromixers:comparison between raccoon and serpentine mixer［J］. Chemical Engineering and Processing-Process Intensification, 2019, 136:44-61.

［74］Afzal A, Kim K Y. Performance evaluation of three types of passive micromixer with convergent-divergent sinusoidal walls［J］. Journal of Marine Science and Technology, 2014, 22(6):3.

［75］Viktorov V, Mahmud M R, Visconte C. Numerical study of fluid mixing at different inlet flow-rate ratios in Tear-drop and Chain micromixers compared to a new HC passive micromixer［J］.

Engineering Applications of Computational Fluid Mechanics, 2016, 10(1):182-192.

［76］Yang A S, Chuang F C, Chen C K, et al. A high-performance micromixer using three-dimensional Tesla structures for bio-applications ［J］. Chemical Engineering Journal, 2015, 263:444-451.

［77］Yang J, Qi L, Chen Y, et al. Design and fabrication of a three dimensional spiral micromixer ［J］. Chinese Journal of Chemistry, 2013, 31(2):209-214.

［78］Liu K, Yang Q, Chen F, et al. Design and analysis of the cross-linked dual helical micromixer for rapid mixing at low Reynolds numbers ［J］. Microfluidics and nanofluidics, 2015, 19(1):169-180.

［79］Rafeie M, Welleweerd M, Hassanzadeh-Barforoushi A, et al. An easily fabricated three-dimensional threaded lemniscate-shaped micromixer for a wide range of flow rates ［J］. Biomicrofluidics, 2017, 11(1):014108.

［80］林炳承, 秦建华. 图解微流控芯片实验室 ［J］. 北京：科学出版社，2008.

［81］Doku G N, Verboom W, Reinhoudt D N, et al. On-microchip multiphase chemistry—a review of microreactor design principles and reagent contacting modes ［J］. Tetrahedron, 2005, 61(11): 2733-2742.

［82］Liu L, Xiang N, Ni Z. Droplet-based microreactor for the production of micro/nano-materials ［J］. Electrophoresis, 2020, 41(10-11): 833-851.

［83］田昌敏，杨祥良，杨海. 基于微流控技术的数字PCR的发展及其应用 ［J］. 微纳电子技术，2023，60(4): 496-507.

［84］Xu G, Si H, Jing F, et al. A self-priming microfluidic chip with cushion chambers for easy digital PCR［J］. Biosensors, 2021, 11(5): 158.

［85］范一强，王玫，高峰，等. 液滴微流控系统在数字聚合酶链式反应中的应用研究进展 ［J］. 分析化学，2016, 44(8): 1300-1307.

［86］Bian X, Jing F, Li G, et al. A microfluidic droplet digital PCR for simultaneous detection of pathogenic Escherichia coli O157 and Listeria monocytogenes ［J］. Biosensors and Bioelectronics, 2015, 74: 770-777.

［87］贾宏新，吴志勇，方肇伦. 微流控芯片免疫分析方法研究进展 ［J］. 分析化学，2005(10): 1489-1493.

［88］冷川，张晓清，鞠熀先. 微流控芯片上的免疫分析 ［J］. 化学进展，2009, 21(4): 687-695.

［89］Sato K, Tokeshi M, Odake T, et al. Integration of an immunosorbent assay system: analysis of secretory human immunoglobulin A on polystyrene beads in a microchip ［J］. Analytical chemistry, 2000, 72(6): 1144-1147.

［90］Hayes M A, Polson N A, Phayre A N, et al. Flow-based microimmunoassay ［J］. Analytical chemistry, 2001, 73(24): 5896-5902.

6.1 概述

微流控芯片自问世以来，利用其作为检测技术的研究一直是人们关注的热点。迄今为止，已发展出基于测量各种物理参数的微流控芯片检测技术，其中以光学检测法、电学检测法和电化学检测法应用最为广泛。除此之外，质谱检测技术凭借其强大的分辨和鉴定能力，在微流控检测技术研究中有着难以替代的作用。本章将重点对上述几类微流控芯片检测技术予以介绍。

6.2 光学检测

6.2.1 激光诱导荧光检测

激光诱导荧光（laser-induced fluorescence, LIF）检测是灵敏度最高的检测技术之一，甚至可以达到单分子检测水平，超高的检测灵敏度使其在海洋监测、生物医疗、环境监测等方面得到了广泛应用。由于荧光检测装置能够对发射荧光的物质进行直接或间接、选择性的检测，因而该技术具有很高的选择性和稳定性，并且能有效消除基体成分的干扰，非常适合于微小区域内的样本检测，同时该检测技术也具有无接触、检测速度快、样品消耗量少等优点，特别适合现场快速实时检测。

（1）检测原理

通过将特定的入射光照射到某些荧光物质上，可以产生波长比紫外光或者激光长的光线，通常在可见光范围内，这就是所谓的荧光现象。当荧光物质中的分子受到入射光的影响时，它们吸收更多能量，由静止的基态转变为更活跃的激发态，从而产生更多的电磁辐射并改变它们的特性，进而影响它们的行为和结构，从而产生发光现象。激光诱导荧光检测是一种利用激光作为入射光源照射样品分子，使样品分子激发产生荧光，并对发射的荧光进行检测的检测技术。

（2）检测器的结构

荧光光谱仪通常由激发光源、发射器件、样品池、光学探测器件以及显示装置等组成，具体结构如图6-1所示。

CPU主控制电路由两个主要电路组成：一是用于检测和控制来自单色器的辐射的电路，这些信息经过放大后，通过模数转换传输给主控制器；另一个电路用于将这些信息传输到样

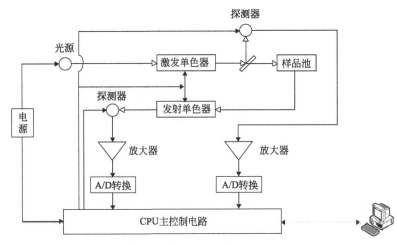

图6-1 荧光光谱分析仪的通用结构

品池，以实现对待检测物质的激发。通过单色器、探测器和主控制器，能够独立地探测和发射由单色器产生的辐射光，并通过专用处理器将其转换为荧光信息。这使得荧光检测仪具备准确、快速和灵敏的特性。

（3）分类

根据激发光路与发射光路这两者之间形成的夹角，激光诱导荧光检测器可分为正交式、共聚焦式、斜入射式和透射式四种基本光学结构，如图6-2所示。针对尺寸较小的微流控芯片，检测中使用最多的往往是斜入射式和透射式两种模式。

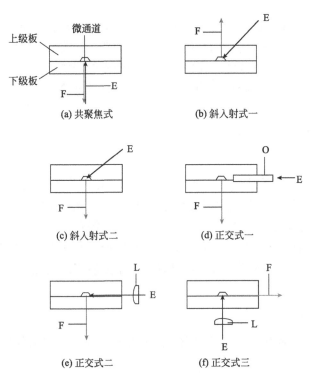

图6-2 微流控芯片LIF检测系统典型光学布置示意图

E—激励源；F—荧光；L—镜头；O—光纤

① 正交式结构 正交式结构的特性决定了它的性能。其主要特点是激发光路与发射光路相互垂直。然而，由于空间限制，它无法采用更宽的数值孔径，导致其荧光信号采集效率不够理想。这种光学结构的优点在于其结构简单，激发光在传播过程中对发射光路的影响较小，在一些对灵敏度没有很高要求的普通荧光检测装置中应用较多。

② 共聚焦式结构 通过采用共聚焦式结构，将激发光路和发射光路设定为180°夹角，可以提升荧光的采集效果，并减少背景噪声，从而实现更好的性能。该结构的特点是每个光路单元独立运作，并且采用的技术允许多个单元同时工作，使得更多的荧光信息能够被捕获，而不受空间位阻的影响。通过采用具有更大数值孔径的共聚焦透镜，可以实现更好的效果。图6-3是Weaver等提出的一种基于共聚焦结构的激光诱导荧光检测器。它采用固体激光模块作为激发光源，并通过精密的激光滤波器精确地反射激光束到物镜上，最终聚焦在狭长的毛细管上，从而产生定向的荧光。经过准直后，荧光通过同一分光镜后，经反射镜和波通截止滤光膜的过滤，再经由针孔透镜聚焦到光电倍增管上。输出信号由USB数据采集卡采集，并在运行LabView程序的计算机上显示。

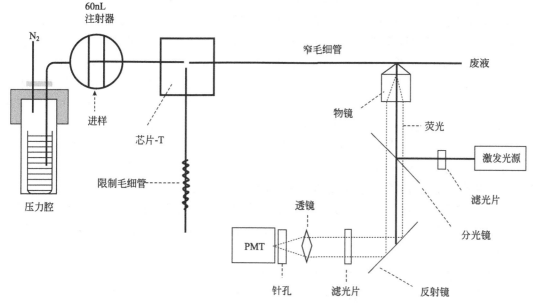

图6-3 一种基于共聚焦结构的激光诱导荧光检测器

PMT—光电倍增管

③ 斜入射式结构 斜入射式检测技术是一种新型的检测方法，它将激发光源的入射角度调节为45°或37°，以便更准确地捕捉到芯片内部的荧光信号，同时也可以有效地抑制噪声，提升信噪比。这种技术的优势在于，它可以有效地将激光束聚焦到芯片的检测通道，从而更准确地捕捉到信号。一种基于斜入射式结构的激光诱导荧光检测器如图6-4所示。

④ 透射式结构 透射式检测技术的基本原理类似于共聚焦反射技术，但二者之间的区别就是透射式结构不需要使用分光镜来分离激发光和荧光，并且光能在传播过程中的损失较少。激发光源发出的激光通过会聚透镜从芯片的一面入射，主物镜在芯片的另一面收集检测池内激发出的荧光，激发光路和发射光路分别存在于以芯片为界的上下两个面。一种基于透射式结构的激光诱导荧光检测器如图6-5所示。

153

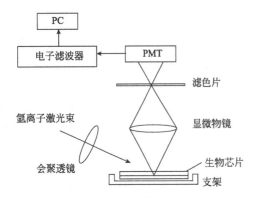

图6-4 一种基于斜入射式结构的激光诱导荧光检测器

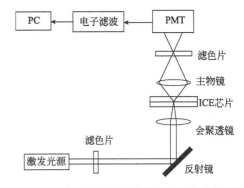

图6-5 一种透射式结构的激光诱导荧光检测器

（4）影响因素

① 分子结构 研究表明，荧光的产生和频谱的变化取决于物质的分子结构，而这些结构会导致荧光的变化。具备良好的荧光性质的有机物通常具备以下几个显著的特性：a.许多带有共轭双键的化学物质，如荧光素，构成强烈的共轭体系，这种结构可以提高π键的强度，从而提升其在外部π键上的激活性；b.具有较强的共轭效应，较强的共轭效应会使物质的摩尔吸光系数增大，激发态粒子增多，从而有利于荧光的产生；c.分子结构中的刚性平面可以提高它们的稳定性，减少它们与溶剂或其他溶质分子相互碰撞时产生的荧光猝灭现象；d.取代基是一种特殊的分子结构，它们通常带有正电荷，并且在荧光物质分子中常常存在，当这些取代基被放置在环外时，它们会吸收能量，并将其转化为激发态。

② 入射光 在荧光检测系统中所使用的入射光强度越强，其所携带的能量越大，能被激发的粒子数目也越多，受激发后发射的荧光强度也越强。在实际实验中，往往通过调节光谱仪的入射狭缝和出射狭缝来控制进入样品室的入射光强度。

③ 溶剂的影响 对于同一溶质，选择不同的溶剂溶解后的溶液进行荧光测试所得到的荧光强度也不尽相同，主要表现在荧光峰的强度和位置不同，部分溶剂会使被测物质的荧光峰发生偏移。

④ 溶液的pH值 荧光强度也会受到溶液酸碱性的显著影响，这是因为大多数具有荧光特性的芳香烃化合物是由不同酸性基团和碱性基团构成的。当溶液的pH值变化时，酸性溶液会改变碱性基团的组成结构，同样碱性溶液也会改变酸性基团的组成结构，从而导致同一荧光物质在酸性和碱性溶液中，具有不同的荧光量子产率和荧光寿命，在光谱的位置、形状以及强度上也存在相应的不同。

⑤ 温度 荧光物质的荧光强度对实验温度的变化非常敏感。根据动力学研究，当温度升高时，分子之间的相互碰撞频率也增加，导致荧光猝灭的概率增加，从而使荧光的亮度明显降低。因此，为确保实验结果的准确性，建议使用恒温荧光光谱来监控待测荧光物质的荧光量子产率，以确保实验的精确性。

（5）激光诱导荧光检测与微流控芯片的联用

自1977年起，激光在微柱液相色谱中开始被广泛应用，并一直受到各领域的高度重视。1985年，Qusman和他的团队首次实现了激光在毛细管电泳中的应用，这标志着激光检测技术的快速发展。目前，商用的微流控芯片分析系统广泛采用激光诱导荧光检测，这种方法已成为常见的检测技术。

陈慧清等利用先进技术，将微流控芯片与光纤和光子计数器相结合，成功开发出一种精巧而紧凑的激光诱导荧光光纤检测系统，实现了罗丹明B的检测，如图6-6所示。

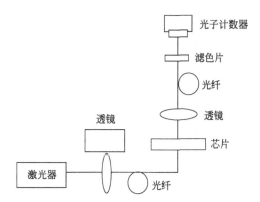

图6-6　微流控芯片激光诱导荧光检测系统

图6-7是使用PDMS制作的微流控芯片。实验中，首先在芯片的A、B两池间施加缓冲电压，让缓冲液充满AB之间的管道；然后断开AB间的电压，在C、D两池间施加进样电压，让检测样品（荧光物质）流入CD通道；然后断开CD间的电压，在A、B两池间施加高压，使得处于AB和CD交叉处的样品在电场作用下流向B池，当样品流经检测点时就有荧光峰值信号出现。如此重复地控制进样电压和缓冲电压，可以连续得到3次激光诱导荧光的检测结果，如图6-8所示。实验结果表明该检测系统荧光峰值明显，重复性好。

图6-7　芯片结构图

A—缓冲液池；B—分离废液池；C—样品池；D—废液池

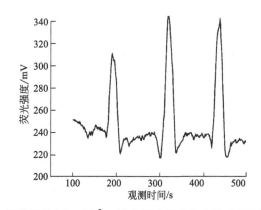

图6-8　罗丹明B（5×10^{-6}mol/L）激光诱导荧光的重复性测试结果

孙悦等提出了一种微流控芯片毛细管柱后扩散衍生激光诱导荧光检测氨基酸的方法。如图6-9所示是其所设计的微流控芯片通道示意图，利用微流控芯片的二维平面结构特征，在分离通道末端增加支通道，通过扩散法引入柱后衍生试剂，避免了电压引入法对分离通道流型的影响，大大提高了分离效率。

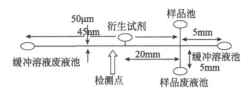

图6-9　微流控芯片通道结构示意图

6.2.2　紫外吸收光度检测

（1）检测原理

紫外线辐射是由物质分子中电子跃迁引起的光谱变化现象。根据量子理论可知，当使用含有大量高能光子束的入射光照射物质时，由于分子不规则热运动的存在，入射光内大量的光子会与分子发生相互碰撞并产生相互之间能量的交换，导致大量的光子被物质分子辐射吸收，吸收能量后的物质分子会从较低能级的基态跃迁到较高的能级。在分子吸收光子的同时，会伴随着吸收光谱的产生，如果跃迁产生的吸收光谱位于可见和紫外区，则称为电子光谱或紫外可见吸收光谱。因此，紫外可见吸收光谱的产生，可以看作是分子对紫外可见光光子选择性俘获的过程，是分子内电子跃迁的结果。

（2）装置构成

紫外吸收光度分析仪就是基于紫外吸收光度检测的原理制造而成的，紫外吸收光度分析仪是利用测量介质对紫外光的吸收与其浓度呈线性关系的原理实现定量测量，光源发出全波长光束，经聚光器汇聚后进入入射光纤，并由该光纤导入测量探头内，经气体吸收后的光束沿反射光纤进入散光器，发散光束由分光光栅分成按波长排列的光谱，再由二极管阵列检测器检测出光谱中不同波长的强度并转换成电信号，送数据处理单元进行处理，计算出不同组分的浓度数值，具体工作原理见图6-10。

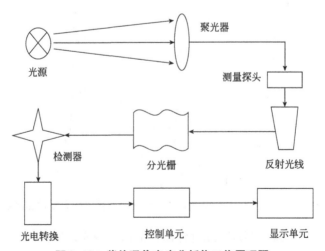

图6-10　紫外吸收光度分析仪工作原理图

（3）优缺点

优点：与激光诱导荧光检测相比，紫外吸收光度检测具有更便捷、简单易行的优势，激光诱导荧光检测通常需要对待测样品进行荧光衍生处理，而紫外吸收光度检测对待测物质中大约80%的成分都具有吸收响应，因此成为一种通用性较高的检测方法之一。

缺点：在微流控检测实验中，由于玻璃对紫外光有吸收作用，因此紫外检测的芯片系统较少采用，而多采用石英基质的微芯片。由于芯片制造成本高且加工复杂，紫外检测技术在微流控分析领域的应用受到一定限制。此外，芯片上的光度检测系统的加工过程也具有挑战性。

（4）与微流控芯片联用的发展

微流控芯片与紫外吸收光度的联用发展，主要研究集中在优化芯片材料和增大吸收光程上。

① 研究表明，传统的玻璃、塑料等芯片材料对深紫外光的吸收能力较强，无法满足紫外吸收光度检测的需求。为此，研究人员开发了新型的紫外检测芯片材料，如石英玻璃和PDMS。这些材料具有较低的紫外吸收能力，同时制作成本较低，且不易变形和不需要表面处理，这些改进措施为微流控分析领域的普及提供了可能性。因此，许多研究者致力于在玻璃材质的微流控芯片上进行紫外光度检测的研究。

刘军及其团队研发了一种新型的微流控芯片毛细管电泳鞘流型紫外光度检测系统，该系统具有良好的光学狭缝功能，能够有效利用微通道的透光特性，并有效抑制紫外光的穿透。其结构如图6-11所示。该检测系统采用普通的玻璃芯片，利用微通道的透光特性和玻璃壁对紫外光的吸收以起到光学狭缝的效果。整个芯片采用十字构型，第一个十字部分用于夹流进样，第二个十字部分利用液压形成鞘流，以分离通道两侧的微通道为导光通道，采用单光路系统检测，利用一侧的光纤将入射光引入，在经过样品溶液的吸收之后，经另一侧光纤导出后引入光电倍增管进行检测，并将检测信号传输至计算机处理并输出。

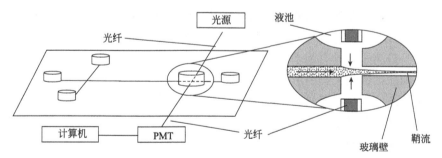

图6-11 微流控玻璃芯片毛细管电泳鞘流型紫外光度检测装置

② 根据朗伯-比尔定律，芯片尺寸的变化会影响紫外线的吸收能力。当芯片尺寸增大时，它能够更好地捕捉更深层次的信号，从而更准确地反映出更深层次的物质信息。然而，当芯片通道变窄时，其能力也相应减弱，导致无法良好捕捉更深层次的物质信息，从而降低了其灵敏度。近年来，由于缺乏有效的技术手段，许多人无法精确地检测低浓度的溶液，因此，在芯片上开发长波段光谱仪成为当务之急。针对这一问题，许多学者进行了深入研究，并提出了多种技术解决方案，主要可分为以下三类：

a. 通过利用微加工技术，可以大幅拓展微通道的深度和宽度，甚至可以创建出U形和Z

形的检测通道，从而大大提升了吸收光程，其中最大的检测光程可达到120μm。

b. 通过设计三层夹层结构的芯片，可以精确地控制其光学波长（720μm），以确保其质量。

c. 使用镜面反射和平面波导技术，能够将多个平面反射结构放入芯片中，并将其应用于吸收池，从而增加检测光程。

6.2.3 等离子体光谱检测

（1）检测原理

电感耦合等离子体原子发射光谱（inductively coupled plasma atomic emission spectrometry，ICP-AES），是利用工作气体（Ar）等离子体化后发出的能量去激发待测样品溶液发射光谱，并通过对所发射的光谱进行检测间接得出待测物质信息的一种方法。

（2）发展历史

ICP光源的历史源远流长。早在19世纪，Hittorf和Babat就首次报道了等离子体放电的存在。随后，20世纪40年代，Ar电感耦合等离子体放电技术取得了重大突破。而在60年代，Reed则创造性地研制出一种新型的高频等离子体放电系统。该系统通过冷凝水的流动方式，将等离子体从一个固定位置流入另一个固定位置。这一技术的出现为光谱分析带来了巨大的改变。

ICP-AES（电感耦合等离子体原子发射光谱）的诞生可以追溯到20世纪70年代。当时，一家美国公司首次制造出了第一台电感耦合等离子体原子发射光谱仪，并且引领着光谱分析技术的不断演变。这一技术的推出是光谱分析领域的重要里程碑，并为科学研究和工业应用提供了更高效、更精确的分析手段。随着时间的推移，ICP-AES不断发展和完善，成为一种广泛应用于元素分析的重要工具。

（3）优缺点

电感耦合等离子体发射光谱能够较完全地激发任何金属和非金属元素，实现多元素同时测定，其校正曲线的线性范围往往可达四至五个数量级，检测限低，可以检测到微克量或更低。同时，由于等离子体具有相当高的温度，样品在等离子体中停留时间较长，并且处于惰性气体环境，因此在燃烧火焰中所遇到的干扰就会大为减少甚至是完全消除。

ICP-AES光谱仪具备许多独特的特性。它具有极低的背景噪声，并具有出色的灵敏度，从而显著提高了测量的精确性，几乎可以实现零误差的测量结果。此外，ICP-AES光谱仪具备出色的可靠性和较强的抗干扰能力。

（4）与微流控联用技术的发展

当前，电感耦合等离子体-原子发射光谱法和微流控检测技术联用面临的最大挑战仍然是接口问题，这一挑战源于微通道内流体流速与ICP-AES进口流速之间的差异。

Song及其团队首次将芯片毛细管电泳（MCE）技术应用于ICP-MS，它们的结构及相应的连接方式如图6-12所示。芯片由载流池、样品池、补充液池、载流通道、样品通道和分离通道（8cm）组成，高压电源的正负极分别插入载流池和补充液池。MMN雾化器和聚醚醚酮（PEEK）管之间的联系是由PEEK管的两个部件组成的，其中PEEK管的一部分由MMN的EzyFit接头提供，而其余部件则被精确地减少到0.47mm，最终安装在芯片的底部。通过将MMN和一个微型的旋流雾化室Cinnabar相结合，可以大大改善样本的传送速度。

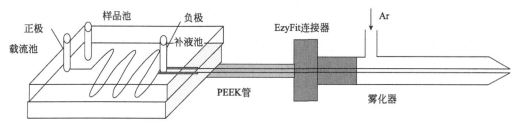

图6-12　微芯片毛细管电泳（MCE）通过MMN雾化器与ICP-MS联用

Matusiewicz和Ślachciński采用芯片电泳与微波诱导等离子体光谱（MIP-OES）联用，他们所用的装置如图6-13所示。所用芯片由缓冲液通道、样品通道和分离通道（长26 mm）组成，样品通道和缓冲液通道的入口端与PEEK管连接，并通过注射泵引入样品和缓冲液。补充液通过第三个注射泵输入，并从芯片基片上分离通道末端的小孔引入到d-DIHEN雾化器，d-DIHEN再与一个微型单通道雾化室连接。

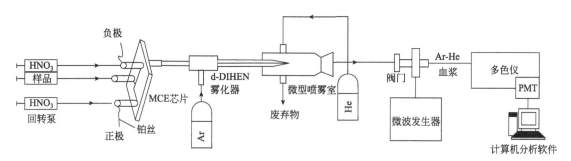

图6-13　基于微芯片的CE-MIP-OES系统组件图

Pearson和Greenway提出了一种新的方法，通过将微流控芯片中的液流转换成可准确定量的气溶胶，并将其应用于图6-14中所示的有效试样注入系统，实现了微流控芯片与等离子体质谱的有机结合。该实验装置包括一个由聚四氟乙烯制造的容器、一根PEEK管、一个滴管和一根蒸汽管。这些组件通过标准的色谱管道相互连接，并通过螺丝进行固定。滴管的另

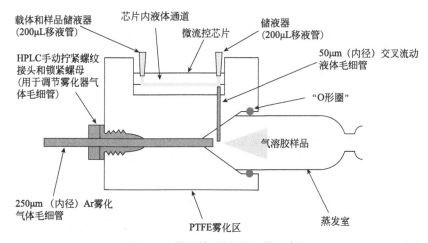

图6-14　微芯片/雾化器组件示意图

一端通过一个垂直的小孔将其固定在容器上。这种方法的关键在于将微流控芯片中的液体样品转化为气溶胶，从而可以与等离子体质谱相耦合。通过使用这个装置，液体样品在微流控芯片中流动，经过转换后形成气溶胶，并通过管道输送到质谱仪进行分析。这种技术的优势在于能够将微流控芯片的样品处理能力与质谱仪的高灵敏度和高分辨率相结合，实现快速、准确地分析。

6.2.4 化学发光检测

（1）检测原理

"化学发光"通常描述的是当某种特殊的元素（例如原料、试剂、溶剂等）经历化学反应后，它们的表面开始出现变色并释放出光。这种现象通常是由于原料、试剂、溶剂等元素的结构和性质，使得它们的表面变得更加敏感和活跃，进而导致其表面发出更亮的光。通过使用特定的技术，如化学发射，可以通过观察样品的光线变化来定量地估算其含量。这种技术有助于更准确地了解样品的组成，并能够更快速地获得准确的结果。

利用内部的化学反应能够将光转换为电子形式，从而避免使用外部的光源，避免了瑞利散射、拉曼散射或溶剂中的荧光污染等问题。因此，化学发光检测技术具有出色的信噪比，甚至可以与激光诱导技术相媲美。由于不需要外部能量，化学发光检测技术通常非常便携，并且容易实现小型集成。将其与流体力学分析技术（如毛细管电泳）或芯片毛细管电泳（如电色谱）等技术结合使用，可以创造出便携式的全分析系统。

（2）常用化学发光体系

通过使用特定的发光技术，可以获得准确的结果，这些技术常用的发光体系有鲁米诺及其衍生物类、吖啶酯类、过氧化草酸酯、高锰酸钾等强氧化剂类以及联吡啶钌类，它们可以用来检测各种重要的生命元素，如金属离子、氨基酸、蛋白质、糖类化合物以及各种药物。

① 鲁米诺及其衍生物类 当鲁米诺处于碱性环境中，而且还含有一定量的催化剂，它就能够通过425nm的紫外线来激活其中的一种物质，从而产生一种特殊的紫外线，这种紫外线的亮度取决于鲁米诺、催化剂以及它们的浓度。通过精确控制三种物质（鲁米诺、催化剂、待检测物）的比例，第三种物质也能够得到准确的测量。这种体系已经成为一种普遍应用的技术，它能够有效地检测出各种元素，如金属、稀有元素、氨基酸、蛋白质、抗体和抗原。

② 吖啶酯类 当 H_2O_2 与 OH^- 共同作用时，吖啶酯类化合物可以快速释放出强烈的化学反射，其反射效果极其显著。其中，以 N,N-二甲基-9,9-联吖啶二硝酸盐为表征的光泽精，已成为吖啶酯类化合物的首选，并被普遍使用。

③ 过氧化草酸酯类 这种特殊的发光体系由两种不同的成分组成：DNPO［双（2,4-二硝基苯基）草酰酯］，以及 TCPO［双（2,4,6-三氯苯基）草酰酯］。它们的性能卓越，能够产生出超过20% ～ 30%的量子产率，因此在当今的研究中备受关注。

④ 高锰酸钾等强氧化剂类 目前尚无完整的解释来阐释高锰酸钾的化学发光机制，但普遍推断它的形成主要由于它和某些还原剂之间的氧化还原作用，从而形成了具有特殊的激活状态的中间体，当这种状态的中间体被释放到基态时，就会释放出强烈的紫外线。此外，

这种激活状态的分子也会将自身的能量传递到周围的物质，从而实现定量检测。

⑤ 联吡啶钌类 钌是一种广泛应用的电解质，其配合物在化学实验中展现出出色的性能，包括稳定的发光性能、较高的能量转换效率以及不会释放任何气态物质。

化学发光分析不依赖外部光源或单一颜色的检测，因此其背景干扰较小、信噪比较高，具备出色的灵敏度。此外，这类测量仪器结构紧凑、成本较低、易于操作，并且容易实现自动化。尽管该技术存在一些缺陷，如特异性较弱、样本需要进行前期预处理，但这些缺陷可以通过综合利用来加以解决。随着分子印迹技术、生物芯片、微流控技术和纳米材料的不断改进，化学发光的特异性和灵敏度得到了大大增强，同时实验流程也大大缩短，这极大地推动了其在医疗、药品研究、环保监控等多个领域的广泛应用。

（3）化学发光检测器

微流控化学发光分析技术的发展为探测器的应用提供了新的可能性。在这方面，光电倍增管（PMT）、CCD探测器及其光敏胶片、互补金属氧化物半导体（CMOS）阵列、光敏器件、光电二极管和硅光电探测器等都能够满足微流控化学发光分析的需求，并为研究者提供了一种新的检测方法。这些探测器能够提供准确可靠的测量结果。

光电倍增管探测器具有出色的精确度，能够有效检测各种形式的光，无论是单向还是双向，都能够满足检测需求。相比之下，CCD探测器的精确度可能略有欠缺，但仍然能够满足复杂的检测任务，因此也是一种理想的探测器选择。当将微阵列微流控芯片应用于微流控技术时，通常会选择CCD进行检测。此外，还可以将光敏胶片安装在微阵列芯片上，并进行多通道的检测，最后可以将其拆卸并进行分析。

通过选择适合特定应用的合适探测器，微流控化学发光分析技术能够提供高精度、可靠的检测结果，为研究者提供了更多的探索空间。随着技术的不断进步，可以预见微流控化学发光分析技术在各个领域的广泛应用，为科学研究和实际应用带来更多的突破和进展。

（4）化学发光检测与微流控技术的联用

通过将化学发射和多种技术融为一体，例如流动注射、微流控芯片，不仅能够提升化学发射的效率，而且也大大提升了它的应用范围，从而极大地改善了传统的管道式、连续式、自动化和在线式的检测方式，其中的优势包括：反应迅速、精确、相对误差低、操作方便。

1）化学发光检测器与微流动注射（FIA）联用

Huang等研究者利用了具备进样接口和化学发光池的"H"形通道电泳芯片，将流体注射技术应用于金属离子的分析。具体实验设置可参考图6-15。他们采用了落滴-分流的技术，以确保样品的持续输送，并确保流体注射系统与电泳高电压之间的完全隔离。在该实验中，鲁米诺-过氧化氢被放置在检测池的底部，它会与其他地方流动而来的金属离子结合，从而产生一种特殊的化学发光现象。这种发光现象会被光纤捕捉，并转换为可见的信号，最终被光电倍增管接收和放大。

为了提高检测的吞吐量和效率，近年来提出了许多关于多通道阵列化学发光检测技术的方案。Yacoub-George等提出了一种改进型的便携式生物化合物检测仪，名为化学发光多通道免疫传感器（CL-MADAG）。该装置基于毛细管ELISA技术，结合微型化流体学系统，采用化学发光作为检测原理，可以在三个熔融石英毛细管（FSC）内同时进行三种化学发光免疫分析。此外，也有学者使用葡萄球菌肠毒素B（SEB）作为模型毒素，细菌噬菌体病毒M13作为病毒模拟物，大肠埃希菌致病株作为细菌模拟物进行了一系列实验。实验装置主要

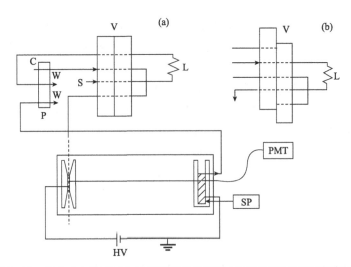

图6-15　带有FIA样品引入和化学反光检测的H形通道芯片CE系统装置

(a)样品加装；(b)注射过程

S—样品；C—传输；W—废液；P—蠕动泵；V—八通阀；L—进样环管；HV—高压电源

由16个夹点电磁阀、5个流体分布器、小型蠕动泵和3个通道的检测器单元组成，具体可参考图6-16。通过采用钢制毛细血管和硅胶管的组合，实现了探测器单元与执行器部件之间的连接。

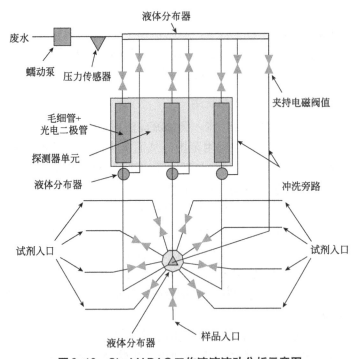

图6-16　CL-MADAG工作溶液流动分析示意图

Pires等将由聚甲基丙烯酸甲酯（PMMA）制成的多通路微流控生物传感器集成到有机共混异质结光电二极管（OPDs）阵列中，使其用于病原菌的化学发光检测（图6-17）。证实了该集成生物传感器检测实际水样中细菌的潜力。

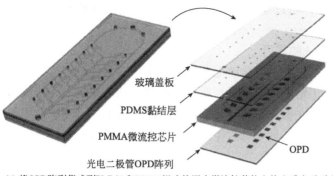

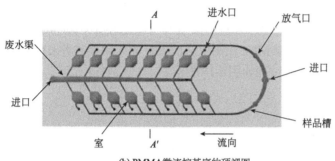

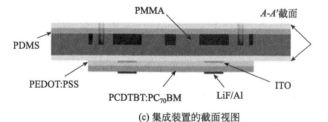

(a) 将OPD阵列集成到PMMA和PDMS组成的混合微流控芯片上的多重光学-生物传感器

(b) PMMA微流控基底的顶视图

(c) 集成装置的截面视图

图6-17 多重光学-生物传感器及其视图

扫一扫，查看彩图

综上所述，在进样情况一定的条件下，如果想要尽可能提升化学发光与微流动注射联用技术的检测灵敏度，必须满足以下三点：

① 为了实现高效的化学发光，需要采用高效率的动态控制技术。这种技术的实现需要使用微流控芯片，它可以有效地避免传统的流体输送方法。由于微流控芯片的尺寸有限，微流控系统的流体输送路径也比传统方法更短。在狭窄的管道中，必须确保发光试剂、催化剂和敏感物质等所需物质能够以最快的速率实现反应，并最大限度地释放出光信号。如果这些物质无法实现这一目标，它们将被排入废液中。这种低效的化学反应将会影响微型电子元件的性能，并阻碍它们的使用。

② 通过扩展检测区域，可以确保发出的化学荧光与被测物质的混合物的循环时间完全一致，从而延长荧光的持续时间。这样做可以有效地捕捉到更多的荧光信息，并将荧光的变化趋势描绘成一条有序的曲线，以更好地评估被测物质的特性。为了在微管路中有效调节液体的运行时间，通常使用微型泵来分散样品，并能够准确地调节每种样品的流量，以实现预期的效果。这种方法能够确保样品在适当的时间内经过微流控芯片，从而实现所需的反应和荧光发射。这种高度可控的液体流动系统使得荧光分析更加精确和可靠，为进一步研究和评估被测物质的特性提供了有力的工具。

③ 通过改善溶液的混合效率，可以显著改善待测组分与发光试剂的混合，从而提升化学发光检测的灵敏度。

2）化学发光检测与微芯片电泳的联用

随着技术的不断进步，化学发光技术在传统毛细管电泳中的应用越来越广泛，并且其灵敏度可以达到传统芯片电泳的几十倍以上。但是，常规毛细管电泳与化学发光检测器的接口较为复杂，易引入较大的死体积。在微流控芯片上，通过微加工技术，可以制作零死体积的柱后反应器，从而避免化学发光作为常规毛细管电泳柱后检测器所具有的接口复杂和死体积大的问题。

Zhao等描述了一种基于化学发光共振能量转移（CRET）的微芯片电泳（MCE）高灵敏、普适性的检测方案。在鲁米诺体系中观察到了一个有效的鲁米诺供体和CdTe QD受体之间的CRET。而且研究发现，CRET在生物感兴趣的某些有机物的存在下被非常敏感地被抑制，这些使得开发基于CRET检测的敏感MCE检测方法成为可能。实验中所采用的微芯片由玻璃和PDMS两种材料组成，具体尺寸结构如图6-18所示。

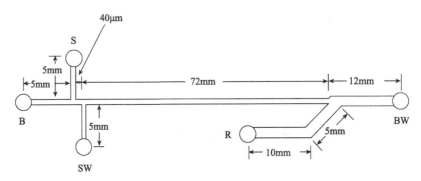

图6-18　玻璃-PDMS微芯片的尺寸和布局

S—样品池；B—缓冲池；SW—样品废料池；BW—缓冲废液池；R—氧化剂试剂库

钟洁等利用微芯片电泳-化学发光检测（MCE-CL）平台，以辣根过氧化酶标记的DNA（HRP-DNA）作为信号探针，利用HRP催化鲁米诺和双氧水化学发光反应及目标分子与DNA的杂交反应，结合T7Exo酶辅助信号放大，建立了一种MCE分离辅助双循环化学发光信号放大的新方法。微流控芯片为玻璃/玻璃双T形化学发光检测芯片，其结构如图6-19所示。

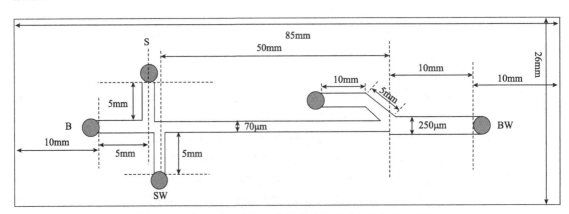

图6-19　玻璃/玻璃双T形化学发光检测芯片的构造示意图

（5）微流控-化学发光分析

1）均相微流控-化学发光分析

① 芯片电泳-化学发光分析（MCE-CL）　微芯片电泳（MCE）的分离原理同毛细管电泳类似。MCE-CL分析技术是基于电渗透技术的，它利用十字形的分析管路将分析结果传输到芯片中，并且具备多个储液池，此外，它的工作原理是利用高压电源，从而实现对分析结果的快速、准确的分析，并且能够广泛地应用到各种分析领域，如生物分析、免疫分析、单细胞成分分析、金属离子分析、抗氧化剂分析、药物分析。

② 基于流动注射（FI）的微流控-化学发光分析　随着科学的发展，微流控芯片分析（也被简称微流动注射芯片）被越来越多的人所使用，它不仅能够实现自动采样，还能够进行样本的预处理，并且还能够进行多种数据分析，如粒子研究、环境分析、药品研究、葡萄糖分析、氨基酸分析。通过将微阀、微反应器和固定相结合到简易的微流动注射芯片中，不仅扩大了微控芯片的应用领域，而且也为微控芯片的研究提供了更多的机会。微流动注射技术已经被证明是微流控芯片的重要组成部分，并为芯片研究提供了更多的便利。

2）非均相微流控-化学发光分析

通过非均相微流控化学发光分析，可以实现多种不同的应用，其中最常见的两种是基于微流控芯片的，即通过对芯片内部的化学修饰，或者将生物芯片（微阵列）引入芯片底部，从而实现对芯片的精确控制。除了在芯片内引入其他物质作为载体外，还可以将这些物质安装在特殊设计的反应池内，比如玻璃珠、磁珠或高分子小球，这些材料都具有独特的磁性，可以根据需要调节磁场，使得它们的安装位置更加灵活。

① 基于通道内部修饰的微流控化学发光分析　Bhattacharyya提出的一种新型微流控芯片，采取了特殊的化学处理，使其能够实现对各种疾病的快速、准确检测，而且它的多通道结构使得它能够容纳大量的样本，从而实现对各种疾病的快速、准确诊断。作者使用了两种检测方法检测信号，一种方式是使用可检测化学发光信号的成像仪，另外一种是使用可快速曝光的胶片。

② 基于微珠的微流控化学发光分析　通过使用微珠，如玻璃珠、磁珠、高分子小球等，可以大大提高微流控芯片的表面积，从而改善传统的修饰方式，使得信号的质量更高。由于其具有磁性，微珠中的磁珠可以被轻松控制，并且应用非常普遍。

③ 其他非均相微流控化学发光分析　通过微流控化学发光分析，不仅可以利用微阵列和磁珠，还可以采用离子交换树脂、分子印迹材料等多种固定相，以获得更准确的结果。固定相的引入可以用于固定反应试剂或捕获、富集目标分子，从而提高检测的灵敏度。

刘海生研究团队开发出一种新型的微流动注射化学发射芯片，该芯片实现了微注射阀的整合，并在其内部填充了阴离子树脂、鲁米诺和$K_3Fe(CN)_6$，实现了化学发射试剂的完美结合。Wisanu团队开发了一种新型芯片，利用酶促反应精确测量人类血液中的葡萄糖水平。此外，该芯片还能有效检测蜂蜜中的氯霉素，其关键技术是芯片内置的反应池，可将这些物质转化为可检测的结果。通过将待测样品和特定化学反应溶液注入微通道，并利用光电倍增管检测反应池中的化学反应物浓度，可以获得更精确的测定结果。例如，使用该方法检测氯霉素的效果非常好。这些创新的微流控化学发光分析技术为实现高灵敏度、准确性和多功能性的化学分析提供了新的途径。

6.3 电学检测

6.3.1 电阻检测

（1）原理

在生物医学研究和环境监测中，准确地检测和计数电解质溶液中的颗粒具有重要意义。电阻脉冲检测（RPS）是一种有效的颗粒检测和计数方法，由美国科学家库尔特（W. H. Coulter）于1953年发明。根据RPS的工作机制（图6-20），电解质溶液的电压保持恒定，悬浮在电解质溶液中的颗粒会通过一个特殊的小孔进入，由于它们的体积与电解质溶液相同，它们会引起电解质溶液电阻的突然改变，从而产生电流脉冲，实现对电压的实时监控。随着脉冲信号的增加，脉冲的尺寸会减小，但脉冲信号的总量会增加，这两者是一致的。基于检测到的信号，可以获得有价值的信息，如颗粒的大小、移动速度和表面电荷等。RPS技术提供了一种快速、准确的方法来检测和计数电解质溶液中的颗粒，对于生物医学研究和环境监测等领域具有重要的应用价值。

扫一扫，查看彩图

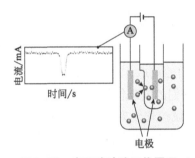

图6-20　电阻脉冲法工作原理

在库尔特原理中，电解质溶液内的理想绝缘颗粒通过圆柱形检测口时会引起通道电阻值的脉冲变化，而颗粒的粒径和检测口的尺寸都会影响到此脉冲变化的大小。而要通过脉冲信号的幅值确定样品中颗粒的粒径信息，需要先确定通道电阻变化与颗粒粒径和检测口尺寸的关系。

RPS传统装置包括一个浸入电解质溶液中的人造小孔、直流电源和其他辅助泵、管和阀。这使得该设备体积庞大且复杂。为了满足便携式流式细胞仪在某些极端环境中应用日益增长的需求，用于颗粒检测和计数的微流控技术逐渐成为研究热点。

（2）分类

电阻脉冲传感（RPS）方法的检测灵敏度和信噪比是重要的参数，它们在很大程度上依赖于颗粒与检测区的体积比。为了实现高信噪比的信号检测，与颗粒相比，传感区的尺寸不能太大。对于亚微米或微纳米级的颗粒，如病毒、DNA、蛋白质和免疫复合物的检测，需要亚微米或纳米级的检测区域。

然而，制作亚微米尺寸的PDMS通道在薄膜印刷分辨率有限的情况下非常困难。为了获得纳米尺寸的通道，人们通常使用一些先进的光刻方法、化学蚀刻、碳纳米管或脂质双层中的孔隙。尽管这些方法具有较高的检测灵敏度，但它们成本高昂、制造时间长，并且结构的重复性较差。因此，这些方法很难在实际应用中得到广泛采用。在开发RPS方法时，需要平衡检测灵敏度和制造的可行性。目前，研究人员正致力于开发新的制造技术和材料，以实现更小尺寸的检测区域，同时保持较高的结构重复性和低成本。这将为RPS方法的实际应用提供更广阔的前景。为了克服这些问题，人们开发了一些新的提高灵敏度的方法，具体分类如下：

（1）设计新颖的通道结构，使用高灵敏度的先进仪器

Jagtiani等所提出的多孔径库尔特计数器，如图6-21所示，由四个外围储液池和一个中心储液池组成。每个外围储液池通过微型通道连接到中心储液池；每个微型通道中间的一个微孔用于传感。具有微孔的聚合物膜将每个外围储层和主储层中的液体分开。主储存器中的电极缩短以消除串扰。

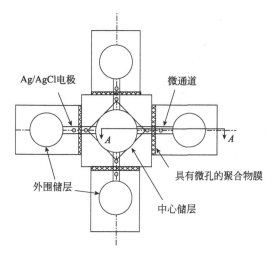

图6-21　用于微粒子检测的多孔径库尔特计数器的俯视图

Song等提出了一种利用软光刻技术制作PDMS-玻璃微流控芯片上的简单、高灵敏度的RPS传感器来检测更小纳米颗粒的新方法。其开发了一个具有两个检测通道的单微通道（图6-22），用于检测由粒子通过传感门引起的电阻脉冲。采用两级差分放大器对信号进行放大，显著提高了信号的信噪比。两个对称的传感微通道和一个两级差分放大器可以极大地消除常见的噪声。与其他纳米颗粒探测方法相比，首次采用软光刻技术和新的设计方法，实现了一种亚微米级的传感区。该方法简单，具有较高的准确度和灵敏度。

Song等还提出了一种基于侧孔的电阻脉冲传感器（SO-RPS）检测纳米颗粒和微生物的方法。SO-RPS是近年来发展起来的一种新技术，它利用位于微通道侧壁上的传感孔口进行颗粒检测和计数。SO-RPS不需要细胞通过传感门，检测灵敏度可以通过施加不同的电压来调整。基于侧孔的电阻脉冲传感器（SO-RPS）可以用于检测微米和纳米尺寸的非均匀粒子群，而不存在堵塞问题，并且在低压差下可以很容易地实现高流速（高颗粒吞吐量）。

基于上述原理设计的微流控芯片（图6-23）具有四个连接通道、一个检测部分和相应的孔。其中，左下方连接通道中的电极与电源的负极相连，而其他三个电极则与电源的正极相连。在检测部分中，有四个通道，分别是进口通道、聚焦通道、检测通道和出口通道，还有一个感应孔。聚焦通道的液位较高，以便产生压力驱动的鞘流，使颗粒尽可能靠近传感孔口。在将电解质溶液引入通道后，通过铂电极施加电场，颗粒被迫沿着通道壁流动，并经过

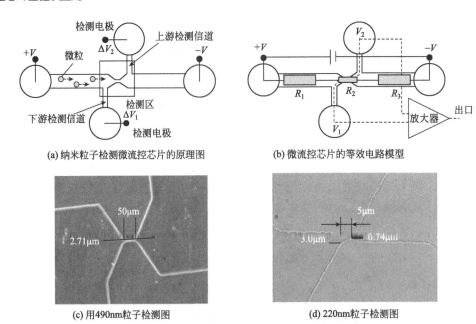

(a) 纳米粒子检测微流控芯片的原理图　　　　(b) 微流控芯片的等效电路模型

(c) 用490nm粒子检测图　　　　　　　　　(d) 220nm粒子检测图

图6-22　具有两个检测通道的单微通道

传感孔。当颗粒接近孔口时，由于颗粒使侧面传感孔的横截面积减小，系统的电阻增加，导致通过电阻的电流减小。当颗粒在孔口正上方时，电流将减小到最小值，随后，当颗粒通过孔中心后，电流会逐渐增大。在这个过程中，电阻上的电压发生显著变化，这些变化将被放大器捕捉到。

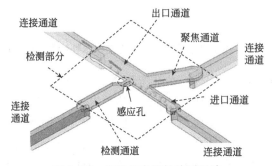

图6-23　侧孔纳米颗粒检测系统

（2）优化导电聚焦方案，缩小传感区域

提高灵敏度的另一个重要方法是采用较少导电聚焦解决方案来缩小传感区域。Nieuwenhuis等首次设计了一种以蒸馏水为聚焦溶液的变宽度传感区，从而将灵敏度提高了50倍。Rodriguez-Trujillo等开发了一种二维（2D）液压聚焦的高速微库尔特计数器。尺寸可调的孔隙允许在物理截面积为180μm×65μm和100μm×43μm的微通道中计数直径为2～30μm的颗粒/细胞。

对于二维聚焦，样品区域中颗粒的高度会影响检测信号的大小。为了克服这个问题，Scott等采用了三维流体动力聚焦技术来控制样品溶液在传感区域中的深度。与二维聚焦相比，三维聚焦使电导率变化的百分比增加了2.5倍。然而，2D聚焦方法也存在着电场发散和聚焦导电性差的问题，这是由使用局部共面电极导致的。如果电场能进一步集中，灵敏度也会相应提高。为了解决这个问题，Bernabini等提出了使用油/表面活性剂混合物作为聚焦溶液来限制电场，同时减小探测体积。研究表明，在交流阻抗细胞仪上，1μm和2μm聚苯乙烯颗粒的灵敏度和鉴别能力得到了提高。

大连海事大学研究人员提出了一种新的流场聚焦方法——将高电阻率的聚焦溶液从上游聚焦通道电动地传输到下游聚焦通道，而不是让聚焦溶液沿着整个微通道流动，这两个通道都位于检测区附近（图6-24）。该设计可大大提高检测灵敏度。研究表明，输出信号的大小随聚焦粒子流宽度的减小而增大，并且可以通过尽可能减小聚焦溶液在上行通道和下行通道中所占的空间来提高检测灵敏度。用30μm×40μm×10μm（宽×长×高）的检测区成功地实现了对1μm粒子的检测。该方法简单，不需要制作小的传感区就可以检测到较小的颗粒。

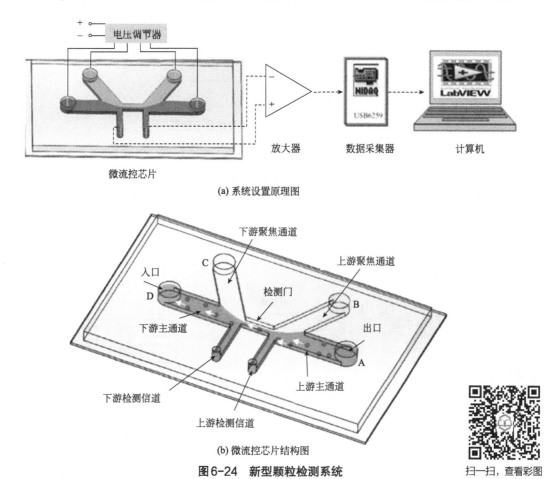

(a) 系统设置原理图

(b) 微流控芯片结构图

图6-24　新型颗粒检测系统

扫一扫，查看彩图

6.3.2　电容检测

（1）原理

一个最基本的电容器是由两块平行金属极板组合而成的，它的容量受到介质的介电常数的影响。介质的介电常数发生变化时，对应的容量值也会相应变化。然而，如果一个物体的体积和介质的介电常数都相同，它将受到另一个物体的影响，导致容量值的差异。通过观察和分析，能够准确估算出物质中微生物的数量，并从中得出其体积和密度。电容检测在粒子种类区分、浓度检测、活性检测等方面有着广泛的应用。

利用光刻技术，Sohn研究小组制备了一对宽度为50μm的金电极，两电极的宽度分别为30μm，它们组合形成一个电容传感器，微通道位于传感器的顶部（图6-25）。在这项研究中，研究人员采用了一种特殊的方法来监测DNA含量。首先，研究人员使用1 kHz的电容桥传输液体，然后观察两个电极之间的电容值是否有所不同。研究结果表明，随着DNA含量的增加，两个电极之间的电容值也随之增大。

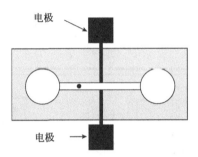

图6-25　微流控芯片电容传感器示意图

范大勇等提出了一种多电容传感检测法。通过对1—12、3—4、6—7、9—10、2—11、2—5、5—8及8—11电极对的研究，发现当这些电极对被排列成一对时，它们会对微流控芯片的性能造成显著影响，从而使得该芯片能够提供更加准确的检测结果。通过这种技术，能够准确地检测出不同浓度的粒子，从而更好地了解它们的运动轨迹，为实现针对某种特定病原微生物的治疗提供了强大的参考依据（图6-26）。

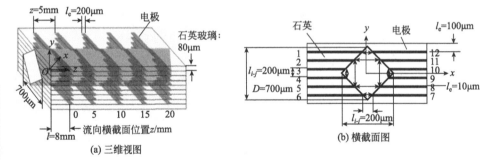

扫一扫，查看彩图

图6-26　多电极阵列微流控芯片的电极分布示意图

大连海事大学的研究人员开发出一种新型的微流控芯片实验室装置，它能够准确地检测并记录油液中的微小颗粒，其结构见图6-27。该装置采用25μm铜丝制成的PDMS微流控芯片，其内置的三维电容传感器，能够将油液的微小颗粒以注射的方式传输到感应器。通过采用电容传感器技术，可以准确地捕捉到8μm以下的微米级别的磨粒，这些微米级别的脉冲信号的幅度可以准确地表征出它们的尺寸，从而可以准确地统计出它们的总数。

但此方法也有一定的缺陷。通过电容检测发现，如果润滑油中的磨粒具有相似的介电常数，那么它们的电容会因为它们的尺寸的不断扩大而发生改变。因此，可以使用相应的方法来确定这些磨粒的尺寸。此外，如果它们的尺寸差不多，它们的电容会因为它们的介电常数的提高而快速提高。但是，如果它们的介电常数超过了某个特定的阈值，那么电容的提高就

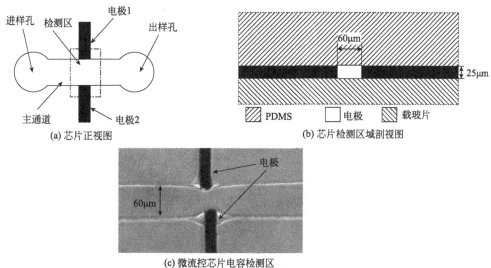

图6-27 微流控电容检测芯片结构

会逐渐减小，并且会达到某个临界点。电容传感技术不能有效地识别和鉴定出油液中的金属颗粒，这是因为它们的介电常数通常是极高的。

（2）分类

传感器的电容往往较小，这就使得它们的检测精度极其低，并且必须使用特定的技术来实现，如谐振法、振荡法、交换电桥法、运算放大器法、开关充放电法，这些技术可以更加准确地检测出电容值，从而更好地实现传感器的功能。

① 谐振法　通过谐振法，能够通过在电路中添加一个电压来控制电流的频率。这个电压的频率取决于电路中电压的变化情况。但是，谐振法也有一些局限性，比如电压变化过快会导致电路失去平衡。赵飞等利用分离圆柱体谐振腔法构建出一种新型的复介电常数测量系统，该系统具备较强的精度，能够满足较低的测试频率要求，并且能够提供更加精确的测量结果，使得它成为一种理想的介质介电常数检测工具，能够更好地满足复介电常数的检测需求，并且具备良好的精度，因此，它是一种理想的介电常数检测工具。

② 振荡法　振荡法的基本思想就是利用电容器C的振荡特性来实现电容的转换，这种转换的结果取决于电容器的振荡特性，这种特性又称作RC，它们的振荡特性可以采用计数器和F/V转换器来精确地获取。李兵兵等提出了一种全新的振荡法，即张弛振荡器，它的结构与传统的RC振荡法相似，都需要使用标准的比较器、固定的电阻以及持续的充放电来维持振荡，而且振荡器的灵敏度也更强，因此，它的优势在于它的抗寄生电容的能力更强，这样的振荡法大大减少了电容触摸感应的设备费用。

③ 交流电桥法　交流电桥法的核心原理在于，两个桥臂其中一个用于检测电容，另一个用于检测电压，它们之间的关系必须完全一致，以确保两个桥臂之间的信号能够传输（图6-28）。为了实现这一目标，需要对两个桥臂之间的关系进行校准，以确保它们之间的关系能够实现均匀的耦合。陆彦丹等发现，在低频（30～300kHz）和中频（300～3000kHz）的频段，采用串联电阻式电桥进行电容检测的效果更好，而采用传统的交流电桥法，由于其电路设计的复杂性，使得人工调整电桥的平衡变得更加困难。因此，研究表明，采用串联电阻式电桥进行电容检测的效果更好，而传统的交流电桥法的缺陷也更加明显。当频率超过

171

3MHz，任何形式的交流电桥都会因为测量精度的限制无法使用。

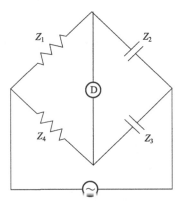

图6-28 电容电桥

④ 运算放大器法　通过使用运算放大器法，可以在保持驱动电压幅值不变的情况下，通过测量电容值来估算被测电容的值。这种方法能够提供高精度和高可靠性，并且能够准确地测量飞法级别的微电容，并且能够提供9.79mV/fF的直流电压输出。易艺等提出的脉冲激励式和电容转换芯片AD7746检测电路，可以有效地解决电容信号转换方法中存在的稳定性和精度问题，同时可以克服运算放大器本身温度漂移带来的影响，从而实现微弱电容的准确度和高精度检测。

⑤ 开关充放电法　采用开关充放电技术，可以实现以比例关系的方式将直流电压输入给待测容器，其最大的特性在于：无需担心温度变化以及漏电阻的问题，可以实现快速、准确的信号变化。通过采取开关磁阻电机的技术，朱彦波等构建出了一个基于储能飞轮的数学模型，并利用该模型构造出一个可靠的系统，它可以迅速地检测出寄生电容的干扰，从而大大改善电容转换的精度，使得它成为各类电容传感器的理想选择。曾君等研发了一种新型的LED驱动电路，它将可控开关电容（SCC）、电路、电路板以及电池电荷的均匀分布与集成电路的优化相结合，实现了高效的调节功能。

6.3.3　电感检测

通过磁感应技术，可以实现对磁场的准确监控，其特性是：磁性颗粒的磁性能力可以通过磁化、涡流等方式改变，从而使磁场的强度发生改变。特别是铁磁性颗粒，其磁性能力比非铁磁性颗粒更为突出，它们的磁性能力可以使磁场的强度得到提升，从而使传感器的电感也随之发生相应的改善。利用电感器检测的信号，能够准确地识别出物质的特征，并且能够从中推断出物质的尺寸。

（1）铁磁性颗粒检测原理

当一个具有铁磁特征的物体进入微电感线圈中，它会被磁化，从而产生一个完全不一样的磁场，使得线圈的等效电感值增加，这个新的磁场比线圈内的涡流减少的磁场更加强烈。然而，由于这个物体具有较强的导电特征，它会被原有的磁场吸引，从而使两个磁场的相互作用增强，从而使这个新的磁场比线圈内的减少的磁场更加强烈。因此，在铁磁体穿透的情况下，电感器的相关电阻会显著提高，从而导致一个明显的脉冲信号。

（2）非铁磁性颗粒检测原理

在微电感线圈的内部，由于非铁磁性物质的存在，它们之间的电涡流将发生。按照楞次定律，由于感应电流的存在，线圈的电感将随着电涡流的存在而逐渐降低。

电感检测法适合铁磁性颗粒与非铁磁性颗粒的检测，常用于油液磨粒、污染物颗粒等成分的检测。微流控芯片的应用可以显著改善电感检测的性能，它的特点是体积紧凑、容易组装、操作简单，而且可以实现更多的流量控制。然而，如果将微流控芯片的流量控制范围扩展到一定程度，就可能导致其灵敏度下降。为了解决这个问题，目前的研究重点是如何改善微流控芯片的流量控制。

根据上述电感检测原理，大连海事大学研究人员分析了金属颗粒通过微电感传感器时的磁化特征，以及微电感传感器与金属颗粒形成的电涡流等效电路（图6-29）；利用COMSOL软件对铁、铜两种金属颗粒通过线圈时的电磁学模型进行了仿真，并结合仿真云图对仿真结果进行了分析。并从微电感传感器在检测铜、铁颗粒时，颗粒粒径、颗粒速度、激励频率、激励电压、线圈匝数、线圈线径6项因素分析了其对等效阻抗输出的影响。

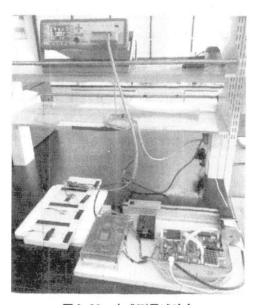

图6-29　电感测量试验台

经过系统的实验发现，当颗粒、激励源和线圈的参数发生改变时，会导致金属颗粒的检测灵敏度发生相应的变化。具体来说：①当颗粒的尺寸越来越大时，其所产生的电感和电阻值会有所提升，然后又会因为颗粒的移动速率的提高而降低；②当激励频率提高时，颗粒的电阻值略有下降，但当频率降至一个合理水平后，其值就开始保持平衡，并且当激励电压继续提高的情况下，对铁颗粒的监控也没有明显的负面效果，两种颗粒的监控的信噪比也都有所提升。因此，当进行阻抗分析时，建议使用最高的激励电压。

Li等利用平面电感线圈构建的传感器，可以有效地检测出Fe和Al颗粒的大小，范围为80～500μm，如图6-30所示。这种方法具有较高的稳定性，可以有效抵御外界环境的变化，但是由于检测精度较低，一旦待测颗粒大于80μm，就会变得困难。电感法虽然可以检测出铁磁性颗粒，但是由于其精度有限，使得它无法检测到其他生物细胞和生物分子，从而限制了它的应用范围。

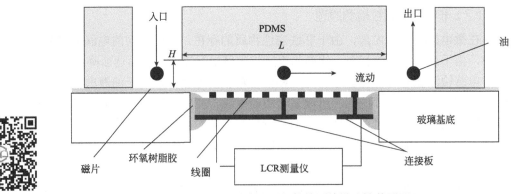

图6-30　润滑油中金属颗粒检测的微流控装置原理

　　润滑油能够有效地清除机械部件之间的磨损，从而提高工件的使用寿命。因此，人们可以利用润滑油的磨粒来识别出机械部件的磨损程度，从而更好地掌握其变化趋势，从而更好地决策是否需要对其进行维护。因而，开发一种能够准确识别润滑油中磨粒的新方法显得尤为必要。传统的电容式检测方法很难准确识别，而且还可能遭遇气泡、水滴的干扰，而采用电感式检测则可以克服这些困扰。此外，由于空气的相对磁导率和水的相对磁导率接近，而且它们的干扰程度也很低，可以完全忽略这些干扰。

　　大连海事大学研究人员提出了一种新的方法来提高微型电感传感器检测磨粒的灵敏度（如图6-31所示）。通过在电感线圈周围放置一些磁性粉末，可以使得磨粒的感应信号会随着磁性粉末浓度的增加而线性提高，这种增强对不同大小的磨粒也是有效的。该方法简单，可操作性强，可使实验中使用的微型电感传感器的检测极限扩展到11μm的磨粒。

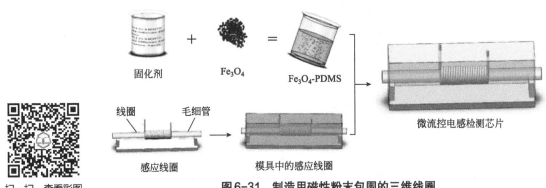

图6-31　制造用磁性粉末包围的三维线圈

　　此外，针对为高灵敏度而设计的电感线圈的狭窄内径限制了油的吞吐量的问题，团队提出了一种基于时分复用的新型多通道磨粒传感器系统，所设计的多通道传感机制可以避免以往研究中出现的串扰效应和突发噪声，如图6-32所示。团队只用了一个正弦波激励信号和一个采样通道来同时检测十个通道的磨粒，通过设计的信号合成和同步采样方法，只有一个激励信号被用来激励多个传感线圈。然后，来自多个传感线圈的信号分别与自行设计的一系列方波相结合。因此，峰值波形在不同的时间段被方波中的高电压提升。之后，信号的峰值被切掉并合并成一个输出信号，所有传感通道的信号最后都从记录的峰值中提取出来，所有通道的检测结果是相互独立的。团队进行的动态测试表明，该系统的流速提高了9倍（从6mL/min提升至60mL/min）；系统的可扩展性分析表明，该方法有可能在一个系统中安装大量的通道，这将有助于以相对较高的产量对机器状态进行实时在线磨粒检测。

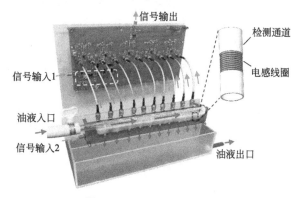

图6-32 十通道检测系统

扫一扫，查看彩图

6.3.4 联合检测

6.3.4.1 原理

电感检测法可以准确地识别出铁磁性和非铁磁性金属颗粒污染物，但它的缺陷在于无法检测出非金属颗粒污染物，而电容检测法则可以提供更准确的检测结果。因此，将电感、电容、微流控三种检测技术结合起来，是当前微流控电学检测研究的重要方向。

大连海事大学研究人员利用电感法与电容法的优势，并运用微流体技术，开发了一种新的多参数微阻抗分析方法，它可以有效地分离、鉴定、控制油液中的铁磁性、非铁磁性、非金属等物质。该方法利用微流体芯片进行阻抗分析，可有效地识别、控制、分析各种物质的含量。本研究的主要目的是探索一种新的、有效的、可靠的、高精度的油液检测系统，其具有高精度、高可靠性、高可操控性等特点，其具有多种参数的微阻抗，可以有效地检测出各种污染物，从而提高油液的净化效率，如图6-33所示。

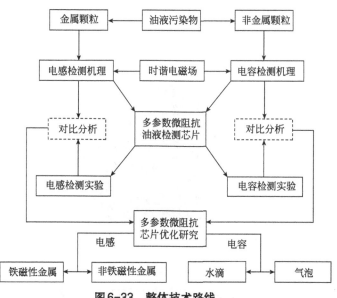

图6-33 整体技术路线

机械设备的不同部位使用不同的摩擦副材料。根据润滑油中磨损产生的磨粒材料类型，可以判断出磨损的具体部位，从而有助于有针对性地进行设备的保养和维护。为了识别磨粒材料的类型，首先需要区分润滑油中的铁磁性磨粒和非铁磁性磨粒，并尽可能避免润滑油中的气泡和水滴对检测结果的影响。因此，有必要对油液中的金属颗粒污染物、水滴和气泡等非金属颗粒污染物进行更全面的检测。为了扩大微电感检测芯片的检测范围，该团队在电感检测法的基础上提出了基于微流体芯片的多参数微阻抗分析方法。通过对现有的检测芯片进行重新设计和优化，增加线圈数量，重新设计线圈结构，并将电容参数检测引入电感传感器中，形成了全新的微阻抗检测系统。这样，单个微阻抗芯片就能够进行电感和电容参数的检测，从而可以对油液中的多种颗粒污染物进行区分检测。该团队设计了两种基本的多参数微阻抗检测芯片，分别是"螺线管型多参数微阻抗芯片"和"平面型多参数微阻抗芯片"，这两种芯片都具备电感和电容两种检测模式。

（1）螺线管型多参数微阻抗芯片的检测机理分析

1）设计

这种新的技术可以通过使用两个独立的磁性或非磁性线圈来实现对油液中的颗粒物的快速识别。这种技术可以通过模拟两个磁性或非磁性线圈的运动来实现对水滴或气体的快速识别。该技术的结构可以通过使用两个磁性或非磁性线圈来实现（图6-34），并且可以通过使用一对电容来实现对这些物质的快速识别。

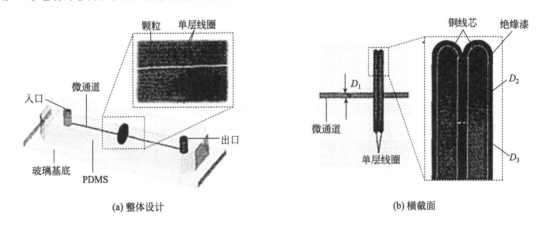

(a) 整体设计　　　　　　　　　　　　　　　　(b) 横截面

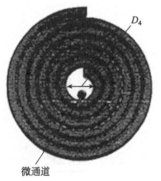

(c) 单层线圈示意图

图6-34　螺线管型微阻抗芯片设计图

2）电感参数检测原理

电感参数检测原理如图6-35所示。通过采用电感技术，高频交流电可产生磁场，从而实现对颗粒的监控。在这种情况下，由于磁感应强度的存在，颗粒将被磁化，从而提升其磁感应强度；而由于楞次定律，在这种情况下，由于颗粒内部的涡流，其磁感应强度也将随之减弱。由于两种因素的影响，颗粒的内在环境发生了改变，这种改变又会影响到传输线圈，导致其阻抗发生改变。

3）电容参数检测原理

根据电容检测的概念，两根单层导线构成了一对环状的电容极板，它们的介电常数随着物体的流动而改变，因此，容量的检测可以有效地实现对物体的监控，具体可以参考图6-36。

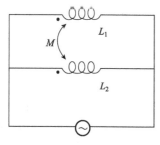

图6-35　电感参数检测原理

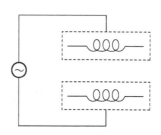

图6-36　电容参数检测原理

（2）平面型多参数微阻抗芯片的检测机理分析

1）设计

除了螺线管型微阻抗芯片，通过改变流道和双线圈的布置方式，大连海事大学研究人员还设计了一种平面型多参数微阻抗芯片，其设计如图6-37所示。该检测芯片由一个直微通道和两个嵌入通道两侧的单层电感线圈组成，两个单层线圈正对排布在直通道两侧，直通道沿径向从两个单层电感线圈中间穿过。

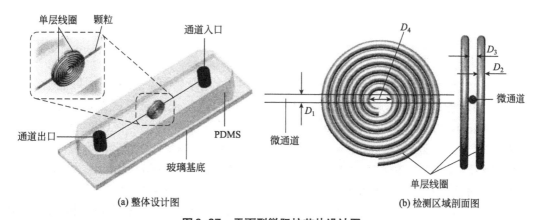

(a) 整体设计图　　　　　　　　　　　(b) 检测区域剖面图

图6-37　平面型微阻抗芯片设计图

相比而言，平面型芯片的电感监控系统在通道布局方面有其特点。通常，这些通道的布局沿着两个单独线圈的中心展开，并且可能会有一定的偏移。相比之下，螺线管型芯片的通道则沿着两个线圈的中心展开。尽管采用相同的技术进行电感检测，但由于颗粒的运动方向和大小不同,它们的检测结果会有所差异。此外,在电容检测中,采用的是平面型芯片,它可以避免使用极板的边缘效应,使得颗粒能够直接通过两个相互垂直的表面进行检测。这种方法更贴近实际情况。下面将深入探讨电感检测和电容检测的工作机制。

2)电感参数检测原理

通过改变线圈的安装方式以及颗粒在其中的分布情况,可以使平面型多参数微阻抗检测芯片的电感性能发生显著的改善,从而使得它的电感性能比传统的螺线管型芯片更加准确可靠(图6-38)。

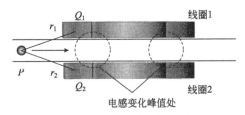

图6-38 平面型微阻抗芯片检测原理图

3)电容参数检测原理

平面型微阻抗芯片的电容检测原理与螺线管型芯片一致,但在电容变化的计算上同样有区别。螺线管型芯片是利用平行电容极板的边缘效应进行检测,而根据平面型芯片的设计,颗粒将穿过电容极板的正对区域,而在该区域,电场分布可以看作是均匀的,并且颗粒能够完全进入电容检测区域(图6-39)。

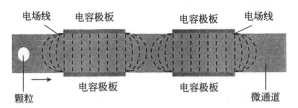

图6-39 平面型微阻抗芯片的电场分布

6.3.4.2 分类

(1)电阻抗流式细胞检测

深入研究发现,细胞的组织和功能会影响它们的电学特征。这种影响可能会体现在细胞形态和功能的变化。通过使用微流控芯片,可以进行电阻抗流式细胞检测(electric impedance flow cytometry,EIFC),从而更加准确地进行细胞的检测。将EIFC应用在微流控芯片中,可进行单细胞的精确检测,拥有极强的灵敏度、非标记性和较低的价格。

通过将玻璃电极和聚合物管道相结合,可以实现微流控芯片的高精确性(图6-40)。该芯片通过一系列收缩步骤,提供更准确的阻抗检测信息,以实现更好的性能。这些步骤包括以下几点:首先,在入口处安装过滤柱,以避免杂质的污染。其次,在入口池和检测管道的交界处安装一个三级收缩管道。第一级收缩位于入口池的边缘,第二级和第三级收缩位于检测管道的中央,而第三级收缩位于最重要的检测区域,以确保芯片的准确性。在这个关键区域,微粒的尺寸比预期要小一些,但管道可以有效地控制它们的扩散。微粒会被有效地分散并在狭小的空间中聚集,从而形成独立的微粒流,提供更准确的检测信息。

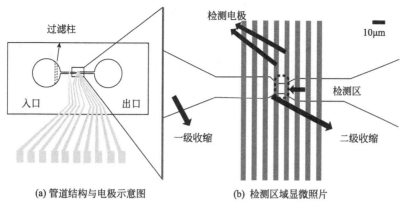

(a) 管道结构与电极示意图　　　(b) 检测区域显微照片

图6-40　用于电阻抗流式检测的玻璃-PDMS复合微流控芯片

根据采集的数据处理结果，可以有效地区分出尺寸相近的微粒，这种方法不仅具有非标记、低成本、易于集成、操作简便的优势，而且还可以有效地实现细菌的现场快速即时检测，从而有效地识别出更小的微粒的尺寸和特征，为定量和定性研究细菌提供了可靠的基础。

（2）叉指电极法

基于叉指电极的微流控凝血时间检测芯片（如图6-41所示），可以实现对血液凝固时间的快速、准确检测，它将电极技术与上位机的智能信号采集处理功能完美结合，相比于传统的玻璃试管检测，它的操作更加简单，而且所需的试剂样品也更少，不会受到血液颜色和黏度的影响。

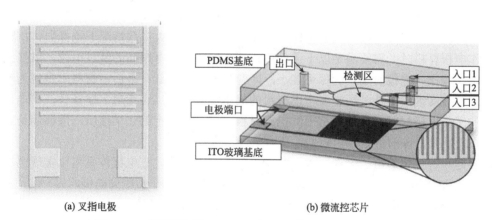

(a) 叉指电极　　　　　　　　　(b) 微流控芯片

图6-41　叉指电极及用于凝血时间检测的微流控芯片示意图

（3）四极电阻抗法

血锂浓度水平对躁狂抑郁症患者至关重要，浓度稍有升高就会产生毒性。四极电阻抗法（TEIS）是作为检测血锂水平的替代方法，通过一对电极施加交流电，并通过另一对电极记录诱发的电位差，提取被测样品的阻抗特性，研究其频率变化（图6-42）。TEIS技术对电极-电解质界面阻抗的敏感性比双电极技术低得多，记录信号的变化可以直接归因于被测样品的导电性变化。具有成本低、过程简便、检测时间短等优点。通过电极施加的电流或电压信号处于非常低的水平，通常在 $10^{-6} \sim 10^{-3}$A 或 $10^{-3} \sim 10$V 之间。

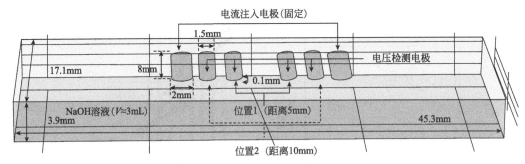

图6-42　四极电阻抗法示意图

6.4　电化学检测

电化学检测是一种利用电化学的基本原理和实验手段来确定目标分析物种类和含量的分析方法。在这种方法中，电化学传感器（电极）是关键的组成部分，一般分为两电极、三电极和四电极系统。这些电极通过电路连接到探测器上。在电化学检测的过程中，电流通过外部电路连接到电极上，从一个电极流向另一个电极，同时在电极-溶液界面发生电化学反应。随着反应的进行，电解质中的正离子和负离子沿电场方向移动，导致电荷在电解质溶液和电极界面之间转移。同时，待测物会扩散到电极界面上，并在特定电压的作用下发生氧化还原反应。目标物的氧化还原过程中，电子的转移被探测器捕捉和记录，从而得到带有目标物特征信息的电化学响应曲线。电化学检测的主要方法包括电流检测、电阻检测和电位检测三种。

为了获得准确的电化学检测结果，通常采用三电极体系，包括工作电极（WE）、对电极（CE）和参比电极（RE）。工作电极也被称为研究电极，因为所研究的反应发生在工作电极上。通常情况下，工作电极的材料可以是固体或液体，但在大多数情况下选择固体材料。在选择工作电极材料时，需要满足以下条件：首先，材料应具有较高的氢过电位，以扩大工作电压范围；其次，电极的噪声应尽可能小，即背景电流应较低；最后，材料本身应为惰性材料，不容易被腐蚀。此外，还需要考虑材料的成本等因素。综合考虑上述条件，碳电极成为较理想的工作电极材料，也是最常用的电极材料。碳具有稳定的化学性质，能够满足工作电极的要求。此外，碳的价格相对较低，适合大规模生产。

电极是一种重要的电子元件，可以帮助控制电流的传输。三电极体系可以实现电极的有效连接，从而实现电极的有效控制。其中，电极的作用是将电子传输到电极的另一端，并且可以提高电极的活性，从而维护电极的完好性。一般来说，为了降低电流密度，并且避免出现过度极化的问题，电极的材质应该采用铂和碳等优质的元素，而且要求其表面积尽可能地大。

阴极的电位受到电流的影响，在不同的电极体系下可能有所不同。例如，在三电极体系中，参比电极能够帮助维持阴极的电位，从而避免极化问题的产生。通过引入参比电极，能够有效地抑制极化电流对电位结果产生的影响，进而大大增强了测量结果的准确性。

6.4.1　电流检测

电流检测通常被用作检测待测物质的方法之一，它通过记录在工作电极上发生氧化还原反应时产生的电流信号大小来实现。通过将一个固定的电压作用于阴极，可以激活阴极表面上的氧化还原反应速度,形成一个电流,随着阴极表面上的电压增大,电流也会增大。电流检测技术的优势显著,它可以提供极高的精确率,可靠的结果,操作简便,可达到极低的检测极限。

（1）柱端电流检测

Mathies等发明了一种新的鞘流检测峰的方式,能够有效地缩短检测峰的长度,从而实现在通道出口250μm处对分析物检测的目的。该方式不仅能够有效地扩大检测范围,还能够有效地降低检测过程中的电流变化,从而获得准确的检测数据。研究人员使用一款特殊的芯片来探究儿茶酚的含量,其灵敏度高达4.1μmol/L,而且其输入端的流速也高达50μm/s。鞘流柱端安培检测的芯片示意图见图6-43。

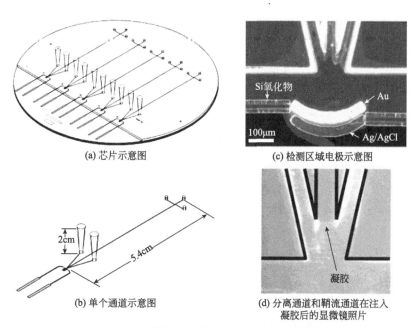

(a) 芯片示意图

(b) 单个通道示意图

(c) 检测区域电极示意图

(d) 分离通道和鞘流通道在注入凝胶后的显微镜照片

图6-43 鞘流柱端安培检测的芯片示意图

（2）柱内电流检测

通过使用柱内阵列四电极技术,Wu等研究了牛胚胎发育过程中的氧气消耗情况。图6-44展示了这一系统的结构,每个牛胚胎都会沿着芯片内的凹槽经过四个电极,从而实时监测其氧气消耗情况。

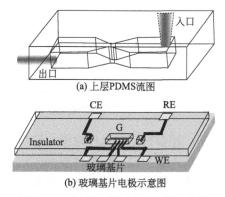

(a) 上层PDMS流图

(b) 玻璃基片电极示意图

图6-44 阵列四电极检测芯片示意图

（3）柱后电流检测

采用电极放置的柱外安培检测技术，可以利用电压去耦器，使电极的电位降低到最低，以此来抑制电流的扩散。

通过使用纳米金修饰的电极，Dawoud等成功地将多巴胺和儿茶酚分离出来，而且在60s内就能够实现，而且几乎没有峰展宽的情况出现。此外，这种技术使得多巴胺和儿茶酚的检测限达到110nmol/L。柱后电流检测芯片示意图见图6-45。

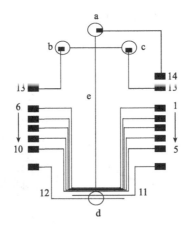

图6-45　柱后电流检测芯片示意图

a—样品库；b—缓冲库；c、d—废物库；e—分离通道；1、13～15—用于样品注入和分离的电极；

2～10—工作电极；11—参考电极；12—辅助电极

6.4.2　电导检测

电导检测法是一种定量检测方法，通过测量主体溶液与待测物质溶液之间电导率的差异来进行测量。该方法适用于无机离子、氨基酸等物质的检测，在无机离子研究中得到广泛应用，检测限通常可达到10.6～10.8mol/L。

电导检测利用离子在溶液中的导电特性，测量施加电压时两个电极之间产生的电流，并根据欧姆定律计算电解质溶液的电导率。为了抑制电极上可能发生的氧化还原反应的影响，通常使用1kHz频率的交流电进行电导率测量。在高频率下，需要使用不与溶液接触的电极，而是将其附着在样品池外部。电导检测方法适用范围广泛，尤其在常见金属离子的分析测定中具有明显的优点。

电导检测装置一般由电导池、信号源和微电流检测单元等组成。根据检测电极是否与被测溶液接触，可分为接触式电导检测器和非接触式电导检测器。这些装置的设计和组成使电导检测方法具有高效可靠的特点。

（1）接触式电导检测

接触式电导检测有两种方法：柱端检测和在柱检测。柱端检测需要在芯片的分离通道上钻出一个小孔，然后将两个电极放入其中，以便进行检测。这种方法的优点在于，它能够更快地发现物质的电流，从而更准确地确定物质的性质。随着技术的发展，越来越多的研究工作开始转向在柱检测，这种方法具有操作简单、可以同时检测多个电导检测器等优势，使得接触式电导检测技术得到了广泛的应用。

接触式电导检测虽然具有制作简单、较宽的线性测量范围和可连续测量等优点。但是非常容易造成电极中毒和腐蚀，并且极易在电极上产生气泡。检测电流也易受到高压电场的干扰，降低灵敏度。同时，检测器线路需要复杂和精密的保护，以防止高压电场的损坏，大大增加了制作工艺成本。

（2）非接触式电导检测

非接触式电导检测指检测电极不直接接触溶液，而是放置在具有分离通道的芯片外表面。通过与通道中的溶液进行耦合，在交流激发电压下对分析物进行检测。与接触式电导检测相比，非接触式电导检测具有多项优势：避免了电极中毒和气泡产生的问题，能够使用广泛的电极材料；检测器线路简单且易于集成；有效避免了高压电场的干扰，从而大大降低了背景噪声，提高了检测灵敏度。同时，微电极制作技术的繁荣发展有效降低了芯片制作成本，为便携式电导仪的开发提供了便利。

C4D（capacitively coupled contactless conductivity detection）检测池电极通常以轴向排列的形式存在。采用高频交流激励技术，将信号从石英毛细管的聚酰亚胺表面发射出去，经由电容耦合的机制，将信号转换为可测量的形式，最终经由待测液的反馈将信息重新发送回毛细管的表面，从而实现对物质的检测。通过电流/电压转换电路的运作，反馈信号被有效放大，能够准确地检测出待测离子和背景缓冲的电导率变化。

非接触式电导检测示意图见图6-46；电容耦合非接触式电导检测器的等效电路示意图见图6-47。

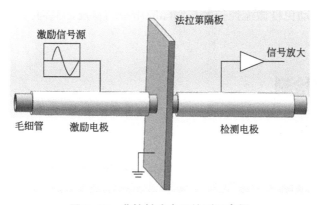

图6-46 非接触式电导检测示意图

图6-47 电容耦合非接触式电导检测器的等效电路示意图

6.4.3 电位检测

相对于单一纸基底的免疫微流控检测芯片而言，3D打印技术结合聚合物制备的纸基免疫微流控检测芯片能够充分发挥两者的优势，从而更有利于实现微生物的快速检测。举例来说，研发了一种纸基免疫微流控芯片，通过3D打印旋转框架与纸材料相结合，实现了芯片的可重复使用性，并成功应用于沙门菌的快速检测。

该芯片采用纸基衬底，无需复杂的表面修饰，能够快速准确地固定显色底物，实现信号输出。3D旋转聚合物框架被用于放置纸基芯片，利用离心力驱动溶液的流动，实现试剂的输送、洗涤和检测自动化。在检测过程中，样品孔注入含有病原菌的样品溶液，修饰的纸基芯片与外部永磁体结合，以固定免疫磁球来富集病原菌。随后进行洗涤，并加入带有生物素标记的检测抗体，形成免疫磁球-细菌-检测抗体复合物。该复合物表面具有生物素，可以与带有链霉亲和素的半乳糖苷酶结合。最终，当半乳糖苷酶与固定好的显色底物发生反应时，芯片由黄变红，表明样品中含有病原菌。该免疫微流控检测芯片以沙门菌为目标病原菌，在培养基和牛奶中进行培养时，其检测限分别达到了 4.4×10^2 CFU/mL 和 6.4×10^2 CFU/mL。相较了传统的纸基分析设备，该纸基微流控芯片避免了洗涤步骤，仍保持了出色的检测性能，为商业化提供了一种实用的产品方案。

尽管免疫微流控检测技术具有很高的可行性，但也存在一些挑战，阻碍了其广泛应用。实现这一目标不仅仅是一个理论上的过程，而是一个复杂的过程，涉及光刻机、真空热压键合机和精密的加工工艺。由于芯片中的死颗粒可能会影响检测的准确性，而长时间的低温环境可能会破坏事先准备的实验样品，因此，大多数免疫微流控技术的应用范围仅限于快速、准确地识别病毒，其他功能尚待深入探索。为了更好地实现免疫微流控检测芯片的功能，需要精心优化制备过程，避免死体积的干扰，以确保产品的准确性。同时，为了提高微流控芯片的便捷性，还需要尽量减弱对外界环境的依赖，并研发更轻便的外壳。为了更好地区分活细胞和死细胞，必须深入研究微流控技术，以提高其使用效率。只有在成功实现这些技术的基础上，才有可能推动免疫微流控技术在实际应用中的普及，从而为基础科学的发展做出巨大贡献。

6.5 其他检测

6.5.1 质谱检测

质谱（MS）分析法是利用带电粒子在电场或磁场中的偏转来测定气体成分的一种方法。通过将样品中待测组分转化为气态离子并按质荷比（m/z）大小进行分离和记录其信息，通过对样品离子质荷比的分析，实现准确定性和定量。既可测定无机物，也可分析有机物；被分析样品既可以是气体或液体，也可以是固体。质谱仪器包括离子源、质量分析器和检测器。在生物分析中，质谱检测常用的两种软电离方式是电喷雾离子化（electrospray ionization，ESI）和基质辅助激光解吸（matrix-assisted laser desorption/ionization，MALDI），在微流控芯片技术中通常使用这两种方式作为微流控器件和质谱分析技术联用的接口。

（1）ESI-MS

Svedberg等研究者发明了一种新型的芯片质谱电喷雾技术，它可以实现对微流控芯片的液体微通道的精确测量，并且可以使用一个高电压来实现对芯片的离子化，从而实现对芯片的精确测量（图6-48）。尽管芯片表面直接喷雾技术可以获得良好的检测信号，但仍有一些案例指出了该技术的局限性。首先，它具有大约12nL的死体积，而分离出来的单组分的样品一般约5nL，如果不采用非常尖细的ESI喷嘴，将使分开的组分在检测前再次混合。其次，用高流速技术分析亲水性化合物仍然不可能具有良好的灵敏度。此外，被分析溶液中的污染，如盐类或洗涤剂，或其他被分析物的存在，可能导致被分析物信号被大量抑制。

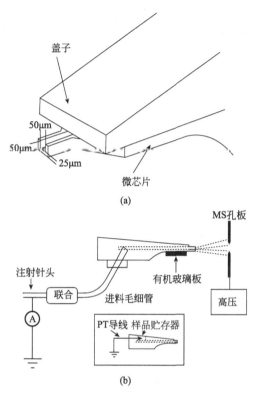

图6-48　开放尖端电喷雾装置

研究表明，当喷针的尖端尺寸较小时，其对样品的离子化能力较强，从而提高了质谱仪的精度。同时，由于喷雾电压的下降，喷针尖端放电的概率也相应降低，这有助于将更多的样本离子输送到质谱仪，进一步提高其精度。近年来，一些学者开发了一种新的技术，即利用微米尺度的毛细管和微流控装置相互配套，实现对物质的精确检测。Harrison是这一技术的先驱者，他利用碳化钨钻头对物质进行钻探，然后将熔融的石英毛细管插入微流控装置，实现了毛细管电泳和质谱分析的联用，具体请参考图6-49。

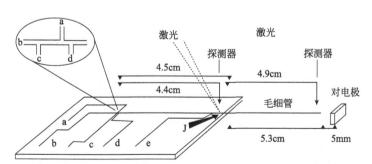

图6-49　将毛细管插入微流控芯片通道内进行电喷雾质谱实验

标注a、b、c、d的微通道300μm宽，但在接头前2mm处，变为40μm宽；

标注e的微通道为施加真空的侧通道；J点为熔融位置

一体化电喷雾探针（图6-50）是指利用微加工技术将微流控芯片通道出口边缘打磨成尖细的喷嘴。通过采用先进技术，已经成功开发了一系列先进的ESI技术，这些技术不仅具有出色的整体性能，还具有紧凑的尺寸和占用空间小的特点。此外，还研发了许多新型的高分子聚合物，它们易于加工且经济实惠。在微流控技术中，聚对苯二甲酸乙二酯（PET）、甲基丙烯酸甲酯（PMMA）和聚碳酸酯（PC）是最常用的高分子材料，它们在微流控技术中得到广泛应用。随着微机电系统（MEMS）的不断发展，成功地将多种功能集成到芯片上，从而使得芯片质谱的精确测量和分析变得更加便捷。

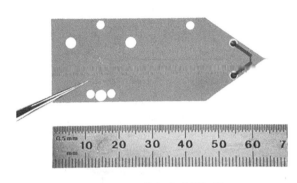

扫一扫，查看彩图

图6-50　一体化电喷雾探针

（2）MALDI-MS

MALDI离子源具有极大的优势，它可以有效地抑制大多数有害化学试剂的释放，并且具有极佳的灵敏性，可以在1pmol以下的范围内进行精确的实验，而且其光学特性使得它的光学特征非常明显，可以用来进行多种不同的生物样本的分析。MALDI技术可以有效地改善质谱仪的性能，它可以借助于激光的能量，以及其他技术手段，如基体辅助，实现对样品的有效分析。MALDI可以使大量的样品同时滴置在同一个样品板上，因此，MALDI比ESI具有更高的样品吞吐量和检测效率，对于样品的批量分析具有更大的优势。因此，MALDI-MS对于发展高通量的样品处理技术来说更具有深远的影响意义。

6.5.2　热透镜检测

当一束高斯光束穿过样品溶液，其中的分子会吸收特定波长的光辐射，并跃迁到激发态，随后经历一段时间的无辐射弛豫，最终返回基态并释放能量。在此过程中，光束中心的能量最高，而边缘的能量相对较低，这导致了样品溶液的折射率发生改变，也称为热透镜效应。利用光学显微镜，可以采用一种新的方法，即使用同轴激光激发液体凹透镜，实现热透镜检测。这种方法能够有效提高检测的准确性，同时降低实验的复杂性。

通过采用激光诱导热透镜技术，可以获得更准确、快速和可靠的结果。该技术的特点在于能够在没有外界干扰的情况下，快速而准确地获取研究对象的信息，从而提供可靠的结果。虽然微流控技术能够在较小的尺度内精确提取各种分子，但由于其灵敏性较弱，无法精确地识别和测试1μm的微粒。实际上，$1μm^3$（1fL）微粒的实际含量仅为10^{-21}mol，与传统的分子筛技术（如分子筛仪）相比，其精确性更高。结合微流控技术，采用激光诱导热透镜技术可以显著改善现有的检测方法。该技术不仅能够满足微流控技术的要求，还能提供更小的误差，使其成为优秀的分析工具。

微流体注入-热透镜显微系统探测微囊藻毒素示意图见图6-51。

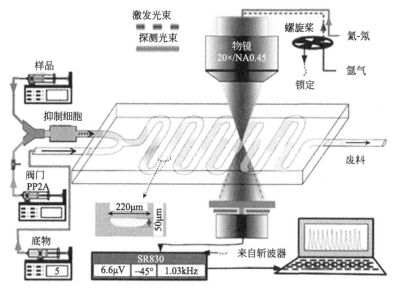

图6-51 微流体注入-热透镜显微系统探测微囊藻毒素示意图

扫一扫，查看彩图

近年来，随着技术的进步，微流控芯片技术在微粒测定方面的应用日益普遍，其精确性也得到了提高。微流控芯片不仅是一项技术，而且是一种多功能的技术，可以用于检测各种微小颗粒，如细胞、细菌、病毒、液滴、气泡、金属磨粒和磁珠等，为多个应用领域提供支持。微流控装置在粒子计数方面具有诸多优势，如样品消耗少、时间消耗少、便携性和高速性等。因此，微流控装置上的粒子计数得到了快速发展。为了实现粒子计数，热学与微流控装置的结合是一种常用的方法。当流体通过通道时，流体的热导率、结构的热阻和流动轮廓都会影响通道中的热传递。在通道中进行稳定流动后，该装置将在有限时间内达到热平衡状态。当悬浮微粒进入微通道时，热传递平衡受到干扰，微粒的存在导致热导率发生变化，从而引起温度的变化。这种变化可以通过简单的热测量来检测。

Kumar等开发了一种新型的微流控颗粒热计数技术，可以监控流体的流动，从而准确地识别油酸的流动情况。该技术采用具备微小孔径的PDMS，并安装于具备电阻温度检测器（RTD）功能的硅衬底上，以便更加精确地监控流体的流动情况，如图6-52所示。在这种情

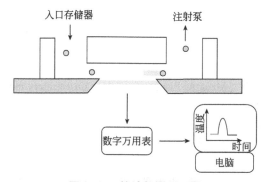

图6-52 热计数器原理图

187

况下，通过传感器测量的微小颗粒的尺寸可以得到 90μm 的相对温度的显著差异，其值介于 0.11 ～ −0.44K 之间。热计数器首先用于对微流控芯片上的液滴进行检测。

热计数器是一种革命性的技术，它可以在不受光照或电场影响的情况下准确地测量物质的大小，而且可以实时地进行分析，不需要任何标签。但是，它的灵敏度受到热传感器的限制，因此很难准确地测量出微小的物质。

 习题及思考题

1. 微流控芯片常用的检测方法有哪些？
2. 与常规检测相比，基于微流控芯片的检测方法有哪些优势？
3. 结合本章内容，分析有哪些方法能提高微流控芯片检测技术的灵敏度？
4. 结合本章内容，分析总结有哪些技术手段能提高微流控芯片检测通量？
5. 简要阐述微流控芯片检测技术的发展趋势。

参考文献

[1] 张玲玲，陈媛，王彩霞，等. 便携式 405nm 激光诱导荧光检测仪的研制和性能评估 [J]. 应用激光，2019, 39(6): 1035-1040.

[2] 臧鲲. 基于蓝/紫激光诱导荧光检测的毛细管电泳新方法及其在食品分析中的应用 [D]. 兰州：兰州大学，2021.

[3] 杨金强. 基于三维荧光光谱技术的城市生活污水处理过程在线监测方法研究 [D]. 合肥：合肥学院，2020.

[4] 杨哲. 基于荧光光谱的成品油污染物检测技术研究 [D]. 秦皇岛：燕山大学，2019.

[5] 王丽. 复杂混合物中成品油有机污染物荧光光谱检测技术研究 [D]. 秦皇岛：燕山大学，2016.

[6] 胡悦. 生物细胞形态特性的荧光光谱技术 [D]. 长春：长春理工大学，2019.

[7] 薛敏. 液相色谱用 LED 诱导荧光检测器研究与性能评价 [D]. 南京：南京理工大学，2014.

[8] 席秋颖. 超高灵敏度激光诱导荧光检测器的研究 [D]. 大连：大连理工大学，2020.

[9] Fu J L, Fang Q, Zhang T, et al. Laser-induced fluorescence detection system for microfluidic chips based on an orthogonal optical arrangement [J]. Analytical Chemistry, 2006, 78(11): 3827-3834.

[10] Galievsky V A, Stasheuski A S, Krylov S N. "Getting the best sensitivity from on-capillary fluorescence detection in capillary electrophoresis"—a tutorial [J]. Analytica Chimica Acta, 2016:58-81.

[11] 钟珂珂. 光纤型定量 PCR 仪荧光检测系统研究 [D]. 杭州：浙江大学，2013.

[12] Weaver M T, Lynch K T, Zhu Z F, et al. Confocal laser-induced fluorescence detector for narrow capillary system with yoctomole limit of detection [J]. Talanta: The International Journal of Pure and Applied Analytical Chemistry, 2017, 165: 240-244.

[13] 李艳，岑兆丰，李晓彤. 集成毛细管电泳芯片荧光检测的研究 [J]. 光学仪器，2003, 25(1): 8-13.

[14] Seiler K, Harrison D J, Manz A. Planar glass chips for capillary electrophoresis: repetitive sample injection, quantitation, and separation efficiency [J]. Analytical Chemistry, 2002, 65(10): 1481-1488.

[15] 艾幕. 基于拉曼散射的光纤测温系统的改进与优化 [D]. 大连：大连海事大学，2017.

[16] 王杰. 基于拉曼光谱和荧光光谱技术的生物气溶胶检测及识别方法研究 [D]. 杭州：中国计量大学，2019.

[17] Das R S, Agrawal Y K. Spectrofluorometric analysis of new-generation antidepressant drugs in

pharmaceutical formulations, human urine, and plasma samples [J]. Spectroscopy, 2012, 27(2): 59-71.

[18] 易黎丽，尚丽平，李占锋，等. 温度、pH对含油污水荧光特性的影响 [J]. 光谱学与光谱分析，2011, 31(6): 1571-1573.

[19] 宋乐乐. 基于荧光光谱技术的石油类污染物检测研究 [D]. 秦皇岛：燕山大学，2021.

[20] 杨丙成，关亚风，谭峰. 超痕量分析中的激光诱导荧光检测 [J]. 化学进展，2004(6): 871-878.

[21] 陈慧清，王立世，王洪，等. 微流控芯片激光诱导荧光光纤检测器的研制 [J]. 华南理工大学学报（自然科学版），2006(10): 109-112.

[22] 张雅婷，张炎，张毅，等. 基于场放大进样富集的微流控芯片-激光诱导荧光法检测奶制品中的β-酪啡肽 [J]. 分析试验室，2018, 37(1): 7-11.

[23] 高焕焕. 柱前荧光衍生——高效液相色谱法检测农药残留的应用研究 [D]. 南充：西华师范大学，2016.

[24] 付舰航，刘威. 激光诱导荧光微流控芯片分析仪的研制 [J]. 分析试验室，2014. 33(11): 1345-1348.

[25] 孙悦，萧金仪，李海秀，等. 微流控芯片毛细管电泳柱后衍生激光诱导荧光检测氨基酸 [J]. 分析试验室，2014, 33(7): 758-761.

[26] 何崇慧. DNA的COC微流控芯片电泳分离及经济型紫色二极管激光诱导荧光检测器的研制 [D]. 兰州：兰州大学，2012.

[27] 宋宇. 微流控芯片紫外检测系统研究 [D]. 哈尔滨：哈尔滨工业大学，2009.

[28] 孙冰. 近岸海水氨氮含量的检测技术研究 [D]. 烟台：烟台大学，2021.

[29] 林丙承，秦建华. 图解微流控芯片实验室 [M]. 北京：科学出版社，2008.

[30] 习燕. 紫外光谱法在水质化学需氧量检测中的应用技术研究 [J]. 地下水，2021, 43(3): 92-93, 165.

[31] 张永. 基于紫外-可见光谱法水质COD检测方法与建模研究 [D]. 合肥：中国科学技术大学，2017.

[32] 崔栋海. 紫外吸收光度分析仪在丁辛醇造气装置中的应用 [J]. 炼油与化工，2016, 27(5): 34-35.

[33] 刘军，方群. 微流控玻璃芯片毛细管电泳鞘流型紫外光度检测系统 [C]. 第二届全国微全分析系统学术会议，2004.

[34] Liang Z, Chiem N, Ocvirk G, et al. Microfabrication of a planar absorbance and fluorescence cell for integrated capillary electrophoresis devices [J]. Analytical Chemistry, 1996, 68(6): 1040-1046.

[35] Bowden M, Diamond D. The determination of phosphorus in a microfluidic manifold demonstrating long-term reagent lifetime and chemical stability utilising a colorimetric method [J]. Sensors & Actuators B Chemical, 2003, 90(1/3): 170-174.

[36] Salimi-Moosavi H, Tang T, Harrison D J. Electroosmotic pumping of organic solvents and reagents in microfabricated reactor chips [J]. Journal of the American Chemical Society, 1997, 119(37): 1508-1510.

[37] Salimi-Moosavi H, Jiang Y, Lester L, et al. A multireflection cell for enhanced absorbance detection in microchip-based capillary electrophoresis devices [J]. Electrophoresis, 2015, 21(7): 1291-1299.

[38] Tiggelaar R M, Veenstra T T, Sanders R, et al. A light detection cell to be used in a micro analysis system for ammonia [J]. Talanta, 2002, 56(2): 331-339.

[39] 杜文斌，方群，方肇伦. 基于液芯波导原理的微流控芯片长光程光度检测系统 [J]. 高等学校化学学报，2004, 25(4): 610-613.

[40] Splawn B G, Lytle F E. On-chip absorption measurements using an integrated waveguide [J]. Analytical & Bioanalytical Chemistry, 2002, 373(7): 519-525.

[41] Duggan M P, McGreedy T. A non-invasive analysis method for on-chip spectrophotometric detection using liquid-core waveguiding within a 3D architecture [J]. The Analyst, 2003, 128(11): 1336-1340.

［42］Nakanishi H, Arai A. Development of quartz microchips and a liner imaging UV detector for the microchip electrophoresis system "MCE-2010" ［J］. Japanese Journal of Electrophoresis, 2001, 45: 247-251.

［43］Ou J, Glawdel T, Ren C L, et al. Fabrication of a hybrid PDMS/SU-8/quartz microfluidic chip for enhancing UV absorption whole-channel imaging detection sensitivity and application for isoelectric focusing of proteins. ［J］. Lab on A Chip, 2009, 9(13): 1926-1932.

［44］Jindal R, Cramer S M. On-chip electrochromatography using sol-gel immobilized stationary phase with UV absorbance detection ［J］. Journal of Chromatography A, 2004, 1044(1-2): 277-285.

［45］Scherer Q A. Microfluidic integration on detector arrays for absorption and fluorescence micro-spectrometers ［J］. Sensors and Actuators A: Physical, 2003, 104(1): 25-31.

［46］Akos V, Hjertén S. A hybrid microdevice for electrophoresis and electrochromatography using UV detection ［J］. Electrophoresis, 2015, 23(20): 3479-3486.

［47］Zhu L, Lee C S, Devoe D L. Integrated microfluidic UV absorbance detector with attomol-level sensitivity for BSA ［J］. Lab on a Chip, 2006, 6(1): 115-120.

［48］张仲荣, 李明贺. 汽车金属材料化学成分的测试方法综述 ［J］. 汽车实用技术, 2021, 46(1): 197-202.

［49］周全. 电感耦合等离子体原子发射光谱技术在埋弧焊剂检测中的应用研究 ［D］. 上海: 复旦大学, 2013.

［50］华豹. 电感耦合等离子体原子发射光谱仪测量有机相中钼等杂质元素的研究 ［D］. 衡阳: 南华大学, 2018.

［51］庞夙, 陶晓秋, 黄玫, 等. 电感耦合等离子体发射光谱检测烟叶样品中的钠钾钙镁 ［J］. 分析仪器, 2020(1): 44-47.

［52］Song Q J, Greenway G M, Mccreedy T. Interfacing microchip capillary electrophoresis with inductively coupled plasma mass spectrometry for chromium speciation ［J］. Journal of Analytical Atomic Spectrometry, 2002, 18(1): 1-3.

［53］Matusiewicz H, Ślachciński M. Interfacing a microchip-based capillary electrophoresis system with a microwave induced plasma spectrometry for copper speciation ［J］. Central European Journal of Chemistry, 2011, 9(5): 896-903.

［54］Hui A Y N, Gang W, Lin B, et al. Interface of chip-based capillary electrophoresis-inductively coupled plasma-atomic emission spectrometry (CE-ICP-AES) ［J］. Journal of Analytical Atomic Spectrometry, 2006, 21(2): 134-140.

［55］Pearson G, Greenway G. A highly efficient sample introduction system for interfacing microfluidic chips with ICP-MS ［J］. Journal of Analytical Atomic Spectrometry, 2007, 22(6): 657-662.

［56］Bings N H, Wang C, Skinner C D, et al. Microfluidic devices connected to fused-silica capillaries with minimal dead volume ［J］. Analytical Chemistry, 1999, 71(15): 3292-3296.

［57］张燕, 杨金易, 曾道平, 等. 化学发光免疫分析技术及其在食品安全检测中的研究进展 ［J］. 食品安全质量检测学报, 2013(5): 1421-1427.

［58］魏光伟, 余永鹏, 魏文康, 等. 化学发光免疫分析技术及其应用研究进展 ［J］. 动物医学进展, 2010, 31(3): 97-102.

［59］付爱华. 高效液相色谱——固定化试剂化学发光检测在药物代谢方面的应用 ［D］. 西安: 陕西师范大学, 2011.

［60］Huang X J, Pu Q S, Fang Z L. Capillary electrophoresis system with flow injection sample introduction and chemiluminescence detection on a chip platform. ［J］. Analyst, 2001, 126(3): 281-284.

［61］He D, Zhang Z, Huang Y. Chemiluminescence microflow injection analysis system on a chip for the determination of nitrite in food ［J］. Analytical Letters, 2005, 38(4): 563-571.

［62］Tyrrell E, Gibson C, Maccraith B D, et al. Development of a micro-fluidic manifold for copper monitoring utilising chemiluminescence detection.［J］. Lab on A Chip, 2004, 4(4): 384-390.

［63］Tsukagoshi K, Fukumoto K, Noda K, et al. Chemiluminescence from singlet oxygen under laminar flow condition in a micro-channel［J］. Analytica Chimica Acta, 2006, 570(2): 202-206.

［64］Yi X, Bessoth F G, Eijkel J, et al. On-line monitoring of chromium(Ⅲ) using a fast micromachined mixer/reactor and chemiluminescence detection［J］. Analyst, 2000, 125(4): 677-683.

［65］Yacoub-George E, Meixner L, Scheithauer W, et al. Chemiluminescence multichannel immunosensor for biodetection［J］. Analytica Chimica Acta, 2002, 457(1): 3-12.

［66］Pires M, Miguel N, Tap D, et al. Microfluidic biosensor array with integrated poly(2,7-carbazole)/fullerene-based photodiodes for rapid multiplexed detection of pathogens［J］. Sensors, 2013, 13: 15898-15911.

［67］孟斐, 陈恒武. 微流控分析系统的安培检测器［J］. 理化检验(化学分册), 2003(1): 63-68.

［68］刘继锋, 杨秀荣, 江尔康. 毛细管电泳安培检测技术进展［J］. 分析化学, 2002(6): 748-753.

［69］Walter I V, Pasas-Farmer S A, Fischer D J, et al. Recent developments in electrochemical detection for microchip capillary electrophoresis［J］. Electrophoresis, 2010, 25(21-22): 3528-3549.

［70］Ertl P, Emrich C A, Singhal P, et al. Capillary electrophoresis chips with a sheath-flow supported electrochemical detection system.［J］. Analytical Chemistry, 2004, 76(13): 3749-3755.

［71］Wu C C, Saito T, Yasukawa T, et al. Microfluidic chip integrated with amperometric detector array for in situ estimating oxygen consumption characteristics of single bovine embryos［J］. Sensors and Actuators B Chemical, 2007, 125(2): 680-687.

［72］Lindsay S, Vazquez T, Egatz-Gomez A, et al. Discrete microfluidics with electrochemical detection［J］. Analyst, 2007, 132(5): 412-416.

［73］Dawoud A A, Kawaguchi T, Jankowiak R. In-channel modification of electrochemical detector for the detection of bio-targets on microchip［J］. Electrochemistry Communications, 2007, 9(7): 1536-1541.

［74］Kappes T, Hauser P C. Electrochemical detection methods in capillary electrophoresis and applications to inorganic species［J］. Journal of Chromatography A, 1999, 834(1-2): 89-101.

［75］谢天尧, 郑一宁, 莫金垣, 等. 一种简易型毛细管电泳电导检测装置及其应用［J］. 分析测试学报, 2000, 19(3): 5-7.

［76］张鹏宇. 电容耦合非接触式电导检测的关键技术分析与仪器改进［D］. 兰州: 兰州大学, 2019.

［77］闫幸杏, 陈传品, 袁玉. 综述芯片毛细管电泳非接触式电导检测法研究进展［J］. 科技风, 2015(7): 204-205.

［78］Shadpour H, Hupert M L, Patterson D, et al. Multichannel microchip electrophoresis device fabricated in polycarbonate with an integrated contact conductivity sensor array［J］. Analytical Chemistry, 2007, 79(3): 870-878.

［79］Takekawa V S, Marques L A, Strubinger E, et al. Development of low-cost planar electrodes and microfluidic channels for applications in capacitively coupled contactless conductivity detection ((CD)-D-4)［J］. Electrophoresis: The Official Journal of the International Electrophoresis Society, 2021(16): 1-10.

［80］潘广超. 用于水环境中离子检测的低成本便携式毛细管电泳仪研制［D］. 桂林: 桂林电子科技大学, 2021.

［81］Lichtenberg J, Rooij N, Verpoorte E. A microchip electrophoresis system with integrated in-plane electrodes for contactless conductivity detection［J］. Electrophoresis, 2015, 23(21): 3769-3780.

［82］朱睿, 肖松山, 范世福, 微流控芯片检测技术进展［J］. 纳米技术与精密工程, 2005(1): 74-79.

［83］尹坦姬, 王贺敏, 秦伟. 硝酸根离子选择性电极的构建及研究进展［J］. 化学研究与应用, 2021, 33(10): 1849-1858.

［84］Tantra R, Manz A. Integrated potentiometric detector for use in chip-based flow cells［J］. Analytical

Chemistry, 2000, 72(13): 2875-2878.

［85］刘大壮. 基于微电感传感器的金属颗粒检测影响因素及其规律研究［D］. 大连：大连海事大学，2020.

［86］Liu L K, Chen L, Wang S J, et al. Improving sensitivity of a micro inductive sensor for wear debris detection with magnetic powder surrounded［J］. Micromachines (Basel), 2019, 10(7): 440.

［87］Wu S, Liu Z, Yu K, et al. A novel multichannel inductive wear debris sensor based on time division multiplexing［J］. IEEE Sensors Journal, 2021, 21(9): 11131-11139.

［88］范大勇，姚佳烽. 基于多电容传感法的多电极阵列微流控芯片内高浓度粒子迁移检测［J］. 传感技术学报，2019, 32(5): 663-669.

［89］李梦琪. 基于微流控芯片的颗粒电容检测技术研究［D］. 大连：大连海事大学，2014.

［90］张志伟，龚美玲，谢新武，等. 基于微流控电阻抗流式检测的细菌体积及活性分析［J］. 军事医学，2019, 43(7): 528-533.

［91］张思祥，竭霞，胡雪迎，等. 微流控电阻抗检测系统构建及其应用［J］. 分析科学学报，2020, 36(2): 295-298.

［92］Constantinou L, Triantis I, Hickey M, et al. On the merits of tetrapolar impedance spectroscopy for monitoring lithium concentration variations in human blood plasma［J］. IEEE Transactions on Biomedical Engineering, 2017, 64(3): 601-609.

［93］曾霖. 基于微阻抗分析的船机油液污染物区分检测机理研究［D］. 大连：大连海事大学，2019.

［94］Jagtiani A V, Zhe J, Hu J, et al. Detection and counting of micro-scale particles and pollen using a multi-aperture Coulter counter［J］. Measurement Science and Technology, 2006, 17(7): 1706-1714.

［95］Song Y, Zhang H, Chan H C, et al. Nanoparticle detection by microfluidic resistive pulse sensor with a submicron sensing gate and dual detecting channels-two stage differential amplifier［J］. Sensors and Actuators B Chemical, 2011, 155(2): 930-936.

［96］Song Y, Zhou T, Liu Q, et al. Nanoparticle and microorganism detection with a side-micron-orifice-based resistive pulse sensor［J］. Analyst, 2020, 145(16): 5466-5474.

［97］Liu Z, Li J, Yang J, et al. Improving particle detection sensitivity of a microfluidic resistive pulse sensor by a novel electrokinetic flow focusing method［J］. Microfluidics and Nanofluidics, 2016, 21(1): 1.

［98］Wang J, Pumera M. Dual conductivity/amperometric detection system for microchip capillary electrophoresis［J］. Analytical Chemistry, 2002, 74(23): 5919-5923.

［99］霍玉美，张文军，张进伟. 浅析过程质谱分析仪在过程气体监测中的应用［J］. 仪表技术，2018(11): 9-11.

［100］李敏. 基于质谱和微流控技术的细胞代谢研究［D］. 北京：清华大学，2019.

［101］王伟萍，王志畅，张燮，等. 微流控器件-质谱联用接口技术研究进展与应用［J］. 生物化学与生物物理进展，2006, 33(11): 1120-1130.

［102］Schmidt A, Karas M, T Dülcks. Effect of different solution flow rates on analyte ion signals in nano-ESI MS, or: when does ESI turn into nano-ESI?［J］. Journal of the American Society for Mass Spectrometry, 2003, 14(5): 492-500.

［103］宿媛. 基于电喷雾质谱检测的多功能微流控快速分析系统［D］. 杭州：浙江大学，2011.

［104］董媛媛. 集成化的聚苯乙烯电喷雾微流控芯片分析系统的研制［D］. 杭州：浙江大学，2011.

［105］水雯箐，苏佳，黄珍玉，等. 微流控芯片与生物质谱联用技术的发展与展望［J］. 质谱学报，2002, 23(2): 100-101.

［106］Yin H, Killeen K, Brennen R, et al. Microfluidic chip for peptide analysis with an integrated HPLC column, sample enrichment column, and nanoelectrospray tip［J］. Analytical Chemistry, 2005, 77(2): 527-533.

［107］刘蓉. 毛细管微池/凝胶膜——激光热透镜光谱分析研究及应用［D］. 西安：西北大学，2016.

［108］陈庆明. 可控光流体热透镜［D］. 广州：暨南大学，2014.

［109］刘明强，Franko M. 微流体注入-热透镜显微系统高灵敏的快速检测微囊藻毒素［J］. 分析科学学报，2019(1): 110-114.

［110］李杰. 基于声表面波的微流控技术研究［D］. 杭州：杭州电子科技大学，2021.

［111］杨旭豪，刘国君，赵天，等. 声表面波技术在微流控研究领域中的应用［J］. 微纳电子技术，2014, 51(7): 438-446.

［112］陈启明. 基于微流控技术的声表面波微粒操控研究［D］. 长沙：湖南工业大学，2021.

［113］董惠娟，王敬轩，李天龙. 声表面驻波在微流控领域的应用［J］. 科技导报，2020, 38(11): 131-140.

［114］张炎炎. 基于声表面波技术的粒子分选微流控芯片设计与实验研究［D］. 长春：吉林大学，2018.

第7章

数字微流控技术

7.1 概述

在半个多世纪以前，人们对微观世界的了解很少，几乎没有人从事微观世界的研究工作。但在过去的50年内，人类投入越来越多的精力研究微观领域，研究的主要成就集中在半导体与微电子领域，伴随着精密仪器制造、机械加工等高新技术的研究，微机电系统（micro electromechanical system, MEMS）迅速发展。近些年在微机电系统研究的基础上，在20世纪90年代初，微全分析系统（micro total analysis system, μ-TAS）的概念首次被提出，其目标是将一个常规的生化实验室中的功能集成到一个微米级的芯片上，以实现实验样品的制备、反应、分离和检测等分析的基本操作，因此人们也将微全分析系统称为芯片实验室（lab on a chip, LOC），微全分析系统是一个高度学科交叉的应用，随着分析技术的发展和加工技术的支持以及应用对象的融入，该研究已经给医学、化学和生物学等领域带来巨大变革，表现出了强有力的竞争优势。

芯片实验室按照结构和功能不同，可以分为微流控芯片和生物芯片两大类，从当前的研究内容和成果来看，微流控芯片已然成了热点发展领域。微流控芯片作为实验的载体相比于传统的实验室具有如下优点：试样和反应试剂的消耗量降低，这不仅节约了成本，还可以减少反应时间，提高效率；芯片便于携带，可以用于现场的诊断和分析；可以进行并行处理以提高实验通量，为药物的筛选和系统测试提供了新的方法。

按照发展顺序，微流控芯片可以分为连续微流控芯片和数字微流控芯片，本章主要介绍数字微流控的相关内容。数字微流控（digital microfluidics, DMF）技术是一种对离散液滴进行独立操控的新型液滴操纵技术，其操纵的液滴尺寸一般在微升至皮升级别，相较于传统的连续微流控芯片，数字微流控芯片消耗试剂量更少，耗时更短且混合更均匀；不需微泵、微阀和其他可动器件；没有微通道，不易造成流体交叉污染并消除了死体积区域。数字微流控常见的驱动方法包括介电润湿（electrowetting on dielectric, EWOD）、静电力、光诱导驱动、磁力驱动、声表面波驱动、介电泳、热毛细管法等，其中，基于介电润湿的电操纵数字微流控技术通过改变疏水表面上液滴的接触角进而完成了对离散液滴的精确控制，从而实现了对液滴的合并、输运、生成等操作的一体化和自动化，在数字微流控技术的研究中发展得最为迅速，应用也最为广泛。数字微流控技术基于其体积小、反应快、可并行、易携带等优势，已经在生物、化学、医药等领域广泛应用，如蛋白质的结晶、葡萄糖的检测、DNA中核酸序列分析和聚合酶链反应、药物合成与筛选等。

目前，国内外研究人员对微流控技术的研究具有很高的热情，但是对于功能多样且稳定性好的数字微流控芯片的设计和研究还不够深入，总的来说对于数字微流控芯片的研究还处于实验室阶段，芯片功能较为单一，不能将实验室中整套的实验应用到芯片上，而且大部分芯片稳定性较差，无法完全达到实验要求。同时人们对于介电润湿驱动的内在机理问题仍存在分歧，对芯片的设计和液滴操控的稳定性缺乏成熟的理论性指导，对接触角饱和现象也存在不同的解释，因此，未来研究人员对数字微流控芯片的研制及其中的微液滴操控研究具有重要的理论意义和应用价值。

7.2 表面润湿与接触角

7.2.1 表面润湿

当生活中或者在实验中，如果将液滴放置在一个固体表面上时，通常液滴会在固体表面铺展开来，这是因为液滴会受到表面张力的作用，从而表现出润湿的现象，这种现象就是表面润湿，又称为液体润湿固体。液体铺展的程度决定了液体的表面润湿特性，由于不同的固体表面、液滴以及周围介质的特性各不相同，因此液滴在固体上铺展的程度也各不相同，如果液体在固体表面上铺展开以覆盖了最大的固体表面，则称为完全润湿，相反，如果液体保持球状以覆盖了尽量小的固体表面，则称为完全疏水，润湿现象如图7-1所示。

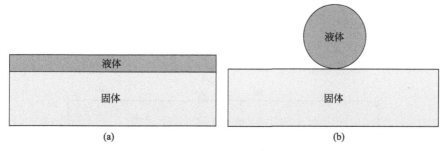

图7-1 润湿现象

这两种现象是固体、液体、气体这三者相互接触的表面上所发生的特殊现象，并且在生活中十分常见。如图7-2所示，早晨在草叶上形成的晶莹剔透的露珠，就是一种完全疏水现象。水银在地面上会形成圆球状，而水在地面上则不会凝聚成水珠，而是向周围扩散润湿地面，这说明了水对地面是完全润湿的，而水银对地面是完全疏水的，这些现象均反映了不同物质的润湿特性。

润湿现象不仅影响自然界当中动植物的活动，还与人们的生产生活息息相关，如健身时穿的紧身衣，设计时我们通常希望它能够与人体汗液的润湿效果较好，从而能够很好地吸收汗液，而对于雨衣的设计，我们则希望其能够对雨水具有完全疏水的特性，因此当今许多公司着力于具有特殊润湿性能的材料的开发。目前对于特殊润湿性能的材料的研究主要有两个方向，首先是使固体表面亲水能力增强的研究，其次是使固体表面由亲水转变为疏水甚至超疏水的研究，近年来已经取得的研究

图7-2 草叶上的露珠

195

成果已经应用到了如表面自清洁、防雾、防结霜、油水分离和微通道过程强化等。而判断液体是否亲水和疏水的标准，当前常用接触角来进行描述。

7.2.2 接触角

7.2.2.1 接触角

接触角是以固体、液体、气体三相交界处为起点，分别沿固体表面和液体表面作切线，在液体内部所形成的夹角，当接触角为锐角的时候，液体在固体表面铺开，称为亲水表面，当接触角为钝角的时候，液体在固体表面收缩，不扩展，称为疏水表面。当设定液体为水时，接触角小于90°时，水会润湿固体表面，为亲水；接触角大于90°时，水会在固体表面上形成单个的水珠，为疏水。极限情况下，当接触角为0°时，称为完全亲水，当接触角为180°时，则被称为完全疏水。

从微观上看，当覆盖在固体表面的液体较少时，液体的状态主要取决于固体、液体、气体三相之间的表面张力。通常设定气体-固体、固体-液体、气体-液体之间的表面张力为 γ_{SG}、γ_{SL}、γ_{LG}，当三相在水平方向上合力为零的时候，则系统处于平衡态，可得到杨氏方程：

$$\gamma_{SG} - \gamma_{SL} = \gamma_{LG}\cos\theta \tag{7-1}$$

三相间的表面张力受力情况如图7-3所示，其中 θ 为接触角。

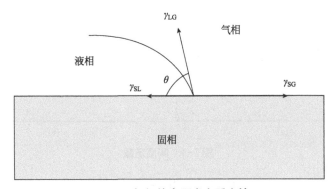

图7-3 三相间的表面张力受力情况

在部分润湿的情况下，从能量的角度分析，如果形成水膜可以减小系统能量的话，液滴就会铺展开形成薄膜。干燥固体表面上的表面能为 γ_{SG}，润湿的固体表面单位面积上的表面能为 $\gamma_{SL} + \gamma_{LG}$，如图7-4所示。$S$ 被称为铺展系数，它决定了液体在固体表面上是完全铺展还是部分铺展：

$$S = \gamma_{SG} - (\gamma_{LG} + \gamma_{SL}) \tag{7-2}$$

若 $S > 0$，液体会在固体表面上铺展开，$S < 0$ 液体会形成液滴。可将式（7-1）代入式（7-2）中，可得到铺展系数 S 与接触角 θ 的关系为：

$$S = \gamma_{LG}(\cos\theta - 1) \tag{7-3}$$

根据上式可以从能量的角度验证接触角的结论，当接触角 $\theta = 0°$ 时，$S = 0$，刚好满足液滴铺展的条件；当 $\theta = 180°$ 时，S 为极小值，此时 $S = 0$，液滴完全不润湿，此时液滴仅仅和固体存在点的接触。

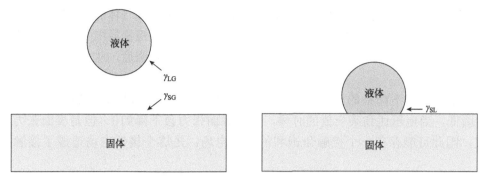

图7-4　液滴铺展前后的表面能值

7.2.2.2　接触角饱和

接触角饱和是一种常见的现象，为了解这种现象，首先要介绍的是介电润湿理论和李普曼-杨氏方程。当微液滴处于电极上，在电压的作用下，电荷聚集在液滴和介电层的界面上，当对微液滴通电后会引起微液滴的润湿性发生变化，这种现象称为电润湿。但是基于电润湿理论，在通电时液滴和电极界面形成的双电层非常薄，无法承受较大电压，以至于接触角尚未发生明显改变的时候，电荷就已经穿过双层使电解液水解。为了解决这个问题，Berge介绍了使用薄的介质层将导电液体与金属电极分离以减少电解问题的想法，这就是著名的介电润湿原理，这一想法也使得该领域迅速发展。而著名的李普曼-杨氏方程是基于热力学的介电润湿理论提出的，通过该方程可知，只要控制外加电压的大小即可改变微液滴接触角从而改变其润湿性，在通入电压较低的情况下，接触角的变化与李普曼-杨氏方程吻合，随着电压的升高，接触角会单调减小，这就引出了接触角饱和现象，并且不再随着电压的增加而减小。此时如果继续增大电压，当电压过大超过了芯片的额定值的时候，便会将极板的介质层击穿。国内外当前对于接触角的饱和效应的解释仍存在各种争议，研究人员尝试从不同的角度来解释接触角饱和现象，如电荷捕获、液滴电阻、空气电离以及固体表面张力下降等。

（1）电荷捕获

Verheijen和Prins等发现在出现接触角饱和现象时，介质层表层会带少量电荷。他们认为是表层的电荷进入介质层内部，产生的电场削弱了外加电压的电场强度。因此假设电荷分布在介质层的某个特定的位置，且这些电荷分布均匀、密度相等，当外加电压超过一定值时，介质层内部的电荷量随着外加电压的增大而增大，产生的电压值正好抵消了外加电压，这样接触角就不再减小，出现了饱和现象。但是现阶段研究人员无法建立起外加电压与介质层材料的线性关系，也没能观察到介质层捕获电荷的微观过程。

（2）液滴电阻

Shapiro等认为在外加电场作用下的液滴相当于一个电阻，液滴的阻值会随着接触角的减小而增大，由于液滴电阻值增大引起的压降会抵消变大的外加电压，从而出现接触角饱和现象。虽然这种说法与实验数据相符合，但是这种解释和大电阻的关系还无法被证明。

（3）空气电离

空气电离理论由Vallet等提出，他们在实验中发现，当外加电压过高的情况下，盐溶液液滴的接触线会持续发光，而且发出的光的波长和周围几种已知气体的发射特性相吻合。因此空气电离理论认为，当外加电压过高时，电压产生的电场使液滴周围的空气发生电离，被电离后的空气将电压分散到固体表面，削弱了外加电压的电场强度，从而产生了接触角饱和现象。

固体表面张力下降指的是，随着外加电压的持续升高，液体附着的固体表面其表面张力会降低，当电压达到某一值的时候，固液表面张力会下降到0。但是表面张力不可能为负值，因此可能存在一个接触角饱和的极值电场，是这个极值电场造成了接触角饱和现象。

接触角饱和现象的出现严重降低了液滴的驱动效率，而解释接触角饱和现象的理论不具有普适性，因此当前学者致力于研究该如何降低液滴的驱动电压。大多数降低驱动电压的方法是使用更薄的介质材料或者更高的介电常数，当逐渐增大电压达到接触角饱和之前可以用15V电压得到40°的接触角，后续实验在液体中添加了表面活性剂，在相同材料的固体表面和介质层，接触角在4V电压的情况下可以达到100°，可以得出结论：通过减小表面能的方法也可以得到减小介质层厚度的相同效果。

7.2.2.3　接触角滞后

接触角滞后指的是实验值与理论值之差，是由微观尺度下的表面缺陷和粗糙造成的。这种现象是日常生活中十分常见的，比如下雨天从玻璃上缓缓滑落的雨滴（图7-5），仔细观察的话，可以看到其下方的接触角明显大于上方的接触角。

1890年，约翰斯特拉特最先注意到了当液滴被放置在固体表面上，当其铺展开并处于稳定状态时可以有不同的平衡接触角。在20世纪末，Joanny和de Gennes等提出了前进角和后退角的概念，并由此引出了接触角滞后的概念。研究发现，三相接触线上的接触角可在某个范围内活动，这个角度范围内较小的角是当接触面即将缩小时所测出的角，叫作后退接触角，而范围中较大的角度是当固液接触面增大时所测出的角，叫作前进接触角，前进接触角和后退接触角之间的差值被称为接触角滞后（图7-6）。而在

图7-5　玻璃上缓缓滑落的雨滴

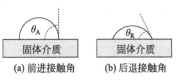

(a) 前进接触角　　　(b) 后退接触角
图7-6　接触角滞后示意图

介电润湿效应过程中，对液滴的外加电压逐渐增大的过程中，液滴的三相接触性逐渐向四周扩展，此时的接触角称为前进角；当电压减小时，液滴的三相接触性向回收缩，此时的接触角称为后退角。在相同电压下前进角和后退角是不同的，于是同理两值的差值被称为介电润湿的接触角滞后。滞后角的存在，对于液滴驱动过程十分不利，在前进时只有当液滴运动势能克服液滴最大前进角的时候才能开始移动，而从润湿的固体表面后退时，由于表面损伤等因素，液滴接触角并不能完全恢复至初始接触角。因此滞后角使得液滴在驱动过程中形变减小，不利于液滴驱动，当前通常采用增大驱动电压的方式来弥补接触角滞后现象所引起的不足。

7.3 表面张力与介电润湿

7.3.1 表面张力及其调控

（1）表面张力

多相体系之间存在界面，通常人们把气体-液体、气体-固体之间的界面称为表面。在液体的内部，分子与周围其他的分子间存在着相互的吸引力，这个力也被称作范德瓦尔斯力。在液体表面的分子，分子所受的液体内部分子的分子力与外部分子对它的分子力的合力不为零，如图7-7所示，可以看出液滴内部所受的分子力为零，它们相互抵消，而液滴与外部气体之间也存在作用力，虽然这个作用力小于液体和液体之间的作用力，但是其合力不为零，并且垂直指向液滴内部。这个合力使得液滴发生了变弯的趋势，从而液体表面呈现出收缩的趋势，这种收缩的力从宏观上来看即为表面张力，表面张力的大小与物质的特性和温度有关。

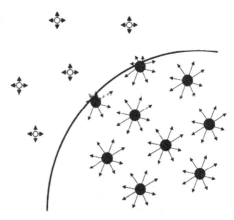

图7-7 气液界面附近分子间的相互作用

除了上述的气液交界时存在表面张力，互不相溶的两种液体界面之间同样存在表面张力，所不同的是液体与液体的相互作用通常比液体与气体之间的相互作用更加强烈，分子受到力的不对称性更小。例如，在常温下（25℃）放置在空气中的水的表面张力是72mN/m，而放置于空气中的水和油的表面张力约为50mN/m，当两种液体放置在一起的时候，它的表面张力越小，就越能够证明其混溶的效果越好，当两种混合的液体之间的表面张力为零的时候，可以证明两种液体实现了完全互溶，比如淡水和盐水。表面张力系数的大小与液体的性质有关，与液面大小无关，表7-1给出了部分常见试剂放置在空气中时的表面张力。

表7-1 部分常见试剂放置在空气中时的表面张力

试剂名称	表面张力（25℃）/（mN/m）
纯净水	72
水银	425.4
甘油	64
烃类表面活性剂	25
聚硅氧烷类表面活性剂	20
氟碳类表面活性剂	47
乙二醇	47.7
苯	28.9
甲苯	28.4
甲醇	22.7
乙醇	22.1

　　关于表面张力存在性的验证，可以通过肥皂液的实验来证明，首先将铁丝绕成封闭环状结构，将其浸没在肥皂水当中，然后取出，环中会形成七彩的肥皂膜。实验中为了证明表面张力的存在，将线圈系在铁丝环上面，后重新浸入肥皂液，会形成肥皂膜，由于线圈的作用，其两边界的内外侧表面作用力大小相等方向相反，所以线圈可呈任意形状在膜上面移动，如果用笔戳破液膜，由于线圈内侧的张力消失，外侧张力仍然存在，线圈在外侧张力的作用下会固定成圆状，如图7-8所示，这样就证明了表面张力的存在。

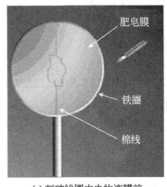
(a) 刺破线圈中央的液膜前

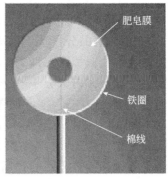
(b) 刺破线圈中央的液膜后

扫一扫，查看彩图

图7-8　表面张力的存在性实验

（2）表面张力的调控

　　表面张力属于物质自身的一种特性，其值的大能通过施加可影响物质内部分子状态的条件来调节，与温度及界面性质等外界因素有关，因此改变微液滴的表面张力可以通过改变影响它的相关因素来实现。表面张力的变化会使得微液滴与其所处的固体表面的接触角的大小改变，所以在微液滴的固液界面产生一个表面张力的梯度就可改变固液交界面的局部润湿特性，使液滴的接触角发生改变，从而实现微液滴沿着该梯度方向的反方向运动。当前的研究中，根据原理不同，调控表面张力的方法主要分为了两类：主动式驱动和被动式驱动。

　　主动式驱动，主要包括热毛细管法、表面声波法、磁力驱动法、光驱动法、静电力驱动法、介电电泳驱动法以及介电润湿驱动法等。这些方法是通过外界施加的能量梯度改变接近固相表面的液体表面的活化分子浓度，从而构建液体表面的表面张力梯度，来改变固液表面的局部润湿性。

　　被动式驱动，主要指的是两相流或者多相流微流控芯片以及具有凹凸结构设计的数字微流控芯片，可以通过设计的固体表面的特殊结构来产生一个表面张力梯度，从而改变固液界面的局部润湿性。

　　各驱动法的优缺点简单归纳如表7-2所示。

表7-2　改变表面张力的不同方法优缺点对比

驱动方法	优点	缺点
多相流法	能较为容易地对大量液滴进行操作	结构比较复杂，无法精确地操纵一个液滴
热毛细管法	液滴物理、电学性质不变，可对单个液滴精确操作	系统需要较大的温度梯度，液滴运动速度慢、液滴蒸发损失量较大
磁力驱动法	驱动力大，系统阻力较小	不易集成
光驱动法	纯光学方法，不需要辅助电路，易于操作多个液滴	不易集成，且驱动力小

驱动方法	优点	缺点
介电电泳法	驱动能量低，外围结构简单	驱动电压过大，容易产生较大的焦耳热效应，不易于实现系统的进样
介电润湿法	驱动能量低，结构简单，反应速度快，可同时对多个液滴进行操控	容易出现接触角饱和，介质层被击穿
静电力驱动法	焦耳热效应小	所需外加电压较大
表面声波法	易于远程驱动	不易集成，驱动力较小
特殊结构法	初始接触角极大，疏水，驱动力较大	芯片结构复杂，不易对多液滴进行操控

被动式驱动的主要特点是能够快速地产生大量的微液滴，可以并行处理，在芯片的设计时，可以设计出高通量的结构。但是无论是多相流法还是特殊结构法，被动式驱动最大的弊端就是无法对单个液滴进行操控，单个液滴的可控性与可操作性较低，不适用于针对单个液滴进行操作的数字微流控芯片。主动式驱动方法中，表面声波法、光驱动法和热毛细管法的问题是驱动力较小，液滴的运动速度较慢；静电力驱动法和磁力驱动法的液体驱动力较大，但是其芯片的结构较复杂，难以设计成较小结构，不便于携带；介电电泳法结构简单，但是所需的电压通常较大，容易产生焦耳热；介电润湿法的驱动电压较低、结构简单、反应迅速，而且可以对多个液滴进行操控，通过与其他方法的对比，介电润湿法是数字微流控芯片对液滴进行操控的最佳方式。

7.3.2　介电润湿

介电润湿效应是电控制表面张力的一种方法，它是从电润湿效应发展而来，是数字微流控技术的基本驱动原理。

（1）电润湿

电润湿（electrowetting, EW）是指微液滴位于电极上，当对微液滴通电以后会使得微液滴的润湿性发生变化的现象。电润湿原理是通过外加电压的正极接驱动电极单元，负极接入微液滴中，从而形成闭合回路。一开始固体表面与电解液直接接触，会形成一个极性的电双层（electrical double layer, EDL）过渡区，电双层的存在阻止了电荷的交换，随着外加电压的接入，等量的异种电荷聚集在电双层的两边，电荷密度增加，固液界面表面张力减小，导致接触角减小，润湿性增强，液滴会在固体表面上铺展开来，电润湿示意图如图7-9所示。

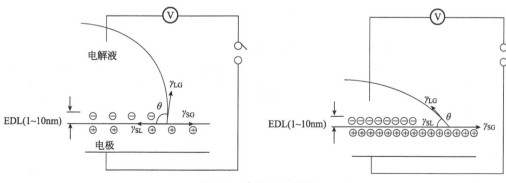

图7-9　电润湿示意图

电双层过渡区位于液体中，具有纳米级非常薄的厚度，因此它能够承受的电压非常小，以至于在液滴尚未获得较大的接触角变化的时候，电荷就已经越过电双层使电解液发生了水解，为了解决这个问题，人们提出了介电润湿理论。

（2）介电润湿现象

为了防止微液滴的电解，Berge提出了在导电基板和液体之间增加绝缘介质层，克服了直接接触时产生的问题，当给介质层施加电压的时候，微液滴在介质层表面的润湿特性一样会发生改变，这便是著名的介电润湿。因为添加的介质层在理想情况下可以阻止电荷的交换，在高电场强度的情况下，能够形成电荷的再分布，因此可以获得较大的接触角变化量，从而获得较大的驱动力。另外，介质层的加入隔开了电解液和金属电极，增加了介质层材料选择和器件设计的灵活性。

介电润湿现象如图7-10所示。首先将需要操控的液滴放置在疏水的介质层表面，外部电压通过插入液滴的电极来施加电场于微液滴和介质下衬底电极之间，此时固液界面和介质层可以等效为平行板电容，通过外加电场控制电荷的充放电。

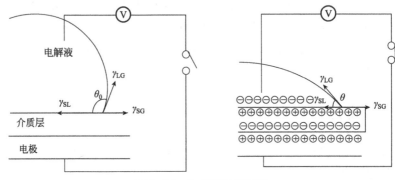

图7-10　介电润湿示意图

介电润湿现象中的外加电场的大小与固液界面上的表面张力的关系可以用李普曼方程来进行描述：

$$\gamma_{SL} = \gamma_{SL0} - \frac{\varepsilon_0 \varepsilon_d}{2d} V^2 \tag{7-4}$$

式中，γ_{SL0}表示外加电压为零时固液界面上的张力；V表示为外加电压；d表示为介质层厚度。再将杨氏方程代入其中，可以得到李普曼-杨氏方程为：

$$\cos\theta = \cos\theta_0 + \frac{\varepsilon_0 \varepsilon_d}{2d\sigma_{LV}} V^2 \tag{7-5}$$

李普曼-杨氏方程表面接触角随着电场强度的增加而持续减小，该方程在一定的参数范围内符合实验现象，是基于热力学的介电润湿理论模型。但是研究人员发现李普曼-杨氏方程无法解释一些实验现象，如接触角饱和现象等。在之后的研究中人们还提出了基于电力学的介电润湿理论模型，与热力学模型相比，电力学模型更为精细地反映了接触线附近的电场信息，但是电力学模型要求解出细致的电场分布，因此仅能针对一些较简单的情况。

（3）介电材料

在介电润湿现象中介电材料的选择是十分重要的，如介质层是介电润湿中重要的一环，它的材质的好坏直接关系到工作电压的大小和器件的可靠性，介质层的材料需要具备以下优点：高介电常数、低本征电荷、良好的热稳定性和良好的耐久性。截至目前，所报道的应用于介电润湿的介电材料主要有聚合物介电材料和无机物介电材料两大类。

聚合物介电材料，如聚二甲基硅氧烷（polydimethylsiloxane, PDMS）作为一种热固性橡胶，其具有优良的弹性、可塑性和透光性，制膜工艺简单，通过简单的旋涂就可以制得厚度为微米级的薄膜，同时其具有良好的疏水性，能够满足介电润湿器件对大初始角和高介电常数的要求，是介电润湿器件制备时常用的材料。聚对二甲苯作为一种高结晶度的热塑性高分子材料，具有很好的绝缘性能、光学性能、稳定性等，聚对二甲苯在各类介电润湿材料中应用最为广泛，但是其疏水性较差，因此使用该材料时常常和其他疏水性较好的材料配合使用。

无机物介电材料，如二氧化硅薄膜具有良好的硬度、耐腐蚀性、透光性等性质，作为介电材料的二氧化硅薄膜为了弥补其疏水性上的不足，常在薄膜上涂覆一层具有优异疏水性的高分子聚合物薄膜。氧化铝薄膜具有透明性好、硬度高、耐久度好的特点，作为介电材料应用时具有结构紧密、黏附性强、介电常数高等优点，常用于数字微流控领域。其他常见的无机物介电材料还有如氧化钽、氮化硅等。表7-3总结了常用的聚合物有机介电材料和无机物介电材料的主要性能参数。

表7-3　应用于介电润湿器件中的介电材料及主要性能参数

介电材料类型	材料名称	介电常数	接触角（水）	制备方法
聚合物有机介电材料	聚二甲基硅氧烷	2.3～2.8	115°	旋涂法
	聚对二甲苯	2.65～3.15	96°	旋涂法
	SU-8	3.2～4.1	84°	旋涂法
	甲基丙烯酸甲酯	4	80°	旋涂法
	聚酰亚胺	3.4	72°	旋涂法
	P（VDF-TrFE）	7.6～11.6	100°	旋涂法
	聚四氟乙烯	2.0～2.1	120°	旋涂法
无机物介电材料	二氧化硅	4.5	46.7°	热氧化法
	氮化硅	7.5	30°	等离子增强化学气相沉积法
	氧化铝	5.5～8.5	<90°	磁控溅射法
	氧化钽	18.5～27.5	<90°	磁控溅射法
	钛锶氧化物	225～265	41°	金属有机化合物气相沉积法

注：P（VDF-TrFE）指偏氟乙烯与三氟乙烯的共聚物。

7.4　数字微流控液滴操控

对液滴的基本操作包括液滴的生成、合并、分裂和运输。在基于介电润湿理论的数字微流控芯片上，这四种操作的原理都是通过施加外部电压，改变固体液滴接触面上的表面张力，使其作为操纵液滴的动力。如图7-11所示，微液滴处于两个电极之间，当两个电极都未通电时，微液滴的接触角在水平上各个方向相等，处于平衡状态。当对2号电极通电后，微液滴左侧的接触角保持不变，而右侧的接触角会减小，微液滴左右两侧表面曲率半径不一致，会在液滴内部产生压力差，这个压力差会迫使液滴有运动的趋势，继续寻找新的平衡状态。随着电压的增大，液滴内部的压力差会使得液滴向加电压的方向移动。因此，对按照一定频率施加电压就能够操控液滴的运动轨迹，实现对液滴的操纵与控制，从而满足实验要求。

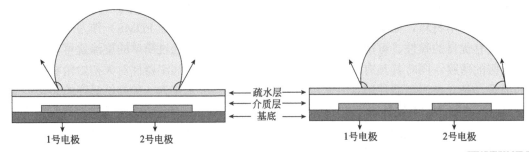

图7-11　微液滴操纵模型示意图

7.4.1　微液滴生成机理

微液滴的生成是指在微流控系统当中，从较大体积的液体上面分出较小体积的液滴的操作。一般的生成方法是将一个大液滴从储液池电极中生成指状水柱来控制液滴的形成。典型的微液滴生成过程如图7-12所示，首先将右侧池中电极打开，其他电极均接地，稳定后关闭右侧池电极，打开其他电极。根据介电润湿原理，在小电极单元阵列会形成一条长水柱。然后激活储水池电压，将液体向回拉，目的是能够拉断水柱，以便形成单个液滴。液滴生成的关键在于通过调制电极开关，能够形成足够的压力差。

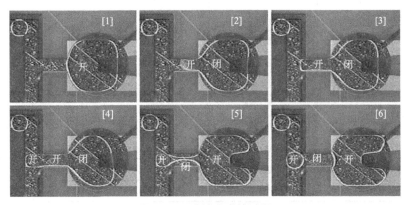

图7-12　液滴生成的过程

在实际的研究当中，液滴的生成过程不仅需要控制压力差，影响液滴生成的因素还包括电极的性质和参数、电极所施加电压幅值与频率、疏水表面性质等，关于微液滴生成的定量描述在未来还需要进一步研究。

7.4.2　微液滴合并与分裂

（1）微液滴的分裂

微液滴的分裂过程和微液滴生成过程比较类似，只是液滴的生成是将部分液体从大的储液池中分离出来，而液滴的分裂过程是将一个大液滴一分为二成为两个小液滴。为了实现液滴的分裂，至少需要三个电极来进行操控。首先，将三个相邻电极的中间电极上放置一个液滴，液滴的大部分覆盖在中间电极上，同时保持液滴两端与左右两侧相邻电极都有接触，然后对左右两端电极施加电压，而中间电极接地，这样左右两侧电极的表面张力会发生改变，因此液滴受到压力差的作用，会向左右两侧拉伸，沿着左右两侧轴向运动。而由于中间电极未通电，液滴的中心没有表面张力的改变将不会运动，所以液滴的具体情况表现为两端延伸中间变扁，随着液滴中间凹陷得越来越严重，最后大液滴会分裂为两个小液滴，实现液滴的分裂，具体的液滴分裂过程如图7-13所示。

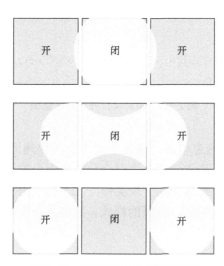

图7-13　微液滴分裂过程示意图

在操控液滴进行分裂的过程中，最常出现的问题是分裂出的两个小液滴大小不均等，微流控芯片的参数是液滴分裂能否成功的必要条件。有研究人员指出只有采用封闭型的微流控芯片才能实现液滴的分裂，通过微液滴分裂模型的建立，确定了液滴分裂的决定性条件是上下极板间距与驱动单元电极尺寸的比值不能超过0.22；且上下极板的间距越小，电极单元尺寸越大，大液滴分裂的效果就越好。他们还指出除电极尺寸与上下极板间距以外，电极的样式、液滴的表面张力、电极电压的大小、接触角饱和、加压时序和液滴分裂时左右两端是否对齐等都影响液滴的分裂效果。

（2）微液滴的合并

在微流控芯片实验室中，被测样品的前处理、稀释、生化反应或者培养液的供给等功能的实现，均需要液体的混合处理，因此实现微液滴的合并操作十分重要。液滴的合并与液滴的分裂是两个完全相反的过程，主要的方法是操控两个或者多个微液滴以一定速度输运到同一个芯片上面，再借助扩散作用实现多个微液滴的合并。具体的液滴合并过程如图7-14所示，同液滴的分裂一样，同样需要三个电极来进行控制。首先，将两个液滴分别置于左右两侧的电极上面，使其分别覆盖左右两个电极的同时与中间电极接触，然后对中间电极施加电压并且使中间电极接地，由于表面张力的改变，两液滴会受到压力差的作用，同时向中间电极运动，直到两个液滴能够合并为一个较大的液滴后停止。

由于液体的流动主要为低速的层流且雷诺数较低而导致液滴的混合难度较大，因此基于介电润湿法的数字微流控芯片在微米和纳米级的液滴合并中应用较为广泛。在液滴运动的边

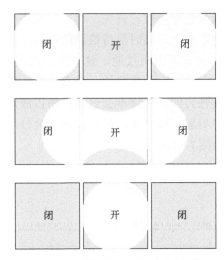

图7-14 微液滴合并过程示意图

缘位置上，液滴内部液体的流速很高，液体不仅混合得快速同时混合得十分均匀，实验中为了提高液滴混合的均匀度，通常采用多次混合分裂再混合的办法，逐步提高液滴合并的均匀程度以达到实验要求。与上述液滴的分裂类似，上下极板的间距与驱动单元电极尺寸的比值、电极电压的大小、接触角饱和、电极的样式、液滴的表面张力、加压时序等，都是影响液滴合并效果好坏的重要因素。

7.4.3 微液滴运输

微液滴的运输是通过控制液滴的润湿性来实现的。当微液滴位于驱动电极和非驱动电极之间的边界上时，通电产生的电润湿现象使驱动电极上方的液滴在一侧形成表面张力梯度，这时由于压力差的作用，微液滴会开始移动，寻找新的平衡点。在实验操作时，通过调节电压大小、持续时间和频率等参数，使液滴在芯片上按照设定的顺序进行运输。图7-15为液滴移动时的受力分析图，在未施加电压的时候，上下极板间的接触角相等，在施加电压以后，液滴右侧与下方极板的接触角会变小。

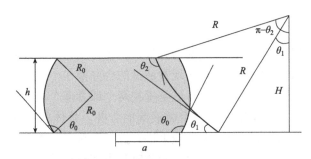

图7-15 液滴移动过程受力分析

为了减少运输过程中微液滴的蒸发，可采用双极板芯片或者将微液滴置于硅油介质的环境中，但是由于上极板的阻碍作用，在单极板系统中液滴的运输速度远大于双极板系统的运输速度。另外疏水层表面越光滑、微液滴越洁净（微液滴表面没有被灰尘等杂质污染），微液滴的运输速度就越大。除此之外，影响微液滴运输速度的因素还有接触角滞后、初始接触角大小、施加电压幅值与频率、施加电压时序等。目前，国内外各研究人员设计的数字微流控芯片都只能实现微液滴的一维运输，要实现微液滴的二维运输需要更加复杂的驱动电极单元阵列布局，上海的一家微流控芯片公司推出了一种可以对微液滴进行二维运输操作的数字微流控芯片。它们设计的芯片如图7-16所示，是由上下两层条形驱动电极相互垂直交叉所形成的双层结构的驱动电极阵列，通过对阵列中的一个或者多个电极按一定时序施加电压以及双层结构电极的互相配合，实现了微液滴的二维运输。

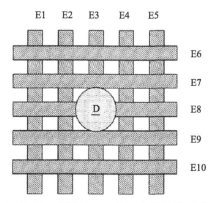

图7-16 微液滴二维运输的微流控芯片

 习题及思考题

1. 什么是表面润湿？
2. 什么是接触角？有哪些特点？
3. 常用的表面张力调控方法有哪些？
4. 数字微流控液滴技术由哪几个单元组成？

 参考文献 ▶▶

［1］Manz A, Graber N, Widmer H M. Miniaturized total chemical analysis systems: a novel concept for chemical sensing［J］. Sensors & Actuators B Chemical, 1990, 1(1-6): 244-248.

［2］Dittrich P S, Manz A. Lab-on-a-chip: microfluidics in drug discovery［J］. Dressnature Reviews Drug Discovery, 2006, 5(3): 210-218.

［3］Choi K, Ng A H C, Fobel R, et al. Digital microfluidics［J］. Annual Review of Analytical Chemistry, 2012, 5(1): 413.

［4］Fz A, Qr A, Xl A, et al. Rapid, real-time chemiluminescent detection of DNA mutation based on digital microfluidics and pyrosequencing—ScienceDirect［J］. Biosensors and Bioelectronics, 2019, 126: 551-557.

［5］Abdelgawad M, Wheeler A R. The digital revolution: a new paradigm for microfluidics［J］. Advanced Materials, 2009, 21: 920-925.

［6］刘启超. 介电润湿效应中接触角滞后现象的研究［D］. 南京：南京邮电大学，2015.

［7］Zhang Y, Shu W, Liu F, et al. Superhydrophobic nanoporous polymers as efficient adsorbents for organic compounds ［J］. Nano Today, 2009, 4(2): 135-142.

［8］宋善鹏，于志家，刘兴华，等. 超疏水表面微通道内水的传热特性 ［J］. 化工学报，2008, 59(10): 2465-2469.

［9］Carrillo L, Soriano J, Oritn J, et al. Interfacial instabilities of a fluid annulus in a rotating Hele-Shaw cell ［J］. Physics of Fluids, 2000, 12(7): 1685-1698.

［10］Wang J Y, Betelu S, Law B M. Line tension approaching a first-order wetting transition: experimental results from contact angle measurements ［J］. Physical Review E Statistical Nonlinear & Soft Matter Physics, 2001, 63(3): 031601.

［11］Wang Z Q, Zhao Y P, Huang Z P. The effects of surface tension on the elastic properties of nano structures ［J］. International Journal of Engineering Science, 2010, 48(2): 140-150.

［12］Quilliet C, Berge B. Electrowetting: a recent outbreak ［J］. Current Opinion in Colloid & Interface Science, 2001, 6(1): 34-39.

［13］Mugele F G, Baret J C. Electrowetting: from basics to applications ［J］. Institute of Physics, 2005(28): R705-R714.

［14］Verheijen H, Prins M. Reversible electrowetting and trapping of charge: model and experiments ［J］. Langmuir, 1999, 15(20): 6616-6620.

［15］Shapiro B, Moon H, Garrell R L, et al. Equilibrium behavior of sessile drops under surface tension, applied external fields, and material variations ［J］. Journal of Applied Physics, 2003, 93(9): 5794-5811.

［16］Vallet M, Vallade M, Berge B. Limiting phenomena for the spreading of water on polymer films by electrowetting ［J］. The European Physical Journal B—Condensed Matter and Complex Systems, 1999, 11(4): 583-591.

［17］Joanny J F, Gennes P. A model for contact angle hysteresis ［J］. The Journal of Chemical Physics, 1984, 81(1): 552-552.

［18］Guggenheim E. The principle of corresponding states ［J］. The Journal of Chemical Physics, 1944, 13(7): 253-261.

［19］覃昭君. 开放体系下电介质上的电润湿的研究 ［D］. 广州：暨南大学，2011.

［20］Navascues G. Liquid surfaces: theory of surface tension ［J］. Reports on Progress in Physics, 1979, 42(7): 1131.

［21］Zdziennicka A, Jańczuk B. Adsorption of cetyltrimethylammonium bromide and propanol mixtures with regard to wettability of polytetrafluoroethylene. I. Adsorption at aqueous solution-air interface［J］. Journal of Colloid & Interface Science, 2008, 317(1): 44-53.

［22］凌明祥. 基于介电润湿效应的微液滴操控研究 ［D］. 哈尔滨：哈尔滨工业大学，2011.

［23］Srinivasan V, Pamula V K, Fair R B. An integrated digital microfluidic lab-on-a-chip for clinical diagnostics on human physiological fluids ［J］. Lab on A Chip, 2004, 4(4): 310-315.

［24］Mugele F, Baret J C. Mugele F G , Baret J C . Electrowetting: from basics to applications ［J］. Institute of Physics, 2005(28): 1-7.

［25］Berge B. Electrocapillarity and wetting of insulator films by water ［J］. Comptes Rendus de l'Academie des Sciences, 1993, 317(2): 157-163.

［26］赵平安. 基于介质上电润湿效应的数字微流控器件 ［D］. 上海：复旦大学，2009.

［27］Jones T B. An electromechanical interpretation of electrowetting ［J］. Journal of Micromechanics & Microengineering, 2005, 15(6): 1184-1187.

［28］王亮，段俊萍，王万军，等. 介电材料在介电润湿器件中的应用进展 ［J］. 材料导报，2016, 30(19): 70-76, 88.

［29］ Schuhladen S, Banerjee K, Stürmer M, et al. Variable optofluidic slit aperture ［J］. Light:Science & Applications, 2016, 5(1): 7.

［30］ Blake T D, Clarke A, Stattersfield E H. An investigation of electrostatic assist in dynamic wetting ［J］. Langmuir, 2000, 16(6): 2928-2935.

［31］ Srinivasan V, Pamula V K, Paik P, et al. Protein stamping for MALDI mass spectrometry using an electrowetting-based microfluidic platform ［J］. Proceedings of SPIE—The International Society for Optical Engineering, 2004, 5591: 26-32.

［32］ Cho S K, Moon H, Kim C J. Creating, transporting, cutting, and merging liquid droplets by electrowetting-based actuation for digital microfluidic circuits ［J］. Journal of Microelectromechanical Systems, 2003, 12(1): 70-80.

［33］ Berthier J, Clementz P, Raccurt O, et al. Computer aided design of an EWOD microdevice ［J］. Sensors & Actuators A Physical, 2006, 127(2): 283-294.

［34］ Abdelgawad M, Park P, Wheeler A R. Optimization of device geometry in single-plate digital microfluidics ［J］. Journal of Applied Physics, 2009, 105(9): 259.

第8章

微流控芯片在生物医学领域的应用

8.1 概述

近十年来微流控技术的高速发展表明其在微尺度细胞培养、生物学研究、医疗诊断等方面具有巨大潜力，微流控芯片也被认为是实现小样本量快速和有效实验的重要工具平台。比如以微流控为基础的细胞培养是一个不断增长的研究领域，微流控芯片细胞培养技术作为一个突出的技术，可将细胞培养和微流控装置进行有机集成以实现"类活"细胞微环境构建，这种显著的技术优势可将传统细胞生物学研究从实验室培养皿转移到微小的芯片上。在细胞芯片的基础上发展而来的"器官芯片"是另一个蓬勃发展的技术领域，该技术有望填补体内和体外研究之间的空白，为医学和药物治疗等领域提供优良的平台。此外，微流控技术通过减小试剂体积、缩短反应时间，通过将整个实验室协议集成到单个芯片实现多路并行操作等，对生物医学实验的小型化也产生了巨大影响。比如常见的微流控工具基因芯片、毛细管电泳芯片、基于CD的惯性细胞分离设备芯片、集成转录组分析芯片等系统都是建立在微流控芯片的基础上实现的。

本章主要针对微流控芯片在生物工程、医药工程等领域的前沿应用进行简要的介绍，其中包括细胞芯片、器官芯片、微生物芯片、医学诊断芯片等。细胞芯片主要介绍微流控芯片上细胞的培养、操控、刺激、分析等常规操作，其中重点介绍近年来的研究热点单细胞芯片；器官芯片主要介绍器官芯片的发展，重点介绍几种常见的器官芯片如肺芯片、肝芯片、心脏芯片等；微生物芯片主要介绍微生物芯片的发展现状和微生物芯片的研究方法等，并介绍了微生物芯片在微生物电池和毒性测试等方面的前沿应用；微流控医疗诊断芯片主要介绍两种常用的诊断手段，分子诊断和免疫诊断，以及商业化的医疗诊断系统。本章最后将对微流控芯片在生物医学方面的应用进行小结并对其应用前景进行展望。

8.2 细胞芯片

在生物学领域，实验室细胞培养已经有100多年的历史了，可以追溯到罗斯·哈里森第一次从青蛙胚胎中培养神经纤维的时代。活细胞是生命的基本组成部分，在过去的50年里，细胞培养使我们对活细胞生物学有了深刻的理解并取得了重大进展。虽然现有的细胞培养技术已经可以很可靠地为人类服务，并持续促进着生物学研究的进步，但现有的细胞技术也有各种限制，削弱了它们的实用性，特别是在更高级和复杂的生物学问题研究方面。微流控细胞芯片具有显著优点，这包括可减少昂贵试剂的消耗，可有效增加细胞培养的吞吐量和并行化，更容易实现时空控制，可有效改善微环境中培养细胞的生理和病理的相关性和相干性。因此，微流控细胞培养也引领了一场重大的革命，朝着具有器官级功能的高度复杂的模型发展，即"器官芯片"。器官芯片的研究正在迅速扩大，亟须关于构建先进细胞培养系统的方法以满足器官芯片的需求。本节重点介绍微流控装置中培养活细胞的原理和关键因素以及其他基于细胞的微流控应用，如细胞处理、细胞操控、细胞计数、细胞分析等，并结合案例介绍细胞芯片应用技术以及该领域的技术挑战和未来方向，如单细胞分析和临床应用。

8.2.1 细胞培养

细胞培养的关键因素包括细胞类型、细胞培养融合、培养基体、营养和废物平衡，在宏观和微观尺度上维持适当的细胞活力是细胞培养的关键。首先，细胞来源主要有两类：细胞系和原代细胞。细胞系，或连续细胞系，来源于一个单一的历史克隆，如果处理得当，这个克隆有能力在体外无限期地分裂和继代培养。相比之下，原代细胞是从人或其他动物身上新生的，没有永生化，原代细胞不能像细胞系一样无限繁殖，必须从每个实验的原始样本中进行提取。原代细胞的培养要求更为苛刻，因此原代细胞在体外维持和研究更具挑战性。其次，细胞聚集是细胞培养过程中一种常见的现象，细胞一旦接种到培养基上，细胞就会迅速附着在培养基上进行增殖，并覆盖在可用的表面。有些细胞类型可以生长融合或过度融合，即当底物已经完全覆盖时，可以多层重叠，微流控系统中达到微观尺度的融合需要更多的实验，同时还需考虑其他关键因素，如设备几何形状和临界灌注率等。再者，细胞培养液是细胞培养的另一重要因素。传统实验室培养的细胞（如培养皿、烧瓶等）具有足够的培养基容量和营养物质，以支持多种群倍增，并在需要扩展（或继代培养）之前维持可控数量的培养基交换。而在微观尺度的细胞培养上，由于废物的快速积累，介质变化的频率增加，微流控装置的pH值和渗透压变化变得显著。微尺度上细胞培养具有较高的表面积与体积比率，培养的每个细胞可利用的培养基体积要比常规培养方式少得多，然而在微型设备系统中管理培养液容量是一个挑战，特别是在处理其他相关因素如蒸发等。宏观细胞培养和微观细胞培养在几个关键因素上有某些相似之处，但微流控芯片上细胞培养相对普通细胞培养环境还是有很大的不同，因而微流控芯片上细胞培养也具有一定特殊的要求，包括设备材料的选择和设计等。

普通和微型细胞培养的关键原则是维持微流控设备中培养的细胞的活性和功能，特别是在培养系统变得越来越复杂的情况下。但在普通培养体系下部分培养因素稍微偏离正常标准并不会对大规模细胞培养构成重大影响。例如，在培养环境pH值7.4左右波动很正常，对细胞活力的影响相对较小，特别是当正常pH值波动在小时数量级的情况下。然而，在微观尺度上，扩散过程要快得多，pH值失衡等问题非常突出，研究者需要慎重考虑微环境的变化以确保培养系统的可靠性。因此，目前许多基于微流控的细胞培养系统都配有特定的培养方案，以确保程序针对特定的微流控设计进行调整。微流控技术和生物学的结合带来了许多创新技术，特别是在生物模型的复杂性方面取得了重大进展。其中一些方法和技术已经显示出良好的可靠性和可重复性。接下来，我们将通过具体的示例来介绍微流控在这方面的应用，具体来说按模型复杂性分为2D单一培养和2D共培养到3D单一培养和3D共同培养等。

（1）2D单一培养模式

最简单的细胞培养系统（宏观和微观）是在最基本的2D底物上进行的单一细胞培养。

与大尺度培养相比，微尺度培养有两个关键优势，比如可以增加通道几何形状的复杂性，同时也可以增强对系统功能以及时空因素的控制。因此，许多第一代微流控培养系统最初是以2D单细胞培养开始的。在此我们只简单介绍2D单细胞培养方面一些典型案例。比如微流控细胞培养技术最先受到了神经元培养领域的关注，这主要是由于微流控系统提供可控的化学梯度，并且能够提供神经元研究过程中对物理空间限制和定向引导的需求。为了引导轴突导航和神经元发育，研究者开发了各种微流控系统，这些系统通常是基于PDMS材质并黏合在玻璃上实现的。

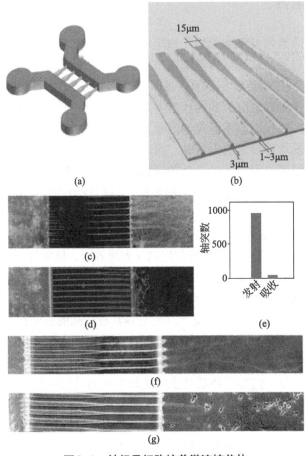

扫一扫，查看彩图

图8-1　神经元细胞培养微流控芯片

（a）微流控芯片3D模型；（b）微流控芯片3D显微照片；（c）、（d）神经细胞培养免疫荧光图像，其中皮质神经元种植在宽（c，15mm）或窄（c，15mm）区域；（e）量化显示轴突二极管通道有效地极化了轴突生长；（f）、（g）皮质神经元将轴突投射到第二个腔室中的情况

图8-1展示了一种新型的神经元细胞培养微流控芯片，Pryrin等在常规的神经元细胞培养基础上构建了突出二极管培养通道阵列，该阵列由不对称微通道构成，可实现97%的选择性单向轴突连接。该芯片可以用于构建复杂的、定向的神经元网络，这在传统的神经细胞培养微流控芯片上是很难实现的。针对该微流控芯片的应用，研究者尝试构建了一个面向皮质-纹状体的网络，并建立了功能性突触连接，实现了皮质轴突激活纹状体分化和神经活动同步。每一个神经元群体和小室都可以单独进行化学处理。神经通路的方向性是神经系统组织的一个关键特征，轴突二极管概念带来了神经元培养微流控芯片的典型变化，在亚细胞、细

胞和网络水平上研究神经元发育、突触传递和神经退行性疾病，如阿尔茨海默病和帕金森病等方面都具有潜在的应用前景。

（2）2D共培养模式

为了提高体内组织微环境的仿真性，有必要采用在同一系统中融合多种相关细胞类型的共培养模式。细胞通过各种细胞间的相互作用影响相邻的生物生长、反应、协同过程。这些相互作用促进了细胞分裂、生长、运动、迁移、存活、凋亡，以及包括癌症和肿瘤微环境在内的疾病细胞的信号传递。细胞间的通信通过各种机制进行调节，包括自分泌、旁分泌等。在传统的细胞培养条件下，共培养仅仅停留在培养体系中混合两种不同的细胞类型，但有时为了阻止不同细胞间的物理接触需要在空间上分离细胞并进行细胞培养，因此研究者常常使用膜过滤器，比如具有固定孔径的聚酯或聚碳酸酯膜以实现细胞的隔离和共培养。

微流控技术可实现流体在时间上和空间上的精确控制，为细胞共培养提供了天然的优质平台。在微流控芯片上可以轻易实现和生理上类似的距离和浓度控制以及多种细胞类型的空间排列组合，而非传统共培养体系中只可进行的不受控制的对流混合。目前多种微流控系统被用来研究同一培养环境中不同类型细胞之间的相互作用。例如Shi等开发了两种新型微流控细胞共培养方案，即垂直分层设置和四室设置方案，且各个细胞室由压力阀屏障隔开从而能够控制两种细胞类型之间的通信。该芯片的独特设计不仅实现了神经胶质与神经元的共培养，同时实现了神经元群的差异转染以及神经元相互作用的动态可视化研究，表明神经元和神经胶质之间的交流对于突触的形成和稳定性至关重要，如图8-2所示。

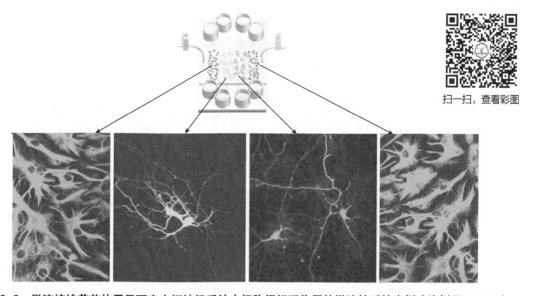

扫一扫，查看彩图

图8-2 微流控培养芯片用于研究中枢神经系统中细胞间相互作用的微流控系统实例（比例尺=25μm）

再比如在血管生成和内皮形态生成的相关领域，研究者实现了内皮细胞与成纤维细胞共培养，或与成纤维细胞和巨噬细胞共培养。比如在成纤维细胞和巨噬细胞共培养方面，Theberge等使用一种基于微吸管的方法，在一个微流控隔室中加载巨噬细胞，同时依次在相邻的一个隔室中加载成纤维细胞和内皮细胞。内皮细胞依靠胎牛血清作为"饲养层"，在有或没有巨噬细胞的情况下形成小管。在癌症研究领域，基于微流控芯片，各种肿瘤细胞可与乳腺癌的成纤维细胞进行共培养以了解肿瘤渗出的过程。Neto等采用了Park等的微流控神经元共培养系统进行了感觉神经元和成骨细胞的共培养，以模拟神经纤维和骨微环境之间的活体相互作用，该设计展示了在直的微槽内实现轴突的稳定生长，并被扩展到允许神经元和成骨细胞之间的细胞间通信，成功地展示了轴突从神经室延伸到微槽，最后进入成骨细胞室的过程。

（3）3D培养模式

微流控2D培养模型简单，加工也很方便，且由于细胞样品接近玻璃盖片表面，允许样品的高质量成像，但是2D模型不能准确地模拟细胞在其自然微环境中的三维空间。3D培养可以更好地模拟活体细胞的行为和功能，因此研究者尝试构建3D细胞培养平台以实现类似活体的生长环境。比如现阶比较流行的3D细胞培养模型有多细胞肿瘤球体。球状体由大量癌细胞聚集而成，且具有增殖的外核和静止的、通常由于缺乏氧气和营养而坏死的内核。3D球体培养已成为药物开发和高通量药物筛选应用中的标准体外模型。然而，微流控的使用远远不止球体模型，现在已经扩展到以前用传统方法无法实现的更复杂的3D微环境。

比如Bischel及其同事使用了一种称为黏性手指图案的技术，他们将液体介质引入含有预聚合水凝胶的方形微通道中，介质流过水凝胶后留下一个圆形管腔，周围是一层薄薄的水凝胶，细胞即可附着在微通道壁上，形成仿真血管壁或乳腺导管。该技术可在凝胶加载步骤期间将额外的基质细胞类型载入凝胶层，从而实现多细胞类型的共培养（如图8-3所示）。再比如最近Mannino等将圆柱形管腔制造扩展到包括用于研究的狭窄动脉瘤和分叉的几何形状，通过在细圆形光纤周围进行凝胶聚合，然后去除纤维以构建3D细胞培养的中空结构。当然现阶段还有更多的3D共培养系统正在开发中，包括：研究肿瘤细胞渗入含有内皮细胞、间充质干细胞和成骨细胞分化细胞的纤维蛋白凝胶的三维乳腺癌转移模型，基于PDMS的微流控设备，用于模拟小鼠神经干细胞生态位的脑血管-细胞外基质微环境，以及利用三维微流控技术重建器官水平功能的模型。

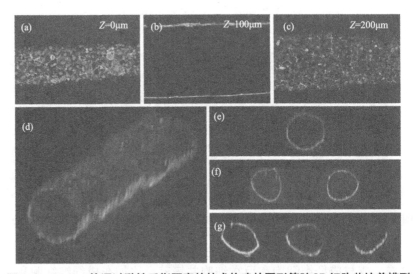

扫一扫，查看彩图　　**图8-3　Bischel等通过黏性手指图案的技术构建的圆形管腔3D细胞共培养模型**

在微流控系统中实现细胞成功培养的例子和选择还有很多，在此不一一列举，随着微流控培养技术的快速发展，该领域正朝着日益复杂的应用方向发展。实际上，基于3D共培养模型已经衍生出了另一个新兴的领域——"器官芯片"。器官芯片技术在过去几年中发展迅速，关于器官芯片的应用本书将在下一部分进行简要介绍。在将微流控细胞培养推向组织和器官水平模型的过程中，自动化和大规模大通量共培养是这一领域的共同目标。虽然在过去的几年中自动化和大通量方面已经取得了较大的进展，比如利用数字微流控技术、球体培养的悬滴技术、微流控技术等大大提高细胞培养通量。同时3D培养技术促进了这些系统的自动化，包括在含有胶原的水凝胶中对乳腺成纤维细胞进行3D培养，并将其整合到后续的染色步骤中，以实现整个过程的自动化。然而，自动化和吞吐量仅仅是实现对生物学研究的一种手段，更多的特种微流控细胞培养技术发挥着更为重要的作用，比如针对单细胞的分析和临床应用研究。

8.2.2　细胞操控

细胞操控技术和微流控的结合为细胞生物学家提供了新的工具和能力。如今，细胞操控技术与微流控技术相结合，在细胞生物学、临床研究和生物医学工程的各种应用中发挥着至关重要的作用，因为它能够精确控制细胞环境，通过多重检测轻松构建异质细胞环境，并分析单细胞水平的信息。直到最近，基于不同力（包括光、磁、电和机械力）的各种细胞操作技术已被开发用于特定的目标，例如细胞聚焦、对齐、捕获和从异质细胞溶液中分离靶细胞。在本小节主要介绍用于细胞生物学研究的微流控中细胞操作技术以及其典型的应用，具体包括细胞分离和分选、细胞抓取、细胞注射等。

细胞分选和分离被广泛用作研究和临床应用的关键一步，其中需要从异质生物样品中分离单个细胞类型。细胞操控和分选通常是将样品分离成组成细胞群/组分或从复杂的生物流体中分离所需细胞类型。传统生物学研究中这项任务是通过荧光激活细胞分选（FACS）或磁激活细胞分选（MACS）来完成的。然而，这些传统方法具有一定的限制，包括所用仪器体积大、样品通量低、定量能力有限、操作成本高等。微流控技术具有多种优势，包括可以和多种分选原理、精确的细胞操作工具结合实现高效分选和分离，其中包括光驱动、电驱动、超声驱动、磁力驱动等方式，如本书前文所述。因此在此部分将不再赘述微流控细胞分选和分离技术的原理，而只针对微流控芯片在细胞分选和分离方面的前沿应用进行介绍。

针对细胞分选和分离需求，大量的微流控芯片平台被开发出来。水动力是比较常用的一种方式，水动力细胞分选方式利用流体动力学技术来操纵细胞，这些方法依赖于通道的形状和结构以及利用通道中水动力作用进行颗粒分选。流体动力学技术可以根据细胞和颗粒的大小、形状、密度、浓度、可变形性和表面功能化以及流体速率和黏度来操纵细胞和颗粒，而无需任何外力。比如基于惯性的微流控芯片中的水动力的相对大小可以通过通道结构来控制。图8-4展示了常见的基于惯性流的微流控细胞及颗粒分选系统。

在电动控制分选方面介电电泳（DEP）是最重要和最实用的方法。DEP力可以在具有较低电导率的介质以及不均匀的高频电场中产生，在这种方法中，悬浮在介质中的所有粒子或细胞在存在电场的情况下都表现出介电电泳行为，这意味着粒子不需要携带电荷。施加的力可以很容易地通过介质和粒子的介电特性、非均匀电场的频率、电极的位置和配置、粒子的大小和形状来调整。基于DEP的细胞操控可以通过两个不同的方法来实现，包括基于电极的DEP和基于绝缘体的DEP。在基于电极的DEP中，电极位于微通道的内部或外部部分，并通过它们的阵列产生电场，而电场可以使用交流电源或差分电极结合直流电源来产生非均匀电场。在基于电极的DEP方法中可引入2D或3D电极配置，例如螺旋电极、叉指电极和梯形电

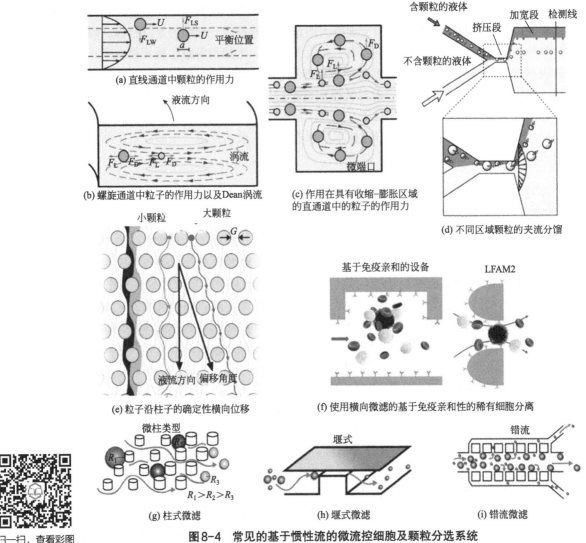

(a) 直线通道中颗粒的作用力

(b) 螺旋通道中粒子的作用力以及Dean涡流

(c) 作用在具有收缩-膨胀区域的直通道中的粒子的作用力

(d) 不同区域颗粒的夹流分馏

(e) 粒子沿柱子的确定性横向位移

(f) 使用横向微滤的基于免疫亲和性的稀有细胞分离

(g) 柱式微滤

(h) 堰式微滤

(i) 错流微滤

图8-4　常见的基于惯性流的微流控细胞及颗粒分选系统

扫一扫，查看彩图

极阵列以提高分选效果。对于绝缘体DEP则可以在微通道内布置柱状绝缘微柱，以中断由微通道入口和出口处的两个电极形成的电场的均匀性从而实现颗粒的分选。

　　声学微流控设备是使用声波控制芯片中微米或纳米级物体或流体，其系统具有设计简单、生物相容性好和非接触式操作等特性，因此该系统为细胞操控和分选提供了理想的平台。在声学微流控芯片中，所有特征具有不同声学、机械和流体动力学特性的细胞都可以通过声流、行波、驻波或三种机制的组合来分离。据文献报道使用声微流控芯片可以有效分离特征尺寸范围为100nm～20μm的稀有细胞、细菌、囊泡和脂蛋白。例如，Wu等提出了一种基于声流控的分离技术，该技术基于囊泡和脂蛋白的声学特性差异，通过使用声流体技术，实现了囊泡和脂蛋白亚组以无标记、无接触和连续的方式分离。同样研究者使用四分之一波长工作条件实现了20mL/min的血小板分离以及高达88.9%的红细胞/白细胞去除率。图8-5展示了一种典型的声流控芯片结构示意图。此外，全血中的细胞亚群［例如，红细胞（RBCs）、白细胞（WBCs）、血小板（PLTs）］可以被微通道侧壁上的气泡振荡产生的局部声涡流捕获并与其他成分细胞分离。除了无标记分离外，细胞还可以与抗体偶联的声学标记物连接，以实现高效和多通道分离。

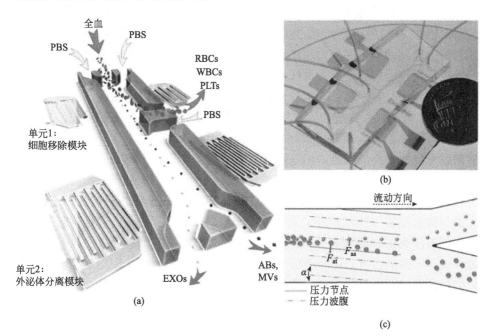

图8-5　用于分离外泌体的集成声流控芯片装置的示意图

PBS—磷酸盐缓冲液；EXOs—外泌体；ABs—抗体；MVs—分子载体；RBCs—红细胞；WBCs—白细胞；PLTs—血小板

此外，基于磁性的细胞分选芯片也受到了广泛关注。磁性分选可以通过两种不同的技术获得，即在磁激活细胞分选中使用标记细胞或未标记细胞，如图8-6所示。在磁激活细胞分选技术中，磁性粒子用靶向剂标记并与靶细胞表面的受体相互作用。这种方法类似于基于免疫亲和的分离方法，可以将特定细胞与其他类型的细胞分离。然而，它需要使用磁性标记的颗粒，烦琐的标记过程和高昂的成本使这种磁性分离技术不是那么流行。同时基于磁场的细胞分离微流控芯片存在着一些显著的问题，比如高剂量磁性颗粒可能导致颗粒黏附甚至堵塞微流控通道。磁性颗粒聚集可以改变细胞磁泳迁移率使得细胞分选效率低下和错误的细胞计数。在系统层面，当磁性颗粒同时用作细胞载体和信号标记时，细胞-磁性颗粒复合物与过多的单一磁性颗粒的充分分离是至关重要的，因为后者可能导致假阳性信号。因此，基于磁场的细胞分选微流控系统在粒子和器件工程、分离技术的创新以及磁分离对特定应用的适应

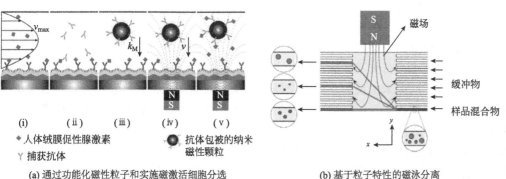

(a) 通过功能化磁性粒子和实施磁激活细胞分选　　　　(b) 基于粒子特性的磁泳分离

图8-6　通过功能化磁性粒子和实施磁激活细胞分选和基于粒子特性的磁泳分离

217

方面还需不断努力。

　　光捕获技术利用高度聚焦的激光束和通常具有高数值孔径的显微镜物镜施加的光学力。为了操纵目标物体，该技术利用梯度光学力（对目标粒子施加拉力）和散射力（对目标粒子施加排斥力）之间的差异。如果梯度力超过粒子上的散射力，它就会被困在物镜的近焦点处；而在相反的情况下，粒子将移动到光束区域之外。光学操纵技术与微流控芯片结合在一起并成功用于各种生物应用，其中包括细胞分选、捕获和分析，其中，应用最广泛的领域之一是细胞分选，如图8-7所示。和传统的流式细胞分选需要测量细胞荧光强度不同，光学力可直接用于微流控芯片中细胞的同时识别和分离。其他基于微流控的光力学分选系统需要集成阀门和制动器来改变目标细胞的轨迹，但这种光学切换技术允许在不增加微流控芯片复杂性的情况下快速主动地控制微芯片内的细胞路径。最近，一种基于图像处理方法的增强光力学细胞分选和操作技术被开发出来，可实现稀有细胞分选应用中的小细胞群的高精度分选。该技术集成了光镊和微流控芯片技术，为了识别目标细胞，研究者开发了一种具有多种特征识别能力的图像处理方法来识别细胞大小和荧光标记等参数，而目标细胞可以通过光镊以非侵入方式精确地移动到所需的位置。尽管光学操纵技术中高度聚焦的激光束会对生物样品造成潜在的损害，但是研究过程中可以通过使用某些波长范围的光来减少光损伤，因而光操控细胞分选具有较好的应用前景。

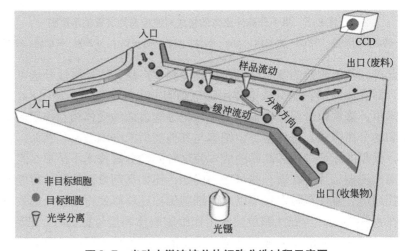

扫一扫，查看彩图

图8-7　光动力微流控芯片细胞分选过程示意图

8.2.3　细胞裂解

　　细胞裂解是分析细胞内容物如分析蛋白质和核酸的重要步骤。与传统方法相比，微流控细胞裂解具有几个优点：首先其微流控芯片中独特的几何形状和精确的尺寸可以对细胞进行机械或化学操控，其次微米级反应和操作空间可以最大限度地减少裂解液稀释，再者微流控系统中层流限制了裂解物的对流运输，这些特性有助于提高芯片上细胞的分析灵敏度。微流控细胞裂解方法可分为四大类：机械裂解、热裂解、化学裂解和电裂解。在本小节将讨论这四种细胞裂解方法并提供一些最近的应用案例。

　　机械细胞裂解通过机械力撕裂或刺破细胞膜，其中包括剪切应力、与尖锐结构物的碰撞、摩擦力和压缩应力。通过这些方式，细胞结构被破坏，细胞内容物被释放。比如Yun等提出了一种手持式机械细胞裂解芯片，具有超锋利的纳米刀片阵列，细胞在流动过程中撞到刀片上很容易被这些超锋利的纳米结构破坏，该芯片还可直接连接市售注射器，研究者通过该芯片获得了与常规化学裂解方法相当的蛋白质浓度。机械方式裂解平台可用于从临床样本中提取核酸，同时相对可以减少蛋白质的损伤和去污剂干扰。然而，它需要额外的仪器或操作来激活，并且在机械裂解中产生的细胞碎片可能会阻碍随后的提取。基于内置在流动路径中的锋利纳米结构的无试剂细胞裂解系统还有很多典型的案例。比如Huang等报道了一种基于硅玻璃材质的微流控装置，该装置具有用于无试剂机械细胞裂解和单细胞上完整细胞核分离的点收缩功能并可最大限度地回收蛋白质及DNA等细胞内容物（装置的结构和工作机制如图8-8所示）。

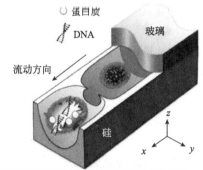

(a) 细胞被圆形收缩的超锐利边缘撕裂示意图

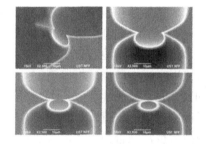

(b) 细胞通过点收缩发生过度快速变形动力学模拟示意图

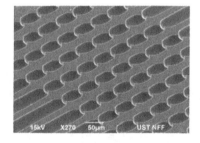

(c) 具有八个单细胞点收缩通道的显微照片

(d) 各种尺寸的收缩通道特写视图

图8-8 无试剂机械细胞裂解示意图

扫一扫，查看彩图

化学方法利用裂解缓冲液破坏细胞膜，该方法通过将去污剂添加到细胞裂解缓冲液中以溶解膜蛋白并破坏细胞膜以释放其内容物。化学裂解是微流控领域中最常用的方法，因为它简单且处理方式便捷，通常需要一个或两个注射泵的单独入口（一个用于样品流，一个用于清洁剂）和一个公共出口，反应室可能有助于更好地可视化和测量裂解效率。由于微通道中流动的层流特性，应始终考虑两种流体之间混合不良的可能性，因此考虑在通道中添加几何结构以实现被动混合。比如基于化学裂解方式，Fradique等介绍了一种基于扩散的微流控装置的快速筛查开发连续化学裂解条件。这项工作的主要目标是确定不同裂解条件从细菌细胞中释放细胞内蛋白质的效率，即测量不同裂解溶液、接触时间和细胞与裂解溶液体积比的影响。研究中大肠埃希菌中表达的重组绿色荧光蛋白（GFP）的释放被用作模型系统。研究者通过荧光对细胞生长和产物浓度进行了评估，显示该微流控装置可成功地用于测试酶促和化学裂解溶液的裂解，且分别实现了约60%和接近100%的裂解效率。图8-9显示了该装置的结构示意图，该系统可以进一步与其他微流控模块集成以便在芯片上模拟完全连续的生物制造过程，系统未来有望应用于任何生物制药生产平台。

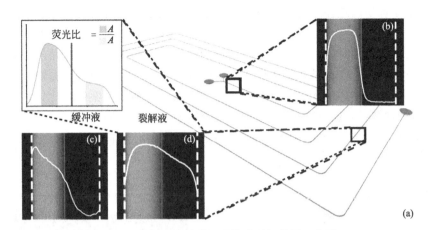

图8-9　基于微流控的细胞快速裂解装置示意图

（a）芯片设计结构图；（b）显示在通道入口处测量的细胞溶液（表达GFP的大肠埃希菌）和缓冲液的界面位置，该位置用于分离通道轮廓分为强和弱荧光区域（红线），并用于计算（c）和（d）的荧光比

　　此外，采用电场对细胞进行裂解也比较常用，该方法也被称为电穿孔。在细胞电裂解过程中，细胞暴露在强电场中，会产生跨细胞膜的电位，称为跨膜电位，一旦电位超过某个阈值，膜上就会形成孔以释放细胞内成分。用于细胞裂解的电穿孔微流控装置通常并不复杂，其结构通常包括细胞液流通道以及响应的电极，细胞流经电极附近通过施加电场即可实现细胞的穿孔和裂解，针对施加的电场强度，Fox等针对裂解不同类型细胞所需的电极电位进行了系统的总结。基于微流控芯片的电场细胞裂解应用案例有很多，比如，Xuan课题组展示了一个微流控平台，该平台成功地通过直流介电泳方式在单个收缩微通道中实现红细胞的富集，而后在该区域使用交流电场进行细胞裂解。在这个过程中，直流电场驱动细胞样本并控制细胞通过通道的速率，而交流电场在通道收缩区域达到一个场强和梯度对细胞进行裂解。此外，捕获和裂解也可被结合使用，以实现白血病细胞与红细胞的选择性富集和分离。

　　热裂解相关的技术也常结合微流控芯片进行细胞裂解操作。热裂解使用高温或者局部高温使细胞膜中蛋白质变性从而破坏细胞膜使细胞内容物流出。通常，温度传感器会集成到微通道中以精确控制微通道中的局部温度，以防止损坏细胞内蛋白质。由于电加热系统功耗低并且易于微型化，所以常用的热裂解微流控芯片大多数采用电加热方式，但是也可通过磁控加热方式实现无接触加热。激光加热是现在比较流行的一种方式，但其具体的工作原理和电加热细胞裂解方式不同。激光细胞裂解方式通过对液流中细胞投射激光加热细胞外表面区域液体，使其产生局部气泡，气泡破灭消逝过程会产生液击现象，该液击可将细胞膜打碎实现细胞裂解。

　　Burklund等报告了一种微系统，该微系统使用交流磁场（AMF）将高通量细菌免疫磁性捕获与无接触细胞裂解相结合，以实现细菌核酸的下游分子表征。该系统提出了一种带有磁性聚合物基板的微芯片，它可以在暴露于交流磁场后，对生物目标进行高度可控的片上加热。该系统操作过程细胞裂解液不会被稀释，温度也可以得到精确控制，消除了潜在的污染风险。图8-10展示了该交流磁场驱动的细菌富集和非接触式裂解的概述示意图。针对微流控平台的激光诱导的细胞裂解，Hellman等研究了脉冲激光微束辐照细胞单层产生的生物物理效应，发现辐照导致激光诱导等离子体的形成，冲击波传播，空化气泡的形成、膨胀和坍塌，实现细胞裂解。因此，激光的快速细胞裂解方式为未来细胞分析提供了无限可能。

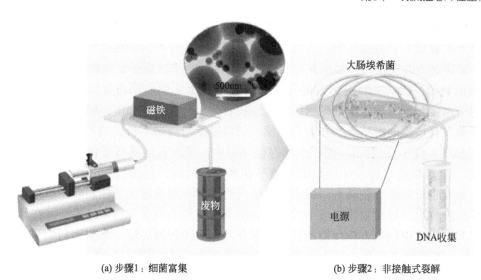

|(a) 步骤1：细菌富集| |(b) 步骤2：非接触式裂解|

图8-10　由交流磁场驱动的细菌富集和非接触式裂解的概述示意图

（a）步骤1，注射泵推动样品通过微通道，外部磁铁将与功能化磁性纳米颗粒结合的细菌保留在微通道内；（b）步骤2，移除外部磁铁，将微芯片置于线圈中，并将微芯片暴露于交流磁场中，细菌被热裂解，在下游收集和分析核酸

　　除了以上常用的细胞裂解方法，基于微流控芯片的细胞裂解方式和系统还有很多，比如基于声表面波（SAW）的细胞裂解方法，这种方法通过在压电晶体基板表面传播的纳米级振幅行波来为细胞提供能量从而实现细胞裂解。在工作过程中，当提供电信号时，叉指换能器（IDT）在微流控芯片的表面上产生周期性应变，从而导致声波从表面传播至细胞液流处，声波的能量使细胞壁破损从而实现裂解。该装置无需使用裂解缓冲液或复杂操作，因此具有进一步集成到芯片上的良好潜力。比如Lu等报告了一种耦合了行声表面波（TSAW）的微流控装置来裂解细菌并提取核酸和蛋白质的方法。该裂解方法可应适用于所有类型的细菌，为未来细菌研究提供了良好的操控平台。

　　其他的基于微流控技术的细胞裂解方式在此就不一一列举，整体来说细胞裂解是实现细胞分析和应用的重要一步，因此细胞裂解单元的设计也尤为关键。具体来说细胞裂解系统的设计应当围绕以下几个原则：第一，保持系统的简单以减少多余的操作过程使细胞应用系统简化；第二，提高裂解效率并减少样品的稀释以提高细胞分析的灵敏度和有效性；第三，提高细胞裂解系统的普适性，以满足不同细胞类型的裂解需求。

8.2.4　细胞刺激

　　在细胞微环境中，细胞受到多种时空变化的影响，包括物理条件，如温度、pH值、氧气、细胞因子梯度和邻近细胞分泌的蛋白质，以及光照、机械力等。研究细胞对多种刺激的反应将有助于更好地理解生物通路、组织功能。微流控技术是一种强大的技术，可以在体外控制细胞微环境。通过微流控装置可以很容易精确地构建各个物理环境，包括流量、微结构、浓度梯度和机械应变等条件。在本小节重点结合实例介绍温度刺激、化学刺激、光学刺激、机械刺激等方面在细胞研究中的应用。

　　微流控装置有助于精确流量控制，这是由于在微米长度尺度上流动的独特性以及阀门和泵的可集成性。微流控系统中流体传输过程为层流，因而在一定的高度范围内可实现流体的流体动力学和分子扩散动力学可控传输。层流可以以有序的方式将不同的流体引导到特定区域，这可以在一定距离内改变液相环境，并以高空间和时间分辨率应用于受控细胞刺激。

比如针对温度刺激，Lucchetta 等于 2005 年在微流控芯片上胚胎周围布置流动的两个汇聚的水流，且每个水流都可实现温度的精确控制以便在芯片上产生温度梯度。研究者研究温度梯度刺激对胚胎发育过程的影响表明胚胎的补偿系统可以抵消极端不自然的环境条件的影响及温度刺激，如图 8-11（a）所示。同样在细胞微环境中，细胞总是暴露于化学浓度梯度中，如生长因子、激素和趋化因子，这些信号调节许多生物过程，包括细胞分化、细胞迁移、免疫反应、血管生成和癌细胞转移。微流控系统具有准确和精确的流量控制能力，可以方便地建立化学浓度梯度，以模拟微环境中的化学刺激和研究细胞的化学刺激行为，并在体外以高空间和时间分辨率控制生物体周围的局部化学环境以获得刺激环境下细胞间的信号传导机制。比如 Meier 等开发了一个"芯片上的植物"微流控平台［如图 8-11（b）所示］，该平台可以使用多层流以高空间分辨率控制拟南芥活根周围的局部化学环境，用于测试任何目标化学成分包括氮、磷酸盐及其他植物激素对根发育的影响机理。

光对细胞生物体也具有很强的刺激效果，比如来自阳光照射的紫外线（UV）辐射与皮肤损伤高度相关，高强度的光刺激极易导致光老化和皮肤癌。UVA（315～400nm 波段）辐射可引起细胞外基质蛋白表达的改变，而 UVB（280～315nm 波段）被认为是一种细胞凋亡诱导因子。过去，研究紫外线是如何造成细胞损伤的大多是在培养皿等静态条件下进行，这与体内动态循环系统有很大不同。微流控芯片可以更好地模拟生理条件并提高实验准确性。比如 Huang 等设计和制造了一种微流控芯片，该芯片使用"圣诞树"结构，具有较好的生物相容性，可适应细胞播种和培养及循环条件下的形态观察。重要的是该系统一次实验可以研究五种不同剂量的紫外线对 NIH/3T3 成纤维细胞生长和损伤的影响。图 8-11（c）展示了该系统的构成及工作示意图。

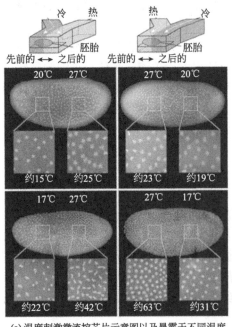

(a) 温度刺激微流控芯片示意图以及暴露于不同温度的胚胎发育速率结果

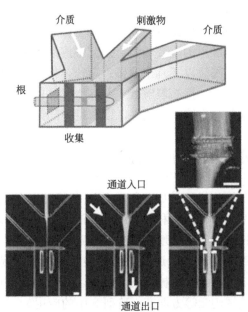

(b) 化学刺激微流控芯片结构示意图

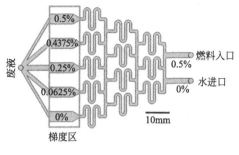

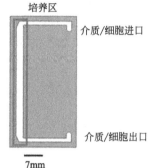

(c) 高通量光刺激微流控芯片结构示意

图8-11　细胞刺激芯片微流控示例图

扫一扫，查看彩图

除了光、热等物理和生化信号外，体内细胞还在微环境中受到多种机械信号的影响，包括剪切应力、间隙流动、底物应变、空间限制和基质刚度等。这些机械过程对于细胞的生长、迁移、分化、凋亡等具有重要影响。微流控芯片为研究细胞机械刺激提供了一个极好的平台。针对不同的机械刺激，Polacheck等已经进行了详细的总结。在此我们只简要介绍基材应变机械刺激在生物细胞方面的典型应用。比如基材应变可以操纵细胞的关键机械力，系统可以通过将柔性基板结合到微流控平台中研究机械拉伸对在可变形基板上培养的细胞的影响。Hsieh等介绍了一种无需外部机械控制即可生成一系列梯度的静态应变的简单方法，并用于刺激3D仿生水凝胶微环境中的细胞行为。当然针对细胞刺激需求构建的微流控芯片还有很多，比如通过电刺激研究神经干细胞的损伤和再生等，随着细胞生物学领域的发展，微流控芯片平台也将为生物学研究提供更好的服务。

8.2.5　细胞分析

微流控细胞培养与生物检测相结合是发展细胞微流控芯片的一大动力，也是微流控芯片的一大应用方向。细胞培养以模拟各种健康和疾病的微环境的一个主要目标是通过细胞分析揭示酶、蛋白质和核酸等生物分子的可测量数量的变化。对这些变化的检测可能对提高我们对疾病的理解、研究药物的疗效和毒性，或者增进我们对这些环境中的细胞和组织的基本知识的理解至关重要。检测和测量这些生物分子的常规生物检测方法种类繁多，微流控领域已经将其中的许多方法应用于微尺度，包括免疫染色、聚合酶链反应（PCR）、荧光原位杂交（FISH）、酶联免疫吸附试验（ELISA）、蛋白质免疫印迹等。其信号检测过程更是多种多样，包括电学检测、电化学检测、光学检测、质谱检测等，本书前面章节已经对这些检测技术进行了详细的介绍，这些检测手段都可以和微流控芯片结合实现检测过程。本部分只对细胞生物的定量和定性分析方面进行简要介绍。

在细胞微环境中，细胞形态和运动是最常用的分析参数，通过仿生细胞培养系统和各种类型的光学显微镜或电子技术即可实现细胞的形态和运动判断以及细胞对不同刺激的反应。微流控系统为实时监测细胞形态改变和细胞运动提供了一个强大的平台。荧光成像是细胞观察最常用的技术。在微通道中培养的细胞被荧光染料或蛋白质标记，并在荧光显微镜下观察即可。这方面的案例非常多，比如Kim等提出了一种筛选和量化血管内皮生长因子（VEGF）诱导的对人脐静脉内皮细胞（HUVEC）的趋化反应的微流控平台（如图8-12所示），该平台可以在抗血管生成药物的治疗下监测和量化细胞行为，包括形态变化、细胞迁移和血管生成芽的形成。结果表明，细胞从内皮通道快速且积极地迁移到3D水凝胶支架中，向补充有VEGF的介质通道迁移，并且该过程可以被抗血管生成药物硼替佐米抑制。

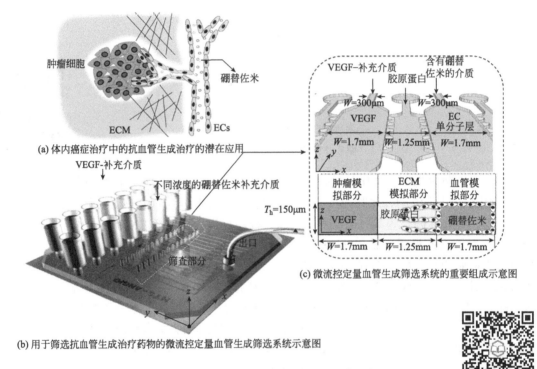

(a) 体内癌症治疗中的抗血管生成治疗的潜在应用

(b) 用于筛选抗血管生成治疗药物的微流控定量血管生成筛选系统示意图

(c) 微流控定量血管生成筛选系统的重要组成示意图

图8-12　体内抗血管生成应用微流控系统示意图

ECM—细胞外基质；ECs—内皮细胞；VEGF—血管内皮生长因子

扫一扫，查看彩图

同样电学检测技术也可以结合到细胞的微流控装置中进行形态分析。早在2014年研究者就开发了一种基于微流控芯片的单细胞阻抗细胞分析仪，该装置能够在高达500MHz的频率下对单细胞进行介电表征，除了在较低频率下可检测到的特性外，增加的频率范围还允许表征亚细胞形态，例如液泡和细胞核。该装置可以通过突变体的大小和细胞内液中液泡的分布不同将野生型酵母细胞与具有突变体的细胞区分开来。

免疫染色是鉴定培养细胞最常用的生物学方法之一，因为它有助于识别和确认细胞蛋白的存在与否及其在细胞内的定位。到目前为止，免疫染色一直是微流控细胞培养中最广泛采用的"芯片上"生物检测方法，因为它固有的简单性和与常规微流控步骤的自然结合。免疫染色过程在很大程度上依赖于顺序引入和移除液体试剂的能力，这与微流控系统的基本特性相一致。一旦染色，就可以进行显微镜和图像分析。比如为了测量蛋白质介导功能的细胞间差异，Hughes等开发了单细胞蛋白质印迹检测微流控平台，监测了大鼠神经干细胞的单细胞分化和对有丝分裂原刺激的反应，克服了其他单细胞蛋白质分析方法中抗体保真度和灵敏度的限制。蛋白质活性以及蛋白质与其他生物分子之间的相互作用也可以在微流控芯片系统上进行分析。Sarkar等开发了一种集成的微流控探针设备，可以分析标准组织培养物中单个贴壁细胞的含量（如图8-13所示）。该装置实现了单个贴壁细胞的选择性捕获和裂解，并且操作过程不会破坏相邻细胞。

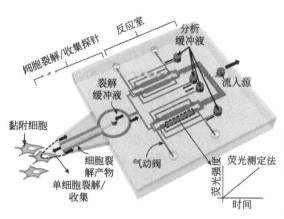

(a) 探针示意图（方块箭头表示流体流动）

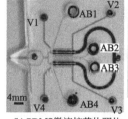

(b) PDMS微流控芯片照片

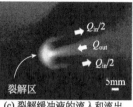

(c) 裂解缓冲液的流入和流出在尖端形成裂解区

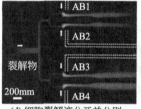

(d) 细胞裂解液分开并分别与每种检测缓冲液混合

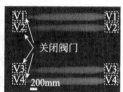

(e) 阀门将反应混合物捕获在腔室中

图8-13 基于微流控探针单细胞分析的设计和操作示意图

细胞内的代谢物在空间的分布水平反映了细胞的状态及其与周围环境的关系。而微流控装置能够将细胞培养、刺激、代谢物富集和检测与各种分析仪器结合在一个芯片上，因此是在生理环境和药物治疗下进行细胞代谢物分析的理想平台。在众多的分析技术中，质谱技术是最强大且最有前途的细胞代谢物分析工具，因为它具有广泛的检测范围、超高的检测灵敏度、高质量的分辨率、快速便捷的操作特性和多重分析能力。微流控设备可以与不同类型的质谱分析系统进行集成，包括ESI-MS、MALDI-MS和纸喷雾电离质谱分析等。Chen等开发了一种稳定同位素标记辅助微流控芯片电喷雾电离质谱平台用于细胞代谢的定性和定量分析（如图8-14所示）。该设备可同时进行微流控细胞培养、药物诱导细胞凋亡分析和细胞代谢测

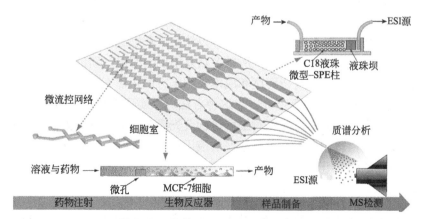

图8-14 芯片-ESI-MS系统示意图

量。清华大学林金明课题组设计了一种微流控装置，该装置通过膜集成微流控装置进行细胞共培养，并通过质谱仪进一步研究细胞代谢物，为理解细胞相互作用提供有力的工具。

尽管微流控技术飞速发展并取得了显著的进步，但微流控细胞分析领域仍然充满挑战。在主流生物学研究中新型微流控技术的采用率很低，大多数用于细胞生物学的基于微流控的技术也只是对已有技术和方法的迭代改进。并且由于微流控方面的工程师并不了解生物学家的需求，因此微流控技术并未在生物学研究领域普及，生物学家通常更愿意使用传统的宏观方法，而不是微流控技术。因此亟须加强不同领域科学家的合作和鼓励交叉学科方向的发展以便实现微流控技术的普及和发展。

8.2.6　单细胞研究

对于单细胞水平异质性的正确认知对疾病的诊断和治疗至关重要，然而学术界长期以来一直将细胞作为群体进行研究。为了全面了解细胞异质性，需要在单细胞水平上对细胞进行多样化操作和综合分析。然而，使用传统的生物工具，如培养皿和孔板，对于操作和分析具有小尺寸和低浓度目标生物分子的单细胞在技术上具有很大的挑战性。微流控单细胞分析具有更高的通量、更小的样品量、自动样品处理和更低的污染风险等优点，这使得微流控技术成为静态单细胞分析的理想技术，如单细胞捕获和探测、细胞融合和单细胞实时 PCR 等。在微流控通道中处理和操纵单个细胞的能力迅速发展，也使该技术在受控的微环境中监测和分析细胞的行为和功能成为现实。比如，研究者将微流控设备与图像分析相结合，从高质量的免疫荧光图像中产生单个细胞的数据，然后重组以研究细胞功能的群体分布；通过微流控平台与基于量子点的免疫荧光相结合，以测量单细胞表面的多糖表达等。这些应用案例表明了微流控系统的发展趋势和需求。本小节将简要总结微流控在单细胞操作和分析方面的应用，包括在单细胞功能蛋白质组学、单细胞阵列芯片、细胞间相互作用的量化研究等方面，进而展望微流控单细胞研究的发展趋势。

（1）单细胞功能蛋白质组学

关于单细胞蛋白质组学，有两种截然不同的分类。第一种是对目标细胞进行抗体染色，这种方法是类似于流式细胞术的方法；第二种一般基于表面的免疫分析来测量细胞释放的蛋白质，一种类似于酶联免疫斑点试验的方法。微流控芯片上的基于流动的荧光分析其实就是FACS 的小规模版本。这种基本的方法比较简单，细胞可以在空间上分离成特定的阵列，或者被包裹在液滴中，图 8-15 展示了通过微流控芯片制造单细胞微液滴并对细胞进行蛋白质染色，而后通过光学手段检测细胞活性的应用实例。这种方法允许在细胞筛选之前对细胞进行特定的控制；但是，该方法是基于染色技术的，所以多路复用能力有限。新的成像技术和染料可以克服这一限制，但微流控系统的复杂程度和成本控制本方面依然充满挑战。第二类单细胞功能蛋白质组学方法基于表面限制免疫分析，这种方法可以实现更高水平的多路复用，具有检测分泌的细胞质和膜蛋白的能力，能够对细胞进行荧光染色，同时这个方法还可以将细胞的相互作用参数合并到蛋白质测量中，具有较好的应用前景，比如单细胞功能蛋白质组学研究中常用的微刻单细胞蛋白质组学芯片。

（2）单细胞阵列芯片

单细胞阵列芯片是一项革命性的微流控芯片技术，该技术有效地推动了高通量多路复用

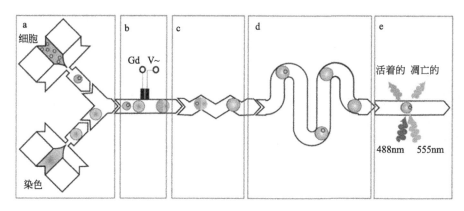

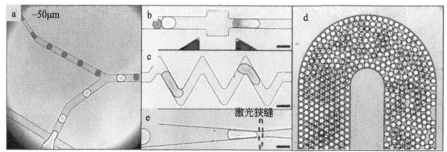

图8-15　微流控芯片上单细胞蛋白染色分析细胞活性实例　　　　扫一扫，查看彩图

领域的发展。在该体系中，微流控芯片与条形码抗体微阵列芯片被集成在一起，条形码抗体微阵列通过将特异性DNA加工成垂直于流动方向的抗体微阵列，而每个抗体阵列又被封装在了一套完整的微腔室中，因此芯片的所有微腔室都要接受完全相同的夹心ELISA程序。单个或特定数量的细胞可以被包裹在几纳升的微室中，用于检测感兴趣的分析物。在工作过程中，比如为了检测细胞分泌蛋白，细胞在芯片中孵育，而后将补充有磷酸酶/蛋白酶抑制剂的细胞裂解缓冲液引入单细胞条形码芯片的微室，在充分孵化之后结合显微镜成像对微室中荧光染色的单个细胞进行计数，并记录其相应的微室位置。

早期版本的单细胞条形码芯片具有相对较低的通量，它只能够分析每个芯片大约100个细胞，每个特定的蛋白质被分析两次以产生具有统计学代表性的数据。之后的单细胞条形码芯片在此基础上也有了许多改进，比如使用微流控气动阀门系统和双层微流控组件进行操作并具有更多的隔离微室，如图8-16所示。一种更新颖的单细胞条形码芯片具有复杂的微芯片设计，系统通过改变微芯片中PDMS柱的高度来控制细胞、缓冲液、抗体溶液等进入微室的过程，且不再需要气动阀门，该芯片实现比以前的设计高30倍的细胞分析能力。

细胞间的相互作用在一系列生理过程中起着重要作用。比如过去的研究揭示了肿瘤微环境中影响转移、血管生成和免疫反应调节的许多细胞间相互作用。单细胞功能蛋白质组学技术的未来有望更加多样化，比如免疫治疗领域的快速发展推动了双细胞功能蛋白质组分析系统的发展。癌症治疗中靶向药物的使用越来越多，加上这些药物在临床上的表现不佳，需要使用单细胞工具来分析这些治疗所针对的磷蛋白信号网络。此外，主要的蛋白质组学工具——质谱，已经在临床诊断中变得更加准确，并可能在未来的单细胞分析中继续发挥关键作用。

227

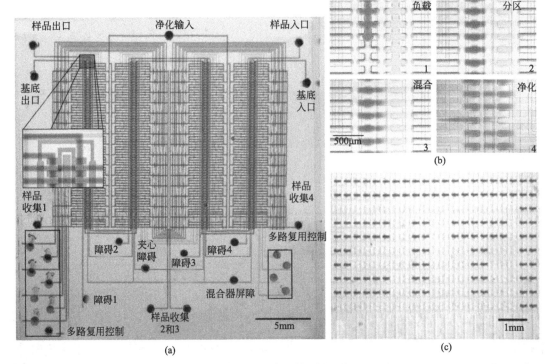

图8-16 微流控单细胞阵列芯片光学显微照片

其中各个输入都加入了染料使流体逻辑的通道和子元素可视化；
芯片中系统中弹性微型阀可使芯片上的256个腔室中的每一个腔室都能够独立分隔、成对混合和清洗

扫一扫，查看彩图

8.3　器官芯片

8.3.1　器官芯片的发展

　　"器官芯片"（organs-on-a-chips）也被简称为"OoC"，旨在将生物器官或组织的功能再现为逼真的模型。在器官芯片模型中，细胞在腔室和通道内生长并生成组织或完整器官以模拟器官的生物学和综合生理学功能。在器官芯片上可以实现器官或组织功能涉及的特定条件，例如压力、流速、pH值、渗透压、营养成分、毒素存在等属性。通过微流控芯片，科学家已经实现了多个器官芯片的构建，包括心血管、呼吸、神经、消化、内分泌和皮肤系统的体外模型。

　　科学家进行器官芯片的开发除了为了基本的生物学研究外，其最重要的驱动力是药物研发。众所周知，在一种药物获得批准上市之前，制药公司经常会投入高达25亿美元的资金进行药物研发和测试，而临床试验期间的失败可能意味着该药物无法进入市场。采用器官芯片可以获得人类遗传学、生理学、病理学等方面的多样性资料，从而降低药物研发的风险并推动个体化治疗。2003年，科学家首次尝试将细胞培养与微流控技术进行整合，构建出器官芯片的雏形。

　　原则上，器官芯片由一个主微流控腔组成，该腔内衬有人类细胞系，连接到用于灌注和废物排出的微通道网络，它可以模仿人体体外环境。微尺度装置由连接到微通道的微室组成，细胞被注入设备的微腔室，而后在灭菌条件下为它们提供营养并控制温度，模仿体内环境组织的生长。此外，细菌、病毒和药物通过微通道输送到细胞并对细胞进行清洗和排污操作。最

简单的器官芯片设计仅包含两个通道作为入口和出口以及一个灌注微室，在微腔中可实现细胞的培养和组织功能的构建。在更加高级的器官芯片中经常会进行3D多层细胞的培养以模拟不同组织之间的界面，现阶段一些器官芯片已被成功开发以模拟肝脏、心脏、肺、肠、肾、脑、眼睛和骨骼等器官（如图8-17所示）并研究药物对这些器官的功效和毒性。随着芯片技术的发展，人类芯片（human-on-a-chip）也被提出。典型的器官芯片系统及其应用流程和准则包括四步：首先，设计需要模拟和测量的生物学目标和属性；其次，将不同的细胞培养到器官芯片设备中；再次，建立细胞生长、分化功能，使其像器官一样运作；最后，通过化学和物理测试获得数据。接下来重点对不同的器官芯片类型进行介绍，包括肺芯片、肝脏芯片、肾脏芯片、脑芯片等，内容包括这些器官芯片的特点、功能及前沿应用等。

扫一扫，查看彩图

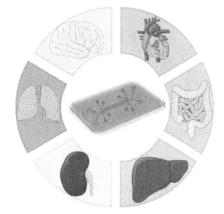
图8-17　器官芯片示意图

8.3.2　肺芯片

几十年来，传统的二维体外孔板系统和动物模型一直是预测肺毒性的金标准。然而，人们越来越认识到传统方法在预测疾病的病理生理学方面存在不足，主要表现在无法真正地模拟肺部的复杂微环境。肺芯片可有效反映肺上皮细胞的原生环境，可实现体内观察到的细胞的形态和变化的关键特征构建，如具有紧密连接的假复层细胞的形成、纤毛的形成、黏蛋白的产生和稳定的屏障功能等，因而在肺呼吸道模型重构方面发挥着关键作用。比如肺中的气体交换由肺泡调节，这在体外复制极具挑战性。微流控芯片可以通过准确的流体流动和持续的气体交换建立体外肺病理学模型。目前肺芯片的研究主要集中在气道机械压力的调节、血-血屏障以及剪切力对病理生理过程的影响、纳米颗粒介导的毒性研究等。

比如Huh等开发了一种仿生肺微系统，该系统可重构人肺的关键功能性肺泡-毛细血管界面，系统使用软光刻技术将芯片划分为由10μm PDMS膜和细胞外基质（ECM）隔开的区域，从而制作了肺芯片模型（如图8-18所示）。该系统是通过制造两个含有单个微流控通道的PDMS部件来实现的，通道由涂有ECM的可渗透薄多孔膜隔开。随后，人类上皮细胞在有空气存在的情况下在顶端隔室培养，微血管内皮细胞在基底隔室中培养从而构建气-液界面。机械应变是通过侧室的集成来实现的，可以通过施加/释放真空来模拟由呼吸运动引起的肺泡-毛细血管界面的机械运动来严格控制。该工作首次证明呼吸运动与纳米颗粒协同作用导致的生理机械应力可诱导更高程度的毒性作用并加速纳米颗粒在肺部的毒性，这项研究在传统的静态二维培养系统中很难实现。

对肺部疾病进展的研究不仅限于使用由人类肺泡上皮和内皮细胞排列的芯片肺系统。更多的关于肺的人工芯片被开发出来以满足不同的研究需求，比如为了研究空气污染物与肺纤维化的发病机制，Asmani等开发了一种膜状人肺微组织来模拟肺纤维化过程中发生的关键生物力学特征，包括肺泡组织的进行性硬化和收缩、肺泡组织顺应性下降和牵引力引起的支气管扩张。此外，飞速发

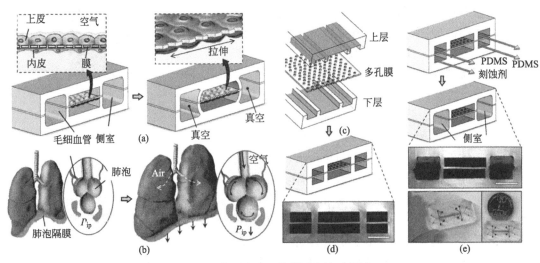

图8-18　典型的肺芯片装置设计示意图

（a）肺芯片利用分隔的PDMS微通道模拟肺泡-毛细血管屏障，通过向侧室施加真空实现机械拉伸来重现生理呼吸运动；

（b）在肺吸入期间，隔膜收缩导致胸膜内压降低、肺泡扩张和肺泡-毛细血管界面的物理拉伸；

（c）芯片结构示意图，三层PDMS结合形成两组三个平行的微通道，通道由10μm厚的PDMS膜隔开；

（d）永久黏合后，PDMS蚀刻剂流过侧通道对通道中的膜层进行选择性蚀刻并产生两个大的侧室，
对其施加真空以实现机械拉伸；（e）肺微流控装置的实物图像

扫一扫，查看彩图

展的3D打印技术也为肺芯片的发展提供良好的契机，肺芯片结构复杂，通过传统的加工技术很难实现在肺部结构上的仿生和构建。3D打印技术通过施加光固化预聚物溶液，逐层创建3D结构可构建复杂的透气肺泡血管内网络（如图8-19

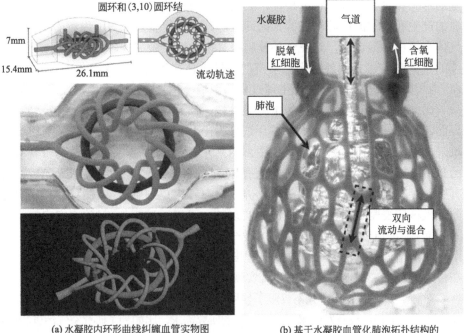

（a）水凝胶内环形曲线纠缠血管实物图　　　（b）基于水凝胶血管化肺泡拓扑结构的
　　　　　　　　　　　　　　　　　　　　　　模型中的潮汐通气和氧合

图8-19　3D打印水凝胶器官芯片示意图

扫一扫，查看彩图

所示）。该网络虽然不允许大分子运输，但能够展示复杂的器官级血管网络以及模拟呼吸运动和气体交换的能力，例如，该系统可显示人体红细胞的氧合和脱氧过程模拟整合内皮的生物机制/上皮重演肺界面。因此新技术的发展有望人们在更加逼真的芯片上研究真正的生物运行机制。

8.3.3　肝脏芯片

肝脏是人体最重要的器官之一，其主要功能是维持人体正常的生理活动。为了应对可能的化学或物理因素对其造成的损害，它具有很强的再生能力。在某些情况下，比如遭受慢性疾病和病毒感染或者不同药物引起的不良反应可能导致肝脏损伤严重。肝脏芯片（liver-on-a-chip）是为了研究肝细胞相互作用而构建的一种三维肝细胞培养微流控装置。肝脏芯片能够维持肝细胞和肝星状细胞的单一培养和共培养，并通过滞动或者小流动情况下的细胞的相互作用来进行药物分析、毒性筛查、病理生理学和人体生理学代谢监测。因此，肝脏芯片可用于肝毒性的研究，对未来肝药物的测试至关重要。近十年来，肝脏芯片的相关研究案例非常多，在此简要介绍。

Bavli等开发了一种片上肝脏芯片装置，该芯片能够在生理条件下在体外维持人体组织超过一个月。Delalat等开发了一种由表面工程微流控硅芯片组成的生物人工肝，该人工肝脏具有模拟肝窦的微沟槽，可以进行3D原代肝细胞的培养并进行肝毒性的体外药物筛选。这项工作重建了3D细胞结构并培养延长至4周，同时通过测量细胞分泌白蛋白和尿素水平对普通药物（即对乙酰氨基酚、氯丙嗪和他克林）的细胞毒性进行了评估。清华大学和澳门大学联合开发了一个仿生和可逆组装的肝芯片（3D-LOC）平台用于人类HepG2/C3A球体的长期灌注培养并构建3D肝球体模型，与传统灌注方法相比，该芯片中细胞球体的极化、肝脏特异性功能和代谢活性也得到显著改善，并表现出更好的稳定性。该团队还开发了一种可靠的微铣削方法，该方法结合了PDMS二次涂层技术，用于制造具有更高的分布密度和孔径比的V形微孔阵列。该V形凹面微孔阵列更有利于大面积细胞球体的均匀培养同时减少细胞损失。大量的应用表明肝脏芯片在疾病建模和药物毒性筛查方面具有较好的应用前景。

8.3.4　肾脏芯片

肾脏是一个成对的豆形器官，由光滑且易于去除的厚而坚韧的纤维囊包裹，具体位置位于脊柱的每一侧。肾脏的最小功能单位是肾单位，肾单位可过滤液含有盐、葡萄糖、氨基酸、维生素、含氮废物和其他小分子的液体并形成初级尿液。肾脏的主要功能包括通过过滤血液清除代谢废物，并选择性地重新吸收过滤后的离子和水，以维持血液的正常成分。在药物开发过程中，肾脏是药物清除的主要器官，在外源性物质的生物转化中发挥重要作用，因此肾脏是药物毒性研究的主要目标之一。然而肾损伤的早期检测通常很困难，通过体外模拟肾脏环境进行毒素吸收和排放等过程尤为关键。微流控芯片为肾脏培养提供了良好的条件，具体包括肾脏的结构和工作机制及功能重现、肾脏系统的按比例缩放、肾脏毒素的循环分析等。

早在2008年Weinberg等提出了一种基于MEMS（微机电系统）的人工微流控生物培养装置，该装置可实现各种肾细胞类型的填充。Jang等开发了一种微流控装置，首次报告在微流控"器官芯片"微装置中使用原代人肾近端肾小管上皮细胞进行毒性研究。该装置内衬培养有暴露于流动流体中活的人肾上皮细胞，该结构模拟了人肾近端小管类似的关键功能。装置将人近端肾小管分离的原代肾上皮细胞在细胞外基质包被的多孔聚酯膜的表面上进行培养，该膜将装置的主通道分成两个相邻的通道，从而产生一个顶端"腔"通道和一个基底"间隙"空间（如图8-20所示），研究者使用原代大鼠内髓质集合管（IMCD）细胞研究了细胞极化增强、细胞骨架重排、腔内流体剪切应力、跨上皮渗透梯度和激素刺激等。Kim等在微流控肾脏模型上进行了动物和人类之间的药代动力学研究，比较了以相同总剂量给药但使用不同药代动力学方案的药物的肾毒性。

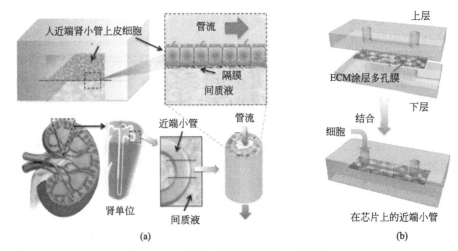

扫一扫，查看彩图

图8-20　人肾近端小管芯片设计示意图

（a）微流控装置由一层ECM涂层的多孔膜分割为顶端通道（腔内通道）与底部储层（间质空间）两个空间，膜上培养原代人近端小管上皮细胞，基底外侧隔室用于流体取样和添加测试化合物以研究主动和被动上皮运输，这种设计模仿了活肾近端小管的自然结构、组织-组织界面和动态活跃的机械微环境；（b）装置组装示意图：上层、聚酯多孔膜和下层通过表面等离子处理黏合在一起，人原代近端肾小管上皮细胞通过装置入口接种到多孔ECM涂层膜上

　　面对肾脏芯片中的多细胞培养需求，研究者也进行了大量的研究工作。比如针对肾脏芯片细胞培养系统中缺乏调节肾小球选择性渗透的功能性人类足细胞，Wilmer等在芯片上模拟了阿霉素诱导的白蛋白尿和足细胞损伤对肾小球的功能影响，为人肾小球功能体外模型构建和药物开发、个性化医疗应用提供了一个良好的平台。在加工方法方面，Mu等使用水凝胶材料设计了一个3D血管网络用以模拟肾单位中的被动扩散过程，表明水凝胶材料在肾脏芯片开发方面的良好应用前景。Weber等开发了一个3D流动导向的人肾近端小管微生理系统用以模拟并表征肾脏功能。该微流控系统可复制近端小管的极性，结果实现了标记蛋白表达，表现出生化和合成活性以及与体内近端小管功能相关的分泌和再吸收过程。

　　虽然以上工作初步尝试了在微流控芯片上构建肾脏系统并且实现了部分功能，但离真正的肾脏芯片还有很长的路要走。以上介绍的芯片模拟的微环境相对简单，大多数只使用了一种或两种类型的肾细胞，无法模拟一个完整的肾单位；同时芯片系统中的液体成分也很简单，与体内环境完全不同，现阶段肾脏芯片暂时无法完全复制体内环境。制约肾脏芯片发展的主要因素包括细胞来源、芯片材料和可用技术等。不过随着微流控技术的发展，肾脏芯片系统也逐渐成熟，未来有希望成为研究肾脏疾病的有力工具，并在药物开发中发挥重要作用。

8.3.5 脑芯片

大脑是动物体最复杂的器官，也是脊椎动物体内神经系统的中心，其功能是通过神经系统集中感知和控制身体的其他器官。神经系统中神经元、神经胶质细胞、神经干细胞和脑血管内皮细胞死亡、微环境的改变或各种细胞类型之间的相互作用失调均会引发神经元网络的破坏和神经控制系统的功能障碍，比如老年性疾病帕金森病（PD）、阿尔茨海默病（AD）和肌萎缩侧索硬化（ALS）等。脑芯片是指集成在微流控芯片上的大脑和中枢神经系统（CNS）设备，其具有体积小、透明性好和通量高等特点。脑芯片可实现对细胞环境元素的生化和机械刺激从而进行精细的时空控制以及其神经组织的行为的捕捉和神经毒性的评估。基于微流控脑芯片系统的这些优势，它们已被许多研究人员用于神经功能和疾病的研究。本小节重点针对脑芯片在以上几个方面的应用进行简要介绍。

首先，血脑屏障是具有特殊的结构特性和专门功能的低渗透性选择性屏障，其功能是为了保护大脑免受从血液中进入的有害物质的侵害。血脑屏障的这一特性对于维持中枢神经系统的正常功能至关重要。血脑屏障由微血管内皮组成，周围是周细胞和嵌入基底膜内的星形胶质细胞足突（如图8-21所示）。

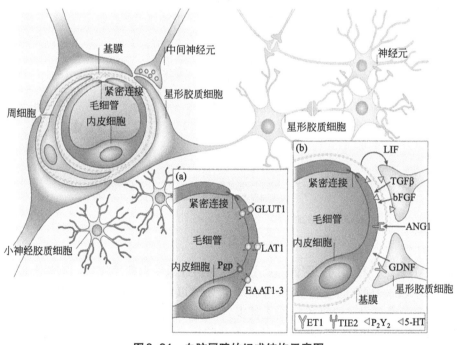

图8-21 血脑屏障的组成结构示意图

扫一扫，查看彩图

（a）在细胞培养中观察到的脑内皮细胞特征；（b）建立和维持BBB所必需的双向星形胶质细胞-内皮细胞诱导特征

开发人类体外血脑屏障（BBB）模型的主要目标是重现BBB在体内的各种功能，并用以进行血脑屏障通透性评估和药物筛选研究。Ugolini等提出了一种新的微流控装置，该装置包括两个微结构层（顶部培养室和底部收集室），中间夹有用于细胞培养的多孔膜。微结构化层包括两对嵌入器件层中的物理电极，用于监测跨内皮电阻。Giulia等报告了一种新型的三维神经血管微流控模型，该模型由原代大鼠星形胶质细胞和神经元以及人脑微血管内皮细胞组成。神经芯片（NVC）中的三种细胞类型显示出不同的细胞类型特异性形态特征和功能特性。特别是神经元的形态和功能分析能够定量评估神经元反应，人脑内皮细胞形成具有尺寸选择通透性的单层细胞，类似于现有的BBB模型。图8-22展示了该芯片的结构设计示意图以及其实物图和实验操作时间线。近期Ahn等构建了一个BBB微生理平台，该平台概括了人类BBB的关键结构和功能，并能够对血管和血管周围区域的纳米颗粒分布进行3D映射，该模型还可以精确地捕获细胞水平的3D纳米颗粒分布，并通过受体介导的胞吞作用展示不同的细胞摄取和BBB渗透。

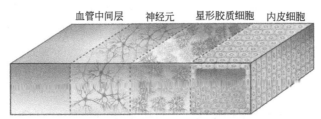

(a) 神经血管芯片中通道设置和不同细胞类型布置方案示意图

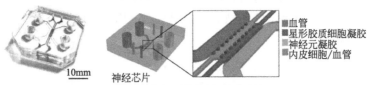

(b) 凝胶通道照片 (其中通道中注入颜料便于识别和观察)

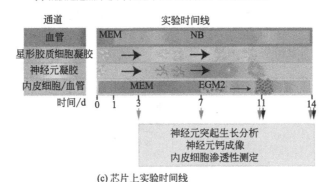

(c) 芯片上实验时间线

扫一扫，查看彩图

图8-22　脑芯片示意图

阿尔茨海默病（AD）是一种起病隐匿的进行性发展的神经系统退行性疾病。临床上以记忆障碍、失语、失用、失认、视空间技能损害、执行功能障碍以及人格和行为改变等全面性痴呆表现为特征，但目前学术界对其病理机制知之甚少。在过去十几年中研究者开发了许多基于微流控的AD研究系统。比如Chio等创建了一个仿生微流控系统产生扩散寡聚组件的空间梯度，并评估它们对培养神经元的影响，证明了寡聚组装体的潜在神经毒性。Park等开发了一种基于3D神经球体的微流控芯片，该芯片可以通过提供真实大脑间质空间中的恒定流体流动条件更好地模拟体内大脑微环境，这种基于3D培养的微流控芯片可以作为神经退行性疾病和高通量药物筛选的体外脑模型，如图8-23所示。该芯片包含一个凹形微孔阵列，用于形成具有均匀尺寸的3D细胞结构的均匀神经球体。渗透微型泵系统连接到芯片出口为间质提供连续的介质流。通过提供3D细胞结构和间质流，该芯片可模拟近似于正常AD大脑的微环境。

到目前为止，针对老年性疾病帕金森病（PD）研究的脑芯片报道较少。但是毫无疑问，大脑的综合模型将极大地推动人们对AD、PD和HD等大脑相关疾病的发病机制的理解。为

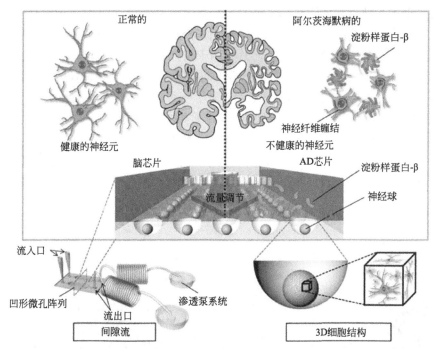

正常的　　　　　　　　　　　阿尔茨海默病的

淀粉样蛋白-β

健康的神经元

神经纤维缠结
不健康的神经元

脑芯片　　　　　　　　　AD芯片

淀粉样蛋白-β

流量调节

神经球

流入口

凹形微孔阵列

流出口

渗透泵系统

间隙流

3D细胞结构

图8-23　具有间质流动水平的3D片上大脑示意图

扫一扫，查看彩图

了进一步研究神经退行性疾病并开发可用于药物筛选的体外模型，有必要将生物机制和面向过程的知识与制造适当的微流控装置相结合，以重建大脑的微环境。特别是，由于脑相关疾病的发展与其他器官的功能障碍有关，将多个器官与大脑集成在一个微型设备上也是未来脑芯片发展的一大趋势。未来，脑类器官与高通量微流控装置的结合可以为神经元发育、药物筛选和组织工程应用的基础研究打开新的大门。而对于药物筛选研究，同样研究者需要进行高通量设备的设计和研发并控制芯片的加工成本。

8.3.6　其他器官芯片

除了以上介绍的肺芯片、肝脏芯片、肾脏芯片、脑芯片，大量的其他微流控系统也被开发出来并用于人体器官的研究包括心脏芯片、肠芯片、皮肤芯片等，同时研究者也努力进行多器官芯片的开发甚至尝试"人类芯片"的开发以满足人们对药物开发、疾病分析、生物学机制研究等方面的需求。接下来本小节将对这些器官芯片的发展及应用进行简要介绍。

心脏是人体最重要的器官之一，它通过血管网络的定期泵送有效地为细胞提供营养和氧气。此外，血流还可以清除细胞中的废物，将激素和药物运送到目标区域，并维持生物系统的稳态。许多常规药物依赖循环系统到达靶器官，从而可能影响心血管系统的性能。开发基于微流控芯片系统的心脏系统模型有望现实心脏系统的构建和药物的分析。心脏芯片可以模仿天然心肌中细胞遇到的各种生理机械刺激，因此心脏芯片也是现阶段用于测试药物和研究药物对心脏组织的全身作用以及预测药物在人体内的反应的有效手段。初级阶段的心脏芯片经过逐步更新改进现已可以提供药物注射、植入电极、保持生理温度以及用于可视化肌肉薄膜变形的分析，并已经在心肌衰竭的遗传、功能和结构方面实现了广泛的应用。在此我们只举一例展示，读者可参考Jastrzebska等对心脏芯片应用的总结。

此外，人体体外模型因为缺乏其自然的机械微环境通常无法很好地模拟人体肠道生理学状态，正常的肠道状况包括由循环蠕动引起的复杂动态的流体流动。经过多年的发展，可重现流体动力学及其蠕动运动的柔性微流控通道，肠道芯片可用于研究肠道病理生理学的微生物群。现阶段新型的肠芯片微流控装置能够以可控的方式分析疾病机制，并且与目前的体外技术和动物模型相比已经取得了显著的进展。比如Ingber课题组开发了一种人类肠道芯片微型装置，利用该装置研究者通过体外共培养方式共培养了多种共生微生物与活的人类肠上皮细胞，并分析肠道微生物组、炎症细胞和与蠕动相关的机械变形如何独立促成肠道细菌过度生长和炎症。图8-24展示了该芯片的结构示意和实物以及细胞成像图片。基于肠芯片的研究还有很多，在此不一一列举。

扫一扫，查看彩图

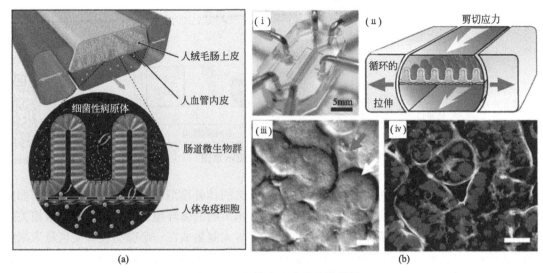

图8-24　芯片上肠道微流控装置

（a）肠道微流控装置示意图；（b）芯片上结构及不同培养条件导致的表型变化结果图［（i）芯片实物照片（蓝色和红色染料分别填充上下微通道）；（ii）装置的3D示意图；（iii）人Caco-2肠上皮细胞显微照片；（iv）肠绒毛的水平横截面共聚焦免疫荧光图像］

皮肤是人体最大的器官，它由真皮和表皮双层结构组成。皮肤芯片是一种研究局部制剂的加工、递送、排泄、吸收和毒性以及实施新的传输策略（如纳米颗粒）的微流控装置。然而在研究过程中，表皮，特别是角质层极大地限制药物的经皮吸收。因此，穿透表皮的能力衡量了局部扩散药物的性能。对具有所有层的3D皮肤进行建模，构建皮肤芯片并重现经皮药物吸收的药物筛选平台对于皮肤给药尤为重要。例如，Sriram等开发了一种皮肤芯片以重建具有改善的表皮形态和屏障功能的全层皮肤。该系统通过在不同的腔室培养细胞以构建典型的皮肤结构，模拟重建皮肤的屏障功能。

多器官芯片旨在构建一个功能强大的系统，通过内部或外部再循环流体流将多个人工器官集成到一个设备中，以模拟整个身体，模拟人体的功能反应和相互作用。在该系统中，来自不同器官和组织的各种细胞以生理方式在各自的培养室中在芯片上培养。比如，林秉承课题组报道了一种用于药物吸收、代谢、分布和排泄的综合临床前测试的微流控装置，该装置将肠、肝、肿瘤、肺、心脏和脂肪集成到一个微型装置中，成功地测定了普萘洛尔、硫喷妥钠和戊巴比妥的药代动力学参数。多器官芯片可以灵活地在每个器官之间提供更多的药代动力学特性和毒性效应及测试条件，因此多器官芯片是未来药物毒性研究的重要领域。

人类芯片（human-on-a-chip）是指模拟正常或病理整体的体外的芯片模型，其具有高测量可访问性和可控性。人类芯片是多器官芯片的升级版本，包含多个人体器官芯片系统，人类芯片未来在人体生理学药物开发和测试方面具有广阔的应用前景。同时生物医学和制药行业将极大地受益于芯片上的多器官模型和最终的人体芯片模型。多器官芯片模型和最终的人体芯片模型将取代基于动物的测试模型。尽管在芯片上模拟器官级功能方面已经取得了许多进展，但该技术仍处于起步阶段，器官芯片也需要更多的研究才能替代二维和动物模型作为药理学研究和新药开发的常用方法，包括芯片系统的材料设计和系统集成、系统的可靠性和重复性、系统的成本和可扩展性等方面。因此为了使这项技术更加实用并进一步推动药物研发过程，需要医学、制药、生物和工程科学之间的更多合作以实现"人类芯片"的宏伟目标。

8.4　微生物芯片

8.4.1　微生物芯片的发展

微生物芯片出现于20世纪90年代，是一种高通量、并行的微生物操控和检测技术，芯片根据微生物分子间特异相互作用的原理，将生化分析过程集成于芯片表面，从而实现对微生物DNA、RNA、多肽、蛋白质以及其他成分的高通量快速检测。目前微生物芯片因其具有高灵敏性、高通量、高特异性的优点，主要被应用于病原微生物的检测。微生物芯片中微生物主要是指细菌、病毒、真菌以及一些小型的原生生物在内的一大类生物群体。微生物体积小、表面积大、吸多转快、生长繁殖快，对人类生活的各个领域都具有重要影响，特别是在生物医药领域。比如微生物是导致人类疾病的重要因素之一，因此为了实现对致病微生物的疫情进行有效预防，需要对环境当中的微生物进行研究，提高重要传染病病原的诊断技术，同时需借助微生物芯片等先进技术建立未知病原的快速鉴定，加强病原微生物分子标记研究。大量新的应用也被开发出来，包括微生物培养、微生物操控、微生物电池等。随着技术的不断进步和人类需求的增加，微生物芯片在病原微生物诊断、致病因子、抗药基因检测、生物能源收集等方面具有巨大的潜力，具有良好的发展前景。

8.4.2　微流控芯片上微生物研究方法

（1）微流控芯片上微生物提取和浓缩方法

为达到准确鉴定微生物的目的，微生物的纯化和富集是其所需的关键步骤。传统的细菌纯化方法依赖于细菌培养，不仅耗时且仅适用于可培养的物种。本节主要从基于微流控芯片的物理化学和生化两个提纯方法方面进行介绍。

微生物提取的物理方法依赖于惯性分离、尺寸分离、渗滤、声学分离和微通道结构的特殊设计，具体驱动方式可参考本书其他章节内容，在此只结合应用案例作简要介绍。比如基于惯性差异原理，Hong等设计了一种带有弯曲微通道的微流控芯片将微生物通过颗粒尺寸进行分离。当微生物样品通过弯曲通道时，大颗粒径向运动较大，流入向外出口；而小颗粒保持其流线型并通过径向内部通道。使用该方法，混合样品中不同直径病毒颗粒可以分别被筛选进入不同的通道。同样膜过滤也是最为常用的分离方法，膜过滤法通过过滤薄膜的微孔尺寸对混合样品中不同尺寸的微生物颗粒进行分离。比如Liu等设计了一种微流控装置，该装置由磁力泵和基于尺寸的过滤器组成，颗粒渗透到基于尺寸的过滤器中进行分离。化学和生化辅助技术也常常被用于微生物的提取和分离。

化学和生化方法基于特异性识别技术对微生物进行提取和分离。该方法通过微生物之间特定的相互作用将微生物与探针分子相连，同时探针分子可以固定在磁珠或微通道中，当微生物流过探针分子时被捕获而后通过流动过程与其他颗粒分离。与物理方法相比，生化方法可以实现从大小和密度相近的颗粒中提取目标病原微生物。例如Guo等设计了一款磁控微流控装置用于检测鼠伤寒沙门菌，该装置在结合免疫磁性纳米球的基础上可以分离和富集目标病原体，并实现芯片上目标病原体的高灵敏检测。Pereiro等于2017年开发了带有磁场的微流控芯片，利用含有抗体功能化的超顺磁珠来对细菌进行捕捉（图8-25）。磁力和阻力之间达到平衡时，磁珠就会保留在腔室中，形成微尺度流化床。磁珠捕获的细菌随后通过注入营养丰富的培养基进行原位培养，捕获的细菌生长会导致流化床膨胀，因此肉眼可以直接观察到细菌。

扫一扫，查看彩图

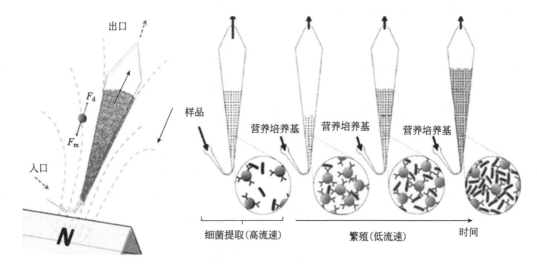

图8-25　微流化床方案和流化床细菌提取和培养过程

（2）微流控芯片上微生物检测方法

微生物检测涉及食品安全、农副产品生产、疾病的预防和控制等多个领域。因此，建立快速、准确、灵敏的检测方法，对疾病的早期诊断和治疗具有重要意义。传统的检测方法，如对于细菌来说有平板菌落计数法、滤膜法、多管发酵法等，这些方法操作复杂、耗时长，难以满足高效快速检测的要求。而新兴的微流控芯片技术具有传统检测方法无法比拟的优势，以下是对基于微流控芯片的微生物检测方法的介绍。

聚合酶链反应（PCR）是目前最为常用、最成熟的检测微生物核酸扩增的技术。对于特定的物种，对引物扩增出的核酸序列进行测序比对，很容易实现病原微生物的特异性检测。相比于传统的生化鉴定法，PCR法优势在于高特异性、快速、灵敏，基于此原理开发的食品病原体检测方法已得到广泛的利用。例如，Jiang等在研究当中介绍了一种基于连续流动的PCR芯片，基于该芯片，研究者实现了对6种细菌的捕获和富集以及高通量连续流PCR检测，将处理时间缩短了1/3，大大提高了细菌检测效率。等温扩增技术（LAMP）是另一种常用的基因扩增技术。近年来，微流控技术的快速发展使得病原微生物核酸等温扩增检测进入了一个新阶段。与传统实验室相比，通过对微流控芯片的结构设计和功能化分区，可以使得核酸提取、等温扩增与产物检测集成在一块微小芯片的内部，实现现场快速检测。LAMP是一种高效、低成本、简便、高灵敏度和高特异性的微生物检测方法，因此众多研究者将微流控技术与等温核酸扩增技术结合用于病原微生物的检测。

质谱技术（MS）是一种根据离子产生的质量图谱来确定样品中分子组成的分析技术。基于MS的细菌检测依赖于与标准菌株的MALDI-TOF质谱库匹配的光谱模式或依赖于蛋白质组学策略。与PCR和LAMP相比，MS可以识别更广泛类型的细菌。质谱检测技术一个显著优势是成本低，可以避免基因扩增和生化实验的昂贵试剂。将微流控芯片与质谱联用可以大大提高基于MS方法的整体分析性能并扩展其潜在应用。

与质谱方法相比，荧光检测分析可以提供视觉信号。通过多种荧光检测器和微流控芯片的组合，可以更高效、更灵敏地检测细菌。例如使用荧光显微镜，可以方便地观察捕获的细菌并可视化微流控装置中的流体流动。比如Zhang等报道了一种集成免疫荧光的微型设备，用于即时检测禽流感病毒并显示了良好的检测灵敏度。此外，电化学芯片和电阻抗芯片等也具有灵敏、快速的优点，并被广泛地应用于微生物检测。比如针对阻抗分析技术，当细菌悬浮液以负压通过测试孔时，由于细菌的大小和表面性质不同，会产生不同的脉冲信号。脉冲信号经过放大和分选后，可以化为细菌数量、种类等相关信息。

（3）微生物的培养

微生物培养，是借助人工配制的培养基和人为创造的培养条件，使微生物快速生长繁殖的方法，在此基础上可以对其展开一系列研究。在食品、医药、工农业、环保等诸多领域都具有非常重要的意义，特别是在生物医药领域，例如，通过培养微生物可以了解同种微生物基因和致病性的差别，可以利用致病性强的微生物保持免疫原性去除毒力基因，进行疫苗生产。微流控技术作为新技术已应用于微生物培养并具有显著优势。本小节将着重从细菌角度来概述微流控芯片如何应用于微生物的培养及其优势。

针对细菌培养，基于微流控芯片的细菌培养方法主要有通道培养、微室培养和微液滴培养三种方法。通道具有设计灵活、制造工艺简单、反应可以直接实时监测等优点，因此该方法是应用最广泛的培养方法之一。通道内的细菌培养保证了培养基与细菌充分接触，但由于细菌的附着力较弱，应限制液体的流速，以确保细菌不被冲走。微通道培养的主要目的是通过长期监测来研究细菌的生长状态、趋化性和敏感性。由于细菌生长速率跟微环境中氧气含量有一定关系，而维持细菌生长的氧气量与培养基的体积有关。Chen等探究了通道尺寸对细菌培养的影响。他们在200mm深的微流控通道中培养大肠埃希菌（图8-26），并将大肠埃希菌的生长与其他培养条件进行了比较，结果表明，通道中细菌的生长速率快于摇瓶和板中的细菌生长速率，这项发现对于细菌的快速培养具有一定意义。随着不断探索，研究者还发现通道培养不仅是一种比较简单的细菌培养方式，还可以与多个分析设备并联连接实时监测反应，因而对不同细胞株和代谢物的表型特征进行长期、低成本、高分辨率的研究具有得天独厚的优势。

微室培养是指通过狭窄的微通道连接到主通道，细菌和培养基的混合物通过主通道流入微室。微室培养更适合对特定的细菌进行培养，与通道培养相比，微室培养环境更安全，生长条件更严格，相对静态的过程为细菌积累和单菌培养提供了可能，便于耐药性检测和细菌形态学研究。例如Wu等设计了一个不同形状的微室（图8-27），将活细菌细胞塑造成用户定

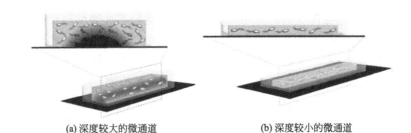

(a) 深度较大的微通道   (b) 深度较小的微通道

图8-26 微通道深度对大肠埃希菌生长影响的示意图

对于深度较大的微通道，由于表面体积比大，氧气水平相对较低，无法支持所有大肠杆菌的生长；
对于深度较小的微通道，氧气水平相对丰富，可以支持病原体的快速生长

扫一扫，查看彩图

义的几何形状，只允许单个细菌细胞进入，并在这些微室中研究蛋白质代谢对细菌形状的影响，发现细菌细胞具有很高的可塑性，并且细胞生长状态要比普通细胞更好。与此同时，一些研究者还设计了带有迷宫结构的微型室来模拟复杂的环境网络，探索几何结构对微生物生长的影响，这些新方法对于研究其他微生物的反应行为或微限制环境中的细胞类型等问题提供了新思路。

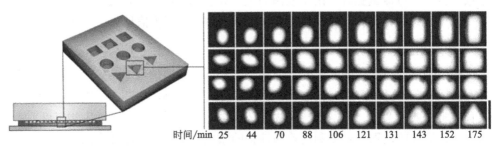

时间/min 25 44 70 88 106 121 131 143 152 175

图8-27 微室结构示意图

左图：微室形状示意图，由显微镜盖玻片（底部）、PDMS微室（中部）和补充有营养和药物的琼脂糖垫（顶部）组成；
右图：生长成特定形状的细菌溶质荧光图像

扫一扫，查看彩图

微生物微液滴培养技术可以追溯到20世纪50年代，该方法具有易操作、易观察和易换液等优点。同时，微液滴培养是独立的生物反应器，有利于微生物的富集和高通量分析。液滴界面不宜大分子穿过，可以很好地避免样品污染。最近，基于液滴的微流控技术在单细胞培养、换液、分析等方面的功能趋向成熟。清华大学研发了一套名为"全自动高通量微生物液滴培养仪"的装置。该装置在微流控芯片上进行微生物培养液滴的生成和换液，液滴体积2μL，可实现对200个独立的微生物液滴进行同时操作和培养。基于微流控芯片模块化的特点，该系统还可满足多样的实验需求，例如培养物荧光、微生物菌落计数、高通量筛选、适应性进化等不同功能，具有较大的应用潜力。

8.4.3 微流控芯片上微生物毒性耐药性测试

抗菌药物的出现是20世纪医学领域的巨大成就。抗菌药物的使用降低了像结核病这样具有传染性疾病的致死率，挽救了无数的生命。然而在最近的60年，抗菌药物的耐药性又成了新的时代课题，该问题对人类健康和公共卫生安全造成严重危害，世界卫生组织于2014年发布了全球耐药性报告，该报告指出抗菌药物的耐药性正蔓延全球。传统检测药敏值的方

法具有检测成本高、耗费时间长、检测种类固定、误差大等缺点，易导致误诊、漏诊和延误治疗等问题。因此寻求快速、准确的病原菌耐药性检测技术是提高临床治疗率的核心，也是突破当前抗菌药物滥用问题的关键。

近些年，基于微流控芯片技术的药敏检测成了新技术并应用于临床检测，与传统方法相比更加灵敏、快速。比如Choi等利用微流控琼脂糖通道系统建立了一种快速细菌耐药性表型检测技术。该技术使用显微镜追踪MAC（凝胶微通道）系统中单细胞细菌的生长，与不同抗菌药物培养条件下单细胞细菌的时间延迟图像进行对比，来确定该菌对该种抗菌药物的最低抑菌浓度（MIC）值，该法仅在3～4h内就可获得MIC值，为细菌耐药性快速检测提供了新的方法。此外，Mach等使用电化学传感器进行活细胞计数，从而判定该菌的MIC值，整个过程约2.5h，并取得了与传统药敏检测方法一致的结果。Azizi等利用纳升大小的微室/基于微阵列的微流控（N-3M）平台来减少传统抗生素药敏试验（AST）的测定时间并快速确定不同抗生素的最低抑制浓度（图8-28）。该平台在很短的时间内输出结果，并且还具有便携性和技术简单性，可在资源有限的医疗保健环境中用作快速确定抗菌药物敏感性的临床诊断工具。孙嘉慧等利用微流控中液体层流扩散的性质，设计了基于微流控技术的药物筛选和药物组合优化芯片，实现了快速高效的组合药物的筛选，解决了传统药物筛选费时费力的问题，为药物筛选提供了一种便捷可行的方法。

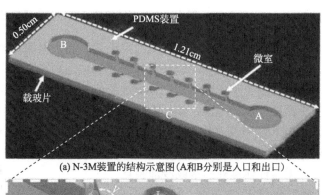

(a) N-3M装置的结构示意图（A和B分别是入口和出口）

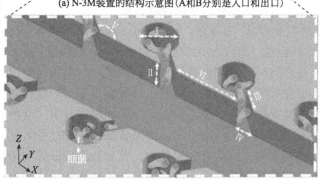

(b) AST测试区放大示意图

图8-28　用于AST的N-3M平台的示意图

扫一扫，查看彩图

8.4.4　微流控芯片微生物燃料电池

随着全球可持续发展理念的深入，便携式绿色能源的需求大幅增加。微流控芯片微生物燃料电池以微生物作为催化剂，以突出的优势引起了科学界对开发和进一步探索生物燃料电池在微流控环境中操作的兴趣，并有望为便携式电子设备提供电力，例如医疗植入物、即时诊断、远程传感器、毒性传感器和其他相关领域。微生物燃料电池的工作原理并不复杂，一般情况下燃料溶解在阳极电解液中，被生物群落催化分解以产生电子，而氧分子被沉积在阴极上的金属催化剂还原成水。阳极电解液和阴极电解液从各自的微观通道进入电池，在通道中阴极电解液和阳极电解液之间形成一个稳定的混合区，随着反应物的消耗系统为外界提供电力，其具体结构和工作原理如图8-29所示。

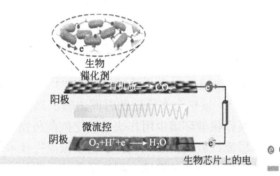

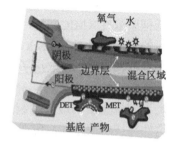

扫一扫，查看彩图

(a) 结构示意图　　　　　　　　　　　　　　　　　(b) 工作原理图

图8-29　微生物电池系统结构示意和工作原理图

微生物电池具有以下优点：①微生物燃料电池反应效率高，微流控燃料电池的整个结构和操作，例如电极、反应位点、反应物输送和流体去除都被限制在微芯片内，电池的表面积与体积之比非常高，从而提高了基于表面的燃料电池反应的效率；②可实现无交换膜，由于微生物燃料电池是基于流层的燃料电池，该结构可以消除对离子交换膜的需求，因此避免了离子膜由于加湿、膜降解和燃料交叉混合带来的问题；③电池成本低，环境条件要求较低，微流控燃料电池可以通过廉价的微加工技术制造，如软光刻、光刻或激光蚀刻，并且可以在正常室温下良好运行，无需任何额外的水或冷却装置。

在检测产电细菌电化学活性方面，Mukherjee等开发了一个由6个基于微机电系统（MEMS）的微生物燃料电池（MFC）组成的阵列，研究了2种已知的产电细菌和4个等基因突变体的发电能力。在作为环境生物传感器方面，在最近一项研究中，Xiao等报道了一种作为生化需氧量（BOD）生物传感器微流控装置，该装置采用一种编程刀来切割薄膜中的所需图案，从而为小型化电池提供快速、经济和无洁净室的制造技术。这种基于微流控电池的传感器可以在1.1min的响应时间内测定出20 ～ 490mg/L范围内的生化需氧量。同时基于微流控系统的微生物电池也可为植入式医疗设备供电。比如Fadakakr等利用微流控微生物电化学电池收集人体血液和粪便中非致病性大肠埃希菌的能量，该装置可产生20W/m³的功率密度，表明微流控技术在生物能源中的广阔应用前景。

8.4.5　其他应用

随着3D打印技术迅猛发展，基于3D打印技术的微流控系统在细胞生物学、基因诊断、医学检测等方面有着广泛的应用，其具有可一键成型、材料多样、可制备任意形状、标准化、可量产等优点，基于3D打印技术制备微流控系统也是微生物微流控芯片的一大发展趋势。Lee等应用3D打印微流控装置快速简便地检测出真实食物基质中的大肠埃希菌（图8-30）。该装置在使用抗体功能化磁性纳米粒子簇（MNC）捕获牛奶中的大肠埃希菌（EC）后，使用3D螺旋微通道装置分离游离的MNC和MNC-EC复合物。Heger等开发了3D打印的微流控芯片，用于各种癌症生物标志物的金属流因蛋白（MTs）的分离。3D打印微流控芯片技术还有很大发展空间，相信随着技术的进步，3D打印微生物芯片将呈现集成化程度更高、可结合更多种传感器、成本更低、精度更高的特点，并且有望在生物医药领域得到更好的应用。

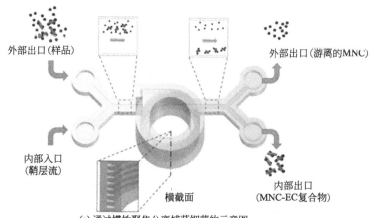

(a) 通过惯性聚焦分离捕获细菌的示意图

(b) 梯形截面通道中迪安涡流的图示

(c) 3D打印设备的照片

图8-30 基于3D打印的微流控装置检测大肠埃希菌

扫一扫，查看彩图

8.5 疾病诊断芯片

在发展中国家，95%的死亡是由缺乏适当的疾病诊断设备以及缺乏传染病相关的治疗条件导致的，如急性呼吸道感染、疟疾、艾滋病和肺结核等。最近的新型冠状病毒COVID-19自2019年12月被发现以来已经传播到了几乎全球每一个国家，截至2022年3月16日全球已有超过4.58亿人感染新冠病毒，并有6047653人死于该病毒。疾病和病毒感染给世界人民生命健康带来了极大的威胁，同时也催生了医学界对疾病检测和诊断工具的需求。此外，人员的流动性和病原体突变率快、非人类病原体转化为人类病原体以及非人类病原体与人类病原体的重组等特性极大地增加了传染性疾病的控制和管理难度，因此亟须快速、便携的即时诊断（POCT）设备，以防止疾病的传播和因诊断不及时造成的病情恶化。

对于某些其他类型的疾病和感染，无论是在发达国家还是在发展中国家，都需要定期重复诊断测试以监测疾病状况。比如在新冠病毒大流行之际，医学工作者需要频繁地测量流动人群的病毒载量和抗体载量，以检测新冠病毒的感染和治疗情况。而针对较为落后的地区和国家，由于缺乏标准的实验室设施和训练有素的实验室技术人员等，很难实现及时诊断。基于微流控技术的POCT平台可以实现快速的检测和诊断，并增加在这种资源匮乏环境中患者获得治疗和生还的机会。此外，在经济较为发达的国家和地区，医疗资源相对充足，但应对重大疾病如癌症等状况的战略也从传统的治疗模式转变为诊断模式，旨在通过及早发现疾病大幅下降治疗成本。微流控检测分析芯片，这种芯片是新一代即时诊断（point of care testing，POCT）的主流技术，也是体外诊断（IVD）最重要的表现形式。POCT可实现快速、低成本的诊断，可以分散在整个社区以便于使用，甚至可以在家里快速地诊断和监测疾病和感染。新冠疫情暴发以来，POCT进一步展现了其优势所在，在出入境、机场、火车站、基层医疗单位等场景得以广泛应用。根据诊断方式不同，疾病诊断大致可以分为免疫诊断和分子诊断。

8.5.1　免疫诊断

免疫诊断基于抗原和抗体之间的特异性相互作用，在医学和生命科学中发挥着重要作用。传统的免疫分析已成功用于分析生物体液中的抗体或抗原。然而，由于样品处理和分析的一系列步骤，这些测试通常是劳动密集型和耗时的。微流控免疫分析不仅可以快速方便地检测生物标志物，而且可以自动和选择性地在微芯片中捕获抗原或癌细胞等。微流控免疫测定的一种应用是分析全血中的生物标志物，以诊断癌症或其他疾病。Fan等提出了一个集成的条形码微芯片，用于自动采样和检测微升血液中的蛋白质，该工作报告了一种集成的微流控系统，即集成的血液条形码芯片，它具有在10min内对临床患者全血样本中的多种血清生物标志物高灵敏度分析的能力。该系统可以实现芯片上血液自动分离和血浆蛋白的快速测量，且检测全血可以通过手指刺血获得。该设备具有廉价、无创和诊断信息丰富的临床诊断潜力，可有效解决血浆疾病诊断过程中血浆蛋白质组的内在复杂性、人类疾病的异质性以及样本血液中蛋白质的快速降解等干扰问题。图8-31展示了该检测系统的设计和工作原理示意图。

扫一扫，查看彩图

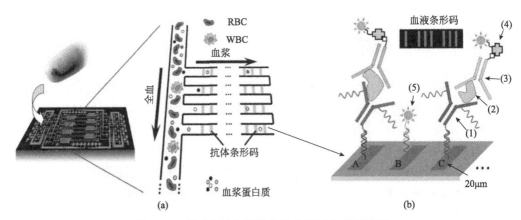

图8-31　集成血液条形码芯片（IBBC）的设计图

（a）从手指刺血中分离血浆的方案视图（其中多个DNA编码的抗体条形码阵列被固定在血浆通道内用于原位蛋白质测量）；（b）血浆通道中条形码阵列用于原位蛋白质测量的原理示意图［其中（1）～（5）分别表示DNA-抗体偶联物、血浆蛋白、检测抗体、链霉亲和素-Cy5荧光探针、互补DNA-Cy3参考探针，系统使用荧光读出血浆通道中检测条形码阵列的信号］

8.5.2　分子诊断

分子诊断是目前用于对疾病进行敏感遗传分析的一种强大且流行的技术，尤其是PCR相关的基因分析技术，已在用于快速基因诊断的微型设备上实现。由于微通道或微型反应器内的表面积与体积比增大，热传递可以大大加快，因此微型PCR的总反应时间已减少到几分钟。Hsieh等开发了一系列微流控电化学DNA传感器，这些传感器已包含了样品制备、扩增以及定量和多重检测等关键功能。对于DNA检测，研究者开发了无标记、单步和序列特异性电化学DNA（E-DNA）传感器，该传感器可集成到微流控芯片阵列中，而后结合了芯片上的基因扩增技术，包括聚合酶链反应（PCR）和环介导的等温扩增（LAMP），实现了相关目标浓度基因的临床检测。为了最大限度地发挥该检测平台的潜力，研究者还进一步在样品制备环节整合了免疫磁性分离结构，从而可以直接从咽拭子中检测流感病毒，以及实现血液中相关细菌菌株的多重检测。基于实时LAMP的替代电化学检测平台不仅能够在广泛的动态范围内检测目标物浓度，而且大大简化了核酸的定量测量，真正实现了现场检测，该系统可拓展到其他DNA现场检测领域为疾病诊断提供强有力的工具。

Dennis团队开发了基于微流控设备的数字PCR用于胎儿遗传疾病的产前诊断，例如染色体非整倍体和单基因疾病。在测试平台中，微流控数字PCR在测量男性DNA的分数浓度方面表现出最小的定量偏差。与非数字实时PCR相比，该方法的检测偏差较小，临床敏感性较高。使用微流控数字PCR平台上的ZFY/ZFX测定，母体血浆中胎儿DNA的中位分数浓度在所有3个妊娠期中比之前报道的高2倍。该团队采用的数字微流控芯片平台如图8-32所示，其中芯片中心区域分为12个面板，每个面板都连接到一个样品入口，而每个面板被划分为

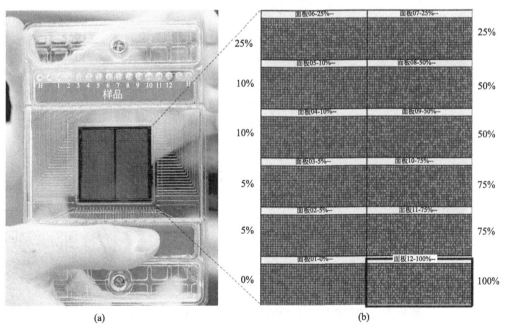

(a)　　　　　　　　　　　　　　　(b)

图8-32　微流控芯片在数字PCR分析中的应用

扫一扫，查看彩图

（a）微流控数字阵列的正面视图［芯片中心的区域分为12个面板，每个面板都连接到一个样品入口（在顶部框架上）］；
（b）实验数据的读取（每个面板被划分为765个反应孔，其中红色和蓝色点代表阳性反应孔，黑色圆点代表没有反应的孔
图，照片中每个图片的上方显示了该面板的号码和相应的阳性比例）

765个反应孔，实验数据读取时红色和蓝色点代表阳性反应孔，黑色圆点代表没有反应的孔，基于该数字微流控PCR分析平台，该团队还提出通过表观遗传-遗传染色体-剂量方法对21三体进行无创产前检测，实现了21三体和血友病的非侵入性遗传临床诊断。

8.5.3　商业化的诊断系统

微流体是一种功能化技术平台，可以实现传统实验室设备、药物筛选技术和体外诊断设备的小型化、集成化和自动化。在过去的20年里，全球出现了许多家将微流体技术商业化的企业。最初，这些平台被用于生物分析和化学合成，以便可以少量制备和分析一系列物质，以取代手动处理和笨重的台式设备。与传统的台式设备相比，微流体设备试剂消耗低、分析通量高、组件成本低。尽管微流控技术前景广阔，但发展顺利的产品数量有限。针对早期的商业微流体设备，最终用户可能会面临与相关硬件同步的困难，例如外部泵和气动流体处理系统，设备操作需要额外的培训，因此削弱了其在实验室或现场的应用发展动力，许多终端用户不愿意改变而坚持使用传统仪器。为了推进微流控技术平台的商业化，必须有效降低微流控平台的运营成本，尤其在生物技术的两个关键领域。后期随着商用家用血糖仪的出现，微流控诊断为POCT开辟了新领域，人们可以在临床实验室之外的环境下在短时间内进行自动化和稳定的生物医学测试。因此基于微流控的POCT商业化产品有望在日常生活中变得普遍。据统计，微流体市场在2013年的市场价值约为16亿美元，而2018年市值达到240亿美元。

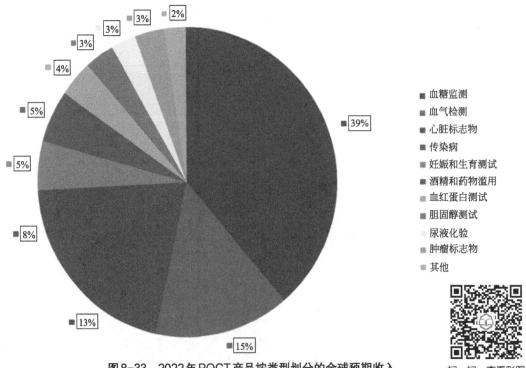

图8-33　2022年POCT产品按类型划分的全球预期收入

扫一扫，查看彩图

图8-33展示了POCT市场在2022年的预计年收入份额，其中血糖监测将占据最大的市场份额（39%），其次是血气检测（15%）、心脏标志物（13%）、传染病（8%）、妊娠和生育测试（5%）、酒精和药物滥用（5%）、血红蛋白测试（4%）、胆固醇测试（3%）、尿液化验

（3%）、肿瘤标志物（3%）等。由此可见，目前的商业化微流控诊断技术还主要集中在血糖、血气、妊娠和生育、药物和酒精、胆固醇、血红蛋白、尿液和一些传染病检测和监测领域。而现阶段主要的增长领域还包括艾滋病毒检测、滥用药物、心脏和肿瘤标志物检测和传染病的诊断。下面将按照检测需求简要介绍微流控领域典型的应用案例。

小分子诊断领域，iSTAT是POCT设备最成功的例子之一。iSTAT公司成立于1983年，于2004年被雅培收购，该设备通过在硅芯片上制造薄膜电极并开发新型微传感器，用于检测血液中的化学物质（包括钠、钾、氯化物、葡萄糖、气体等）、凝血和心脏标记物等。该设备可手持并且可实现电池供电，检测过程无需样品稀释或预处理，主要依靠气动驱动来处理全血滴，装置可用于紧急和重症监护等场景［如图8-34（a）］。1992年，该分析仪获得批准并引入美国，鉴于其悠久的历史和在POCT市场的主导份额，该设备一直被认为是POCT的黄金标准之一。此外，Epocal（2010年被Alere收购）也开发了一款便携式血液化学分析仪，并于2007年在美国上市。该装置使用电渗泵和气动泵以及毛细流组合方式来驱动和操纵流体。检测芯片（称为"Flexcards"）是由薄膜或厚膜制成的流体电路，微孔元件可以层压或沉积在平面带有图案电极的基板上以低成本实现大规模生产。Epocal的一个有趣特点是读卡器具有和其相关移动计算机的无线通信能力，可通过标准接口与实验室信息系统连接［见图8-34（b）］。类似的商业化微流控设备还有很多，读者可参考Chin等对该领域做的总结。

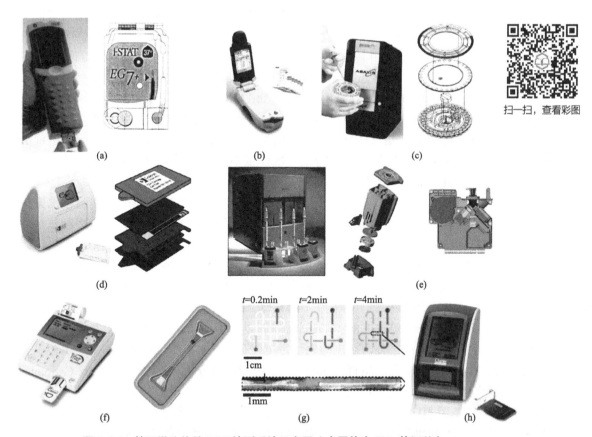

扫一扫，查看彩图

图8-34 基于微流体的POC检测系统示意图（本图片由Chin等汇总）

（a）i-STAT（Abbott）；（b）Epocal，www.epocal.com；（c）Abaxis，www.abaxis.com；（d）Dakari Diagnostics，www.daktaridx.com；（e）Cepheid；（f）Biosite，www.alere.com；（g）Diagnostics for All；（h）Claros Diagnostics，www.clarosdx.com

Abaxis采用基于光盘的方法来处理血液并进行化学分析，系统使用注塑成型的塑料圆盘测试代谢、脂质、肝脏和肾脏疾病的小分子和蛋白质标志物［图8-34（c）］。为了进行CD4计数，Daktari Diagnostics采用不同的技术策略，其通过微流设备选择性地捕获CD4细胞并通过阻抗谱检测捕获的T细胞的裂解物，从而避免使用复杂的光学系统［图8-34（d）］。而西门子公司开了一种使用电化学技术的快速诊断设备（Xprecia Stride），它根据全血中的凝血酶原时间（PT）反应来量化国际标准化比率（INR）。

针对临床诊断和监测对DNA和RNA等特征分子的检测需求，大量微流控POCT公司也开发了大量的检测设备，其中大部分公司开发了基于核酸的微流控检测方法，其中包括样品预处理（例如，细胞分选、提取、分离和裂解）、信号放大和分析等操作。其中Handylab（成立于2000年，2009年被BD收购）是实现微流控核酸靶点检测的先驱，其曾开发带有干试剂的一次性试剂盒，并将加热、流体控制机械阀和荧光检测等系统集成为一体。集成分子诊断的另一个早期先驱是Cepheid（成立于1996年），它开发了一种集成台式分析仪，名叫"GeneXpert"，用于检测抗甲氧西林金黄色葡萄球菌（MRSA）、艰难梭菌、流感病菌和肺结核病菌［图8-34（e）］。此外，Micronics（成立于1996年，2011年被索尼收购）开发了一种用于多重病毒检测的仪器，该公司是最早认识到塑料在开发即时诊断方面的重要性的公司之一，并制造了基于薄膜层压和注塑成型的塑料装置。

在免疫诊断方面，侧流技术具有检测迅速、设备系统简单、成本低等特征，但该技术依然受到灵敏度低、量化目标困难、无法同时检测多个目标等问题困扰。侧流技术市场前景广阔，大量公司对侧流技术投入巨大。一家著名的公司是Biosite（成立于1998年，于2007年被Alere收购），它使用具有微结构的试纸来测试心血管疾病、滥用药物和水生寄生虫等一系列蛋白质和小分子标志物［图8-34（f）］。最近的一家公司是针对发展中国家最受关注的疾病的非营利性商业模式的Diagnostics for All，它使用纸和图案化的疏水区域来引导由毛细力驱动的微流体的移动［图8-34（g）］，该测试系统无需辅助仪器，最初的原型旨在评估人类免疫缺陷病毒（HIV）药物（例如白蛋白、转氨酶和乳酸脱氢酶）造成的肝损伤。此外，Philips也开发了一种手持式一次性试剂盒，用于快速检测低浓度的蛋白质分析物。Claros Diagnostics（成立于2004年，并于2011年被Opko Health收购）专注于在偏远地区使用的多重和定量免疫测定［图8-34（h）］，其开发的设备使用银增强技术来放大信号，该信号可由吸光度读数器测量以确定光密度。设备的测试盒中存储有多种试剂并以受控方式进行运输。

现在全球相关的企业众多，发展势头良好，其中有大概14家顶级体外诊断公司控制着70%的市场。图8-35展示了这些公司占据的全球市场份额：Roche（罗氏）占据最大的市场份额，为20%，其次是Siemens（西门）10%，这二者是一级竞争对手，共产生超过50亿美元的收入，此外Abbott（雅培）8%、Danaher（丹纳赫）6%、Alere 5%，其他中小型企业占总市场份额的28%。除此之外，微流控领域每年还会涌现一批出色的初创公司，其经营范围还拓展到了农业、食品安全、生育力和配子研究、单细胞分析和测序。比如10x Genomics是一家位于加利福尼亚的快速发展的公司，专注于单细胞分析，他们的Next GEM技术融合了液滴微流体和基因测序技术；Athelas是一家成立于2016年快速扩张的加利福尼亚州初创公司，该公司结合机器学习和横向流动技术开发了家用血液分析仪；Sandstone Diagnostics是另一家新兴的医疗保健公司，该初创公司的Trak技术可以在家中快速提供精子数量和精液量的结果；Hespero是一家总部位于美国的公司，生产定制的多器官芯片，旨在消除动物试验并增强疾病建模；GenePOC是一家具有较快的增长轨迹和较高的支出能力的加拿大公司，现在在Meridian Biosciences旗下，该公司使用基于自动墨盒的微流体技术进行疾病诊断和早期检测。

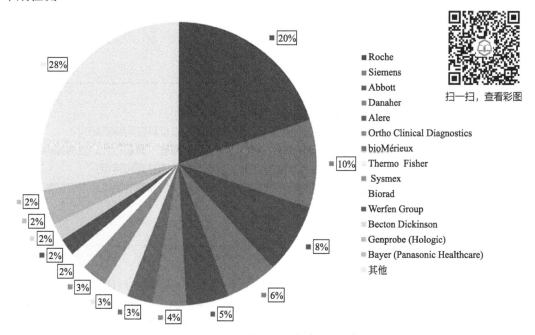

扫一扫，查看彩图

图8-35 按公司划分的POCT全球市场份额

图例：
- Roche
- Siemens
- Abbott
- Danaher
- Alere
- Ortho Clinical Diagnostics
- bioMérieux
- Thermo Fisher
- Sysmex
- Biorad
- Werfen Group
- Becton Dickinson
- Genprobe (Hologic)
- Bayer (Panasonic Healthcare)
- 其他

　　尽管微流控技术在商业化方面取得了良好的进展，但是依然存在一定的挑战。产品商业化的主要挑战涉及客户接受度和市场占有率。在微流体领域，人们可以在各种文献上看到大量的概念验证性设备，但由于缺乏客户开发和市场需求验证，过去20年里微流控技术在消费端依然受到了很大的限制。尽管微流体是一种很有前途的实验室工具，但缺乏"杀手级应用"（收入>1亿美元），许多投资者选择了其他具有明确市场路线的新兴技术，因此微流控领域普遍存在缺乏有效投资的困境。除了商业化过程中的投资因素，研究者也更加关注商业化过程中的技术障碍，包括平台标准化和微流控系统集成等。

　　综上所述，本章主要对微流控技术在生物医学等领域的应用进行了介绍。显然，微流控技术在微量样品的操作和分析方面具有独特的优势，许多宏观规模的传统生化分析技术都可以转移集成到微流控设备上，从而减少了样品和试剂的消耗，并提高了多重分析的通量，为生物和生物医学分析中的新挑战提供了新平台。自动化技术在样品预处理和高通量分析中的应用也为微流控技术的应用提供了巨大动力。然而，微流控技术在生物医药领域的应用仍然面临着巨大的挑战，未来需要多学科研究人员之间进行更多的合作，以应对这一挑战。在商业化方面，微流控芯片由于具有快速、低成本和自动化等特点，从根本上改变了传统生化分析的方式和效率，因此在疾病诊断等领域具有广阔的应用前景。随着基于微流控的临床分析系统的大规模生产和发展，便携且廉价的微流控设备将成为未来流行且强大的即时诊断工具。再者，随着微流控芯片制作技术的不断成熟和各种新型材料的不断开发，微流控芯片的功能将更为完备，集成化程度将更高。以微流控芯片为核心的微全分析系统将使化学分析进入病房、生产现场甚至家庭。可以预见，在不久的将来，可以随身携带的监控人体健康状况的"掌上型实验室"等设备将被开发出来，结合物联网技术，甚至可以实现远程诊断。总之作为一种高度集成化、微型化以及智能化的生化操控、分析、检测系统，微流控芯片将对人类的生活产生极其广泛、深远的影响，甚至可能会改变未来生命科学领域和生化分析领域的发展模式，加速人们对生物世界的认知。

 习题及思考题

1. 微流控芯片上细胞培养方式有哪些，其各自有何特点？
2. 微流控芯片上细胞裂解的方法有哪些，其具体的裂解原理以及其应用特点如何？
3. 研究人员开发器官芯片的目的有哪些？器官芯片的种类有哪些？器官芯片的发展障碍有哪些？
4. 微生物芯片的用途有哪些？请结合文献简述微生物电池芯片的发展和特点。
5. 请结合本书材料和其他资料探讨微流控技术在商业化过程中所面临的困境和潜在的解决方案。

参考文献

［1］ Harrison R G . On the stereotropism of embryonic cells ［J］. Science, 1911, 34: 279-281.

［2］ Young E W K. Cells, tissues, and organs on chips: challenges and opportunities for the cancer tumor microenvironment ［J］. Integrative Biology (United Kingdom), 2013, 5(9): 1096-1109.

［3］ Huh D, Hamilton G A, Ingber D E. From 3D cell culture to organs-on-chips ［J］. Trends in Cell Biology, 2011, 21(12): 745-754.

［4］ Young E W K, Beebe D J. Fundamentals of microfluidic cell culture in controlled microenvironments［J］. Chemical Society Reviews, 2010, 39(3): 1036-1048.

［5］ Yun S H, Cabrera L M, Song J W, et al. Characterization and resolution of evaporation-mediated osmolality shifts that constrain microfluidic cell culture in poly(dimethylsiloxane) devices ［J］. Analytical Chemistry, 2007, 79(3): 1126-1134.

［6］ Domenech M, Yu H, Warrick J, et al. Cellular observations enabled by microculture: paracrine signaling and population demographics ［J］. Integrative Biology, 2009, 1(3): 267-274.

［7］ Paguirigan A L, Beebe D J. Microfluidics meet cell biology: bridging the gap by validation and application of microscale techniques for cell biological assays ［J］. BioEssays, 2008, 30(9): 811-821.

［8］ Neto E, Alves C J, Sousa D M, et. al. Sensory neurons and osteoblasts: close partners in a microfluidic platform ［J］. Integrative Biology (United Kingdom), 2014, 6(6): 586-595.

［9］ Peyrin J M, Deleglise B, Saias L, et al. Axon diodes for the reconstruction of oriented neuronal networks in microfluidic chambers ［J］. Lab on a Chip, 2011, 11(21): 3663-3673.

［10］ Marimuthu M, Kim S. Microfluidic cell coculture methods for understanding cell biology, analyzing bio/pharmaceuticals, and developing tissue constructs ［J］. Analytical Biochemistry, 2011, 413(2): 81-89.

［11］ Braga V M M. Cell-cell adhesion and signalling ［J］. Current Opinion in Cell Biology, 2002, 14(5): 546-556.

［12］ Nilsson J, Evander M, Hammarström B, et al. Review of cell and particle trapping in microfluidic systems ［J］. Analytica Chimica Acta, 2009, 649(2): 141-157.

［13］ Shi M, Majumdar D, Gao Y, et al. Glia co-culture with neurons in microfluidic platforms promotes the formation and stabilization of synaptic contacts ［J］. Lab on a Chip, 2013, 13(15): 3008-3021.

［14］ Jeong G S, Han S, Shin Y, et al. Sprouting angiogenesis under a chemical gradient regulated by interactions with an endothelial monolayer in a microfluidic platform [J]. Analytical Chemistry, 2011, 83(22): 8454-8459.

[15] Chung S, Sudo R, Mack P J, et al. Cell migration into scaffolds under co-culture conditions in a microfluidic platform [J]. Lab on a Chip, 2009, 9(2): 269-275.

[16] Theberge A B, Yu J, Young E W K, et al. Microfluidic multiculture assay to analyze biomolecular signaling in angiogenesis [J]. Analytical Chemistry, 2015, 87(6): 3239-3246.

[17] Lang J D, Berry S M, Powers G L, et al. Hormonally responsive breast cancer cells in a microfluidic co-culture model as a sensor of microenvironmental activity [J]. Integrative Biology (United Kingdom), 2013, 5(5): 807-816.

[18] Park J W, Vahidi B, Taylor A M, et al. Microfluidic culture platform for neuroscience research [J]. Nature Protocols, 2006, 1(4): 2128-2136.

[19] Tung Y C, Hsiao A Y, Allen S G, et al. High throughput 3D spheroid culture and drug testing using a 384 hanging drop array [J]. Analyst, 2011, 136(3): 473-478.

[20] Bischel L L, Young E W K, Mader B R, et al. Tubeless microfluidic angiogenesis assay with three-dimensional endothelial-lined microvessels [J]. Biomaterials, 2013, 34(5): 1471-1477.

[21] Bischel L L, Beebe D J, Sung K E. Microfluidic model of ductal carcinoma in situ with 3D, organotypic structure [J]. BMC Cancer, 2015, 15(1): 1-10.

[22] Mannino R G, Myers D R, Ahn B, et al. Do-it-yourself in vitro vasculature that recapitulates in vivo geometries for investigating endothelial-blood cell interactions [J]. Scientific Reports, 2015, 5: 1-12.

[23] Jeon J S, Bersini S, Gilardi M, et al. Human 3D vascularized organotypic microfluidic assays to study breast cancer cell extravasation [J]. Proceedings of the National Academy of Sciences of the United States of America, 2015, 112(1): 214-219.

[24] Shin Y, Yang K, Han S, et al. Reconstituting vascular microenvironment of neural stem cell niche in three-dimensional extracellular matrix [J]. Advanced Healthcare Materials, 2014, 3(9): 1457-1464.

[25] Aijian A P, Garrell R L. Digital microfluidics for automated hanging drop cell spheroid culture [J]. Journal of Laboratory Automation, 2015, 20(3): 283-295.

[26] Yun H, Kim K, Lee W G. Cell manipulation in microfluidics [J]. Biofabrication, 2013, 5(2): 022001.

[27] Beaujean F. Methods of CD34+ cell separation: comparative analysis [J]. Transfusion Science, 1997, 18(2): 251-261.

[28] Tang W, Zhu S, Jiang D, et al. Channel innovations for inertial microfluidics [J]. Lab on a Chip, 2020, 20(19): 3485-3502.

[29] Zhang S, Wang Y, Onck P, et al. A concise review of microfluidic particle manipulation methods [J]. Microfluidics and Nanofluidics, 2020, 24(4): 1-20.

[30] Afsaneh H, Mohammadi R. Microfluidic platforms for the manipulation of cells and particles [J]. Talanta Open, 2022, 5: 100092.

[31] Menachery A, Kremer C, Wong P E, et al. Counterflow dielectrophoresis for trypanosome enrichment and detection in blood [J]. Scientific Reports, 2012, 2: 1-5.

[32] Dalili a, Taatizadeh E, Tahmooressi H, et al. Parametric study on the geometrical parameters of a lab-on-a-chip platform with tilted planar electrodes for continuous dielectrophoretic manipulation of microparticles [J]. Scientific Reports, 2020, 10(1): 1-11.

[33] Choi S, Park J K. Microfluidic system for dielectrophoretic separation based on a trapezoidal electrode array [J]. Lab on a Chip, 2005, 5(10): 1161-1167.

[34] Moncada-Hernández H, Lapizco-Encinas B H. Simultaneous concentration and separation of microorganisms: Insulator-based dielectrophoretic approach [J]. Analytical and Bioanalytical Chemistry, 2010, 396(5): 1805-1816.

［35］Destgeer G, Ha B H, Park J, et al. Microchannel anechoic corner for size-selective separation and medium exchange via traveling surface acoustic waves ［J］. Analytical Chemistry, 2015, 87(9): 4627-4632.

［36］Dao M, Suresh S, Huang T J, et al. Acoustic separation of circulating tumor cells ［J］. Proceedings of the National Academy of Sciences of the United States of America, 2015, 112(16): 4970-4975.

［37］Li S, Ma F, Bachman H, et al. Acoustofluidic bacteria separation ［J］. Journal of Micromechanics and Microengineering, 2017, 27(1): 015031.

［38］Wu M, Ouyang Y, Wang Z, et al. Isolation of exosomes from whole blood by integrating acoustics and microfluidics ［J］. Proceedings of the National Academy of Sciences of the United States of America, 2017, 114(40): 10584-10589.

［39］Wu M, Chen C, Wang Z, et al. Separating extracellular vesicles and lipoproteins via acoustofluidics［J］. Lab on a Chip, 2019, 19(7): 1174-1182.

［40］Gu Y, Chen C, Wang Z, et al. Plastic-based acoustofluidic devices for high-throughput, biocompatible platelet separation ［J］. Lab on a Chip, 2019, 19(3): 394-402.

［41］Garg N, Westerhof T M, Liu V, et al. Whole-blood sorting, enrichment and in situ immunolabeling of cellular subsets using acoustic microstreaming［J］. Microsystems & Nanoengineering, 2018, 4(1): 1-9.

［42］Cushing K, Undvall E, Ceder Y, et al. Reducing WBC background in cancer cell separation products by negative acoustic contrast particle immuno-acoustophoresis ［J］. Analytica Chimica Acta, 2018, 1000: 256-264.

［43］Wang Y, Dostalek J, Knoll W. Magnetic nanoparticle-enhanced biosensor based on grating-coupled surface plasmon resonance ［J］. Analytical Chemistry, 2011, 83: 6202-6207.

［44］Liu C, Stakenborg T, Peeters S, et al. Cell manipulation with magnetic particles toward microfluidic cytometry ［J］. Journal of Applied Physics, 2009, 105(10): 102014.

［45］Pamme N, Manz A. On-chip free-flow magnetophoresis: Continuous flow separation of magnetic particles and agglomerates ［J］. Analytical Chemistry, 2004, 76(24): 7250-7256.

［46］Ozkan M, Wang M, Ozkan C, et al. Optical manipulation of objects and biological cells in microfluidic devices ［J］. Biomedical Microdevices, 2003, 5(1): 61-67.

［47］Atajanov A, Zhbanov A, Yang S. Sorting and manipulation of biological cells and the prospects for using optical forces ［J］. Micro and Nano Systems Letters, 2018, 6(1).

［48］Wang X, Chen S, Kong M, et al. Enhanced cell sorting and manipulation with combined optical tweezer and microfluidic chip technologies ［J］. Lab on a Chip, 2011, 11(21): 3656-3662.

［49］Wang M M, Tu E, Raymond D E, et al. Microfluidic sorting of mammalian cells by optical force switching ［J］. Nature Biotechnology, 2005, 23(1): 83-87.

［50］Bang H, Chung C, Kim J K, et al. Microfabricated fluorescence-activated cell sorter through hydrodynamic flow manipulation ［J］. Microsystem Technologies, 2006, 12(8): 746-753.

［51］Nan L, Jiang Z, Wei X. Emerging microfluidic devices for cell lysis: a review ［J］. Lab on a Chip, 2014, 14(6): 1060-1073.

［52］Yun S S, Yoon S Y, Song M K, et al. Handheld mechanical cell lysis chip with ultra-sharp silicon nano-blade arrays for rapid intracellular protein extraction ［J］. Lab on a Chip, 2010, 10(11): 1442-1446.

［53］Huang X, Xing X, Ng C N, et al. Single-cell point constrictions for reagent-free high-throughput mechanical lysis and intact nuclei isolation ［J］. Micromachines, 2019, 10(7).

［54］Grigorov E, Kirov B, Marinov M B, et al. Review of microfluidic methods for cellular lysis ［M］. Micromachines, 2021.

［55］Fradique R, Azevedo A M, Chu V, et al. Microfluidic platform for rapid screening of bacterial cell lysis ［J］. Journal of Chromatography A, 2020, 1610: 460539.

［56］Fox M B, Esveld D C, Valero A, et al. Electroporation of cells in microfluidic devices: a review ［J］.

Analytical and Bioanalytical Chemistry, 2006, 385(3): 474-485.

［57］Jen C P, Amstislavskaya T G, Liu Y H, et al. Single-cell electric lysis on an electroosmotic-driven microfluidic chip with arrays of microwells ［J］. Sensors (Switzerland), 2012, 12(6): 6967-6977.

［58］Burklund A, Petryk J D, Hoopes P J, et al. Microfluidic enrichment of bacteria coupled to contact-free lysis on a magnetic polymer surface for downstream molecular detection ［J］. Biomicrofluidics, 2020, 14(3): 034115.

［59］Lu H, Mutafopulos K, Heyman J A, et al. Rapid additive-free bacteria lysis using traveling surface acoustic waves in microfluidic channels ［J］. Lab on a Chip, 2019, 19(24): 4064-4070.

［60］Lin J M. Cell analysis on microfluidics ［M］. Singapore: Springer, 2017.

［61］Hsieh H Y, Camci-Unal G, Huang T W, et al. Gradient static-strain stimulation in a microfluidic chip for 3D cellular alignment ［J］. Lab on a Chip, 2014, 14(3): 482-493.

［62］Meier M, Lucchetta E M, Ismagilov R F. Chemical stimulation of the Arabidopsis thaliana root using multi-laminar flow on a microfluidic chip ［J］. Lab on a Chip, 2010, 10(16): 2147-2153.

［63］Huang C H, Hou H S, Lo K Y, et al. Use microfluidic chips to study the effects of ultraviolet lights on human fibroblasts ［J］. Microfluidics and Nanofluidics, 2017, 21(4): 1-11.

［64］Polacheck W J, Li R, Uzel S G M, et al. Microfluidic platforms for mechanobiology ［J］. Lab on a Chip, 2013, 13(12): 2252-2267.

［65］Kim J W, Choi Y Y, Park S H, et al. Microfluidic electrode array chip for electrical stimulation-mediated axonal regeneration ［J］. Lab on a Chip, 2022,22(11):2122-2130.

［66］Kim C, Kasuya J, Jeon J, et al. A quantitative microfluidic angiogenesis screen for studying anti-angiogenic therapeutic drugs ［J］. Lab on a Chip, 2015, 15(1): 301-310.

［67］Kang C C, Yamauchi K A, Vlassakis J, et al. Single cell-resolution western blotting ［J］. Nature Protocols, 2016, 11(8): 1508-1530.

［68］Hughes A J, Spelke D P, Xu Z, et al. Single-cell western blotting ［J］. Nature Methods, 2014, 11(7): 749-755.

［69］Andersson H, van den Berg A. Microfluidic devices for cellomics: a review［J］. Sensors and Actuators B: Chemical, 2003, 92(3): 315-325.

［70］Chen Q, Wu J, Zhang Y, et al. Qualitative and quantitative analysis of tumor cell metabolism via stable isotope labeling assisted microfluidic chip electrospray ionization mass spectrometry ［J］. Analytical Chemistry, 2012, 84(3): 1695-1701.

［71］Zhuang Q, Wang S, Zhang J, et al. Nephrocyte-neurocyte interaction and cellular metabolic analysis on membrane-integrated microfluidic device ［J］. Science China Chemistry, 2016, 59(2): 243-250.

［72］Luo T, Fan L, Zhu R, et al. Microfluidic single-cell manipulation and analysis: methods and applications ［J］. Micromachines, 2019, 10(2): 1-31.

［73］Brouzes E, Medkova M, Savenelli N, et al. Droplet microfluidic technology for single-cell high-throughput screening ［J］. Proceedings of the National Academy of Sciences of the United States of America, 2009, 106(34): 14195-14200.

［74］Nguyen C Q, Ogunniyi A O, Karabiyik A, et al. Single-cell analysis reveals isotype-specific autoreactive B cell repertoires in Sjögren's Syndrome ［J］. PLoS ONE, 2013, 8(3): 1-8.

［75］Varadarajan N, Julg B, Yamanaka Y J, et al. A high-throughput single-cell analysis of human $CD8^+$ T cell functions reveals discordance for cytokine secretion and cytolysis ［J］. Journal of Clinical Investigation, 2011, 121(11): 4322-4331.

［76］Bailey R C, Kwong G A, Radu C G, et al. DNA-encoded antibody libraries: a unified platform for multiplexed cell sorting and detection of genes and proteins ［J］. Journal of the American Chemical Society, 2007, 129(7): 1959-1967.

［77］ Shin Y S, Ahmad H, Shi Q, et al. Chemistries for patterning robust DNA microbarcodes enable multiplex assays of cytoplasm proteins from single cancer cells ［J］. ChemPhysChem, 2010, 11(14): 3063-3069.

［78］ Shi Q, Qin L, Wei W, et al. Single-cell proteomic chip for profiling intracellular signaling pathways in single tumor cells ［J］. Proceedings of the National Academy of Sciences of the United States of America, 2012, 109(2): 419-424.

［79］ Thorsen T, Maerkl S J, Quake S R. Microfluidic large-Scale integration ［J］. Science, 2002, 298: 580-584.

［80］ Wang J, Tham D, Wei W, et al. Quantitating cell-cell interaction functions with applications to glioblastoma multiforme cancer cells ［J］. Nano Letters, 2012, 12(12): 6101-6106.

［81］ Tlsty T D, Coussens L M. Tumor stroma and regulation of cancer development ［J］. Annual Review of Pathology, 2006, 1: 119-150.

［82］ Elitas M, Brower K, Lu Y, et al. A microchip platform for interrogating tumor-macrophage paracrine signaling at the single-cell level ［J］. Lab on a Chip, 2014, 14(18): 3582-3588.

［83］ Wikswo J P. The relevance and potential roles of microphysiological systems in biology and medicine[J]. Experimental Biology and Medicine, 2014, 239(9): 1061-1072.

［84］ Danku A E, Dulf E H, Braicu C, et al. Organ-on-a-chip: a survey of technical results and problems ［J］. Frontiers in Bioengineering and Biotechnology, 2022, 10: 1-11.

［85］ Wikswo J P, Curtis E L, Eagleton Z E, et al. Scaling and systems biology for integrating multiple organs-on-a-chip ［J］. Lab on a Chip, 2013, 13(18): 3496-3511.

［86］ Wu Q, Liu J, Wang X, et al. Organ-on-a-chip: recent breakthroughs and future prospects ［J］. BioMedical Engineering Online, 2020, 19(1): 1-19.

［87］ Sosa-Hernández J E, Villalba-Rodríguez A M, Romero-Castillo K D, et al. Organs-on-a-chip module: a review from the development and applications perspective ［J］. Micromachines, 2018, 9(10): 100536.

［88］ Huh D, Matthews B D, Mammoto A, et al. Reconstituting organ-level lung functions on a chip ［J］. Science, 2010, 328(5986): 1662-1668.

［89］ Asmani M, Velumani S, Li Y, et al. Fibrotic microtissue array to predict anti-fibrosis drug efficacy ［J］. Nature Communications, 2018, 9(1): 1-12.

［90］ Grigoryan B, Paulsen S J, Corbett D C, et al. Multivascular networks and functional intravascular topologies within biocompatible hydrogels ［J］. Science, 2019, 364(6439): 458-464.

［91］ Bavli D, Prill S, Ezra E, et al. Real-time monitoring of metabolic function in liver-onchip microdevices tracks the dynamics of Mitochondrial dysfunction ［J］. Proceedings of the National Academy of Sciences of the United States of America, 2016, 113(16): E2231-E2240.

［92］ Delalat B, Cozzi C, Rasi G S, et al. Microengineered bioartificial liver chip for drug toxicity screening[J]. Advanced Functional Materials, 2018, 28(28): 1-10.

［93］ Ma L D, Wang Y T, Wang J R, et al. Design and fabrication of a liver-on-a-chip platform for convenient, highly efficient, and safe: In situ perfusion culture of 3D hepatic spheroids ［J］. Lab on a Chip, 2018, 18(17): 2547-2562.

［94］ Zhou Q, Patel D, Kwa T, et al. Liver injury-on-a-chip: microfluidic co-cultures with integrated biosensors for monitoring liver cell signaling during injury ［J］. Lab on a Chip, 2015, 15(23): 4467-4478.

［95］ Chong L H, Li H, Wetzel I, et al. A liver-immune coculture array for predicting systemic drug-induced skin sensitization ［J］. Lab on a Chip, 2018, 18(21): 3239-3250.

［96］ Zheng F, Fu F, Cheng Y, et al. Organ-on-a-chip systems: microengineering to biomimic living systems[J].

Small, 2016, 12(17): 2253-2282.

［97］Ronaldson-Bouchard K, Vunjak-Novakovic G. Organs-on-a-chip: a fast track for engineered human tissues in drug development［J］. Cell Stem Cell, 2018, 22(3): 310-324.

［98］Wilmer M J, Ng C P, Lanz H L, et al. Kidney-on-a-Chip Technology for Drug-Induced Nephrotoxicity Screening［M］. Elsevier Ltd, 2016.

［99］Weinberg E, Kaazempur-Mofrad M, Borenstein J. Concept and computational design for a bioartificial nephron-on-a-chip［J］. International Journal of Artificial Organs, 2008, 31(6): 508-514.

［100］Jang K J, Mehr A P, Hamilton G A, et al. Human kidney proximal tubule-on-a-chip for drug transport and nephrotoxicity assessment［J］. Integrative Biology (United Kingdom), 2013, 5(9): 1119-1129.

［101］Jang K J, Suh K Y. A multi-layer microfluidic device for efficient culture and analysis of renal tubular cells［J］. Lab on a Chip, 2010, 10(1): 36-42.

［102］Kim S, Lesherperez S C, Kim B C, et al. Pharmacokinetic profile that reduces nephrotoxicity of gentamicin in a perfused kidney-Pharmacokinetic profile that reduces nephrotoxicity of gentamicin in a perfused kidney-on-a-chip［J］. 2016: 0-10.

［103］Musah S, Mammoto A, Ferrante T C, et al. Mature induced-pluripotent-stem-cell-derived human podocytes reconstitute kidney glomerular-capillary-wall function on a chip［J］. Nature Biomedical Engineering, 2017, 1(5):0069.

［104］Deng J, Qu Y, Liu T, et al. Recent organ-on-a-chip advances toward drug toxicity testing［J］. Microphysiological Systems, 2018, 1: 1-1.

［105］Weber E J, Chapron A, Chapron B D, et al. Development of a microphysiological model of human kidney proximal tubule function［J］. Kidney International, 90(3): 627-637.

［106］Abbott N J, Rönnbäck L, Hansson E. Astrocyte-endothelial interactions at the blood-brain barrier［M］. Nature Reviews Neuroscience. 2006.

［107］Griep L M, Wolbers F, Wagenaar B, et al. BBB ON CHIP: microfluidic platform to mechanically and biochemically modulate blood-brain barrier function［J］. 2013: 145-150.

［108］Ugolini G S, Occhetta P, Saccani A, et al. Design and validation of a microfluidic device for blood - brain barrier monitoring and transport studies［J］. 2018, 28(4): 044001.

［109］Adriani G, Ma D, Pavesi A, et al. A 3D neurovascular microfluidic model consisting of neurons, astrocytes and cerebral endothelial cells as a blood-brain barrier［J］. Lab on a Chip, 2017, 17(3): 448-459.

［110］Ahn S I, Sei Y J, Park H J, et al. Microengineered human blood-brain barrier platform for understanding nanoparticle transport mechanisms［J］. Nature Communications, 2020, 11(1): 1-12.

［111］Choi Y J, Chae S, Kim J H, et al. Neurotoxic amyloid beta oligomeric assemblies recreated in microfluidic platform with interstitial level of slow flow［J］. Scientific Reports, 2013, 3: 1-7.

［112］Park J, Lee B K, Jeong G S, et al. Three-dimensional brain-on-a-chip with an interstitial level of flow and its application as an in vitro model of Alzheimer's disease［J］. Lab on a Chip, 2015, 15(1): 141-150.

［113］Zarrintaj P, Saeb M R, Stadler F J, et al. Human organs-on-chips: a review of the state-of-the-art, current prospects, and future challenges［J］. Advanced Biology, 2022, 6(1): 1-32.

［114］Jastrzebska E, Tomecka E, Jesion I. Heart-on-a-chip based on stem cell biology［J］. Biosensors and Bioelectronics, 2016, 75: 67-81.

［115］Ingber D E. Reverse engineering human pathophysiology with organs-on-chips［J］. Cell, 2016, 164(6): 1105-1109.

［116］Kim H J, Li H, Collins J J, et al. Contributions of microbiome and mechanical deformation to intestinal bacterial overgrowth and inflammation in a human gut-on-a-chip［J］. Proceedings of the

National Academy of Sciences of the United States of America, 2016, 113(1): E7-E15.

［117］Wufuer M, Lee G H, Hur W, et al. Skin-on-a-chip model simulating inflammation, edema and drug-based treatment ［J］. Scientific Reports, 2016, 6: 1-12.

［118］An F, Qu Y, Luo Y, et al. A laminated microfluidic device for comprehensive preclinical testing in the drug ADME process ［J］. Scientific Reports, 2016, 6: 1-8.

［119］Hong S C, Kang J S, Lee J E, et al. Continuous aerosol size separator using inertial microfluidics and its application to airborne bacteria and viruses ［J］. Lab on a Chip, 2015, 15(8): 1889-1897.

［120］Liu J F, Yadavali S, Tsourkas A, et al. Microfluidic diafiltration-on-chip using an integrated magnetic peristaltic micropump ［J］. Lab on a Chip, 2017: 3796.

［121］Pereiro I, Bendali A, Tabnaoui S, et al. A new microfluidic approach for the one-step capture, amplification and label-free quantification of bacteria from raw samples ［J］. Chemical Science, 2017, 8: 1329-1336.

［122］Guo P L, Tang M, Hong S L, et al. Combination of dynamic magnetophoretic separation and stationary magnetic trap for highly sensitive and selective detection of Salmonella typhimurium in complex matrix ［J］. Biosensors and Bioelectronics, 2015, 74: 628-636.

［123］Jiang X, Jing W, Zheng L, et al. A continuous-flow high-throughput microfluidic device for airborne bacteria PCR detection ［J］. Lab on a Chip, 2014, 14: 671-676.

［124］Chen C H, Lu Y, Sin M L Y, et al. Antimicrobial susceptibility testing using high surface-to-volume ratio microchannels ［J］. Analytical Chemistry, 2010, 82: 1012-1019.

［125］Balagaddé F K, You L, Hansen C L, et al. Microbiology: long-term monitoring of bacteria undergoing programmed population control in a microchemostat ［J］. Science, 2005, 309: 137-140.

［126］Wu F, van Schie B G C, Keymer J E, et al. Symmetry and scale orient Min protein patterns in shaped bacterial sculptures ［J］. Nature Nanotechnology, 2015, 10: 719-726.

［127］Held M, Lee A P, Edwards C, et al. Microfluidics structures for probing the dynamic behaviour of filamentous fungi ［J］. Microelectronic Engineering, 2010, 87: 786-789.

［128］Weaver J C, Seissler P E, Threefoot S A, et al. Microbiological measurements by immobilization of cells within small-volume elements ［J］. Ann N Y Acad Sci, 1984, 434: 363-372.

［129］Choi J, Jung Y G, Kim J, et al. Rapid antibiotic susceptibility testing by tracking single cell growth in a microfluidic agarose channel system ［J］. Lab on a Chip, 2013, 13: 280-287.

［130］Mach K E, Mohan R, Baron E J, et al. A biosensor platform for rapid antimicrobial susceptibility testing directly from clinical samples ［J］. Journal of Urology, 2011, 185: 148-153.

［131］Azizi M, Zaferani M, Dogan B, et al. Nanoliter-sized microchamber/microarray microfluidic platform for antibiotic susceptibility testing ［J］. Analytical Chemistry, 2018, 90: 14137-14144.

［132］孙嘉慧. 病原菌及其耐药性的快速检测及药物组合优化抑制 ［D］. 上海：上海交通大学, 2020.

［133］Yang Y, Liu T, Tao K, et al. Generating electricity on chips: microfluidic biofuel cells in perspective[J]. Industrial and Engineering Chemistry Research, 2018, 57(8): 2746-2758.

［134］Mukherjee S, Su S, Panmanee W, et al. A microliter-scale microbial fuel cell array for bacterial electrogenic screening ［J］. Sensors and Actuators, A: Physical, 2013, 201: 532.

［135］Xiao N, Wu R, Huang J J, et al. Development of a xurographically fabricated miniaturized low-cost, high-performance microbial fuel cell and its application for sensing biological oxygen demand ［J］. Sensors and Actuators, B: Chemical, 2020, 304: 127432.

［136］Ovando-Medina V M, Dector A, Antonio-Carmona I D, et al. A new type of air-breathing photo-microfluidic fuel cell based on ZnO/Au using human blood as energy source ［J］. International Journal of Hydrogen Energy, 2019, 44(59): 31423-31433.

［137］Fadakar A, Mardanpour M Y S. The coupled microfluidic microbial electrochemical cell as a selfpowered biohydrogen generator ［J］. J Power Sources, 2020, 451: 227817.

［138］Lee W, Kwon D, Choi W, et al. Erratum: corrigendum: 3D-printed microfluidic device for the detection of pathogenic bacteria using size-based separation in helical channel with trapezoid cross-section ［M］. Scientific Reports, 2015.

［139］Heger Z, Zitka J, Cernei N, et al. 3D-printed biosensor with poly(dimethylsiloxane) reservoir for magnetic separation and quantum dots-based immunolabeling of metallothionein ［J］. Electrophoresis, 2015, 36: 11-12.

［140］Fan R, Vermesh O, Srivastava A, et al. Integrated barcode chips for rapid, multiplexed analysis of proteins in microliter quantities of blood ［J］. Nature Biotechnology, 2008, 26(12): 1373-1378.

［141］Hsieh K, Ferguson B S, Eisenstein M, et al. Integrated electrochemical microsystems for genetic detection of pathogens at the point of care ［J］. Accounts of Chemical Research, 2015, 48(4): 911-920.

［142］Lun F M F, Chiu R W K, Chan K C A, et al. Microfluidics digital PCR reveals a higher than expected fraction of fetal DNA in maternal plasma ［J］. Clinical Chemistry, 2008, 54(10): 1664-1672.

［143］Tong Y K, Jin S, Chiu R W K, et al. Noninvasive prenatal detection of trisomy 21 by an epigenetic-genetic chromosome-dosage approach ［J］. Clinical Chemistry, 2010, 56(1): 90-98.

［144］Volpatti L R, Yetisen A K. Commercialization of microfluidic devices ［J］. Trends in Biotechnology, 2014, 32(7): 347-350.

［145］Chin C D, Linder V, Sia S K. Commercialization of microfluidic point-of-care diagnostic devices ［J］. Lab on a Chip, 2012, 12(12): 2118-2134.

［146］Sachdeva S, Davis R W, Saha A K. Microfluidic point-of-care testing: commercial landscape and future directions ［J］. Frontiers in Bioengineering and Biotechnology, 2021, 8: 1-14.

［147］Zelin M P. Automatic test parameters compensation of a real time fluid analysis sensing device ［P］. 1998.

［148］Schembri C T, Burd T L, Kopf-Sill A R, et al. Centrifugation and capillarity integrated into a multiple analyte whole blood analyser ［J］. Journal of Automatic Chemistry, 1995, 17(3): 99-104.

［149］Reyes D R, van Heeren H, Guha S, et al. Accelerating innovation and commercialization through standardization of microfluidic-based medical devices ［J］. Lab on a Chip, 2021, 21(1): 9-21.

［150］Chin C D, Linder V, Sia S K. Lab-on-a-chip devices for global health: past studies and future opportunities ［J］. Lab on a Chip, 2007, 7(1): 41-57.

［151］Boehme C C, Nabeta P, Hillemann D, et al. Rapid molecular detection of tuberculosis and rifampin resistance ［J］. New England Journal of Medicine, 2010, 363(11): 1005-1015.

［152］Weigl B H, Bardell R, Schulte T, et al. Design and rapid prototyping of thin-film laminate-based microfluidic devices ［J］. Biomedical Microdevices, 2001, 3(4): 267-274.

［153］Bruls D M, Evers T H, Kahlman J A H, et al. Rapid integrated biosensor for multiplexed immunoassays based on actuated magnetic nanoparticles ［J］. Lab on a Chip, 2009, 9(24): 3504-3510.

［154］Linder V, Sia S K, Whitesides G M. Reagent-loaded cartridges for valveless and automated fluid delivery in microfluidic devices ［J］. Analytical Chemistry, 2005, 77(1): 64-71.

第9章

微流控芯片在船舶、海洋和其他领域的应用

9.1 概述

鉴于微流控芯片的技术优势，微流控芯片在细胞培养、操控、裂解、刺激、分析以及单细胞研究领域得到了广泛的应用；同时以细胞微流控芯片为基础，大量器官芯片被开发出来用以研究人类肝脏、肾脏、皮肤、脑组织、心脏等器官的工作机制及其药物反应等；同样为了满足微生体系的发展需求，微生物芯片也发展迅速并在毒性测试、耐药性测试、微生物电池等方面得到广泛应用；面向全球的即时诊断需求，大量基于分子诊断和免疫分析的微流控芯片也正走向产业化。除此之外，微流控芯片的强大功能还受到了众多其他领域的关注，包括合成化学、食品安全、环境检测等。本章将对微流控芯片的应用方面进行简要补充，重点结合应用案例介绍微流控芯片在船舶、海洋环境监测、化学和药物合成以及食品安全领域的发展和应用。

9.2 船舶压载水检测

船舶在停泊或航行中，容易受到风浪等外力的干扰，船舶在外力矩的作用下将产生一定的倾斜角，船舶的平衡状态被打破，出现安全隐患。为了控制船舶的横倾、纵倾、吃水、浮态、稳性及应力，及时调整因运行发生的船载物品变化而带来的影响船舶稳定的问题，在船上加装一定量的压载水来使其保持适当的纵倾度和吃水深度，使船舶能够在浮力和自身重力的共同作用下产生复原力矩来抵消外力矩（图9-1）。目前船舶压载水的来源多为船舶的始发港或途经的沿岸水域。

国际海洋考察理事会（ICES）的数据表明，全球每年约有120亿吨船舶压载水在世界各地的港口排放，其中包含的生物种类达7000余种。94%的潜在有害水生物通过压载水跨区域传播，外来生物入侵已被全球环境基金列为海洋环境的四大危害之一。船舶压载水中携带的有害微藻在转移

扫一扫，查看彩图

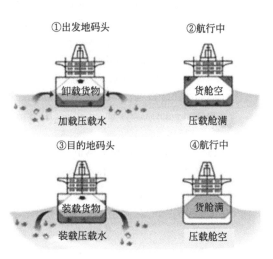

图9-1 船舶压载水的作用

到地理上隔绝的另一片海域后，由于生存环境的变化可能会导致微藻爆发性急剧增殖，引发赤潮灾害，严重破坏当地海洋生态系统；携带的病原菌，例如有毒霍乱弧菌、肠道球菌和大肠埃希菌等可能引发全球范围的疫情或鱼病，给海产养殖业造成沉重冲击，严重危害人类健康。

为了防止船舶压载水引起的外来生物入侵，维护海洋生态系统的平衡与稳定，国际海事组织（IMO）于2004年制定了《国际船舶压载水和沉积物控制与管理公约》。该公约于2019年1月22日对我国正式生效，执行D-2排放标准，核心要求如下：最小尺寸大于等于50μm的可检出存活水生物浓度<10个/m³；最小尺寸大于等于10μm且小于50μm的可检出存活水生物浓度<10个/mL（微藻是该范围内的主要生物）；有毒霍乱弧菌、肠道球菌和大肠埃希菌的可检出浓度分别为<1CFU/100mL、<100CFU/100mL和<250CFU/100mL。我国作为IMO的A类理事国，有责任和义务履行公约的相关要求，对进入管辖水域的船舶实施监督检查，防止船舶压载水中携带的有害水生物及细菌对海洋环境和国民健康带来威胁。

9.2.1 微藻检测

船舶压载水中微藻细胞的传统检测方法包括显微镜法、生物量测定法、细胞染色法、脱氢酶活性测定法、流式细胞术以及脉冲幅度调制荧光测定法。光学显微镜能够直接观察到微藻细胞的形态特征，例如颜色、鞭毛、轮廓以及细胞器的分布情况等，并根据胞体的完整性及细胞的运动能力来评估其活性状态；荧光显微镜能够根据微藻细胞发出的叶绿素荧光来评估其活性状态。生物量测定法通过检测一段时间内微藻群落的细胞密度、叶绿素含量、细胞干重等一系列指标的变化来评估微藻群落的活性状态。活性染色法根据活性染料（例如中性红、台盼蓝等）能否对细胞质与细胞核扩散性染色来判断细胞的活性，在活细胞中这些染料呈颗粒状积聚在细胞质或液泡中，当细胞受损或死亡时染料扩散到整个胞体中。细胞染色法利用两种细胞膜渗透性不同的染料［例如二乙酸荧光素（FDA）、碘化丙啶（PI）等］同时对细胞进行染色处理，根据荧光的颜色差异来判断细胞的活性状态。脱氢酶活性测定法通过测定微藻细胞能量代谢反应的催化剂——脱氢酶的活性水平来评估微藻细胞的生存状态。流式细胞术利用鞘液的约束使微藻细胞悬液在向前流动的过程中聚焦，使细胞排成单列并逐个受光激发，从而得到细胞的散射光信号和荧光信号，其中前向散射光信号的强度与细胞的尺寸和体积有关，侧向散射光信号的强度与胞体的结构复杂程度有关，荧光信号的强度与微藻细胞的叶绿素含量有关。脉冲振幅调制荧光测定法使用具有一定调制频率的测量光，通过饱和脉冲来消耗微藻细胞的光系统Ⅱ中氧化态的质体醌，从而得到微藻细胞的最大荧光产率，能够对微藻群落的活性状态进行定量评估。

船舶压载水的传统检测方法通常耗时较长，为了减少船舶滞港时间，提升海关通关率及通流效益，IMO的指导文件MEPC.252（67）建议港口国船舶安全检查员应该对进港船舶进行快速检测。快检结果能够为船舶的风险评估提供可靠的依据，辅助判断该船舶是否需要进行详细的实验室标准检测。

微藻细胞属于自发荧光细胞，叶绿素分子在430nm附近有个较大的吸收峰，在680nm附近有个较大的荧光发射峰。Wang等将微流控芯片作为检测微平台，如图9-2所示，微通道在检测区域处逐渐收窄，迫使微藻细胞在微泵的驱动下逐个通过检测区域，通过激发光诱导叶绿素荧光来对微藻细胞进行检测。为了避免船舶压载水中的微塑料颗粒等杂质对检测结果的影响，Ding等研究了叶绿素荧光信号拟合曲线的波形变化规律，分析了微藻细胞叶绿素荧光增强和衰减的动力学特性与能量分配机制、光合电子传递的活化与抑制、质子的跨膜输运、受体池的消耗等生理调节过程的联系，基于拟合函数的参数分析，提出了叶绿素荧光信号特异性识别方法。当样本中包含多种微藻细胞时，很难通过一个固定的荧光产率标准来评估每个微藻细胞的活性状态，为了解决这个问题，Ding 等提出了单微藻细胞活性定量表征方法，如图 9-3 所示，使用弱、强两级光依次作用于同一个微藻细胞，激发光的光量子通量密度介于暗适应水平与饱和光水平之间，两级光激发的荧光产率差额与强光激发的荧光产率的比值记作相对荧光产率，通过这种方式将数据归一化处理并映射到 $0 \sim 1$ 范围内，减少了造成不同种类微藻细胞荧光产率差异的可变性因素的影响。

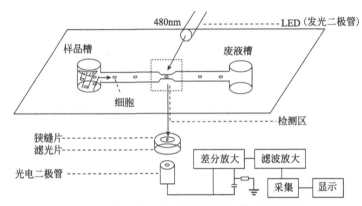

图 9-2　基于微流控芯片的微藻细胞荧光检测法

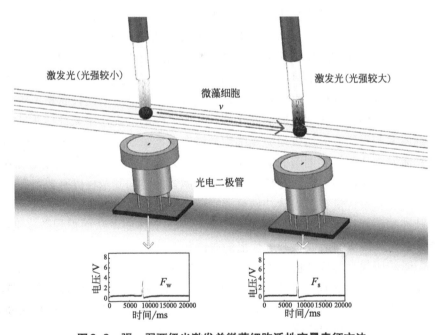

图 9-3　强、弱两级光激发单微藻细胞活性定量表征方法

　　直流阻抗脉冲传感检测法基于库尔特原理，当悬浮在缓冲液中的微藻细胞随缓冲液通过检测区时，细胞会取代相同体积的缓冲液，在恒电流电压的供电条件下，细胞的到来会导致检测区左右两电极间电阻发生变化，进而产生电位脉冲。脉冲信号的大小和个数与细胞的尺寸和数量成正比。Wang 等将激光诱导叶绿素荧光与直流阻抗脉冲传感技术相结合（如

图9-4所示），能够快速判别样品中微藻细胞的活性状态，同时对细胞进行计数。提高检测通量的一个有效的手段是集成多个人工孔或者使用多个通道平行工作的方法，但是在一个公共蓄液池和一个驱动源的情况下，多个通道并行工作可能会产生交叉扰动。为了解决这个问题，Zhe等将微电极放置在四个并行工作的检测通道中间，如图9-5（a）所示，这样相当于在每一对通道间形成了隔离电阻，因此降低了串扰。类似地，Song等设计了一种发散型的高通量差分电阻脉冲传感器，如图9-5（b）所示，该芯片由七个检测通道和一个差分参考通道组成，这种设计可以极大地提高信噪比，避免交叉扰动的问题。

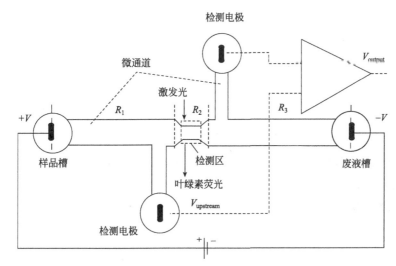

图9-4 基于直流阻抗脉冲传感的微流控微藻荧光检测方法

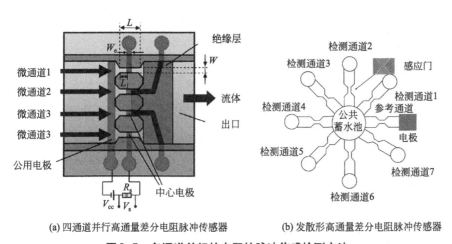

(a) 四通道并行高通量差分电阻脉冲传感器　　(b) 发散形高通量差分电阻脉冲传感器

图9-5 多通道并行的电阻抗脉冲传感检测方法

扫一扫，查看彩图

在交流场的作用下，不同细胞对检测区信号的幅值和相位信息的影响不同。从整体设计上来说，直流阻抗脉冲检测相比于交流阻抗脉冲检测较为简单，如果目标细胞的尺寸具有较大差异，那么首选直流阻抗脉冲检测；如果目标细胞的尺寸差异较小，这时直流阻抗脉冲检测技术可能会产生误差，但用交流阻抗脉冲传感技术可对其进行进一步区分。Dai等设计了一种基于交流阻抗脉冲传感技术的微藻细胞分类方法，如图9-6所示，根据检测区信号的幅值变化量和相位变化量，对不同种类的细胞进行检测分类。

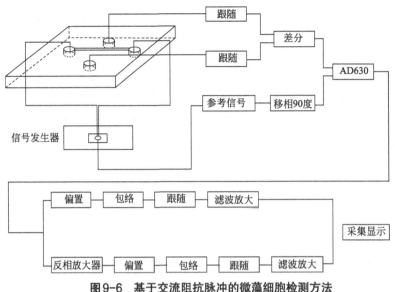

图9-6 基于交流阻抗脉冲的微藻细胞检测方法

　　散射光信息能够反映细胞大小、细胞密度、细胞内含物等特征。Hashemi等通过测定散射光和荧光来区分微藻细胞的种类。Wang等通过测定叶绿素荧光（CF）、正交侧向散射光（SLS）和阻抗脉冲传感（RPS）三种信号来对微藻细胞的种类进行区分（图9-7）。

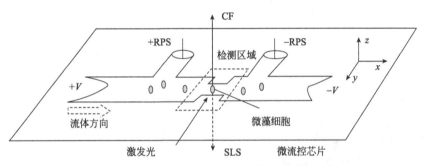

图9-7 CF、SLS和RPS相结合的微藻细胞检测方法

　　基于微流控芯片的微藻细胞显微成像技术以芯片内微米尺度的平台作为成像视场，根据样品对探测光的吸收或散射，经过透镜或滤镜的放大或滤波后，由图像传感器互补金属氧化物半导体（CMOS）或电荷耦合器件（CCD）的有源像素接收光子的能量，基于光电效应量化感光数值，得到包含受检样品形状特征、空间关系特征等多维度信息的图像。Ding等提出了横走式全反射快门结构，如图9-8所示，通过透镜组与滤镜组的装配组合将明场光路和荧光场光路集成在一起，利用电子控制横走式快门联动反射角度不同的反光镜实现明场光路和荧光场光路的切换，使细胞能够在流动状态下进行明场及荧光场的双模式同步成像。Allison等采用飞秒激光在石英玻璃基底上刻上微通道以及弯曲的光波导通道，通过单模光纤和弯曲的光波导，将光定位在检测点上。如图9-9所示，当微藻通过检测点时，由于微藻的遮挡入射光路立刻被改变，光线通过透镜被聚焦到光电检测器上，这个光电检测器分为四个象限，每一个象限检测微藻细胞的不同属性，当光电检测器检测到有细胞通过（信号大于设定的门限）时就会启动拍照设备对微藻细胞进行拍摄，通过分析光信号的变化，结合拍摄的图像来鉴别微藻的种类。

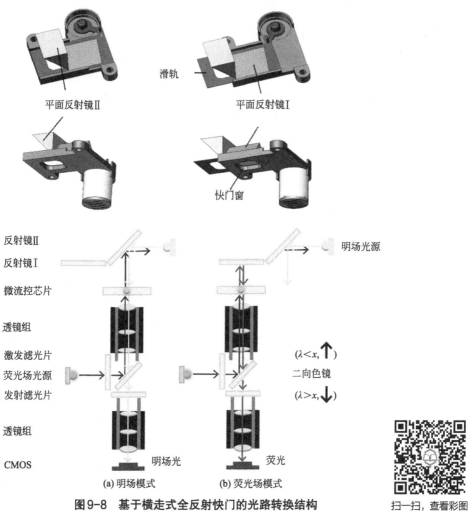

图9-8　基于横走式全反射快门的光路转换结构

扫一扫，查看彩图

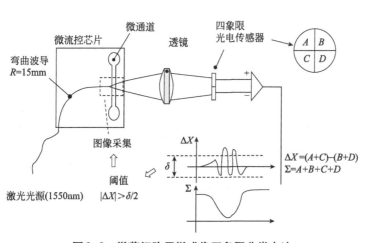

图9-9　微藻细胞显微成像四象限分类方法

9.2.2 细菌检测

船舶压载水中病原菌的传统检测方法包括涂片镜检、分离培养和生化反应。病原微生物大多呈现无色半透明状，染色后借助显微镜观察其大小、形态、排列等。培养基能够提供有利于目的菌株生长的条件，通过观察微生物的同化作用型别来判断病原菌的种类。生化反应检测法根据微生物的代谢特点，借助指示剂或化学药品来分辨其种类。这些方法耗时较长，并且对检测人员的专业性要求较高，检测结果的主观性较强。

船舶压载水中病原菌的即时检测方法包括胶体金法、免疫荧光层析法、时间分辨荧光免疫层析法、酶联免疫吸附测定法、化学发光免疫分析法和微流控图像流式分析法。

（1）胶体金法

氯金酸（$HAuCl_4$）在还原剂（例如白磷、抗坏血酸、枸橼酸钠、鞣酸等）作用下，其中的金离子还原后聚合成金颗粒，由一个基础的晶核（11个金原子形成的二十面体）和包围在外的双离子层构成（内层为负离子层 $AuCl_2^-$，外层是带正电荷的 H^+）。在静电作用下，金颗粒之间相互排斥，形成分散相粒子直径在 $1 \sim 150nm$ 之间的带负电的疏水金溶胶，属于多相不均匀体系，颜色呈橘红色到紫红色，即为胶体金。胶体金具有高电子密度，能与多种生物大分子结合，已成为继荧光素、放射性同位素和酶之后，在免疫标记技术中较常用的一种非放射性示踪剂。

胶体金法将胶体状的纳米级金颗粒——胶体金作为示踪标记物，根据抗原与抗体特异性结合的性质，基于层析工艺进行快速检测。胶体金试纸条的结构如图9-10所示，以双抗体夹心法为例，待测抗原的一个配对抗体与胶体金通过静电吸附作用偶联在金垫上，另一个配对抗体被固定在硝酸纤维素膜（NC膜）的条带状检测线（T线）上，能与金标抗体特异性结合的二抗被固定在NC膜的控制线（C线）上。将受检样品滴加到样本垫上，样品将会在毛细作用下向前移动，在与金标试剂反应后，结合物继续前移，然后与固定在T线上的抗体发生特异性结合，并聚集在检测线上使之显色，多余的金标试剂继续前移并与C线处的二抗结合使之显色。这种方法无需特殊仪器辅助，操作简单快捷，30min内即可得出检测结果。然而，这种方法只能用于定性判断，无法定量检测。另外，胶体金与抗体的静电偶联效果容易受到样品基质的pH值影响导致试纸条失效，在抗原和抗体比例不合适的情况下还会出现钩状效应，导致假阴性的结果。

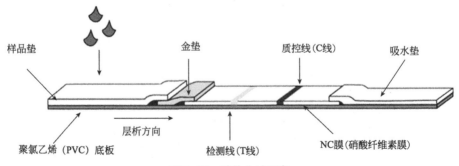

图9-10 胶体金试纸条

（2）免疫荧光层析法

免疫荧光层析法的原理类似于胶体金法，以固定有检测线（包被抗体或包被抗原）和质控线的条状纤维层析材料为固定相，测试液为流动相，荧光标记抗体或抗原固定于连接垫，通过毛细管作用使待分析物在层析条上移动，区别在于免疫荧光层析法将荧光蛋白、荧光微球等荧光物质作为示踪标志物与抗体化学偶联在金垫上，通过光源激发荧光物质产生荧光信号进行检测。免疫荧光层析法的操作步骤比胶体金法烦琐，但由于荧光的稳定性较好，并且化学偶联的分子作用力较强，因此受样品基质的pH值影响较小，检测灵敏度较高，可同时实现多指标的定量检测。

对于带有多个抗原决定簇的大分子抗原（蛋白、病毒、致病菌等），通常采用"三明治"型双抗夹心免疫层析方法，即待测物在流动相作用下先与荧光标记抗体结合，当到达检测线时再与包被抗体结合形成双抗夹心的"三明治"型。对于只具有单一抗原表位的小分子抗原（农兽药、违禁药物等），待测小分子抗原与荧光标记抗体结合后，由于空间位阻作用难以再与检测线上的包被抗体结合，所以具有单一抗原表位的小分子待测物多采用竞争免疫层析法检测。

用于荧光免疫分析的标记物主要包括荧光素、量子点、上转换纳米粒子等。目前应用于荧光免疫分析的荧光素主要有5种：异硫氰酸荧光素、四乙基罗丹明、四甲基异硫氰酸罗丹明、与酶作用后产生荧光的物质和镧系。荧光素标记物的特异性较高，检测结果重现性较好，但是有机染料标记物在光照下易分解，出现光漂白现象，具有浓度猝灭特征，影响了分析结果的准确性和可靠性，将荧光素包裹于聚苯乙烯微球是提高荧光素分析性能的有效方法。量子点是一种半导体荧光纳米颗粒，直径通常在$1 \sim 20nm$之间，一般由第$II \sim VI$族或第$III \sim V$族元素组成。与有机染料荧光标记材料相比，量子点具有斯托克斯位移大，激发光谱宽、发射光谱窄，荧光发射强度强而稳定，量子产率高，耐光漂白等特点，成为分析检测领域研究的新热点。上转换发光是指反斯托克斯发光，即用低能量的红外或近红外光激发发射出高能量的紫外或可见光。上转换发光大都发生在掺杂稀土离子的化合物中，$NaYF_4$是上转换发光效率最高的基质材料。与荧光染料、量子点相比，上转换纳米粒子毒性低，灵敏度高，稳定性好，可避免由于样品中具有荧光特性基质对检测结果的影响，是理想的荧光标记物之一。

（3）时间分辨荧光免疫层析法

当将含有待测抗原（抗体）的样品滴在加样区，待测样品中的抗原（抗体）与结合垫中的荧光纳米微球标记的抗体（抗原）结合并通过毛细作用向前层析，当达到检测区后，与检测线上固定的抗体（抗原）结合，形成微粒-抗体-抗原-抗体夹心复合物并被固定在检测线上，而多余的荧光微球标记物继续向前层析，与固定在质控线上的二抗结合。反应结束后，用激发光源对检测区扫描检测，检测线和质控线上荧光纳米微球发出高强度的荧光，且衰变时间也较长。利用延缓测量时间，待样品基质中自然发生的短寿命荧光（$1 \sim 10ns$）全部衰变后，再测量稀土元素的特异性荧光，这样就可以完全排除特异本底荧光的干扰。通过检测线和质控线荧光强度的强弱及其比值，即可分析出样品中待测物的浓度。其检测原理如图9-11所示。

（4）酶联免疫吸附测定法

酶联免疫吸附测定法将已知抗原或抗体包被在固相载体上，并与受检样品以及酶标抗原或抗体反应，经过洗涤后加入酶反应的底物，底物会被酶催化为有色产物，可通过比色来定性或定量分析液相中的未知抗体或抗原。这种方法的成本较低、操作简单，但灵敏度偏低，适用于疾病的初期定性诊断。

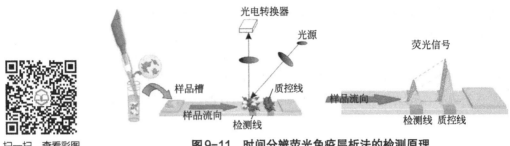

图9-11　时间分辨荧光免疫层析法的检测原理

（5）化学发光免疫分析法

化学发光免疫分析法使用化学发光剂直接标记抗原或抗体，并与受检样品经过一系列的免疫反应和理化步骤，根据待测物浓度与化学发光强度在一定条件下的线性相关关系，通过光子计数来定量评估液相中的未知抗体或抗原。包括直接化学发光免疫分析、酶促化学发光免疫分析、电化学发光免疫分析。

直接化学发光免疫分析法通常使用吖啶酯类化学发光剂来标记抗体，受检样品中的待测抗原分别与反应体系中的标记抗体和固相载体发生特异性免疫反应，形成固相包被抗体-待测抗原-化学发光剂标记抗体复合物，在含有氧化剂过氧化氢（H_2O_2）的碱性环境中，吖啶酯化合物将分解成不稳定的二氧乙烷，继而分解为激发态的 N-甲基吖啶酮，当其回到基态时会发出中心波长为430nm的荧光，可根据荧光产量从标准曲线推算出待测抗原的含量。

酶促化学发光免疫分析法通常使用辣根过氧化物酶（HRP）或碱性磷酸酶（ALP）作为标记酶，受检样品中的待测抗原分别与反应体系中的酶标记抗体和固相载体发生特异性免疫反应，形成固相包被抗体-待测抗原-酶标记抗体复合物，经洗涤后加入底物（发光剂）、启动发光剂（H_2O_2 与 NaOH）和化学发光增强剂，底物将在酶的催化下分解发光。HRP的常用发光底物是鲁米诺及其衍生物，在碱性环境中鲁米诺在酶的催化下被 H_2O_2 氧化成3-氨基邻苯二酸的激发态中间体，当其回到基态时会发出中心波长为425nm的紫色荧光。ALP的常用发光底物是1,2-二氧环乙烷衍生物（AMPPD），在碱性环境中AMPPD在酶的催化下将脱去磷酸根基团，形成不稳定的中间体AMP-D阴离子，继而连接苯环和金刚烷的二氧四节环断裂，发出中心波长为470nm的蓝色荧光。

电化学发光免疫分析法将生物素化的一抗和钌复合物（$[Ru(bpy)_3]^{2+}$）标记的二抗一起孵育，形成抗原-抗体夹心复合物，然后利用生物素和链霉亲和素的特异亲和作用使抗原-抗体夹心复合物结合到链霉亲和素包被的磁珠上，将游离组分磁性分离后，施加电压，使发光标记物与发光底物三丙胺（TPA）在工作电极（阳极）表面进行电化学发光反应，发出中心波长为620nm的橙红色荧光，如图9-12所示。这种方法的特异性较强，检测灵敏度非常高，可实现皮克级的微量检测，适用于疾病治疗过程中的动态观测，但检测步骤较为烦琐，检测成本较高。

（6）微流控图像流式分析法

微流控图像流式分析法集合了传统流式细胞仪的单细胞识别、高通量、高分析速度，和显微镜细胞分析方法的图像数据采集于一体，有效对细菌的形态学特征和光电学特性进行分析，能够快速准确地分析复杂的细胞群体。便携式流式细胞仪显微成像的方法主要有两大类，一类是无透镜显微成像，这类显微成像又可以分为光流控显微成像和数字全息计算显微成像；另一类使用微型透镜成像，这类技术是借助各种小型透镜进行光学放大成像。

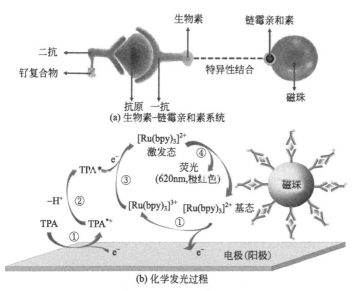

图9-12 电化学发光免疫分析法的原理图

扫一扫，查看彩图

9.3 船舶油液污染物检测

船舶的推进系统、传动系统、减摇机构、甲板机械设备、舵机及调距桨等装置的工作都离不开液压系统，液压油作为液压系统的血液，具有传递液压能、对液压系统进行冷却、减振并且延长机械设备的使用寿命等作用。油液污染是导致船舶液压系统故障的重要原因之一（图9-13），其中，在机械结构运行过程中由于摩擦而产生的纳米到微米级别的油磨微粒是主要的污染物。在机械结构正常工作状态下，油液中固体颗粒污染物的浓度及尺寸都保持在一个较低的、恒定的范围内，颗粒尺寸通常为 $10 \sim 20\mu m$；当机械结构的元件出现异常磨损时，颗粒的浓度将会增加，同时粒径分布情况也会出现变化，如图9-14所示。腐蚀磨损、微动磨损和化学磨损将会产生粒径较小的固体颗粒，当这三种磨损持续发生的时候，机械系统将会出现其他形式的磨损形式，例如切削磨损和磨料磨损，这两种磨损将会产生粒径较大的固体颗粒。在实际工作情况中，机械系统的磨损包含了多种磨损机理，当机械运行参数或外部环境发生变化时，某些磨损形式将会起到主导作用。

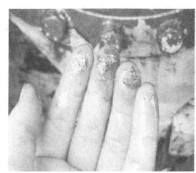

图9-13 液压泵的油液污染

扫一扫，查看彩图

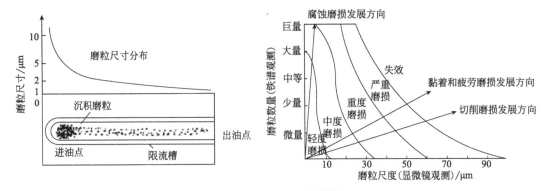

图9-14 粒度分布与磨损的关系

国际上制定并颁布了油液污染检测标准，例如NAS 1638、ISO 4406和GJB 420A，这些标准中明确了油液中不同尺寸的颗粒、不同数量的颗粒所代表的污染等级。对液压油内各个不同尺度上固体颗粒数量的监控，保持油液内颗粒尺度在正常水平范围内是对液压系统进行预防性维修的关键环节。

船舶油液污染物的传统检测方法包括油品常规理化性能分析法、显微镜分析法、滤网阻尼法、铁谱分析法、光谱分析法。油品常规理化性能分析法的检测项目主要包括运动黏度、水分、闪点、凝点和倾点、硫含量、密度、馏程、酸值、碱值、色度、残炭、灰分、热值、机械杂质（石油醚不溶物）、不溶物、泡沫特性等，以及油品内在的质量检测，如润滑油中磨损元素、污染元素和添加剂元素的含量，油品的有机和无机成分的确定，油品污染度等级的确定。油品常规理化性能分析法能够对油液的组分及理化状态性质进行全面的检测分析，但是这种方法依赖于实验室中的多种仪器设备，难以实现油液污染的实时在线检测。显微镜分析法通过人工或图像处理软件对所含特定粒径尺寸段的固体颗粒进行数量统计，从而确定油液污染度等级，这种方法能够直接观察到固体颗粒的大小和形貌，但是人工计数的时间较长，结果的准确性受主观性影响较大。滤网阻尼法通过滤网阻隔油液中的固体颗粒污染物，根据滤网内外压差或油液流量的变化来评估油液的污染程度，这种方法能够得出油液中颗粒污染物的粒径分布状态，不受油液内气泡、水分含量以及油液颜色等因素的影响，但是高精度滤网寿命较短（大约200次），检测成本较高，结果易受系统压力波动和颗粒尺寸分布的影响。铁谱分析法通过高梯度的强磁场使金属磨粒按照粒径大小依次沉积到铁谱基片上，通过显微镜进行观察来获得金属磨粒的大小、形貌和数量等信息，这种方法可直接观测颗粒形貌并推断颗粒成因，谱片可长时间保存，但是对非铁磁性磨粒的检测结果误差较大。光谱分析法根据对原子的吸收或者发射光谱进行分析来获得油液中金属颗粒的成分和数量等信息，这种方法的灵敏度高，能够得到油液中多种元素的含量、添加剂的状况，但是检测成本较高，仅对$10\mu m$以下颗粒有效，且无法给出油磨微粒的粒径分布。

油液中微颗粒污染物的快速检测对于设备运行状况评估以及故障诊断来说具有重要价值，能否对颗粒污染物进行快速精确地区分检测与计数，已经成为制约船机设备真正实现在线状态监测的关键问题。

油液的透光性会受到污染物的影响，可以通过测量油液的光透性来检测金属颗粒的污染。Kwon等设计了一种测量金属颗粒污染物的传感器，如图9-15所示，通过测量光透过润滑油后的密度衰减来检测金属颗粒污染物。光阻/光散射法基于米氏散射理论，油磨微粒在

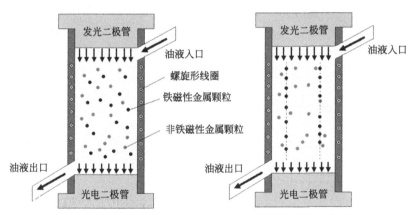

扫一扫，查看彩图

图9-15　基于光透射原理的油液金属颗粒传感器示意图

经过检测区域时，会散射掉部分照射在检测区域的激发光，可通过光电传感器接收信号强度的变化及数量来得出油磨微粒的粒径分布和数量，适用于检测粒径小于30μm的颗粒。衍射法基于夫琅禾费衍射理论，如图9-16所示通过对接收的衍射光的强度进行分析处理，推断出颗粒尺寸和数量，适用于检测粒径大于30μm的颗粒。光学检测法不需要接触待检样品，可实现实时检测，但是需要借助复杂的光电子元器件，检测成本较高，检测范围有限，此外这种方法的检测精度受到油液清洁度、颗粒表面反射系数以及油液中的气泡等因素的影响。

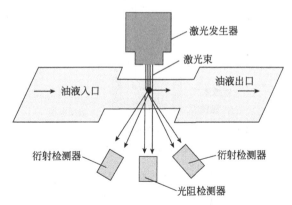

图9-16　基于衍射原理的油磨微粒光学检测法

声学检测法利用声波遇到金属颗粒后因散射导致的波形变化及振幅衰减来得出颗粒的种类及尺寸。如图9-17所示，利用超声波换能器充当超声波的发射与接收装置，反射回的声波波形变化规律与金属颗粒的种类有关，声波振幅衰减程度与金属颗粒的粒径有关。为了区分气泡和金属颗粒引起的超声波衰减，Edmonds等使用回音壁配合超声波换能器，如图9-18所示，超声波遇到金属颗粒后产生回波并由后壁反射，固体颗粒反射回的脉冲方向与之前保持一致，气泡反射回的脉冲方向与之前相反，可以通过反射回的超声波脉冲极性来区分金属颗粒和气泡。基于声学的颗粒检测法不受油液色变影响，可区分固体颗粒和气泡，但是容易受到环境温度、震动及背景噪声的影响，对尺寸小于30μm的金属微粒检测敏感度较低。

当油液中存在颗粒污染物时，油液的电学性能例如电导率、电容率和磁导率会受到影响而产生变化。微流控芯片两端的电极接通恒压直流电源，油磨微粒的电导率高于油液，在经过检测区域时会产生电流脉冲信号，因此可以通过油液的阻抗变化来检测其中油磨微粒的含

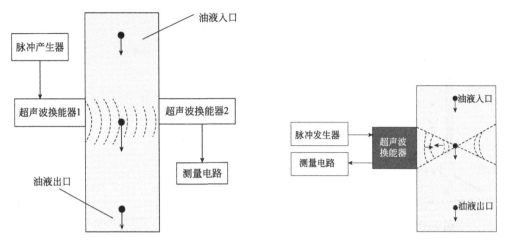

图9-17　基于声学的颗粒检测法　　　　图9-18　基于回音壁的油液金属颗粒传感器

量及粒径（图9-19）。电阻式油液传感器结构简单，易于使用，但是只适用于油液中含有大量金属颗粒的情况。另外，由于非金属材料的油磨微粒的电阻率与油液的电阻率差异较小，因此该方法无法用来检测油液中的非金属颗粒。

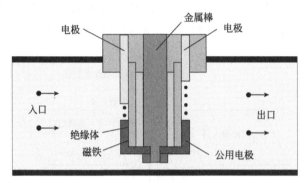

图9-19　电阻式油液金属颗粒检测示意图

两个距离很近的电极构成一个电容，当颗粒经过两个电极之间时，由于颗粒污染物与油液的介电常数差异，引起电极之间的电场的变化。空气的相对介电常数为1，油液的相对介电常数为2.6，金属颗粒的相对介电常数远大于空气以及油液，因此当油磨微粒通过检测区域时，电容传感器将会产生正的脉冲信号，颗粒的体积可以通过脉冲的持续时间来判断，当油液中的气泡经过检测区域时，电容传感器会产生负的脉冲信号。基于电容的金属颗粒检测方法（图9-20）的检测精度较高，但由于金属颗粒的介电常数都比较相似，所以无法识别金

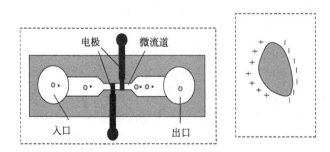

图9-20　微流控电容式金属颗粒检测芯片

270

属颗粒的属性，并且受油液总酸值和含水率的影响较大。

　　船机设备的摩擦副表面通常覆有非铁磁性金属涂层，因此油液污染中，除了常规的铁磁性金属颗粒，还有非铁磁性金属颗粒，上述检测方法均无法对金属颗粒的属性进行区分，电感检测法可以实现此功能。电感线圈通上高频交流电时将产生磁场，将金属颗粒磁化，被磁化的颗粒引起外部原有磁场的变化，被加载交变电流的电感线圈捕捉而引起线圈电感的变化，通过监测随电感线圈电感值变化的脉冲信号的方向和大小可以对铁磁性和非铁磁性金属颗粒进行计数和区分检测。Du等提出了一种微流控电感式油液金属颗粒检测芯片，如图9-21所示，绕制微平面电感线圈，在线圈上面放置玻璃毛细管当作微流体通道，实现了铜颗粒和铁颗粒的检测。Wu等提出了一种通过电导率的差异来区分检测不同材质非铁磁性金属颗粒的方法，基于非铁磁性金属颗粒检测的数理模型，建立了线圈电感变化率与金属颗粒电导率间的关联函数，实现了不同材质非铁磁性金属颗粒的区分。

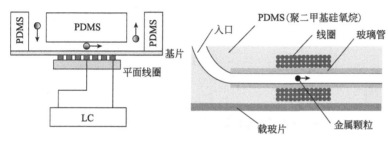

图9-21　微流控电感式油液金属颗粒检测芯片

扫一扫，查看彩图

9.4　船舶油污水检测

　　船舶油污水包括轮机运行过程中产生的含油机舱水、燃油舱或油轮产生的含油压载水以及清洗船舱产生的含油洗舱水。船舶油污水的密度小于水的密度，排放后将在重力、惯性力、摩擦力和表面张力的作用下，在海洋表面迅速扩展成薄膜，继而在风浪和海流作用下被分割成大小不等的块状或带状油膜，随风漂移扩散，随后经过一系列蒸发、溶解、乳化、光化学氧化、微生物氧化等过程形成油相微液滴，降低水体的溶解氧含量，导致水质恶化及水生物的死亡，严重破坏海洋环境。为了防止船舶油污水导致的海洋环境污染，IMO制定了《国际防止船舶造成污染公约》，规定了船舶机器处油污水排放限值为15mg/L。

　　油污水的常用检测方法包括气相色谱法、红外分光光度法、紫外荧光法、非分散红外吸收法。气相色谱法将汽化的样品作为流动相与色谱柱中的固定相反应，不同组分之间由于分子作用力的差异导致流出色谱柱的时间和浓度不同，可根据记录这些信息的色谱图来定量分析微油滴的组分。红外分光光度法根据不同组分分子产生振动及能级跃迁所需要的能量差异导致吸收谱带波段及强度的不同，来对水体中微油滴的含量、组分以及分子结构（键长、键角和立体构型等）进行测定。紫外荧光法通过检测各种烃类化合物在特定波长的光线照射下发射的荧光波长（荧光发射波长与芳烃化合物的环数呈正相关关系）及荧光强度来判断水体中烃类化合物的组分及浓度。非分散红外吸收法通过将油滴吸收特定波长的红外辐射产生的热效应变化转化为可测量的电流信号来对其进行定量检测。

　　基于微流控芯片的全息成像油污水检测法基于无透镜数字全息显微成像技术，部分参考光在穿过油滴时由于折射率的变化形成散射光，当参考光和穿过微油滴的散射光叠加时，光强在检测平面上的不均匀分布就形成了一系列明暗交替的环状干涉条纹，并由图像传感器记录为全息图。参考光通过油滴时的相移与油滴的折射率呈负相关关系，全息图的特征参数与微油滴的碳原子数、碳氢键数及尺寸有关。Wang等设计了一种基于无透镜全息的微流控油滴检测系统，根据油滴全息图中央亮斑面积、一级暗条纹面积以及灰度差差异来对船舶油污水进行检测（图9-22）。

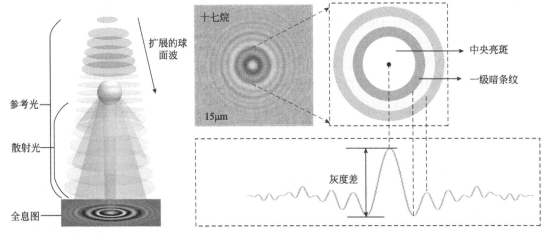

图9-22　基于无透镜全息的微流控油滴检测方法

9.5　海洋微塑料检测

全球每年生产的塑料制品超过3亿吨，其中，约有10%的塑料将会进入海洋，塑料的化学性质稳定、难以降解，是主要的海洋污染物之一。微塑料是一种直径在毫米以下的塑料颗粒（一般<5mm），可分为初级微塑料和次级微塑料两大类（图9-23）。初级微塑料是指以微颗粒形式被直接排放到环境中的塑料，来源于一些专门设计成微尺寸以实现特定功能的塑料，或是大块塑料在制造、使用以及保存过程中的磨损。次级微塑料是指原本较大的塑料垃圾在排入水体后经过物理、化学或生物作用形成的体积较小的微塑料颗粒。

扫一扫，查看彩图

图9-23　初级微塑料和次级微塑料

微塑料体积较小，这意味着更高的比表面积以及污染物吸附能力，成为水体中多氯联苯、双酚A等持久性有机污染物的载体。游荡的微塑料颗粒很容易被贻贝、浮游动物等低端食物链生物误食，特别是具有沉积物滤食特征的底栖动物，更容易摄入微塑料。一些病毒、细菌等可以在微塑料表面形成生物膜，将微塑料作为栖息地和聚集场所，随微塑料进入生物体内后感染宿主。另外，微塑料无法被消化掉，将会累积在生物体的组织、循环系统和大脑中，造成慢性生物效应，从而引起化学效应（例如炎症、肝脏压力和生长下降）和物理效应（例如运动障碍和消化道阻塞）。食物链具有"富集"效应，处于食物链顶层的人类将会累积大量的微塑料在体内，可能会诱导或增强免疫反应，严重影响人体健康（图9-24）。

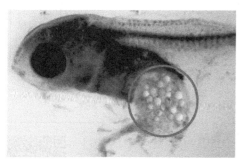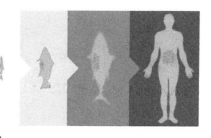

图9-24 微塑料的危害

微塑料颗粒的分离方法可分为主动分离和被动分离，主动分离方式根据不同大小、种类的微塑料颗粒的不同特性，对其施加外加力场来实现分离，施加的力场必须与溶质充分相互作用以形成良好的压缩层；被动分离方式利用流道中的微结构或微流体，根据微粒特性的差异来施加力使其分离，主要包括微结构过滤、确定性横向位移和惯性分离、流体动力过滤、静电筛分和细菌趋化性分离，具有高通量、无需外力的特点。

声波分离法通过超声波在通道截面产生驻波，粒子受声波辐射力作用移动到节点或者波腹的位置，从而实现粒子的分离。Ung等将声波分离技术与多层结构芯片相结合，如图9-25所示，利用声波的垂直分量及非对称流体促使细胞发生偏转。声波分离法的通量较大，不需要直接接触细胞，但是对设备有较高的精度要求。

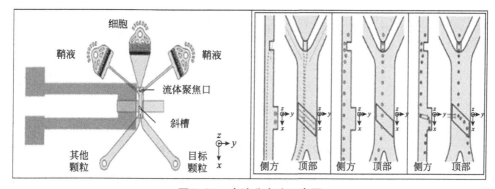

图9-25 声波分离法示意图

光分离法利用微粒间不同的光学特性，在光照情况下操控粒子产生不同轨迹的运动。Chen等利用光诱导电泳实现低光强下的高分辨率，如图9-26所示。光分离法能够较为灵活地操控细胞移动，但是可操控细胞的数量有限。

微结构过滤法利用微粒物理特性存在差异来进行分离，主要有微柱式、薄膜式，根据微粒尺寸不同分离结构不同，该方法通量大，操作简便，但是容易堵塞，需反复冲洗。

惯性分离法利用不同物理特性的微粒在惯性通道中会受到不同大小、方向的惯性力，惯性力驱使粒子进入不同的通道。Fan等利用缩扩式惯性分离结构，将微通道内产生的惯性升

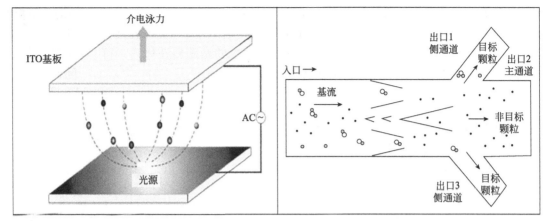

图9-26　光分离法示意图

扫一扫，查看彩图

力和尖角产生的离心力相结合（如图9-27所示），实现不同尺寸微粒的分离。惯性分离操作简单，通量大，但是分离效率相对其他结构较低。

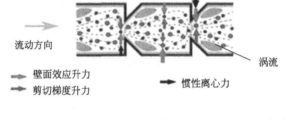

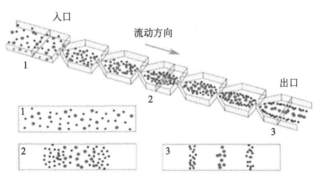

图9-27　惯性分离法——缩扩式结构

扫一扫，查看彩图

确定性侧向位移分离法基于微粒的尺寸、硬度、结构等物理特征存在差异的特性，通过在微通道内设计不同尺寸、不同形状的微柱阵列（例如圆形微柱阵列、三角形微柱阵列、菱形微柱结构、不规则多边形微柱结构，如图9-28所示），得到不同的分离临界值，当粒子直径大于临界值时，粒子与微柱碰撞后运动轨迹发生改变，会侧向位移，若直径小于临界值，则粒子与微柱碰撞后不产生侧移，保持原流向流动，基于此实现不同微粒的分离。确定性侧向位移分离法相比其他被动式分离方法，具有通量大、分离纯度高的特点，但物理特性过于接近的微粒不易分离。

场流分馏法是一种流体辅助动力学分选方法，微塑料颗粒流过扁平通道时同时受到水平和垂直方向的流场作用，如图9-29所示，尺寸相对小的分子受垂直方向的作用力较小而向扁

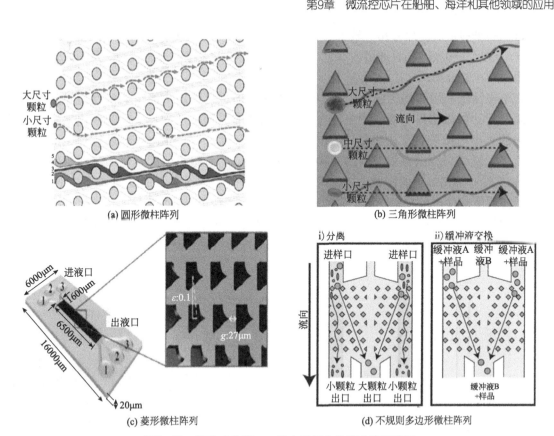

(a) 圆形微柱阵列

(b) 三角形微柱阵列

(c) 菱形微柱阵列

(d) 不规则多边形微柱阵列

图9-28 被动式分离——确定性侧向位移分离示意图

扫一扫，查看彩图

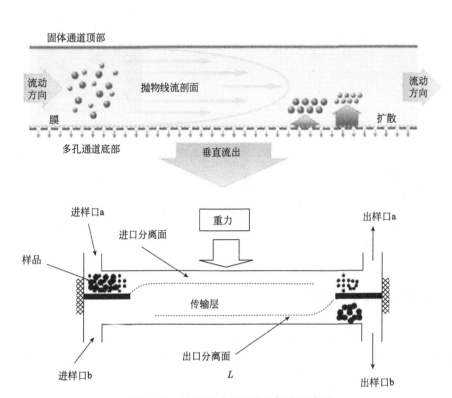

图9-29 外场不对称场流分馏法示意图

平通道中心平移扩散，尺寸相对较大的分子受垂直方向的作用力较大而更靠近聚集壁，在垂直方向形成尺寸梯度，同时通道内靠近中心的流速较快，边缘的流速较慢，从而实现不同粒径微塑料颗粒的分离。

介电电泳法利用非均匀电场中的中性粒子在介电极化作用下的运动特性差异来分离不同材质、尺寸的微塑料颗粒。介电电泳力的方向由微塑料颗粒及悬浮介质的极化率决定，介电电泳力的大小与粒子的直径和非均匀电场的梯度成正比。Weirauch等通过包含绝缘柱阵列的微流体通道诱导介电电泳效应（图9-30）。Pesch等证明了绝缘体的几何形状和材料对介电电泳分离系统捕获效率的影响。Zhao等设计了一种基于非对称孔的交流式介电电泳芯片，测量了微粒随施加电场频率变化产生的横向迁移量以找到相应的临界值，为表征具有各种介电特性的目标粒子提供了一种基于交流式介电电泳芯片的微流控系统。介电电泳分离法能够实现精确操控，但通量较低，并且需要对粒子的介电特性进行测量后才能进行针对性的分离操作。

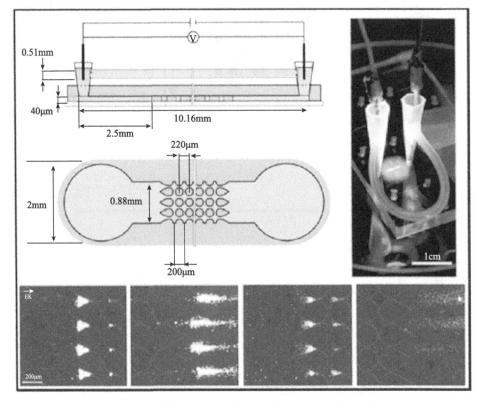

扫一扫，查看彩图　　　　　　图9-30　具有绝缘柱阵列的微流体通道诱导介电电泳效应

9.6　海洋重金属离子检测

重金属一般是指其密度大于4.5g/cm³的金属。重金属离子对环境造成的污染具有持续性、持久性、非生物降解性、生物富集性等特性，对海洋生态平衡和生物多样性构成了严重的威胁。一些重金属离子，包括铅（Pb）、汞（Hg）、砷（As）、铬（Cr）和镉（Cd），即使在痕量水平也会对人体的神经、免疫、生殖和消化系统产生长期的影响，严重危害人类的生

命健康。世界卫生组织、联合国粮食及农业组织、疾病控制中心和欧盟等多个国际组织已将重金属列为优先考虑的物质，根据环境质量标准（EQS）对其在水中的浓度进行监测并设定了一定的允许限值。

重金属离子测量的常规方法包括原子吸收光谱法、电感耦合等离子体质谱法、电感耦合等离子体原子发射光谱法、紫外-可见光谱法等。原子吸收光谱、电感耦合等离子体质谱法、X射线荧光光谱法、中子活化分析和电感耦合等离子体光学发射光谱法用于检测复杂基质中的重金属，这些技术在飞摩尔范围内提供非常低的检测限，但检测成本较高，并且对操作人员的专业度要求较高。此外，这些技术仅适用于定量分析，需要与其他色谱技术相结合以进行金属离子形态分析。

重金属离子的电化学传感涉及使用生物传感电极，该电极用于将电流传递到水溶液中，并产生一些有用的和可测量的电信号，这些电信号对应于溶液中由于金属离子的存在而发生的电化学反应，界面的存在会引起电流、电压、电化学阻抗、电荷和电致发光等各种电参数的变化。基于各种电信号，电化学技术可分为电位法、恒电位法、恒电流法、阻抗测试法、电化学发光法。基于电化学传感的重金属离子检测方法的分类如图9-31所示。

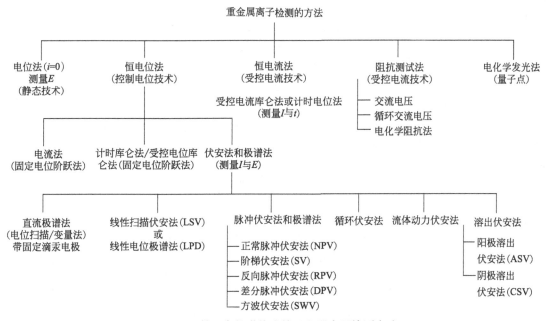

图9-31 基于电化学传感的重金属离子检测方法

电位法主要使用选择性电极对溶液中的离子进行定量分析，检测复杂环境基质中的重金属离子。将碳纳米管和金属纳米粒子作为工作电极的界面材料，在各种环境基质中实现了重金属离子的较低检测限。电位测量技术中使用的材料主要有两类：离子选择电极（IES）和场效应晶体管（FET）。

恒电位法涉及使用恒电位仪来控制其参比电极和对电极之间的电位，以保持参比电极和工作电极之间的电位差，相应地测量和记录产生的电流以预测分析物。恒电位技术的三个基本子类别是：电流法、计时库仑法/受控电位库仑法、伏安/极谱法。表9-1展示了使用这些技术进行重金属离子检测的一些工作。

表9-1 重金属离子检测的各种电化学技术列表

电化学平台	技术	分析物（重金属离子）	检测限	检测范围	参考文献
nano-CBSPE	电流测量法	Hg^{2+}	5nmol/L	$(0.05\sim14.77)\times10^{-6}$（体积分数）	(Arduini et al., 2011)
SbF-CPE	SWASV	Cd^{2+}和Pb^{2+}	0.8μg/L和0.2μg/L	$4.0\sim150.0$μg/L	(Tesarovaetal., 2009)
Cu$_2$O@NCs	EIS	Hg^{2+}	0.15nmol/L	$1\sim100$ nmol/L	(Liu et al., 2015)
Bi-C纳米复合材料	SWASV	Pb^{2+}和Cd^{2+}	0.65μg/L和0.81μg/L	Cd和Pb:$(1\sim100)\times10^{-9}$（体积分数）	(Niu et al., 2015)
	SWAdSV	Ni^{2+}	5.47μg/L	Ni:$(10\sim150)\times10^{-9}$（体积分数）	
AuNPs/CNFs	SWASV	Cd^{2+}、Pb^{2+}和Cu^{2+}	0.1μmol/L	$0.1\sim1.0$μmol/L	(Zhang et al., 2016)
SiNWs-SH/GCE	SWASV	Cd^{2+}和Pb^{2+}	0.04 mA/(nmol·L^{-1})和0.074μA/(nmol·L^{-1})	$5\sim250$nmol/L	(Guo et al., 2016b)
UME蔗糖生物传感器	CV	Hg^{2+}	5×10^{-10}mol/L	$(5\sim12.5)\times10^{-10}$ mol/L	(Kestwal et al., 2008)
化学修饰CPE	SWASV	Cd^{2+}、Cu^{2+}和Hg^{2+}	0.3ng/mL、0.1ng/mL和0.05ng/mL	Cd^{2+}:1.5~1000ng/mL; Cu^{2+}:0.6~1100ng/mL	(Afkhami et al., 2013c)
Gr和OPFP-IL修饰的CPE	SWASV和CV	Ti^{+}、Pb^{2+}和Hg^{2+}	3.57×10^{-10}mol/L、4.50×10^{-10}mol/L和13.86×10^{-10}mol/L	$1.25\times10^{-9}\sim2.00\times10^{-7}$mol/L	(Bagheri et al., 2015)
BDD-TFE	SI-ASV	Hg^{2+}	0.04ng/mL	$0.1\sim30.0$ng/mL和$5.0\sim60.0$ng/mL	(Chaiyo et al., 2014)
N/IL/G/SPCE	SWASV	Zn^{2+}、Cd^{2+}和Pb^{2+}	0.09ng/mL、0.06ng/mL和0.08ng/mL	$0.1\sim100.0$ng/mL	(Chaiyo et al., 2016)
GO/DTT	CC溶出法	Cd^{2+}、Pb^{2+}、Cu^{2+}和Hg^{2+}	(1.9±0.4)ng/mL、(2.8±0.6)ng/mL、(0.8±0.2)ng/mL、(2.6±0.9)ng/mL	1ng/mL~10μg/mL	(Choi et al., 2015)
	CC沉积法		(2.6±0.2)ng/mL、(0.5±0.1)ng/mL、(1.8±0.3)ng/mL、(3.2±0.3)ng/mL	1ng/mL~-0μg/mL	
	SWASV		(7.1±0.9)ng/mL、(1.9±0.3)ng/mL、(0.4±0.1)ng/mL、(0.7±0.1)ng/mL	1ng/mL~2.5μg/mL	
GO-MWCNT	ASV	Pb^{2+}和Cd^{2+}	0.2μg/L和0.1μg/L	$0.5\sim30$μg/L	(Huang et al., 2014)
Y-DNA	CV	Hg^{2+}	0.094nmol/L	1nmol/L~5μmol/L	(Jia et al., 2016)

续表

电化学平台	技术	分析物（重金属离子）	检测限	检测范围	参考文献
GCE	ASV	Cd^{2+}和Pb^{2+}	3.2μg/L和1.9μg/L	Cd^{2+}: 50~250μg/L; Pb^{2+}: 5~200μg/L	—
NH₃-pn-MWCNTs	SWASV	Zn^{2+}, Cd^{2+}, Cu^{2+}和Hg^{2+}	0.314nmol/L、0.0272nmol/L、0.2263nmol/L和0.1439nmol/L	0.2~2.8mol/L、0.0025~0.0225mol/L、0.2~2.8mol/L和0.02~0.6mol/L	(Wei et al., 2012a)
MgSiO₃修饰的GCEs	SWASV	Cd^{2+}, Pb^{2+}, Cu^{2+}和Hg^{2+}	0.186nmol/L、0.247nmol/L、0.169nmol/L和0.375nmol/L	Cd^{2+}、Pb^{2+}和Cu^{2+}: 0.1~1.0mol/L; Hg^{2+}: 0.8~2 0mol/L	(Xu et al., 2013)
3MT和3TA CPE	SWASV	Cu^{2+}	0.1~10μmol/L	0.1~10μmol/L	(Lin et al., 2009)
HMDE	DPASV	Zn^{2+}和Pb^{2+}	2.91nmol/L和0.03nmol/L	Zn: 12.4~23.2nmol/L; Pb: 1.7~3.2nmol/L	(Magnier et al., 2011)
HMDE	DPCSV	Cu^{2+}	0.6nmol/L	Cu: 4.9~7.nmol/L	
HgFE	SCP	Sb^{2+}	70pmol/L	—	(Tanguy et al., 2010)
HMDE	AGNES-SCP	Zn^{2+}、Cd^{2+}和Pb^{2+}	4nmol/L、2.9nmol/L和4.1nmol/L	25~100μmol/L	(Parat et al., 2011a)
汞膜SPE	SSCP	Cd^{2+}	2.2nmol/L	—	(Parat et al., 2011b)
石墨毡	SWASV	Cd^{2+}	1.78nmol/L	0.2~20μg/L	(Zaouak et al., 2010)
石墨毡	LSASV	Zn^{2+}	50nmol/L	10^{-6}~15^{-4}mol/L	(Feier et al., 2012)
掺硼DLC	SWASV	Cd^{2+}、Pb^{2+}、Ni^{2+}和Hg^{2+}	4.83nmol/L、8.9nmol/L、34.1nmol/L和4.99nmol/L	2~25μg/L	(Khadro et al., 2011)
BDD	SWASV	Pb^{2+}	19.3nmol/L	(20~100)×10^{-9}（体积分数）	(Le et al., 2012)
BDD	DPASV	Cd^{2+}、Pb^{2+}、Ni^{2+}和Hg^{2+}	3.29nmol/L、26.5nmol/L、116nmol/L和11.5 nmol/L	35nmol/L、48nmol/L、97nmol/L和5nmol/L	(Sbartai et al., 2012)
硫醇功能化黏土修饰的CPE / β-酮亚胺朴芳烃ITO	SWASV	Pb^{2+}	60nmol/L	3×10^{-7}~10^{-5}mol/L	(Tonle et al., 2011)
TETRAM修饰的石墨毡电极	EIS	Hg^{2+}	0.1nmol/L	—	(Rouis et al., 2013)

电化学平台	技术	分析物（重金属离子）	检测限	检测范围	参考文献
复合聚合物薄膜	LSASV	Pb^{2+}	25nmol/L	—	(Nasraoui et al., 2010)
	SWASV	Pb^{2+}、Cu^{2+}、Hg^{2+}和Cd^{2+}	0.5nmol/L、5nmol/L、100nmol/L和500nmol/L	$10^{-8}\sim10^{-6}$, $2.5\times10^{-8}\sim2.5\times10^{-7}$, $5\times10^{-8}\sim5\times10^{-6}$和$10^{-7}\sim10^{-5}$	(Pereira et al., 2011)
GC/PEDOT:PSS	CA	Pb^{2+}	0.19nmol/L	2nmol/L~0.1μmol/L	(Yasri et al., 2011)
Au/MPS-(PDDA-AuNPs)	DPASV	As^{3+}	0.48μmol/L	20~100μmol/L	(Ottakam Thotiyl et al., 2012)
碱性磷酸酶	电导测定法	Cd^{2+}	10^{-20}mol/L	—	(Tekaya et al., 2013)
转化酶、变位酶、葡萄糖氧化酶	电导测定法	Hg^{2+}	25nmol/L	0.1~100μmol/L	(Soldatkin et al., 2012)
	安培测量法		10nmol/L	—	(Mohammadi et al.,)
基于GCE的MWCNT塔	SWASV	Pb^{2+}、Cd^{2+}、Cu^{2+}和Zn^{2+}	12nmol/L、25nmol/L、44nmol/L和67nmol/L	Cu^{2+}, Pb^{2+}, Cd^{2+}: 2~8μmol/L; Zn^{2+}: 4.2~16.8μmol/L	(Guo et al., 2011)
碳NPsSPE	SWASV	Pb^{2+}、Cd^{2+}、Cu^{2+}和Hg^{2+}	4.8nmol/L、4.4nmol/L、7.9nmol/L和5nmol/L	Cd^{2+}, Pb^{2+}和Cu^{2+}: 5~100μg/L; Hg^{2+}: 1~10μg/L	(Aragay et al., 2011b)
石墨烯NS	SWASV	Pb^{2+}, Cd^{2+}, Cu^{2+}	10^{-11}mol/L、10^{-7}mol/L和10^{-8}mol/L	—	(Wang et al., 2011)
AuNPs扩增DNA-金电极	DPV	Hg^{2+}	0.5nmol/L	1~100nmol/L	(Kong et al., 2009)
长条状HAP	SWASV	Pb^{2+}和Cd^{2+}	0.00423nmol/L和0.027nmol/L	0.01~10nmol/L	(Zhang et al., 2011)
纳米阵列膜	DPV	Cu^{2+}	0.4μmol/L	1.3~35.2μmol/L和35.2~98μmol/L	(Zhuo et al., 2010)
纳米结构MIP	DPV	Pb^{2+}	0.6nmol/L	$1.0\times10^{-9}\sim8.1\times10^{-7}$mol/L	(Alizadeh 和 Amjadi, 2011)
RGO/Bi纳米复合材料	ASV	Cd^{2+}、Pb^{2+}、Zn^{2+}和Cu^{2+}	2.8μg/L、0.55μg/L、17μg/L和26μg/L	20~120mg/L	(Sahoo et al., 2013)
多孔MGO纳米粉	SWASV	Pb^{2+}和Cd^{2+}	2.1pmol/L和81pmol/L	3.3~22nmol/L和40~140nmol/L	(Wei et al., 2012b)
AuNPs-CNT	SWASV	Pb^{2+}和Cu^{2+}	0.546μg/L和0.613μg/L	$(3.31\sim22.29)\times10^{-9}$（体积分数）	(Bui et al., 2012)

续表

电化学平台	技术	分析物（重金属离子）	检测限	检测范围	参考文献
SnO₂/RGO纳米复合材料	SWASV	Cd²⁺、Pb²⁺、Cu²⁺和Hg²⁺	0.1nmol/L、0.18nmol/L、0.23nmol/L和0.28nmol/L	0～1.3μmol/L	(Wei et al., 2012c)
C₃N₄修饰的GCE	—	Hg²⁺	0.09nmol/L	1×10⁻⁹～1×10⁻¹⁰mol/L和1×10⁻⁶～1×10⁻⁷mol/L	(Sadhukhan和Barman, 2013)
DSP-AuNPs	DPV和DSV	Cu²⁺	0.48nmol/L	1.0～1000nmol/L	(Cui et al., 2014)
MB标签	电流测量法	Hg²⁺	0.2nmol/L	0～80nmol/L	(Xuan et al., 2013)
DNA连接的鲁米诺AuNPs	ECL	Hg²⁺	1.05×10⁻¹⁰mol/L	2～1000pmol/L	(Gao et al., 2013)
CdS QDs修饰的ssDNA	SWASV	Pb²⁺	7.8pmol/L	0.01nmol/L～1.0μmol/L	(Tang et al., 2013)
HRP-PANI	CV	Pb²⁺	0.5nmol/L	1.0×10⁻⁵～2.0ng/mL	(Li et al., 2013)
PET-SPE	EIS	Pb²⁺和Cd²⁺	1nmol/L和1nmol/L	50μmol/L～1mmol/L、0～50μmol/L	(Avuthu et al., 2014)
基于碳电极的D-LMF	GSC	Cd²⁺、Pb²⁺和Cu²⁺	0.02μg/L、0.02μg/L和0.06μg/L	0.07μg/L、0.42μg/L、0.06～0.36μg/L、2.0～6.0μg/L	(Sztyk和Czerniak, 2004)
SPCNTE	SIA-ASV	Pb²⁺、Cd²⁺和Zn²⁺	0.2μg/L、0.8μg/L和11μg/L	Pb²⁺和Cd²⁺：2～100μg/L；Zn²⁺：12～120μg/L	(Injang et al., 2010)
BiNPs	SWASV	Pb²⁺和Cd²⁺	2μg/L和5μg/L	—	(Cadevall et al., 2015)
nano-Bi	SWASV	Zn²⁺、Cd²⁺和Pb²⁺	4.20μg/L、2.54μg/L和1.97μg/L	—	(Lee et al., 2010)

注：nano-CB—纳米炭黑；SPE—丝网印刷电极；CPE—碳糊电极；SbF—锑膜；Bi-C—铋碳；Cu_2O—氧化亚铜；AuNPs/CNFs—碳纳米纤维上的金纳米粒子；SiNWs—硅纳米线；GCE—玻璃碳电极；UME—超微电极；Gr—石墨烯；OPFP-IL—1-辛基六氟磷酸吡啶；BDD—掺硼金刚石；TFE—薄膜电极；SiNWs-SH—硫醇硅纳米线；GO—氧化石墨烯；DTT—掺杂二氨基苯对壤吩；MWCNT—多壁碳纳米管；NH_3 pm—NH_3等离子体处理；$MgSiO_3$—硅酸镁空心球；3TA—3-噻吩乙酸；3MT—3-甲基噻吩；HMDE—悬汞滴电极；HgFE—汞膜电极；DLC—类金刚石碳；ITO—氧化铟锡；TETRAM—1，4，8-三（氨甲酰甲基）和叶橡酸盐包覆的金纳米粒子多层；NS—纳米片；PEDOT—3,4-聚（亚乙基二氧噻吩）；RGO/Bi—还原石墨烯氧化物铋纳米粒子；PSS—聚（苯乙烯-磺酸钠）；Au/MPS-（PDDA AuNPs）—聚（二烯丙基二甲基氯化铵）和叶橡酸三甲基氧化锡；GC—气墨化物；MIP—分子印迹聚合物；QDs—量子点；HRP—辣根过氧化物酶；PANI—聚苯胺；PET—聚对苯二甲酸乙二醇酯；CNT—碳纳米管；C_3N_4—石墨碳氮化物；SPCNTE—丝网印刷碳纳米管电极；DSP AuNPs—硫苷酶（琥珀酰亚胺丙酸盐）封装的AuNPs；nano-Bi—铋纳米粒子；BiNPs—铋纳米粉末电极；SWASV—方波阳极溶出伏安法；EIS—电化学阻抗谱；SI-ASV—顺序注入阳极溶出伏安法；SWAdSV—方波吸附溶出伏安法；CV—循环伏安法；CC—计时库仑法；ASV—阳极溶出伏安法；DPASV—差分脉冲阳极溶出法；DPCSV—微分脉冲阴极溶出伏安法；SCP—溶出计时电位法；SSCP—扫描扫描沉积电位下的溶出计时电位法；LSASV—线性扫描阳极溶出伏安法；CA—计时电流法；DPV—差分脉冲伏安法；ECL—电化学发光法；GSC—恒电流溶出计时电流法。

电流法使用无汞工作电极在固定电位下控制和测量非常小的电流。该方法用于检测在含有电活性物质的溶液中参比电极与工作电极之间的电位阶跃信号，在电极表面产生的还原导致非常大的电流流动，该电流与电极表面的浓度梯度成正比。由于工作电极的电位是固定的，因此只能从电化学还原的物质中检测一种特定的成分。与其他电流测量技术相比，电流法具有更短的时间尺度（毫秒和秒），不受其他金属离子的干扰，检测灵敏度较高。

计时库仑法是在提供受控电位后测量通过的电荷量，该受控电位是通过对电流与时间或电压进行积分来计算的。这种方法主要用于进行详尽的电解以进行定量分析，但提供的分析物类型信息非常少。尽管该方法具有高精度、检测效率高等优点，但由于需要高电流效率，因此并未广泛用于进行电化学分析。

伏安法采用电流-电压曲线中的各个电位点测量电流，在各种复杂环境基质中重金属离子的测定和测量中应用最为广泛。伏安法因其高精度和灵敏度而被广泛用于痕量金属形态分析，能够用于其他电分析技术难以分析的浑浊和有色溶液。在伏安测量中使用具有不同形状和幅度的电压信号脉冲的概念称为脉冲伏安法，可进一步细分为：正常脉冲伏安法（NPV）或正常脉冲极谱法（NPP）、阶梯伏安法或Tast极谱法、反向脉冲伏安法或极谱法（RPV）、差分脉冲伏安法或极谱法（DPV）和方波伏安法（SWV）。

恒电流法通常使用恒电流器来控制工作电极和对电极之间的电流，并在工作电极和参考电极之间测量产生的电位。与恒电位技术相比，恒电流法涉及的设备较为简单，不需要来自参考电极的反馈，但是这种方法的缺点是在检测过程中容易出现双层充电效应。

确定水溶液中分析物浓度的一些最广泛使用的阻抗测量技术是电化学阻抗谱法和交流伏安法。电化学阻抗谱法广泛用于研究改性电极的界面特性，尤其是多层薄膜。在电解池中发生的电化学反应用等效电路表示，由于电化学反应而在带电界面中流动的电流会导致电荷沿带电界面转移，通过确定等效电路的阻抗参数和阻容参数，可以预测电解液中的金属离子浓度。

表面等离子共振现象源于贵金属中的自由传导电子与入射电磁辐射共振的集体振荡，例如水溶液中尺寸在20nm的单分散AuNPs在吸收光谱中表现出强烈的表面等离子共振峰，水相溶液呈现"酒红"色，当AuNPs聚集到一定程度时，由于SPR峰的偏移，溶液的颜色会发生变化。在此基础上，构建了用于检测各种分析物的比色传感器，对分析物进行直接、直观和快速的检测，从而最大限度地降低成本。Hupp等开发了用于重金属检测的比色传感器来检测各种重金属，例如Hg^{2+}、Pb^{2+}、Cu^{2+}和As^{3+}。比色检测法简单快速，但其检测限相对较高，若检测痕量金属则需要进行预浓缩处理。

表面增强拉曼散射（surface-enhanced Raman scattering, SERS）技术可以提供分析物的光谱指纹特征，SERS传感器（图9-32）已广泛用于化学和生物传感以及医学诊断，但是SERS无法直接检测重金属离子，解决这个问题的方法是用与重金属离子特异性结合的有机配体功能化等离子体纳米结构。如上所述，AuNPs的聚集可用于比色检测，另一方面，AuNPs的聚集可导致相邻NPs的等离子体场耦合，形成SERS增强的"热点"。基于这一原理，Chen等开发了一种用于检测As^{3+}的SERS传感器，使用4-巯基吡啶（4-MPY）作为拉曼报告分子，通过As—O键的选择性结合、As^{3+}与谷胱甘肽的结合诱导了AgNPs的聚集，增强了4-MPY的SERS信号。这种SERS传感器具有很高的灵敏度，对各种金属离子具有出色的选择性，但检测限较低。

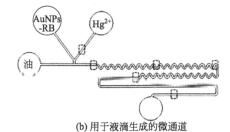

(a) 基于AuNPs表面上还原的Hg^{2+}替代染料分子的Hg^{2+}传感原理示意图

(b) 用于液滴生成的微通道

(c) 微流控芯片　　　　(d) 显微镜下的微流控芯片结构

图9-32　SERS传感器

扫一扫，查看彩图

具有三个传感器阵列的微流控芯片如图9-33所示。

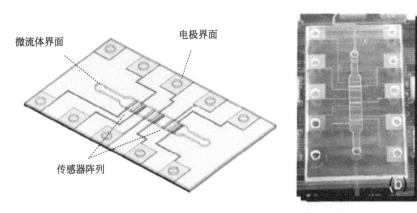

图9-33　具有三个传感器阵列的微流控芯片

扫一扫，查看彩图

与光学传感器相比，电化学传感器的传感信号是通过导线而不是光学探测器来收集的。因此，电化学传感器可以很容易地装入一个紧凑的系统中。此外，由于重金属具有确定的氧化还原电位，因此可以通过裸电极实现对特定重金属离子的选择性，而无需分子识别探针。电化学传感中采用了多种技术，包括伏安法、电流法、电位法、阻抗法和电导法。其中，阳极溶出伏安法（anodic stripping voltammetry, ASV）较为容易调节以测定重金属离子。ASV法通过电化学沉积或重金属在恒定电位下的积累将分析物预浓缩到电极表面，然后从电极表面剥离或溶解沉积的分析物。汞电极是第一个在重金属电化学检测中受到关注的电极，因为它为重金属离子检测带来了高灵敏度、良好的重现性和较宽的阴极电位范围。然而，由于其高毒性，基于汞的电极已被环保的铋电极取代，该电极在许多方面表现出与汞电极相似的电化学行为，但是铋电极的阴极电位范围相对较窄，并且由于其自然氧化而在空气中不稳定。除此之外，玻碳、金和硼掺杂金刚石电极也被用于重金属离子的ASV分析。体电极的分析物沉积所需的电位较大，分析物检测所需的剥离电位较高，并且容易受到其他共存金属及电解质离子的干扰，因此体电极的检测限和灵敏度不能满足微量重金属离子检测的需要。解决这些问题的有效方法是使用纳米颗粒对体电极进行表面改性或使用微/纳米电极修饰电极。纳米粒子修饰电极具有更高的表面积、更高的电子传输率、更高的质量传输率、更低的溶液电阻和更高的信噪比。玻碳电极的金纳米粒子修饰消除了金属间化合物中其他离子的记忆效应和干扰，AuNPs修饰的玻碳电极显著降低了对Hg^{2+}的检测限。此外，具有比表面积大、尺寸小、电子转移能力强、易于表面修饰等优点的碳纳米管、碳纳米纤维和石墨烯等碳纳米材料也可作为检测重金属离子的电极材料，它们能够同时预浓缩和检测多种重金属离子。

由于痕量重金属也能够对人类健康构成威胁，因此对传感器的检测下限提出了要求。提高电化学传感器检测限和灵敏度的有效方法是使用微电极阵列（MEA）和纳米电极阵列（NEA）。MEA-NEA是指微电极和纳米电极的集合，具有高信噪比、不需要对流传质、小电流及分析物沉积和剥离所需的电势小等优点。电化学传感器其中的三个电极（参比电极、计数电极和工作电极）可以集成到单个微流体腔室中，从而通过电化学技术执行整个分析过程。微流控电化学装置具有显著的优势，包括装置的小型化、所需样品/试剂的体积较小、能够在芯片上制备样品和预浓缩分析物，以及可并联检测、分析时间较短等。

场效应管传感器利用分析物和半导体电阻器之间的相互作用来检测重金属离子的含量。具有较高表面积体积比的一维和二维半导体纳米材料构建的场效应管传感器表现出较高的灵敏度。纳米材料通常需要表面功能化才能特异性检测金属离子。Chen等使用巯基乙酸功能化的还原氧化石墨烯构建了场效应管传感器，实现了$2.5 \times 10^{-8} mol/L$的检测限，传感性能的提升归因于重金属离子与硫基乙酸的羧基的螯合相互作用。

9.7 其他应用

9.7.1 化学及药物合成

随着纳米技术的发展，纳米材料在生物医药、能源工程、纳米催化等领域得到了广泛应用。纳米材料是指特征尺寸小于100nm的颗粒或者其他形态物质，其主要成分可以是碳、金属、金属氧化物和有机物等。由于其拥有很大的表面积体积比，纳米颗粒表现出许多独特的特性，并在药物递送、成像和生物传感等领域显示出了巨大的应用潜力。正因为纳米颗粒的理化性质主要取决于其大小和形态，因而实现大小和形状可控的纳米颗粒的合成就显得格外重要。传统合成纳米颗粒的方法大致有两种，包括"自下而上"的方法如沉淀、溶胶-凝胶和热解，或者"自上而下"的方法如机械研磨、纳米光刻和热分解等。由于宏观反应中的反应条件随机波动大，批量反应中颗粒混合和分离更加困难，控制反应条件在技术上格外具有挑战性，直接导致纳米颗粒粒径不均一和批次差异大。

微流控芯片被认为是迄今为止最重要的一种微反应器并已经被广泛地应用于基础材料和药物的合成和筛选。现阶段微流控材料和药物合成芯片主要以液滴芯片为主，对不同材料做高通量合成和筛选是微流控液滴芯片应用的一个重点领域。比如，对基于小分子库的新药筛选而言，如果采用常规方法筛选，成本极高，耗时极长，而采用已知的最小微反应器的微流控芯片是解决这一类问题的理想替代技术。大量文献表明，使用微流控装置可大幅度提高反应产率，并改善粒径和形状分布。同时用微流控系统也可以合成各种形状的非球形颗粒。与传统合成技术相比，微流控技术合成纳米材料颗粒的技术优势明显。基于微流控技术的微纳米材料合成系统可以提供一个集设计、合成和检测于一体的多功能平台。从合成产物的物理和化学性质的角度来看，微流控合成材料可分为无机材料、有机材料和复合材料三大类，接下来将从微流控技术合成材料的产物类型角度对微流控在材料合成方面的应用进行简要介绍。

首先，无机材料主要包括金属材料和无机非金属材料两大类。金属微纳米材料已经广泛应用在能量存储、催化、医学和生物学等多个领域。许多金属微纳米材料的性质会受到其形态的影响，然而传统合成方法对产物形态仍无法很好地控制。微流控技术在无机非金属材料的合成、反应条件的优化和反应动力学的力学研究等方面得到了广泛的应用。比如Lignos等通过液滴多相流动微反应器合成了$CsPbX_3$量子点并在线检测其吸收和荧光光谱，反应只要几毫升的试剂和几个小时的反应时间就能得到相当于$200\sim1000$个常规反应的结果。Baek等设计了一个多层微流化平台，可连接6种不同的功能芯片（可根据实际反应需要灵活组装），并制备了高质量核/壳结构的量子点，如InP/ZnS、InP/ZnSe、InP/CdS和InAs/InP等。通过微流控技术，科研人员能将金属纳米颗粒的成核和生长过程分开，并很好地控制产物的形态和尺度。比如Watt等通过集成了在线紫外可见光和近红外（UV-Vis-NIR）监测装置的微流控系统实时跟踪金纳米棒的合成过程，并提出在合成种子后立即稀释能有效改善老化现象，提高产物的质量（如图9-34所示）。

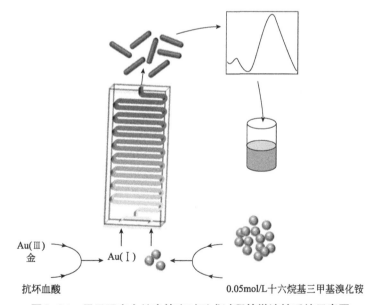

图9-34 用于研究金纳米棒实时形成过程的微流控系统示意图

针对有机材料的合成，常规有机材料的合成相当耗时，反应时间一般需要几分钟到几个小时。因此，为了满足应用要求，迫切需要以可控的方式加快有机材料的合成。微流控技术可以快速高效地合成所需的有机材料，为有机材料的合成提供更好的选择性和更高的产率。目前，微流控技术已被应用于许多不同的有机小分子和高分子材料的合成，如纤维、多肽、壳聚糖和脂质等。比如Yoshida等将有机化学中已有的"闪速化学"概念与微反应器相结合，用于处理有机合成中的危险中间体，研究者将芯片中的混合区设计为特殊的3D蛇形通道，可以通过亚毫秒级的快速混合，在反应发生前得到目标产物。

通过微流控平台多步反应合成的复合材料会大大影响包括医学诊断、建筑装饰和光子器件等性能。多步合成是微流控技术的一种独特能力，它会让颗粒形状、尺度、化学各向异性、孔隙率和核壳结构等性质得到严格控制，其目的也是为了满足复合微纳米材料的多种物理化学特性。众多复合材料中Janus微粒和金属有机骨架化合物是当中的杰出代表。Janus微粒是一种由两个具有不同理化性质的部分组成的典型复合材料。其合成过程对反应条件的要求较高，通过常规方法进行合成难度较大。比如Hu等报道了一种制备形状可控海藻酸盐/pNIPAAm微凝胶的新方法。该系统通过微流控芯片产生单分散藻酸盐/pNIPAAm液滴并在不同浓度的乙酸钡和甘油的水溶液中进行交联反应，系统通过改变初始液滴大小和交联反应溶液浓度系统地调整所得微凝胶的形状和表面特征，其合成装置如图9-35所示。

由此可见，微流控技术在微纳米材料的合成领域有着广泛的适用性和非常好的发展前景。微流控技术为纳米材料的合成提供了一种全新的思路和方法，在工业生产和学术研究中都有无限的可能性。

扫一扫，查看彩图

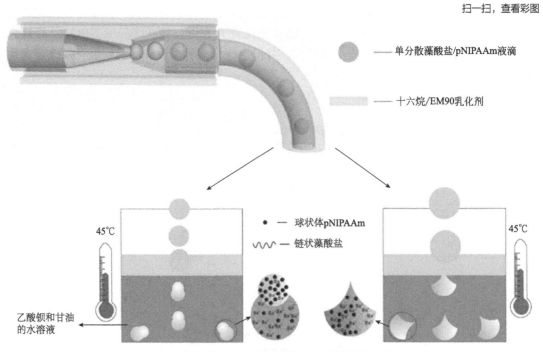

图9-35　基于共流玻璃毛细管的微流体装置的示意图

9.7.2　食品安全分析

食品安全问题目前已经获得了重大的公共卫生关注。食源性中毒的发生率已经急剧上升。根据世界卫生组织的统计，全世界每年有近20亿人死于由细菌、寄生虫和病毒引起的腹泻疾病，这些疾病是由被污染的食物或水传播的。其中，大约30%是五岁以下的儿童。在美国，每年约有3300万起食源性疾病和9000起死亡报告。食源性疾病通常是由食品污染物（如食源性病原体、化学品、过敏原和毒素）引起的，导致从轻度胃肠炎到器官功能障碍或危及生命的综合征的各种症状。这些事件导致农业和食品行业都在努力开发分析技术，以提高食品安全和质量。目前有几种成熟的食品安全分析技术，如高效液相色谱法、气相色谱法、定量分析法、实时聚合酶链反应和酶联免疫吸附试验等。然而，这些技术不仅昂贵，而且费时费力，在食源性疾病盛行的农村地区或发展中国家不太适用。为此，开发低成本高稳定性的食品安全监测分析装置对于满足食品安全需求意义重大。

随着即时诊断（point-of-care testing, POCT）的发展，研究人员试图开发基于微流控芯片的设备［例如基于聚甲基丙烯酸甲酯（PMMA）、聚二甲基硅氧烷（PDMS）的芯片］和基于纸张的设备（例如侧向流动测试条和基于纸张的三维微流控装置），这些装置在检测食品污染物方面正迅速获得普及。这些新兴技术具有诸多优点，如价格低廉、检测灵敏度高、特异性好、用户友好、检测快速和性能稳定等，因此这些设备有望替代传统台式检测设备实现食品安全分析。而这些基于微流控平台的装置的检测方法通常基于比色法、荧光法和电化学法，这些检测信号可以以快速和简单的方式进行分析和处理，为食品安全快速现场监测提供了有效的平台。本小节将主要结合实际的应用案例介绍微流控技术尤其是纸质微流控芯片和通道微流控芯片在食品安全方面的应用，包括检测方法、系统设计及其实用性与扩展性等。

纸质设备特别是侧流测试条和微流控纸质分析设备（μPAD）被称为是食品安全分析中使用最广泛的POCT设备之一。与其他基质如硅、玻璃和塑料相比，纸已经吸引了更多的科学关注，因为它具有简单、实惠、可生物降解和易于制造、修改和功能化等优点。这些特点使得在实验室基础设施有限的偏远地区实现快速、现场POCT成为可能。基于纸基芯片的检测方法也比较多样，基于信号读取的方式可分为比色法、荧光法、化学发光法等。例如，Pang等开发了一种基于蜡印纸的新型纸质酶联免疫吸附（p-ELISA）试验检测芯片，该芯片可替代传统ELISA检测设备用于检测环境中的食品污染物。除了病原体检测，μPAD还被用于食品和水中的亚硝酸盐离子、苯甲酸等食品化学物质的比色检测，其操作简单，成本低廉，未经培训的用户也能操作，突出了其在快速食品安全监测方面的重要用途。然而，纸质微流控芯片的主要局限性是检测灵敏度较差、没有量化分析能力等。因此研究者尝试将智能手机与纸质芯片相结合，特别是侧向流动试纸的整合，以实现量化分析目标，比如通过智能手机图像中显示的信号（如比色、荧光或发光信号）准确确定目标的数量实现目标量化和信号分析。

为解决纸质检测法在食品安全应用中存在的缺乏复用性问题，即使用单一设备同时检测一个或多个样品中的多个目标分析物，同时减少目标分析物之间的交叉反应风险。研究者开发了一种带有多个检测区的侧流测试条，其中嵌入了不同的捕获分子，以检测用不同抗体标记的扩增子。例如，Chen等开发了一种涂有三种不同抗体的测试条，该装置能够检测环境和饮用水中铜绿假单胞菌的三个主要毒素基因——*ecfX*、*ExoS*和*ExoU*，如图9-36所示。Shin等则通过多步旋转检测装置集成两个测试条以达到对食源性病原体的多重检测的目的。为解决纸质微流控芯片检测过程中烦琐复杂的操作步骤，包括板载试剂存储和检测前的样品浓缩、分离和提取等，研究者对纸张的制造技术进行改进，并尝试将样品处理和加工步骤整合在一起，比如根据纸张的物理结构或化学特性来控制纸张中的流体传输进行集成纸基芯片的开发。例如，Choi等展示了一种集成的纸质生物传感器，该传感器具有

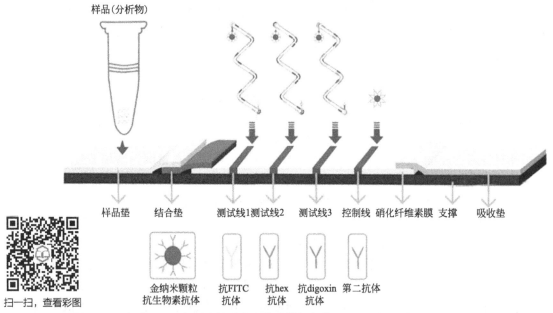

图9-36 多路LAMP与侧流核酸生物传感器耦合的原理以及视觉检测mLAMP产品的示意图

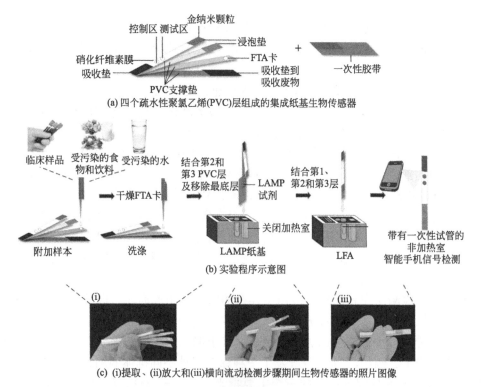

(a) 四个疏水性聚氯乙烯(PVC)层组成的集成纸基生物传感器

(b) 实验程序示意图

(c) (i)提取、(ii)放大和(iii)横向流动检测步骤期间生物传感器的照片图像

(d) 手持加热装置照片

图9-37 集成式纸质生物传感器示意图

扫一扫，查看彩图

四层集成纸基结构并使用智能手机进行核酸提取、扩增和视觉检测或量化分析（如图9-37所示）。为了进一步提高纸基设备的功能，研究者还尝试将干燥的试剂储存在纸基试纸条上进行无设备扩增和快速比色检测，其操作步骤简单，在食品安全和质量控制方面有很好的应用前景。

基于比色法的纸基芯片的检测灵敏度有限，现阶段大多数用于食品污染物检测的纸质芯片均采用光谱检测技术，比如荧光光谱、拉曼光谱等，因为光谱信号能够提供更为敏感的信息，大大提升纸基芯片的检测灵敏度。近年来大量的基于荧光的侧流试纸被开发并用于食品污染物的快速检测。例如，大量的纳米荧光辅助材料被应用于纸基芯片的开发，包括荧光掺杂的聚苯乙烯纳米粒子、荧光量子点、氧化石墨烯等，这些光功能材料被修饰在纸质测试条上进行信号的放大并提高纸基微流控芯片的检测灵敏度。随着电子工业的发展，智能手机的功能也逐渐强大，且可以完全满足微流控芯片的部分信号读取和操控功能，智能手机为高性能纸基微流控芯片的发展提供了良好的平台。除了比色和荧光检测这些传统的信号读取手段，电化学检测方法因为其便携性、出色的灵敏度和选择性也被广泛用于食品安全应用的纸质检测中。

化学发光技术和表面增强拉曼散射（SERS）技术也被有效地和纸基芯片结合起来用于食品污染物的检测和分析，并且取得了较好的效果，尤其是在检测灵敏度方面。例如，华东理工大学Jin等开发了一种可Z形折叠的可控纸基芯片通过三磷酸腺苷（ATP）定量的化学发光检测食源性病原体。此外，由于拉曼散射信号的指纹特征和超高灵敏度特征，SERS也被常与基于纸张的装置相结合用于检测食品污染物。在最近的一项研究中，一个基于纸质的SERS装置被用于检测农药残留，包括苹果和绿色蔬菜中的噻嗪酮、噻菌灵和甲基对硫磷（如图9-38所示）。在另一项研究中，研究者通过对滤纸进行疏水处理，开发了具有高灵敏度和可重复性的纸基SERS装置。

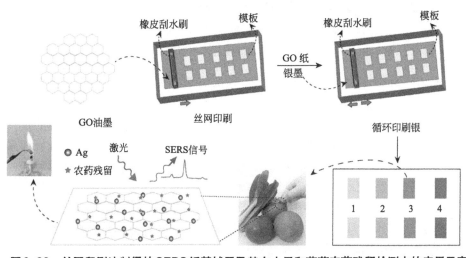

图9-38 丝网印刷法制得的SERS纸基拭子及其在水果和蔬菜农药残留检测中的应用示意图

扫一扫，查看彩图

与纸质设备类似，基于微流控芯片的传感装置和系统存在相同的挑战，包括检测灵敏度低下、检测重复性差、多功能性差、检测特异性不理想等，解决方案包括采用荧光、SERS等辅助信号读取手段，采用新型的加工技术扩展检测通量，采用智能手机等设备实现现场便携式检测等。比如为了提高检测灵敏度，研究者开发了一种集成智能手机应用程序的微流控芯片系统用于现场定量食品中的毒素。为了实现简单和快速的定量检测目标，基于芯片的比色装置与便携式检测器相结合，将光强度转换为电信号进行定量分析。在另一项研究中，基于USB驱动的集成设备被用来确定水中四溴二苯醚的浓度（如图9-39）。由此可见，为了提高基于芯片的设备在资源有限环境下的适用性，开发智能手机应用程序并将其集成到芯片中并用于现场目标量化检测是未来微流控系统在食品安全检测领域的一大发展方向。

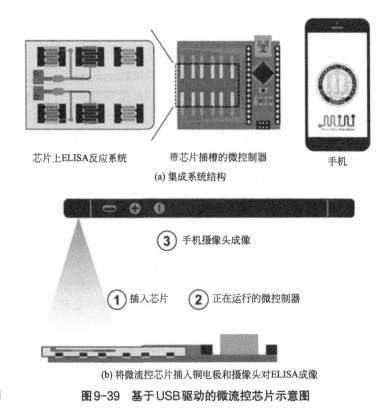

图9-39　基于USB驱动的微流控芯片示意图

　　基于微流控检测芯片的检测灵敏度和特异性，大量的荧光设备也被广泛地集成到食品安全分析设备中。此外，基于微流控芯片传感器的检测灵敏度也可以通过高抗化学降解性和高光稳定性的量子点（QD）代替传统的有机荧光染料。同样为了实现不依赖台式设备的量化检测，研究者尝试将基于微流控芯片的传感器和荧光检测装置结合构建便携式荧光检测系统，以实现荧光信号的准确量化检测。比如开发一些手持式荧光仪来测量荧光信号并将荧光强度转换为电信号并进行数据量化分析。最近的一项研究将智能手机与定制设计的应用程序整合到基于蛋白质微阵列芯片的荧光设备中，用于现场量化牛奶中的抗重组牛体蛋白抗体，而不需要其他台式仪器。此外，为了实现高通量多重检测，一个微流控芯片一般需要集成多个反应室以容纳不同的反应引物组，用于各种食源性病原体，包括大肠埃希菌、溶血性葡萄球菌和肠球菌等目标物的检测。此外，一些微流控芯片也已经实现了板载试剂的储存，这也大大地简化了操作步骤。

　　随着微电子制造技术的进步，电化学检测可以很容易地集成到一个简单的微流控芯片中，而且操作步骤少，成本低，可实现量化检测，为开发便携式、高灵敏度饮用水中的细菌微生物传感器提供了基础。研究者尝试将智能手机集成到电化学微流控芯片系统中，以实现量化分析目标并提高基于芯片的电化学装置在资源有限的环境中的适用性。由此可见，将简单的样品浓缩技术整合到电化学微流控芯片上以提高检测系统的适用性也是食品检测微流控芯片的一大发展方向。此外，微流控芯片还与表面等离子体共振（SPR）、拉曼检测技术、墨条推进和浊度等技术相结合用于食品安全检测。

当然，除了纸基微流控芯片和传统的微流控芯片外，还有其他许多芯片种类近年来被开发出来，并用于食品安全的检测和监测，其中包括离心盘式检测芯片、线基检测系统等，这些新系统的引入都在不同的程度上解决了部分检测系统在检测灵敏度、检测成本、检测效率、检测通量等方面的不足。此外，新的传感材料也被逐渐引入食品安全检测微流控芯片系统中以提高系统的检测灵敏度和特异性，比如碳纳米管、石墨烯、量子点、二维材料等。总之随着人类社会对食品安全的关注和微流控技术的发展，越来越多的新兴检测技术也被开发并用于实际生活。同时微流控检测系统也将逐渐向功能强大、使用便携、高通量、自动化和多路复用以及廉价等方向发展。借助这些设备，人们可以快速识别和量化测定有毒化学物质、杀虫剂和传染源等食品污染物，从而减轻食源性疾病的暴发，保障人类生命安全。

 习题及思考题

1. 为了减少试剂残留，微流控芯片的储液腔应该设计成什么样？
2. 为了防止堵塞，微流控芯片的结构设计需要具备哪些特点？
3. 如何延长微流控芯片的使用寿命？
4. 实时在线分析时，微流控芯片与环境之间的接口需要具备什么条件？
5. 请结合本书材料和其他资料简述微流控芯片的结构设计中涉及的流体力学。

参考文献

［1］Wang J S, Sun J Y, Song Y X, et al. A label-free microfluidic biosensor for activity detection of single microalgae cells based on chlorophyll fluorescence［J］. Sensors, 2013, 13: 16075-16089.

［2］丁格格. 基于 LOC 的船舶典型水污染物检测技术研究［D］. 大连：大连海事大学，2022.

［3］Ding G G, Wang J S, Wang L L, et al. Quantitative viability detection for a single microalgae cell by two-level photoexcitation［J］. Analyst, 2020, 145 (11): 3931-3938.

［4］Wang J S, Song Y N, Maw M, et al. Detection of size spectrum of microalgae cells in an integratedunderwater microfluidic device［J］. Journal of Experimental Marine Biology and Ecology, 2015 (473): 129-137.

［5］代博文. 基于阻抗脉冲及荧光传感的细胞检测技术研究［D］. 大连：大连海事大学，2022.

［6］Hashemi N, Erickson J S, Golden J P, et al. Optofluidic characterization of marine algae using a microflow cytometer［J］. Biomicrofluidics, 2011, 5(3):32009-320099.

［7］Wang J S, Zhao J S, Wang J P, et al. A classification microfludic chip of microalgae cells by simultaneous analysis of CF, OLS and RPS［C］. 2016年大连国际微流控和芯片实验室大会，2016.

［8］Ding G G, Wang J S, Tian P T, et al. A novel handheld high-throughput device for rapid detection of phytoplankton in ship's ballast water［J］. IEEE Transactions on Instrumentation and Measurement,

2021, 70: 1-13.

［9］ Schaap A, Rohrlack T, Bellouard Y. Optical classification of algae species with a glass lab-on-a-chip［J］. Lab on A Chip, 2012, 12(8):1527-1532.

［10］ Chaturvedi A, Gorthi S S. Automated blood sample preparation unit (ABSPU) for portable microfluidic flow cytometry［J］. SLAS TECHNOLOGY: Translating Life Sciences Innovation, 2016.

［11］ Tok S, Haan K D, Tseng D, et al. Early detection of E. coli and total coliform using an automated, colorimetric and fluorometric fiber optics-based device［J］. Lab on a Chip, 2019, 19(17):2925-2935.

［12］ Kwon O K, Kong H S, Han H G, et al. On-line measurement of contaminant level in lubricating oil: US6151108［P］, 2000-03-08.

［13］ Srivastava R M. Effect of sequence of measurement on particle count and size measurements using a light blockage (HIAC) particle counter［J］. Water Research, 1993, 27(5): 939-942.

［14］ Boer G B J D, Weerd C D, Thoenes D, et al. Laser diffraction spectrometry: fraunhofer diffraction versus mie scattering［J］. Particle & Particle Systems Characterization, 2010, 4(1-4): 14-19。

［15］ Ishii T, Nakamura K, Ueha S, et al. A wear evaluation chart of friction materials used for ultrasonic motors［J］. Ultrasonics Symposium, 1998, 1: 699-702.

［16］ 明廷锋，朴甲哲，张永祥. 基于超声波测量技术的颗粒尺寸分布模型的研究［J］. 应用声学，2005，24(2): 103-107.

［17］ Edmonds J, Resner M S, Shkarlet K. Detection of precursor wear debris in lubrication systems［C］. 2000 IEEE Aerosp Conf Proc Big Sky, 2000.

［18］ Itomi S. Oil check sensor: JP2002286697［P］, 2002-10-03.

［19］ Murali S, Xia X, Jagtiani A V, et al. Capacitive Coulter counting: detection of metal wear particles in lubricant using a microfluidic device［J］. Smart Materials and Structures, 2009, 18(3): 037001.

［20］ Du L, Zhe J, Carletta J, et al. Real-time monitoring of wear debris in lubrication oil using a microfluidic inductive coulter counting device［J］. Microfluidics and Nanofluidics, 2010, 9(6): 1241- 1245.

［21］ Ding G G, Wang J S, Zou J, et al. A novel method based on optofluidic lensless-holography for detecting the composition of oil droplets［J］. IEEE Sensors Journal, 2020, 20 (13): 6928-6936.

［22］ Ung L, Mutafopulos K, Spink P, et al. Enhanced Surface Acoustic Wave Cell Sorting by 3D microfluidic chip design［J］. Lab on a Chip, 2017, 17(23):4059-4069.

［23］ Chen H H, Lin M W, Tien W T, et al. High-purity separation of cancer cells by optically induced dielectrophoresis［J］. Journal of Biomedical Optics, 2014, 19(4):45002-45012.

［24］ Fan L L, He X K, Han Y, et al. Continuous size-based separation of microparticles in a microchannel with symmetric sharp corner structures［J］. Biomicrofluidics, 2014, 8(2):3043-3055.

［25］ Morton K J, Loutherback K, Inglis D W, et al. Hydrodynamic metamaterials: microfabricated arrays to steer, refract, and focus streams of biomaterials［J］. Proceedings of the National Academy of Sciences, 2008, 105(21):7434-7438.

［26］ Loutherback K, Dsilva J, Liu L, et al. Deterministic separation of cancer cells from blood at 10 mL/min ［J］. AIP Advances, 2012, 2(4):042107-042113.

［27］ Hyun J C, Hyun J, Wang S, et al. Improved pillar shape for deterministic lateral displacement separation method to maintain separation efficiency over a long period of time［J］. Separation and Purification Technology, 2017, 172: 258-267.

［28］ Campos-Gonzalez R, SKELLEY A M, Gandhi K, et al. Deterministic lateral displacement: the next-generation CAR T-cell processing?［J］. SLAS TECHNOLOGY: Translating Life Sciences Innovation, 2018,23(4): 338-351.

［29］ Weirauch L, Lorenz M, Hill N, et al. Material-selective separation of mixed microparticles via insulator-based dielectrophoresis［J］. Biomicrofluidics,2019(13): 1-12.

［30］Pesch G R, Du F, Baune M, et al. Influence of geometry and material of insulating posts on particle trapping using positive dielectrophoresis ［J］. J Chromatogr A 2017, 1483: 127-137.

［31］Zhao K, Larasati L, Duncker B P, et al. Continuous cell characterization and separation by microfluidic alternating current dielectrophoresis ［J］. Anal Chem, 2019(91): 6304-6314.

［32］ZhaoK, Li D. Tunable droplet manipulation and characterization by ac-DEP ［J］. ACS Appl Mater Interfaces, 2018(10): 36572-36581.

［33］Rubio-Martinez M, Avci-Camur C, Maspoch D, et al. New synthetic routes towards MOF production at scale ［J］. Chemical Society Reviews, 2017, 46: 3453-3480.

［34］Sarkar J, Ghosh P, Adil A. A review on hybrid nano fluids: Recent research, development and applications ［J］. Renewable and Sustainable Energy Reviews, 2015, 43: 164-177.

［35］Dendukuri D, Doyle P S. The synthesis and assembly of polymeric microparticles using microfluidics[J]. Advanced Materials, 2009, 21(41): 4071-4086.

［36］Yang H, Luan W, Wan Z, et al. Continuous synthesis of full-color emitting core/shell quantum dots via microreaction ［J］. Crystal Growth and Design, 2009, 9(11): 4807-4813.

［37］Watt J, Hance B G, Anderson R S, et al. Effect of seed age on gold nanorod formation: a microfluidic, real-time investigation ［J］. Chemistry of Materials, 2015, 27(18): 6442-6449.

［38］Lignos I, Stavrakis S, Nedelcu G, et al. Synthesis of cesium lead halide perovskite nanocrystals in a droplet-based microfluidic platform: fast parametric space mapping ［J］. Nano Letters, 2016, 16(3): 1869-1877.

［39］Baek J, Shen Y, Lignos I, et al. Multistage microfluidic platform for the continuous synthesis of Ⅲ－Ⅴ core/shell quantum dots ［J］. Angewandte Chemie—International Edition, 2018, 57(34): 10915-10918.

［40］Jiao M, Zeng J, Jing L, et al. Flow synthesis of biocompatible Fe_3O_4 nanoparticles: insight into the effects of residence time, fluid velocity, and tube reactor dimension on particle size distribution ［J］. Chemistry of Materials, 2015, 27(4): 1299-1305.

［41］Yang C H, Huang K S, Wang C Y, et al. Microfluidic-assisted synthesis of hemispherical and discoidal chitosan microparticles at an oil/water interface ［J］. Electrophoresis, 2012, 33(21): 3173-3180.

［42］Yoshida J I, Kim H, Nagaki A. Green and sustainable chemical synthesis using flow microreactors ［J］. ChemSusChem, 2011, 4(3): 331-340.

［43］Winkless L. Microfluidic synthesis of Janus beads ［J］. Biochemical Pharmacology, 2015, 18 (2): 61-62.

［44］Hu Y, Wang S, Abbaspourrad A, et al. Fabrication of shape controllable Janus alginate/pNIPAAm microgels via microfluidics technique and off-chip ionic cross-linking ［J］. Langmuir, 2015, 31(6): 1885-1891.

［45］Ge X H, Huang J P, Xu J H, et al. Water-oil Janus emulsions: Microfluidic synthesis and morphology design ［J］. Soft Matter, 2016, 12(14): 3425-3430.

［46］Choi J R, Yong K W, Choi J Y, et al. Emerging point-of-care technologies for food safety analysis ［J］. Sensors (Switzerland), 2019, 19(4): 1-31.

［47］Pang B, Zhao C, Li L, et al. Development of a low-cost paper-based ELISA method for rapid Escherichia coli O157:H7 detection ［M］. Analytical Biochemistry, 2018.

［48］Shih C M, Chang C L, Hsu M Y, et al. Talanta Paper-based ELISA to rapidly detect Escherichia coli[J]. Talanta, 2015, 145: 2-5.

［49］Chen Y, Cheng N, Xu Y, et al. Biosensors and bioelectronics point-of-care and visual detection of P. aeruginosa and its toxin genes by multiple LAMP and lateral fl ow nucleic acid biosensor ［J］. Biosensors and Bioelectronic, 2016, 81: 317-323.

［50］Choi J R, Hu J, Tang R, et al. An integrated paper-based sample-to-answer biosensor for nucleic acid testing at the point of care ［J］. Lab on a Chip, 2016, 16(3): 611-621.

［51］Tang R, Yang H, Gong Y, et al. A fully disposable and integrated paper-based device for nucleic acid extraction, amplification and detection ［J］. Lab on a Chip, 2017, 17(7): 1270-1279.

［52］Li B, Zhang Z, Qi J, et al. Quantum dot-based molecularly imprinted polymers on three-dimensional origami paper microfluidic chip for fluorescence detection of phycocyanin ［J］. ACS Sensors, 2017, 2(2): 243-250.

［53］Morales-Narváez E, Naghdi T, Zor E, et al. Photoluminescent lateral-flow immunoassay revealed by graphene oxide: highly sensitive paper-based pathogen detection ［J］. Analytical Chemistry, 2015, 87(16): 8573-8577.

［54］Fronczek C F, Park T S, Harshman D K, et al. Paper microfluidic extraction and direct smartphone-based identification of pathogenic nucleic acids from field and clinical samples ［J］. RSC Advances, 2014, 4(22): 11103-11110.

［55］Cinti S, Basso M, Moscone D, et al. A paper-based nanomodified electrochemical biosensor for ethanol detection in beers ［J］. Analytica Chimica Acta, 2017, 960: 123-130.

［56］Jin S Q, Guo S M, Zuo P, et al. A cost-effective Z-folding controlled liquid handling microfluidic paper analysis device for pathogen detection via ATP quantification ［J］. Biosensors and Bioelectronics, 2015, 63: 379-383.

［57］Ma Y, Wang Y, Luo Y, et al. Rapid and sensitive on-site detection of pesticide residues in fruits and vegetables using screen-printed paper-based SERS swabs ［J］. Analytical Methods, 2018, 10(38): 4655-4664.

［58］Lee M, Oh K, Choi H K, et al. Subnanomolar sensitivity of filter paper-based SERS sensor for pesticide detection by hydrophobicity change of paper surface ［J］. ACS Sensors, 2018, 3(1): 151-159.

［59］Li X, Yang F, Wong J X H, et al. Integrated smartphone-app-chip system for on-site parts-per-billion-level colorimetric quantitation of aflatoxins ［J］. Analytical Chemistry, 2017, 89(17): 8908-8916.

［60］Meng X, Schultz C W, Cui C, et al. On-site chip-based colorimetric quantitation of organophosphorus pesticides using an office scanner ［J］. Sensors and Actuators, B: Chemical, 2015, 215: 577-583.

［61］Chen A, Wang R, Bever C R S, et al. Smartphone-interfaced lab-on-a-chip devices for field-deployable enzyme-linked immunosorbent assay ［J］. Biomicrofluidics, 2014, 8(6): 064101.

［62］Pang B, Fu K, Liu Y, et al. Development of a self-priming PDMS/paper hybrid microfluidic chip using mixed-dye-loaded loop-mediated isothermal amplification assay for multiplex foodborne pathogens detection ［J］. Analytica Chimica Acta, 2018, 1040: 81-89.

［63］Ludwig S K J, Tokarski C, Lang S N, et al. Calling biomarkers in milk using a protein microarray on your smartphone ［J］. PLoS ONE, 2015, 10(8): 1-13.

［64］Malic L, Zhang X, Brassard D, et al. Polymer-based microfluidic chip for rapid and efficient immunomagnetic capture and release of Listeria monocytogenes ［J］. Lab on a Chip, 2015, 15(20): 3994-4007.

［65］Chen C, Liu P, Zhao X, et al. A self-contained microfluidic in-gel loop-mediated isothermal amplification for multiplexed pathogen detection［J］. Sensors & Actuators: B. Chemical, 2017, 239: 1-8.

［66］Kim M, Jung T, Kim Y, et al. A microfluidic device for label-free detection of Escherichia coli in drinking water using positive dielectrophoretic focusing, capturing, and impedance measurement ［J］. Biosensors and Bioelectronics, 2015, 74: 1011-1015.

［67］Yao L, Wang L, Huang F, et al. microfluidic impedance biosensor based on immunomagnetic separation and urease catalysis for continuous-flow detection of E. coli ［J］. Sensors & Actuators: B. Chemical, 2018, 259: 1013-1021.

［68］ Zhu Z, Feng M, Zuo L, et al. An aptamer based surface plasmon resonance biosensor for the detection of ochratoxin A in wine and peanut oil ［J］. Biosensors and Bioelectronic, 2015, 65: 320-326.

［69］ Sayad A, Ibrahim F, Mukim S, et al. Biosensors and Bioelectronics A microdevice for rapid, monoplex and colorimetric detection of foodborne pathogens using a centrifugal micro fluidic platform ［J］. Biosensors and Bioelectronic, 2018, 100: 96-104.

［70］ Ru J, Nilghaz A, Chen L, et al. Modification of thread-based microfluidic device with polysiloxanes for the development of a sensitive and selective immunoassay ［J］. Sensors & Actuators: B. Chemical, 2018, 260: 1043-1051.